Ernst Kunz

Einführung in die kommutative Algebra und algebraische Geometrie

vieweg studium

Aufbaukurs Mathematik

Herausgegeben von
Prof. Dr. Gerd Fischer

Ernst Kunz

Einführung in die kommutative Algebra und algebraische Geometrie

Wolfgang Fischer/Ingo Lieb

Funktionentheorie

Grundkurs Mathematik

Gerd Fischer

Lineare Algebra

Gerd Fischer

Analytische Geometrie

Otto Forster

Analysis 1

Otto Forster

Analysis 2

Ernst Kunz

Ebene Geometrie

R. Mennicken / E. Wagenführer

Numerische Mathematik 1

R. Mennicken / E. Wagenführer

Numerische Mathematik 2

Walter Schwarz

Brücke zur Höheren Mathematik

Ernst Kunz

Einführung in die kommutative Algebra und algebraische Geometrie

Mit 18 Figuren und 185 Übungsaufgaben

V

Friedr. Vieweg & Sohn Braunschweig / Wiesbaden

CIP-Kurztitelaufnahme der Deutschen Bibliothek

Kunz, Ernst:
Einführung in die kommutative Algebra und algebraische Geometrie / Ernst Kunz. – Braunschweig, Wiesbaden: Vieweg, 1979.
(Vieweg-Studium; Bd. 46: Aufbaukurs Mathematik)
ISBN 978-3-528-07246-9 ISBN 978-3-322-85526-8 (eBook)
DOI 10.1007/978-3-322-85526-8

vieweg studium Bd. 46
Aufbaukurs Mathematik

Softcover reprint of the hardcover 1st edition 1980

Inhaltsverzeichnis

Vorwort

Es wird geschätzt, daß man über kommutative Algebra und algebraische Geometrie beim derzeitigen Stand des Wissens eine 200 Semester dauernde Vorlesung halten könnte, in der man sich niemals wiederholen müßte. Jede Einführung in eines dieser Gebiete muß daher eine strenge Stoffauswahl treffen.

Ich will zunächst angeben, welche Gesichtspunkte im vorliegenden Buch für die Wahl des behandelten Materials maßgebend waren. Diese Einführung ist aus Vorlesungen für Studenten hervorgegangen, die schon einen Grundkurs in Algebra absolviert hatten, bei denen daher Kenntnisse in linearer Algebra, Ring-, Körper- und Galoistheorie vorausgesetzt werden konnten. Mit sehr viel mehr sollte auch nicht begonnen werden.

Ich habe mir in der Vorlesung und im jetzigen Text vorgenommen, mit möglichst geringen Hilfsmitteln zu einigen neueren Resultaten der kommutativen Algebra und algebraischen Geometrie hinzuführen, die sich mit der *Darstellung algebraischer Varietäten als Durchschnitt von möglichst wenig Hyperflächen* befassen und – damit eng gekoppelt – mit der möglichst sparsamen Erzeugung von Idealen in noetherschen Ringen.

Die Frage nach der zur Beschreibung einer algebraischen Varietät nötigen Gleichungen ist schon 1882 von Kronecker angesprochen worden. In den vierziger Jahren dieses Jahrhunderts interessierte sich vor allem Perron für diese Frage; seine mit Severi geführten Diskussionen machten das Problem bekannter und trugen zur Schärfung der relevanten Begriffe bei. Dank des allgemeinen Fortschritts in der kommutativen Algebra sind in jüngerer Zeit viele schöne Resultate in diesem Fragenkreis erzielt worden, die sich vor allem nach der *Lösung des Serreschen Problems über projektive Moduln* einstellten. Wegen ihres verhältnismäßig elementaren Charakters sind sie für eine Einführung in die kommutative Algebra besonders geeignet.

Setzt man sich zum Ziel, zu diesen Ergebnissen (und einigen noch ungelösten Problemen) hinzuleiten, so wird man von selbst dazu geführt, einen großen Teil der Grundbegriffe der kommutativen Algebra und algebraischen Geometrie zu behandeln und viele Tatsachen zu beweisen, die dann als Grundstock für ein weiteres Eindringen in diese Gebiete dienen können. Durch die enge Koppelung von ringtheoretischen Problemen mit solchen der algebraischen Geometrie wird die Rolle der kommutativen Algebra für die algebraische Geometrie deutlich und umgekehrt werden die algebraischen Fragestellungen durch solche geometrischen Ursprungs motiviert.

Da die ursprüngliche Frage klassisch ist, wird auch mit den klassischen Begriffen der algebraischen Geometrie begonnen: Varietäten im affinen und projektiven Raum. Es ergibt sich aber ganz natürlich Gelegenheit, zu den modernen Verallgemeinerungen (Spektren, Schemata) hinzuführen und deren Nützlichkeit vor Augen zu führen. Wenn der Umweg nicht zu groß ist, werden auch benachbarte Gebiete auf dem Weg zum Hauptziel durchstreift. Es bleiben allerdings auch elementare Themen der kommutativen Algebra gänzlich unberücksichtigt, von denen ich die folgenden nenne: Flache Moduln, Komplettierung,

Derivationen und Differentiale, Hilbertpolynom und Multiplizitätstheorie. Die homologische Algebra wird auf die Verwendung der projektiven Auflösungen und des Schlangenlemmas reduziert. Es wurde nicht angestrebt, jeweils die allgemeinste bekannte Form eines Satzes herzuleiten, wenn die Lesbarkeit des Textes zu leiden oder wenn der Aufwand zu groß zu sein schien. Die Literaturhinweise am Ende jedes Kapitels und die vielen Aufgaben, in denen manchmal Teile neuerer Veröffentlichungen enthalten sind, sollen dem Leser helfen, sich eingehender zu informieren.

Der Schwerpunkt des Buches liegt mehr in der kommutativen Algebra als in der algebraischen Geometrie. Für weiterführende Studien in der algebraischen Geometrie sei eines der ausgezeichneten Werke empfohlen, die in neuerer Zeit erschienen sind, und für die der vorliegende Text als Vorbereitung dienen kann.

Ich gebe nun genauer an, welche Kenntnisse das Buch voraussetzt:

a) Die gängigsten Tatsachen der *linearen und multilinearen Algebra für Moduln über kommutativen Ringen* einschließlich des Tensorprodukts von Algebren und der Determinantentheorie über Ringen.

b) Die einfachsten Grundbegriffe der *mengentheoretischen Topologie*.

c) Die *Grundtatsachen der Ring- und Idealtheorie* bis hin zu den faktoriellen Ringen und den Noetherschen Isomorphiesätzen für Ringe und Moduln.

d) Die *Theorie der algebraischen Körpererweiterungen*, einschließlich Galoistheorie, ferner mit den Begriffen des *Transzendenzgrades* und der *Transzendenzbasis* zusammenhängende Tatsachen.

Das meiste, was benötigt wird, dürfte in jeder Einführungsvorlesung über Algebra vorkommen, so daß das Buch im Anschluß an eine solche Veranstaltung gelesen werden kann.

Bei der Anfertigung des Textes haben mich die Herren H. Knebl, J. Koch, J. Rung, Dr. R. Sacher und vor allem Dr. R. Waldi mit kritischen Bemerkungen und vielen guten Vorschlägen unterstützt. Ihnen, sowie den Regensburger Studenten, die fleißig Übungsaufgaben bearbeitet haben, habe ich sehr zu danken. Mein besonderer Dank gilt auch Fräulein Eva Weber für ihre Geduld beim Tippen des Manuskripts.

Regensburg, November 1978 *Ernst Kunz*

Preface

Dr. Peters, Boston, has suggested that I write a few words for readers in the United States as a Preface to Professor Kunz's book. Although written in German, this book will be particularly valuable to the American student because it covers material which is not available in any other textbooks or monographs. The subject of the book is not restricted to commutative algebra developed as a pure discipline for its own sake; nor is it aimed only at algebraic geometry where the intrinsic geometry of a general n-dimensional variety plays the central role. Instead this book is developed around the vital theme that certain areas of both subjects are best understood together. This link between the two subjects, forged in the 19th century, built further by Krull and Zariski, remains as active as ever. It deals primarily with polynomial rings and affine algebraic geometry and with elementary and natural questions such as: what are the minimal number of equations needed to define affine varieties or what are the minimal number of elements needed to generate certain modules over polynomial rings? Great progress has been made on these questions in the last decade. In this book, the reader will find at the same time a leisurely and clear exposition of the basic definitions and results in both algebra and geometry, as well as an exposition of the important recent progress due to Quillen – Suslin, Evans – Eisenbud, Szpiro, Mohan Kumar and others. The ample exercises are another excellent feature. Professor Kunz has filled a longstanding need for an introduction to commutative algebra and algebraic geometry which emphasizes the concrete elementary nature of the objects with which both subjects began.

David Mumford

Zur Terminologie

Unter einem *Ring* soll im ganzen Buch immer ein kommutativer Ring mit Eins verstanden werden. Von einem *Ringhomomorphismus* φ: R → S wird stillschweigend vorausgesetzt, daß er das Einselement von R auf das von S abbildet. Insbesondere haben bei einer *Ringerweiterung* S/R die Ringe R und S dasselbe Einselement. Von einer *multiplikativ abgeschlossenen Teilmenge* S eines Rings R wird immer vorausgesetzt, daß $1 \in S$. Ist M ein *Modul* über einem Ring R, so soll das Einselement von R trivial auf M operieren ($1 \cdot m = m$ für alle $m \in M$). Für einen Körper K bezeichnen wir mit $\mathbb{A}^n(K)$ den *n-dimensionalen affinen Raum* ($n \in \mathbb{N}$) über K, d.h. die Menge K^n mit der üblichen affinen Struktur. Die affinen Unterräume von $\mathbb{A}^n(K)$ heißen hier *„lineare Varietäten"*. Entsprechendes gilt für den projektiven Raum $\mathbb{P}^n(K)$.

Wird nichts anderes gesagt, so sollen in einem *Korollar* zu einem Satz dieselben Voraussetzungen erfüllt sein wie im Satz selbst. Wenn eine Aussage zitiert wird, so wird ihre Nummer angegeben, wenn sie im gleichen Kapitel zu finden ist, andernfalls wird die Nummer des Kapitels vorangestellt, in dem sie sich befindet (z.B. Satz von Quillen und Suslin, Kap. IV, 3.14). *Titel aus dem Lehrbuchverzeichnis* am Ende des Buches werden mit Buchstaben, *Originalarbeiten* mit Nummern bezeichnet. Auf einige Arbeiten, die seit der Fertigstellung des Manuskripts erschienen sind, wird an geeigneter Stelle in Fußnoten hingewiesen werden.

Kapitel I
Algebraische Varietäten

In diesem Kapitel werden zunächst affine algebraische Varietäten eingeführt als Lösungsmengen algebraischer Gleichungssysteme und projektive Varietäten als Lösungsmengen im projektiven Raum von algebraischen Gleichungssystemen mit lauter homogenen Polynomen. Es werden die Grundeigenschaften der Varietäten besprochen und die Beziehung zur Idealtheorie hergestellt. Der Hilbertsche Nullstellensatz gibt eine notwendige und hinreichende Bedingung für die Lösbarkeit eines algebraischen Gleichungssystems. Sodann wird das Spektrum eines Rings und das homogene Spektrum eines graduierten Rings eingeführt und es wird erläutert, in welchem Sinne die Spektren Verallgemeinerungen des Begriffs der affinen und der projektiven Varietät sind.

§ 1. Affine algebraische Varietäten

$\mathbb{A}^n(L)$ sei der n-dimensionale affine Raum über einem Körper L, $K \subset L$ ein Teilkörper.

Definition 1.1: Eine Teilmenge $V \subset \mathbb{A}^n(L)$ heißt *affine algebraische K-Varietät*, wenn es Polynome $f_1, \dots, f_m \in K[X_1, \dots, X_n]$ gibt, so daß V die Lösungsmenge des Gleichungssystems

$$f_i(X_1, \dots, X_n) = 0 \qquad (i = 1, \dots, m) \tag{1}$$

in $\mathbb{A}^n(L)$ ist. (1) heißt ein *definierendes Gleichungssystem* von V, K ein *Definitionskörper* von V und L der *Koordinatenkörper*.

Eine K-Varietät V ist auch K'-Varietät für jeden Teilkörper $K' \subset L$, der alle Koeffizienten aus einem V definierenden Gleichungssystem enthält (z.B. wenn $K \subset K'$). Der Begriff der K-Varietät ist invariant gegenüber affinen Koordinatentransformationen

$$X_i = \sum_{k=1}^{n} a_{ik} Y_k + b_i \qquad (i = 1, \dots, n), \tag{2}$$

wenn die Koeffizienten a_{ik} und b_i alle aus K stammen.

Wir betrachten zunächst einige

Beispiele 1.2:

1. *Lineare K-Varietäten*. Diese sind die Lösungsmengen der linearen Gleichungssysteme mit Koeffizienten aus K. Ihre Untersuchung ist Teil der „linearen Algebra".

2. *K-Hyperflächen*. Diese sind definiert durch eine einzige Gleichung $f(X_1, \dots, X_n) = 0$, wobei $f \in K[X_1, \dots, X_n]$ ein nicht konstantes Polynom ist (vgl. Fig. 3–5 und Aufgabe 2). Für $n = 3$ nennt man Hyperflächen auch einfach „Flächen". Definitionsgemäß ist jede affine Varietät Durchschnitt von endlich vielen Hyperflächen. Man beachte, daß z.B. im Reellen eine „Hyperfläche" leer sein kann oder nur aus einem Punkt bestehen kann (vgl. auch die Aufgaben 3 und 6). Später werden wir immer voraussetzen, daß L algebraisch abgeschlossen ist, dann können solche Phänomene nicht auftreten.
Hyperflächen 2. Ordnung (Quadriken) werden durch Gleichungen
$\sum_{i,k=1}^{n} a_{ik} X_i X_k + \sum_{i=1}^{n} b_i X_i + c = 0$ beschrieben (Fig. 3).
3. *Ebene algebraische Kurven* sind die Hyperflächen in $\mathbb{A}^2(L)$, also die Lösungsmengen von Gleichungen $f(X_1, X_2) = 0$ mit einem nicht konstanten Polynom f in 2 Variablen (Fig. 1 und 2, Aufgabe 1). Solche Kurven lassen sich einfacher behandeln als beliebige Varietäten und man kann oft genaueres sagen als im allgemeinen Fall. (Lehrbücher, die sich eingehend mit ebenen algebraischen Kurven befassen, sind z.B. Fulton [L], Seidenberg [S], Semple-Kneebone [T], Walker [W].)
4. *Kegel.* Wird eine Varietät V durch ein System (1) mit lauter homogenen Polynomen f_i definiert, so heißt sie ein K-Kegel mit der Spitze im Ursprung. Für jedes $x \in V$, $x \neq (0, \dots, 0)$ gehört dann auch die ganze Gerade durch x und den Ursprung zu V (Fig. 5).
5. *Quasihomogene Varietäten*. Ein Polynom
$$f = \sum a_{\nu_1 \dots \nu_n} X_1^{\nu_1} \dots X_n^{\nu_n} \in K[X_1, \dots, X_n]$$
heißt quasihomogen vom Typ $\alpha = (\alpha_1, \dots, \alpha_n) \in \mathbb{Z}^n$ und Grad $d \in \mathbb{Z}$, wenn
$a_{\nu_1 \dots \nu_n} = 0$ für alle $(\nu_1, \dots, \nu_n)$ mit $\sum_{i=1}^{n} \alpha_i \nu_i \neq d$. Eine Varietät heißt quasihomogen, wenn sie durch ein System (1) mit lauter quasihomogenen Polynomen f_i eines festen Typs α definiert wird.
6. *Endliche Durchschnitte und Vereinigungen* affiner Varietäten sind wieder solche (Fig. 6). Es genügt, dies für zwei Varietäten einzusehen. Wird die eine durch ein System $f_i(X_1, \dots, X_n) = 0$ $(i = 1, \dots, m)$, die andere durch ein System $g_j(X_1, \dots, X_n) = 0$ $(j = 1, \dots, l)$ definiert, so faßt man für den Durchschnitt die beiden Systeme zu einem zusammen. Für die Vereinigung nimmt man das System
$$f_i(X_1, \dots, X_n) \cdot g_j(X_1, \dots, X_n) = 0 \qquad (i = 1, \dots, m,\ j = 1, \dots, l).$$
7. *Produkt zweier affiner K-Varietäten*. $V \subset \mathbb{A}^n(L)$ sei die Lösungsmenge eines Systems $f_i(X_1, \dots, X_n) = 0$ $(i = 1, \dots, r)$ und $W \subset \mathbb{A}^m(L)$ die von $g_j(Y_1, \dots, Y_m) = 0$ $(j = 1, \dots, s)$. Dann wird das kartesische Produkt $V \times W \subset \mathbb{A}^{n+m}(L)$ durch die Vereinigung der beiden Systeme beschrieben, wobei man die Polynome jetzt als Elemente von $K[X_1, \dots, X_n, Y_1, \dots, Y_m]$ aufzufassen hat.

8. *Affine algebraische Gruppen*. Für jede Matrix $A \in Gl(n, L)$ können wir $(A, \det A^{-1})$ als einen Punkt von $\mathbb{A}^{n^2+1}(L)$ auffassen. $Gl(n, L)$ identifiziert sich dann mit der Hyperfläche H:

$$\det(X_{ik})_{i,k=1,\dots,n} \cdot T - 1 = 0,$$

wobei für X_{ik} die Koeffizienten von A einzusetzen sind und $\det A^{-1}$ für T. Die Matrizenmultiplikation definiert eine Gruppenoperation auf H:

$$\begin{array}{l} H \times H \longrightarrow H \\ (A, \det A^{-1}) \times (B, \det B^{-1}) \mapsto (A \cdot B, \det(AB)^{-1}). \end{array}$$

Varietäten, die ähnlich wie hier mit einer Gruppenoperation versehen sind, wobei die Multiplikation und Inversenbildung wie bei den Matrizen durch „algebraische Relationen" gegeben wird, heißen *algebraische Gruppen*. Ihre Theorie ist ein selbstständiger Zweig der algebraischen Geometrie (Ein Lehrbuch zu diesem Gegenstand ist z.B. Borel [I]).

9. *Rationale Punkte algebraischer Varietäten*. Ist $V \subset \mathbb{A}^n(L)$ eine Varietät und $R \subset L$ ein Unterring, so interessiert oft die Frage, ob es Punkte in V mit lauter Koordinaten aus R gibt („R-rationale Punkte"). Das Fermat-Problem fragt z.B. nach der Existenz nichttrivialer $\mathbb{Z}$-rationaler Punkte auf der „Fermat-Varietät"

$$X_1^n + X_2^n - X_3^n = 0 \qquad (n \geqslant 3).$$

(Literaturhinweis zu solchen schwierigen Fragen: Lang [Q]).

Wir beweisen nun einige Tatsachen über affine Varietäten, die sich leicht aus der Definition ergeben.

Satz 1.3:

a) Besitzt L unendlich viele Elemente und ist $n \geqslant 1$, so gibt es außerhalb jeder K-Hyperfläche von $\mathbb{A}^n(L)$ unendlich viele Punkte von $\mathbb{A}^n(L)$. Insbesondere gibt es dann auch außerhalb jeder K-Varietät $V \subset \mathbb{A}^n(L)$ mit $V \neq \mathbb{A}^n(L)$ unendlich viele Punkte von $\mathbb{A}^n(L)$.

b) Ist L algebraisch abgeschlossen und $n \geqslant 2$, so enthält jede K-Hyperfläche in $\mathbb{A}^n(L)$ unendlich viele Punkte.

Beweis:

a) Die Hyperfläche werde gegeben durch ein nichtkonstantes Polynom $F \in K[X_1, \dots, X_n]$. Wir können annehmen, daß etwa X_n in F wirklich auftritt, und haben dann eine Darstellung

$$F = \varphi_0 + \varphi_1 X_n + \dots + \varphi_t X_n^t \tag{3}$$

mit $\varphi_i \in K[X_1, \dots, X_{n-1}]$ $(i = 0, \dots, t)$, $t > 0$ und $\varphi_t \neq 0$. Nach Induktionsvoraussetzung können wir annehmen, daß ein $(x_1, \dots, x_{n-1}) \in L^{n-1}$ existiert mit $\varphi_t(x_1, \dots, x_{n-1}) \neq 0$. $F(x_1, \dots, x_{n-1}, X_n)$ ist dann ein nicht verschwindendes Polynom aus $L[X_n]$. Dieses besitzt nur endlich viele Nullstellen, aber L ist unendlich. Es gibt daher unendlich viele $x_n \in L$ mit $F(x_1, \dots, x_{n-1}, x_n) \neq 0$.

Fig. 1

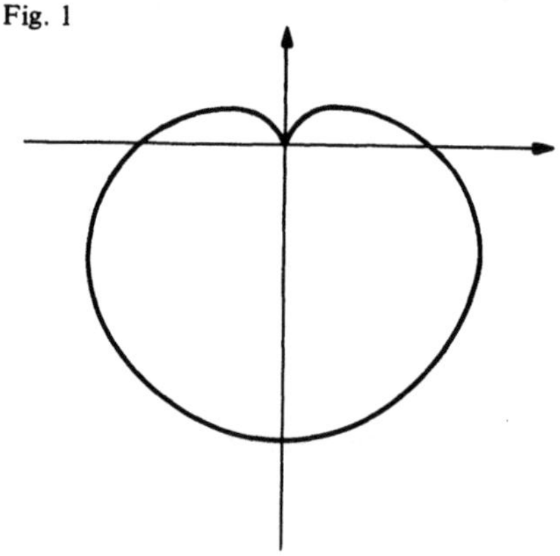

$(X_1^2 + X_2^2 + 4X_2)^2 - 16(X_1^2 + X_2^2) = 0$

Fig. 2

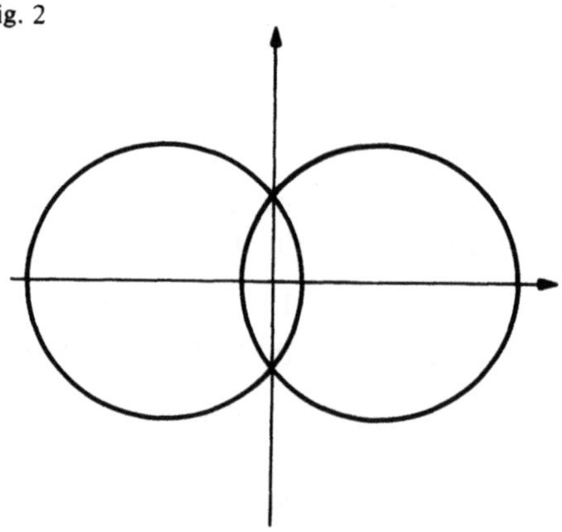

$(X_1^2 - 9)^2 + (X_2^2 - 16)^2 + 2(X_1^2 + 9) \cdot (X_2^2 - 16) = 0$

Fig. 3

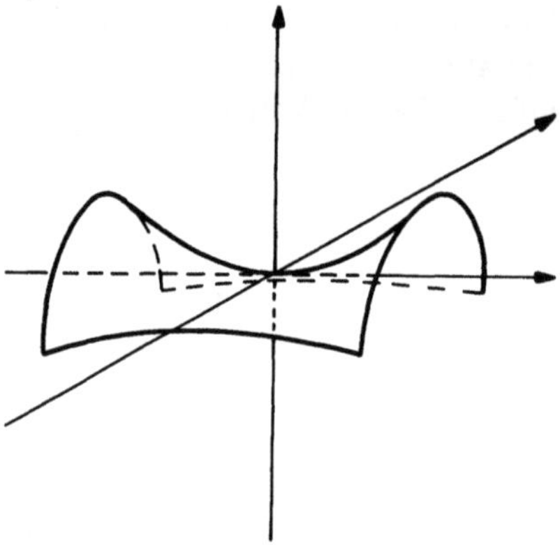

$X_1^2 - X_2^2 - X_3 = 0$

Fig. 4

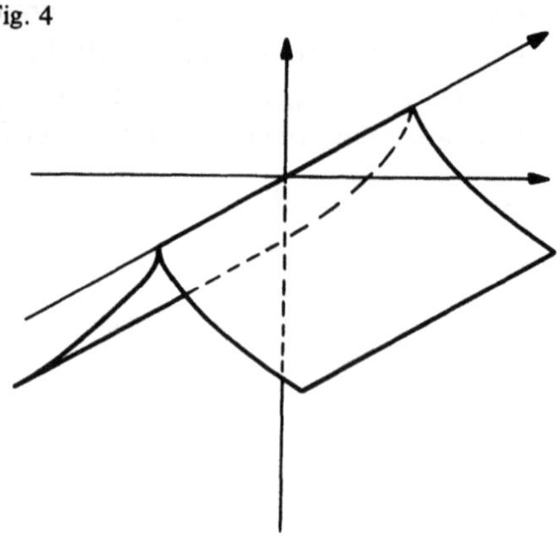

$X_1^2 + X_3^3 = 0$

Fig. 5

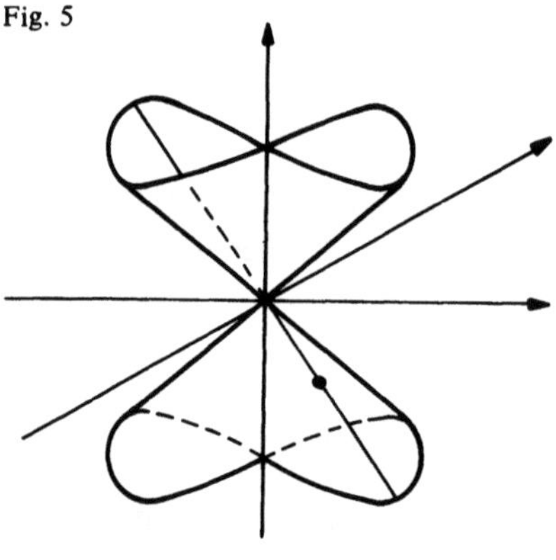

$X_1^4 + (X_2^2 - X_1^2)X_3^2 = 0$

Fig. 6

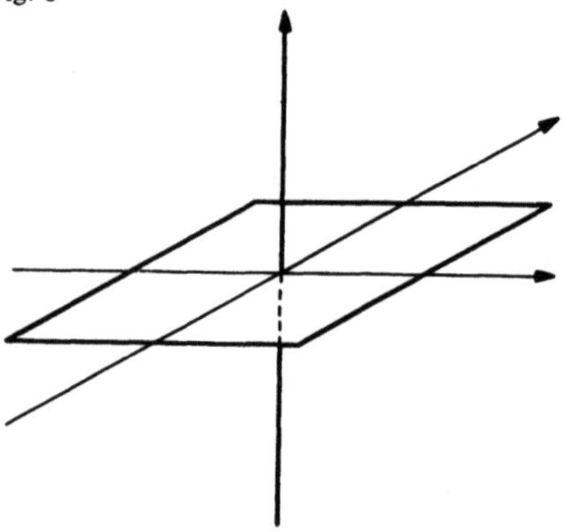

$X_1X_3 = 0, \quad X_2X_3 = 0$

b) Die Hyperfläche werde durch ein Polynom F der Gestalt (3) gegeben. Es gibt dann unendlich viele $(x_1, \dots, x_{n-1}) \in L^{n-1}$ mit $\varphi_t(x_1, \dots, x_{n-1}) \neq 0$. Da L algebraisch abgeschlossen ist, gibt es zu jedem dieser $(x_1, \dots, x_{n-1})$ ein $x_n \in L$ mit $F(x_1, \dots, x_{n-1}, x_n) = 0$.

Definition 1.4: Für eine Teilmenge $V \subset \mathbb{A}^n(L)$ heißt die Menge $\mathfrak{J}(V)$ aller $F \in K[X_1, \dots, X_n]$ mit $F(x) = 0$ für alle $x \in V$ *das Ideal von V* in $K[X_1, \dots, X_n]$ („Verschwindungsideal").

Für Hyperflächen haben wir

Satz 1.5: L sei algebraisch abgeschlossen und $n \geqslant 1$. $H \subset \mathbb{A}^n(L)$ sei eine K-Hyperfläche, definiert durch eine Gleichung $F = 0$, und $F = c \cdot F_1^{\alpha_1} \cdot \ldots \cdot F_s^{\alpha_s}$ sei eine Zerlegung von F in ein Potenzprodukt paarweise nicht assoziierter irreduzibler Polynome F_i $(c \in K^\times)$. Dann ist $\mathfrak{J}(H) = (F_1 \cdot \ldots \cdot F_s)$.

Beweis: Natürlich ist $F_1 \cdot \ldots \cdot F_s \in \mathfrak{J}(H)$. Es genügt zu zeigen, daß jedes $G \in \mathfrak{J}(H)$ von allen F_i $(i = 1, \dots, s)$ geteilt wird. Angenommen, für ein $i \in [1, s]$ sei F_i kein Teiler von G. Wir können F_i in der Form (3) geschrieben denken. F_i und G sind dann (nach Gauß) auch als Elemente von $K(X_1, \dots, X_{n-1})[X_n]$ teilerfremd. Es gibt daher Polynome $a_1, a_2 \in K[X_1, \dots, X_n]$ und $d \in K[X_1, \dots, X_{n-1}]$, $d \neq 0$, so daß

$$d = a_1 F_i + a_2 G.$$

Nach 1.3a) existiert ein $(x_1, \dots, x_{n-1}) \in L^{n-1}$ mit $d(x_1, \dots, x_{n-1}) \cdot \varphi_t(x_1, \dots, x_{n-1}) \neq 0$. Wir wählen $x_n \in L$ mit $F_i(x_1, \dots, x_{n-1}, x_n) = 0$. Dann ist $(x_1, \dots, x_n) \in H$ und somit auch $G(x_1, \dots, x_n) = 0$. Dies ist aber ein Widerspruch, da $d(x_1, \dots, x_{n-1}) \neq 0$.

Zwischen den K-Varietäten $V \subset \mathbb{A}^n(L)$ und den Idealen des Polynomrings $K[X_1, \dots, X_n]$ besteht ein sehr enger Zusammenhang, was der Grund dafür ist, daß die Idealtheorie für die algebraische Geometrie von großer Bedeutung ist.

Wir erinnern an folgende Begriffe der Idealtheorie in einem kommutativen Ring R mit Eins:

Definitionen 1.6:

1. Ein *Erzeugendensystem* eines Ideal I ist eine Familie $\{a_\lambda\}_{\lambda \in \Lambda}$ von Elementen $a_\lambda \in I$, so daß jedes $a \in I$ eine Linearkombination der a_λ mit Koeffizienten aus R ist. I heißt *endlich erzeugt,* wenn I ein endliches Erzeugendensystem besitzt.
2. Das *von einer Familie* $\{a_\lambda\}_{\lambda \in \Lambda}$ *von Elementen* $a_\lambda \in R$ *erzeugte Ideal* ist die Menge aller Linearkombinationen der a_λ mit Koeffizienten aus R. Wir schreiben in Zukunft $(\{a_\lambda\}_{\lambda \in \Lambda})$ für dieses Ideal. Die leere Familie erzeugt definitionsgemäß das Nullideal.
3. Die *Idealsumme* $\sum_{\lambda \in \Lambda} I_\lambda$ einer Familie $\{I_\lambda\}_{\lambda \in \Lambda}$ von Idealen eines Rings ist die

   Menge aller Summen $\sum_{\lambda \in \Lambda} a_\lambda$ mit $a_\lambda \in I_\lambda$, $a_\lambda \neq 0$ nur für endliche viele λ.

4. Das *Idealprodukt* $I_1 \cdot \ldots \cdot I_n$ von endlich vielen Idealen $I_1, \ldots, I_n$ eines Rings ist das von allen Produkten $a_1 \cdot \ldots \cdot a_n$ mit $a_j \in I_j$ ($j = 1, \ldots, n$) erzeugte Ideal. Insbesondere ist hiermit auch die *n-te Potenz* I^n eines Ideals I erklärt: I^n ist das von allen Produkten $a_1 \cdot \ldots \cdot a_n$ ($a_i \in I$) erzeugte Ideal.

5. Das *Radikal* Rad(I) eines Ideals I ist die Menge aller $r \in R$, von denen eine Potenz in I liegt. Man zeigt leicht, daß Rad(I) ebenfalls ein Ideal ist. Rad(0) heißt das *Nilradikal* von R. Es besteht aus allen nilpotenten Elementen von R. Diese Menge ist demnach ein Ideal von R. Ein Ring R heißt *reduziert*, wenn Rad(0) = (0) ist. Für jeden Ring R ist $R_{red} := R/\text{Rad}(0)$ reduziert. R_{red} heißt der *zu R gehörige reduzierte Ring*.

6. Ein Ideal I von R heißt *Primideal*, wenn gilt: Ist a, $b \in R$ und $a \cdot b \in I$, so ist $a \in I$ oder $b \in I$. Genau dann ist I Primideal, wenn R/I ein Integritätsring ist. Für ein beliebiges Ideal I wollen wir jedes I umfassende Primideal aus R einen *Primteiler von I* nennen. Ein Primideal $\mathfrak{P} \supset I$ heißt *minimaler Primteiler* von I, wenn gilt: Ist $\mathfrak{P}'$ mit $\mathfrak{P}' \subset \mathfrak{P}$ ein weiterer Primteiler von I, so ist $\mathfrak{P}' = \mathfrak{P}$. Aus der Definition eines Primideals folgt leicht: Ein Primideal, das den Durchschnitt (das Produkt) zweier Ideale umfaßt, umfaßt eines der beiden Ideale. Ferner ist Rad($\mathfrak{P}$) = $\mathfrak{P}$ für jedes Primideal $\mathfrak{P}$.

7. Ein Ideal $I \neq R$ heißt *maximales Ideal* von R, wenn gilt: Ist $I' \neq R$ ein weiteres Ideal mit $I \subset I'$, so ist $I = I'$. Ein Ideal I ist genau dann maximal, wenn R/I ein Körper ist.

8. Der *Durchschnitt* einer Familie $\{I_\lambda\}_{\lambda \in \Lambda}$ von Idealen eines Rings ist ein Ideal. Das gleiche gilt für die *Vereinigung*, wenn z.B. folgende Bedingung erfüllt ist: Für alle $\lambda_1, \lambda_2 \in \Lambda$ gibt es ein $\lambda \in \Lambda$ mit $I_{\lambda_1}, I_{\lambda_2} \subset I_\lambda$.

9. S/R sei eine Ringerweiterung, $I \subset R$ ein Ideal. Das *Erweiterungsideal* von I in S ist das von I in S erzeugte Ideal. Man bezeichnet es mit IS. Ist allgemeiner $\varphi: R \to S$ ein Ringhomomorphismus, so bezeichnet IS das von $\varphi(I)$ in S erzeugte Ideal.

Definition 1.7: Die *Nullstellenmenge* in $\mathbb{A}^n(L)$ eines Ideals $I \subset K[X_1, \ldots, X_n]$ ist die Menge aller gemeinsamen Nullstellen in $\mathbb{A}^n(L)$ der Polynome aus I. Wir bezeichnen sie mit $\mathfrak{V}(I)$. („Varietät von I".)

Wenn gezeigt ist, daß jedes Ideal $I \subset K[X_1, \ldots, X_n]$ ein endliches Erzeugendensystem $f_1, \ldots, f_m$ besitzt (§ 2), dann ergibt sich, daß $\mathfrak{V}(I)$ eine K-Varietät ist (mit dem definierenden Gleichungssystem $f_i = 0$ ($i = 1, \ldots, m$)).

Für die Operationen $\mathfrak{I}$ und $\mathfrak{V}$ gelten die folgenden

Regeln 1.8:

a) $\mathfrak{I}(\mathbb{A}^n(L)) = (0)$, wenn L unendlich ist; $\mathfrak{I}(\emptyset) = (1)$.
b) Für jede Menge $V \subset \mathbb{A}^n(L)$ ist $\mathfrak{I}(V) = \text{Rad}(\mathfrak{I}(V))$.
c) Für jede Varietät $V \subset \mathbb{A}^n(L)$ ist $\mathfrak{V}(\mathfrak{I}(V)) = V$.
d) Für zwei Varietäten V_1, V_2 gilt $V_1 \subset V_2$ genau dann, wenn $\mathfrak{I}(V_1) \supset \mathfrak{I}(V_2)$, und $V_1 \subsetneq V_2$ genau dann, wenn $\mathfrak{I}(V_1) \supsetneq \mathfrak{I}(V_2)$.

e) Für zwei Varietäten V_1, V_2 ist $\mathfrak{I}(V_1 \cup V_2) = \mathfrak{I}(V_1) \cap \mathfrak{I}(V_2)$ und $V_1 \cup V_2 = \mathfrak{V}(\mathfrak{I}(V_1) \cdot \mathfrak{I}(V_2))$.

f) Für jede Familie $\{V_\lambda\}_{\lambda \in \Lambda}$ von Varietäten V_λ gilt

$$\bigcap_{\lambda \in \Lambda} V_\lambda = \mathfrak{V}\Big(\sum_{\lambda \in \Lambda} \mathfrak{I}(V_\lambda)\Big).$$

Beweis: a), b), e) und f) ergeben sich leicht aus den Definitionen.

c) Offensichtlich ist $V \subset \mathfrak{V}(\mathfrak{I}(V))$. Ist andererseits V die Nullstellenmenge der Polynome $f_1, \dots, f_m$, so ist $f_1, \dots, f_m \in \mathfrak{I}(V)$ und daher $V = \mathfrak{V}(f_1, \dots, f_m) \supset \mathfrak{V}(\mathfrak{I}(V))$.

d) Aus $\mathfrak{I}(V_1) \supset \mathfrak{I}(V_2)$ folgt nach c), daß $V_1 = \mathfrak{V}(\mathfrak{I}(V_1)) \subset \mathfrak{V}(\mathfrak{I}(V_2)) = V_2$. Die restlichen Aussagen von d) sind dann auch klar.

Die Regeln zeigen insbesondere, daß durch $V \mapsto \mathfrak{I}(V)$ eine injektive, inklusionsumkehrende Abbildung der Menge aller K-Varietäten $V \subset \mathbb{A}^n(L)$ in die Menge aller Ideale I von $K[X_1, \dots, X_n]$ mit $\mathrm{Rad}(I) = I$ gegeben wird. Der Hilbertsche Nullstellensatz (§ 3) wird ergeben, daß diese Abbildung sogar bijektiv ist, wenn L algebraisch abgeschlossen ist. Wenn gezeigt ist, daß jedes Ideal in $K[X_1, \dots, X_n]$ endlich erzeugt ist, so folgt aus 1.8f), daß der Durchschnitt einer beliebigen Familie von K-Varietäten aus $\mathbb{A}^n(L)$ wieder eine K-Varietät ist.

Definition 1.9: Eine K-Varietät V heißt *irreduzibel*, wenn gilt: Ist $V = V_1 \cup V_2$ mit K-Varietäten V_1, V_2, dann gilt $V = V_1$ oder $V = V_2$.

Fig. 6 zeigt ein Beispiel für eine reduzible Varietät. Der Begriff der Irreduzibilität hängt i.a. vom Definitionskörper K ab, z.B. ist die Lösungsmenge in $\mathbb{C}$ der Gleichung $X^2 + 1 = 0$ über $\mathbb{R}$ irreduzibel, nicht aber über $\mathbb{C}$.

Satz 1.10: Eine K-Varietät $V \subset \mathbb{A}^n(L)$ ist genau dann irreduzibel, wenn ihr Ideal $\mathfrak{I}(V)$ ein Primideal ist.

Beweis: V sei irreduzibel, $f_1, f_2 \in K[X_1, \dots, X_n]$ seien Polynome mit $f_1 \cdot f_2 \in \mathfrak{I}(V)$. Für $H_i := \mathfrak{V}(f_i)$ $(i = 1, 2)$ gilt dann $V = (V \cap H_1) \cup (V \cap H_2)$ und somit $V = V \cap H_1$ oder $V = V \cap H_2$. Aus $V \subset H_1$ oder $V \subset H_2$ folgt dann $f_1 \in \mathfrak{I}(V)$ oder $f_2 \in \mathfrak{I}(V)$, d.h. $\mathfrak{I}(V)$ ist Primideal.

$\mathfrak{I}(V)$ sei jetzt Primideal. Angenommen, es gäbe K-Varietäten V_1, V_2 mit $V = V_1 \cup V_2, V \neq V_i$ $(i = 1, 2)$. Nach 1.8 ist $\mathfrak{I}(V) = \mathfrak{I}(V_1) \cap \mathfrak{I}(V_2)$ und $\mathfrak{I}(V) \neq \mathfrak{I}(V_i)$ $(i = 1, 2)$. Es gibt dann Polynome $f_i \in \mathfrak{I}(V_i)$, $f_i \notin \mathfrak{I}(V)$ $(i = 1, 2)$. Da aber $f_1 \cdot f_2 \in \mathfrak{I}(V_1) \cap \mathfrak{I}(V_2) = \mathfrak{I}(V)$, ist man zu einem Widerspruch gelangt.

Für die folgenden Aussagen sei L algebraisch abgeschlossen.

Korollar 1.11: Eine K-Hyperfläche $H \subset \mathbb{A}^n(L)$ ist genau dann irreduzibel, wenn sie Nullstellenmenge eines irreduziblen Polynoms $F \in K[X_1, \dots, X_n]$ ist.

Das Hauptideal $\mathfrak{J}(H)$ (vgl. 1.5) ist nämlich genau dann Primideal, wenn es von einem irreduziblen Polynom erzeugt wird.

Korollar 1.12: Jede K-Hyperfläche H läßt sich in der Form

$$H = H_1 \cup \ldots \cup H_s \qquad (H_i \neq H_j \text{ für } i \neq j)$$

mit irreduziblen K-Hyperflächen H_i darstellen. Diese Darstellung ist eindeutig (bis auf die Reihenfolge).

Beweis: Es sei $\mathfrak{J}(H) = (F_1 \cdot \ldots \cdot F_s)$ wie in 1.5 und $H_i := \mathfrak{V}(F_i)$. Dann ist $H = H_1 \cup \ldots \cup H_s (H_i \neq H_j$ für $i \neq j)$ und die H_i sind nach 1.11 irreduzible Hyperflächen. Ist $H = H_1' \cup \ldots \cup H_t'$ irgendeine derartige Darstellung, wobei $\mathfrak{J}(H_j') = (G_j)$ mit $G_j \in K[X_1, \ldots, X_n]$ $(j = 1, \ldots, t)$, so gilt $\mathfrak{J}(H) = (F_1 \cdot \ldots \cdot F_s) = (G_1 \cdot \ldots \cdot G_t)$ und daher $F_1 \cdot \ldots \cdot F_s = aG_1 \cdot \ldots \cdot G_t$ mit $a \in K^\times$. Nach dem Satz von der eindeutigen Faktorzerlegung in $K[X_1, \ldots, X_n]$ ergibt sich $t = s$ und (bei geeigneter Numerierung) $H_i' = H_i$ $(i = 1, \ldots, s)$.

Die Überlegungen des nächsten Paragraphen werden ergeben, daß man analog wie für Hyperflächen auch eine eindeutige Zerlegung einer beliebigen Varietät in irreduzible Untervarietäten hat. Dies ist deshalb wichtig, weil sich viele Fragen über Varietäten auf solche über irreduzible Varietäten reduzieren lassen, wo sie häufig einfacher zu beantworten sind.

Aufgaben:

1. Man skizziere den Verlauf der algebraischen Kurven in $\mathbb{R}^2$, die durch die folgenden Gleichungen gegeben sind (insbesondere in der Nähe ihrer „Singularitäten", d.h. dort, wo beide partiellen Ableitungen des definierenden Polynoms verschwinden):

   $X_1^3 - X_2^2 = 0$ $\qquad$ $X_1^5 + X_1^4 + X_2^2 = 0$

   $X_1^3 + X_1^2 - X_2^2 = 0$ $\qquad$ $X_1^6 - X_1^4 + X_2^2 = 0$

   $X_1^3 + X_1^2 + X_2^2 = 0$ $\qquad$ $(X_1^2 + X_2^2)^3 - 4X_1^2X_2^2 = 0$

   $X_1^4 - X_1^2 + X_2^2 = 0$ $\qquad$ $X_1^n + X_2^n - 1 = 0$

   (Manchmal ist es vorteilhaft, die Schnittpunkte der Kurve mit den Geraden $X_2 = tX_1$ zu betrachten, um zu einer „Parameterdarstellung" der Kurve zu gelangen.)

2. Man beschreibe die folgenden algebraischen Flächen in $\mathbb{R}^3$, indem man ihre Schnitte mit den Ebenen $X = c$ für variables $c \in \mathbb{R}$ miteinander vergleiche:

   $X^2 - Y^2Z = 0,$ $\qquad$ $(X^2 + Y^2)^3 - ZX^2Y^2 = 0$

   $X^2 + Y^2 + XYZ = 0,$ $\qquad$ $X^3 + ZX^2 - Y^2 = 0.$

3. Ist der Körper K *nicht* algebraisch abgeschlossen, so läßt sich jede K-Varietät $V \subset \mathbb{A}^n(K)$ als Nullstellenmenge eines einzigen Polynoms aus $K[X_1, \ldots, X_n]$ schreiben.
   (Anleitung: Es genügt zu zeigen, daß es für jedes $m > 0$ ein Polynom $\phi \in K[X_1, \ldots, X_m]$ gibt, das $(0, \ldots, 0) \in \mathbb{A}^m(K)$ als einzige Nullstelle besitzt.

Wird V durch ein Gleichungssystem (1) gegeben, so setzt man dann $\phi(f_1, \dots, f_m) = 0$.)

4. L/K sei eine Körpererweiterung, $V \subset \mathbb{A}^n(L)$ eine L-Varietät. Dann ist die Menge $V_K := V \cap \mathbb{A}^n(K)$ aller K-rationalen Punkte von V eine K-Varietät in $\mathbb{A}^n(K)$.
5. L/K sei eine normale Körpererweiterung. Zwei Punkte $(x_1, \dots, x_n)$ und $(y_1, \dots, y_n)$ aus $\mathbb{A}^n(L)$ heißen *konjugiert* über K, wenn es einen K-Automorphismus σ von L gibt, so daß $(\sigma(x_1), \dots, \sigma(x_n)) = (y_1, \dots, y_n)$ ist.
   a) Für jede K-Varietät $V \subset \mathbb{A}^n(L)$ gehören mit $x \in V$ auch alle Konjugierten von x über K zu V.
   b) Ist $V \subset \mathbb{A}^n(L)$ eine *endliche* Punktmenge mit der Eigenschaft, daß mit $x \in V$ auch alle Konjugierten von x über K zu V gehören, so ist V eine K-Varietät.

   (Anleitung: Ist $x = (x_1, \dots, x_n)$, so ist $K[x_1, \dots, x_n] \cong K[X_1, \dots, X_n]/I$ mit einem Ideal I, das von n Elementen erzeugt wird.)
6. K sei ein endlicher Körper.
   a) Zu jedem $x \in K^n$ gibt es ein $f \in K[X_1, \dots, X_n]$ mit $f(x) = 1$ und $f(y) = 0$ für $y \in K^n \setminus \{x\}$.
   b) Für jede Funktion $g: K^n \to K$ gibt es ein $f \in K[X_1, \dots, X_n]$ mit $g(x) = f(x)$ für alle $x \in K^n$.
   c) Jede Teilmenge $V \subset K^n$ ist die Nullstellenmenge eines geeigneten Polynoms $f \in K[X_1, \dots, X_n]$.

   (c) ergibt sich auch aus Aufgabe 3).
7. K sei ein Körper. Ein Gleichungssystem

   $$F(X_1, X_2) = 0, \quad G(X_1, X_2) = 0$$

   mit zwei teilerfremden Polynomen $F, G \in K[X_1, X_2]$ besitzt höchstens endlich viele Lösungen in K^2.
   (Anleitung: Verwende die Schlußweise aus dem Beweis von Satz 1.5.)
8. $V \subset \mathbb{A}^n(\mathbb{C})$ sei eine algebraische Varietät, $\mathbb{Z}^n \subset \mathbb{A}^n(\mathbb{C})$ die Menge aller „Gitterpunkte", d.h. die Menge der Punkte mit ganzzahligen Koordinaten. Ist $\mathbb{Z}^n \subset V$, so ist $V = \mathbb{A}^n(\mathbb{C})$.

In den beiden folgenden Aufgaben sind die Voraussetzungen und Aussagen nicht so scharf definiert wie bisher. Der Leser möge anhand dieser Aufgaben das Vertrauen gewinnen, daß man mit Polynomen über beliebigen Ringen meistens „wie gewohnt" umgehen kann.

9. Zwei Polynome $f, g \in \mathbb{Z}[X_1, \dots, X_n]$ stimmen genau dann überein, wenn bei Spezialisierung der Variablen zu Elementen aus beliebigen Körpern die entsprechenden Funktionswerte übereinstimmen. Eine „polynomiale Formel" gilt genau dann in jedem Ring, wenn sie in jedem Körper gilt. Insbesondere gelten die Formeln der Determinantentheorie über Körpern, in denen keine „Nenner" auftreten, auch für Determinanten mit Koeffizienten aus einem beliebigen Ring. Treten Nenner auf (wie etwa in der Cramerschen Regel), so erhält man eine in Ringen gültige Formel, wenn man „mit dem Produkt der Nenner multipliziert".

10. Für ein Polynom $F = \Sigma a_{\nu_1 \dots \nu_n} X_1^{\nu_1} \dots X_n^{\nu_n}$ mit Koeffizienten $a_{\nu_1 \dots \nu_n}$ aus einem Ring R ist die *formale partielle Ableitung nach* X_i definiert als

$$\frac{\partial F}{\partial X_i} := \sum \nu_i a_{\nu_1 \dots \nu_n} X_1^{\nu_1} \dots X_i^{\nu_i - 1} \dots X_n^{\nu_n}.$$

Man überlege sich nach dem Prinzip von Aufgabe 9, daß Formeln der Differentialrechnung für Polynomfunktionen (im Reellen) auch für Polynome mit Koeffizienten aus beliebigen Ringen gelten, wenn man Ableitungen jeweils formal bildet. Etwas Vorsicht ist nur geboten, weil $\nu_i a_{\nu_1 \dots \nu_n} = 0$ sein kann, obwohl $\nu_i \neq 0$ und $a_{\nu_1 \dots \nu_n} \neq 0$.

§ 2. Der Hilbertsche Basissatz. Zerlegung einer Varietät in irreduzible Komponenten

Wir zeigen zunächst, daß Ideale in Polynomringen über Körpern endlich erzeugt sind und leiten dann einige Konsequenzen dieser Tatsache her.

Definition 2.1: Ein Ring R*) heißt *noethersch*, wenn jedes Ideal von R ein endliches Erzeugendensystem besitzt.

Beispiele für noethersche Ringe sind die Hauptidealringe, insbesondere alle Körper, ferner $\mathbb{Z}$ und K [X], wenn K ein Körper ist. Jedes homomorphe Bild eines noetherschen Rings ist noethersch.

Im folgenden sei R immer ein Ring.

Satz 2.2: Folgende Aussagen sind äquivalent:

a) R ist noethersch.

b) Es gilt der *Teilerkettensatz* für Ideale: Jede aufsteigende Kette von Idealen aus R

$$I_1 \subset I_2 \subset \dots \subset I_n \subset \dots$$

wird stationär.

c) Es gilt die *Maximalbedingung* für Ideale: Jede nichtleere Menge von Idealen aus R enthält ein maximales Element (bzgl. der Inklusion).

Beweis:

a) → b). Für eine Idealkette wie in b) ist $I := \bigcup_{n=1}^{\infty} I_n$ ebenfalls ein Ideal in R. Es ist nach Voraussetzung endlich erzeugt: $I = (r_1, \dots, r_m)$, $r_i \in R$. Für genügend großes n ist dann $r_i \in I_n$ ($i = 1, \dots, m$) und es folgt $I_n = I_{n+1} = \dots$.

*) Wie eingangs gesagt, soll unter einem „Ring" immer ein kommutativer Ring mit Eins verstanden werden.

b) → c). Angenommen, es gäbe eine nichtleere Menge M von Idealen aus R ohne maximales Element. Für jedes Ideal $I_1 \in M$ gibt es dann ein $I_2 \in M$ mit $I_1 \subsetneqq I_2$. Man konstruiert sofort eine Idealkette, die nicht stationär ist.

c) → b). Man wende die Maximalbedingung auf die Menge der Ideale einer Idealkette an.

b) → a). Angenommen, es gäbe ein Ideal I in R, welches nicht endlich erzeugt ist. Sind $r_1, \dots, r_m \in I$, so ist $(r_1, \dots, r_m) \neq I$. Es gibt daher ein $r_{n+1} \in I, r_{m+1} \notin (r_1, \dots, r_m)$. Man konstruiert eine Idealkette

$$(r_1) \subsetneqq (r_1, r_2) \subsetneqq (r_1, r_2, r_3) \subsetneqq \dots,$$

in Widerspruch zu Voraussetzung b).

Der folgende Satz liefert eine große Klasse noetherscher Ringe:

Satz 2.3: (Hilbertscher Basissatz.) Ist R ein noetherscher Ring, dann auch der Polynomring R[X].

Der wohl kürzeste denkbare Beweis stammt von Heidrun Sarges [68]: Man zeigt: Ist R[X] nicht noethersch, dann ist es auch R nicht. Sei I ein Ideal von R[X], das nicht endlich erzeugbar ist. $f_1 \in I$ sei ein Polynom kleinsten Grades. Ist f_k $(k \geqslant 1)$ schon gewählt, so sei f_{k+1} ein Polynom kleinsten Grades aus $I \setminus (f_1, \dots, f_k)$. n_k sei der Grad und $a_k \in R$ der höchste Koeffizient von $f_k (k = 1, 2, \dots)$. Nach Wahl der f_k ist $n_1 \leqslant n_2 \leqslant \dots$. Ferner ist $(a_1) \subset (a_1, a_2) \subset \dots$ eine Idealkette, die nicht stationär wird: Angenommen, $(a_1, \dots, a_k) = (a_1, \dots, a_{k+1})$. Dann hat man eine Gleichung $a_{k+1} = \sum_{i=1}^{k} b_i a_i \; (b_i \in R)$. Es ist dann $g := f_{k+1} - \sum_{i=1}^{k} b_i X^{n_{k+1}-n_i} f_i \in I \setminus (f_1, \dots, f_k)$ und von kleinerem Grad als f_{k+1}, im Widerspruch zur Wahl von f_{k+1}.

Korollar 2.4: R sei ein noetherscher Ring und S ein Erweiterungsring von R, der über R (im Ringsinne) endlich erzeugt ist. Dann ist auch S noethersch.

Beweis: S ist ein homomorphes Bild eines Polynomrings $R[X_1, \dots, X_n]$, es genügt daher zu zeigen, daß dieser noethersch ist. Dies folgt aber aus 2.3 durch Induktion nach n.

Speziell sind für einen Hauptidealring R die Polynomringe $R[X_1, \dots, X_n]$ und ihre homomorphen Bilder noethersch, insbesondere $\mathbb{Z}[X_1, \dots, X_n]$ und $K[X_1, \dots, X_n]$ für jeden Körper K. Die letztere Tatsache hat folgende Konsequenzen für algebraische Varietäten:

L/K sei eine Körpererweiterung.

Korollar 2.5: Jede absteigende Kette

$$V_1 \supset V_2 \supset \dots \supset V_i \supset$$

von affinen K-Varietäten $V_i \subset \mathbb{A}^n(L)$ wird stationär.

Dies folgt, weil die Kette $\mathfrak{J}(V_1) \subset \mathfrak{J}(V_2) \subset \ldots$ ihrer Ideale in $K[X_1, \ldots, X_n]$ stationär wird, aus 1.8d).

Korollar 2.6: Für jedes Ideal I von $K[X_1, \ldots, X_n]$ ist $\mathfrak{B}(I)$ eine K-Varietät in $\mathbb{A}^n(L)$.

Denn ist $I = (f_1, \ldots, f_m)$, dann ist $\mathfrak{B}(I)$ die Lösungsmenge des Gleichungssystems $f_i = 0 (i = 1, \ldots, m)$ in $\mathbb{A}^n(L)$.

Korollar 2.7: Ist $\{V_\lambda\}_{\lambda \in \Lambda}$ eine beliebige Familie von K-Varietäten in $\mathbb{A}^n(L)$, dann ist $\bigcap_{\lambda \in \Lambda} V_\lambda$ eine K-Varietät.

Nach 1.8f) ist $\bigcap_{\lambda \in \Lambda} V_\lambda = \mathfrak{B}\left(\sum_{\lambda \in \Lambda} \mathfrak{J}(V_\lambda)\right)$.

Da endliche Vereinigungen und beliebige Durchschnitte von K-Varietäten aus $\mathbb{A}^n(L)$ wieder K-Varietäten sind, bilden die K-Varietäten die abgeschlossenen Mengen einer Topologie auf $\mathbb{A}^n(L)$, der K-*Topologie* oder *Zariski-Topologie* von $\mathbb{A}^n(L)$ bzgl. K. Ist $V \subset \mathbb{A}^n(L)$ eine K-Varietät, so trägt V die Relativtopologie (Zariski-Topologie auf V). Ihre abgeschlossenen Mengen sind die *Untervarietäten* $W \subset V$, also die K-Varietäten, die in V enthalten sind. Diese Topologie wird später noch häufig eine Rolle spielen. Wir verwenden jetzt die Zariski-Topologie, um zu zeigen, daß jede Varietät eine eindeutige Zerlegung in irreduzible Komponenten besitzt.

Definition 2.8: Ein topologischer Raum X heißt *irreduzibel*, wenn gilt: Ist $X = A_1 \cup A_2$ mit abgeschlossenen Teilmengen $A_i \subset X (i = 1, 2)$, dann ist $X = A_1$ oder $X = A_2$. Eine Teilmenge X′ eines topologischen Raums X heißt *irreduzibel*, wenn X′ als Raum mit der induzierten Topologie irreduzibel ist.

Es ist klar, daß eine algebraische K-Varietät genau dann irreduzibel im Sinne von Definition 1.9 ist, wenn sie als topologischer Raum mit der Zariski-Topologie bzgl. K irreduzibel ist.

Lemma 2.9: Für einen topologischen Raum X sind folgende Aussagen äquivalent:

a) X ist irreduzibel.

b) Sind U_1, U_2 offene Mengen von X, und ist $U_i \neq \emptyset (i = 1, 2)$, so ist $U_1 \cap U_2 \neq \emptyset$.

c) Jede nichtleere offene Menge von X ist dicht in X.

Beweis: a) $\longleftrightarrow$ b) folgt aus der Definition 2.8 durch Komplementbildung. b) $\longleftrightarrow$ c) ist klar nach Definition der Dichtheit.

Korollar 2.10: Für eine Teilmenge X' eines topologischen Raums X sind folgende Aussagen äquivalent:

a) X' ist irreduzibel.
b) Sind U_1, U_2 offene Mengen von X mit $U_i \cap X' \neq \emptyset$ $(i = 1, 2)$, so ist $U_1 \cap U_2 \cap X' \neq \emptyset$.
c) Die abgeschlossene Hülle $\overline{X}'$ von X' ist irreduzibel.

Beweis: a) $\longleftrightarrow$ b) ist eine Folge von 2.9 und b) $\longleftrightarrow$ c) ergibt sich, weil eine offene Menge genau dann X' trifft, wenn sie $\overline{X}'$ trifft.

Definition 2.11: Eine *irreduzible Komponente* eines topologischen Raums X ist eine maximale irreduzible Teilmenge von X.

Nach 2.10 sind irreduzible Komponenten abgeschlossen, im Fall einer algebraischen Varietät also Untervarietäten.

Satz 2.12:

a) Jede irreduzible Teilmenge eines topologischen Raums ist in einer irreduziblen Komponente enthalten.
b) Jeder topologische Raum ist Vereinigung seiner irreduziblen Komponenten.

Beweis: Da jeder Punkt $x \in X$ irreduzibel ist, folgt b) aus a). a) ergibt sich mit dem Zornschen Lemma: Für eine irreduzible Teilmenge X' des Raums X betrachte man die Menge M der X' umfassenden irreduziblen Teilmengen von X. M ist nicht leer und für eine vollständig geordnete Familie $\{X_\lambda\}_{\lambda \in \Lambda}$ von Elementen $X_\lambda \in M$ ist auch $Y := \bigcup_{\lambda \in \Lambda} X_\lambda$ ein Element von M: Sind U_1, U_2 offene Mengen mit $U_i \cap Y \neq \emptyset$ $(i = 1, 2)$, so gibt es Indizes $\lambda_1, \lambda_2 \in \Lambda$ mit $U_i \cap X_{\lambda_i} \neq \emptyset$ $(i = 1, 2)$. Ist etwa $X_{\lambda_2} \subset X_{\lambda_1}$, so folgt $U_1 \cap U_2 \cap X_{\lambda_1} \neq \emptyset$ nach 2.10, also $U_1 \cap U_2 \cap Y \neq \emptyset$ und auch Y ist irreduzibel.

Nach dem Zornschen Lemma besitzt M ein maximales Element. Dieses ist eine X' umfassende irreduzible Komponente von X.

Definition 2.13: Ein topologischer Raum X heißt *noethersch*, wenn jede absteigende Kette $A_1 \supset A_2 \supset \dots$ von abgeschlossenen Teilmengen $A_i \subset X$ stationär wird.

Nach 2.5 ist eine K-Varietät V als topologischer Raum mit der Zariski-Topologie noethersch. Es ist klar, daß ein topologischer Raum genau dann noethersch ist, wenn in ihm aufsteigende Ketten offener Mengen stationär werden oder die Maximalbedingung für offene Mengen oder die Minimalbedingung für abgeschlossene Mengen erfüllt ist.

Satz 2.14: Ein noetherscher topologischer Raum besitzt nur endlich viele irreduzible Komponenten. Keine Komponente ist in der Vereinigung der übrigen enthalten.

Beweis (durch noethersche Rekursion): X sei ein noetherscher topologischer Raum und M die Menge aller abgeschlossenen Teilmengen von X, die sich nicht als endliche Vereinigung irreduzibler Teilmengen von X schreiben lassen. Angenommen, M sei nicht leer.

Nach der Minimalbedingung gibt es ein minimales Element $Y \in M$. Y ist nicht irreduzibel, folglich gibt es abgeschlossene Teilmengen Y_1, Y_2 von Y mit $Y = Y_1 \cup Y_2$, $Y_i \neq Y$ $(i = 1, 2)$. Da $Y_i \notin M$, ist Y_i endliche Vereinigung irreduzibler Teilmengen von X, also auch Y, ein Widerspruch.

Da mithin $M = \emptyset$ ist, läßt sich jede abgeschlossene Teilmenge von X, also auch X selbst, als endliche Vereinigung irreduzibler Teilmengen darstellen. Nach 2.12a) ist $X = X_1 \cup \ldots \cup X_n$ mit irreduziblen Komponenten X_i von X, $X_i \neq X_j$ für $i \neq j$.

Ist Y eine beliebige irreduzible Komponente, so folgt aus $Y = \bigcup_{i=1}^{n} (X_i \cap Y)$, daß $Y = X_i \cap Y$ für geeignetes i, also $Y = X_i$ ist, es kommen also alle Komponenten unter den X_i vor. Es kann auch nicht $X_i \subset \bigcup_{j \neq i} X_j$ gelten, denn sonst ergäbe sich $X_i = X_j$ für ein $j \neq i$. Der Satz ist damit bewiesen.

Korollar 2.15: Jede K-Varietät $V \subset \mathbb{A}^n(L)$ besitzt nur endlich viele irreduzible Komponenten $V_1, \ldots, V_s$. Es ist $V = V_1 \cup \ldots \cup V_s$ und in dieser Darstellung ist kein V_i überflüssig.

Man überlegt sich leicht, daß die irreduziblen Komponenten einer Hyperfläche H gerade die irreduziblen Hyperflächen sind, die auch in § 1 als die Komponenten von H bezeichnet wurden.

Die obigen Betrachtungen über topologische Räume sind in der angegebenen allgemeinen Form zweckmäßig, da man sie immer wieder auf Fälle anwenden kann, die in der algebraischen Geometrie vorkommen.

Im nächsten Paragraphen benötigen wir den *Hilbertschen Basissatz für Moduln*. Es werde zunächst an einige Grundbegriffe über Moduln erinnert. Wir betrachten nur R-Moduln M mit $1 \cdot m = m$ für alle $m \in M$.

1. Ein *Erzeugendensystem* von M ist eine Familie $\{m_\lambda\}_{\lambda \in \Lambda}$ von Elementen $m_\lambda \in M$, so daß sich jedes $m \in M$ als Linearkombination von endlich vielen der m_λ mit Koeffizienten aus R darstellen läßt. Wir schreiben dann $M = \langle \{m_\lambda\}_{\lambda \in \Lambda} \rangle$.
2. M heißt *endlich erzeugt*, wenn M ein endliches Erzeugendensystem besitzt, *zyklisch* (oder monogen), wenn M von einem Element erzeugt wird.
3. M heißt *frei*, wenn M eine *Basis* besitzt, d.h. ein linear unabhängiges Erzeugendensystem. Beispielsweise ist $M = R^n$ ein freier R-Modul. Er besitzt bekanntlich eine kanonische Basis. Ist M frei, so ist eine lineare Abbildung $l: M \to N$ in einen R-Modul N schon durch die Bilder der Elemente einer Basis eindeutig festgelegt. Wenn man für die Basiselemente beliebige Bilder in N vorschreibt, so gibt es immer auch eine lineare Abbildung, die auf der Basis die vorgeschriebenen Werte annimmt.
4. Der *Rang eines freien R-Moduls* M ist definitionsgemäß gleich der Kardinalität einer Basis von M. Man kann zeigen, daß diese unabhängig ist von der gewählten Basis. Besitzt M eine (endliche) Basis $\{b_1, \ldots, b_n\}$ und sind $m_i = \sum_{k=1}^{n} r_{ik} b_k$

($i = 1, \dots, n$) Elemente von M, so ist $\{m_1, \dots, m_n\}$ genau dann eine Basis von M, wenn $\det(r_{ik})$ eine Einheit in R ist. Ist M frei vom Rang n, so ist $M \cong R^n$.

Definition 2.16: Ein R-Modul M heißt *noethersch*, wenn jeder Untermodul U von M endlich erzeugt ist.

Satz 2.17: Ist R noethersch und M endlich erzeugter R-Modul, so ist M noethersch.

Beweis: Sei $M = \langle m_1, \dots, m_n \rangle$. Es gibt dann genau eine (surjektive) lineare Abbildung $\varphi : R^n \to M$, welche den i-ten kanonischen Basisvektor e_i auf m_i abbildet ($i = 1, \dots, n$). Es genügt zu zeigen, daß jeder Untermodul $U \subset R^n$ endlich erzeugt ist, denn jeder Untermodul von M ist ein homomorphes Bild eines solchen Moduls.

Für die Elemente $u = (u_1, \dots, u_n) \in U$ bilden die ersten Komponenten u_1 ein Ideal I in R. Dieses ist nach Voraussetzung endlich erzeugt: $I = (u_1^{(1)}, \dots, u_1^{(k)})$. Für $n = 1$ sind wir damit schon fertig.

Im allgemeinen Fall betrachten wir Elemente $u^{(i)} \in U$ mit der ersten Komponente $u_1^{(i)}$ ($i = 1, \dots, k$). Für ein beliebiges $u \in U$ sei $u_1 = \sum_{i=1}^{k} r_i u_1^{(i)}$ ($r_i \in R$). Dann ist $u - \sum_{i=1}^{k} r_i u^{(i)}$ von der Form $(0, u_2^*, \dots, u_n^*)$, somit ein Element von $U \cap R^{n-1}$, wenn R^{n-1} hier den Untermodul von R^n bezeichnet, der aus allen Elementen mit der ersten Komponente 0 besteht. Nach Induktionsvoraussetzung besitzt $U \cap R^{n-1}$ ein endliches Erzeugendensystem $\{v_1, \dots, v_l\}$. Dann ist $\{u^{(1)}, \dots, u^{(k)}, v_1, \dots, v_l\}$ ein Erzeugendensystem von U.

Mit der Schlußweise aus dem obigen Beweis zeigt man auch leicht:

Bemerkung 2.18: Ist R nullteilerfreier Hauptidealring, so besitzt jeder Untermodul $U \subset R^n$ eine Basis (der Länge $\leqslant n$).

Es ist nämlich $I = (u_1^{(1)})$ ein Hauptideal. Ist $u_1^{(1)} = 0$, so ist $U \subset R^{n-1}$ und man ist nach Induktionsvoraussetzung fertig. Ist $u_1^{(1)} \neq 0$, so wähle man ein $u^{(1)} \in U$ mit der ersten Komponente $u_1^{(1)}$. Es ergibt sich, daß $u^{(1)}$ zusammen mit einer Basis von $U \cap R^{n-1}$ eine Basis von U bildet.

Aufgaben:

1. K sei ein algebraisch abgeschlossener Körper. In K^2 betrachte man die Menge C aller Punkte (t^p, t^q) mit festen Zahlen $p, q \in \mathbb{Z}$, $p, q > 0$, wobei t ganz K durchläuft. C ist eine algebraische Varietät. Man bestimme ihr Ideal $\mathfrak{J}(C) \subset K[X_1, X_2]$.
2. K sei ein unendlicher Körper, $V \subset \mathbb{A}^n(K)$ eine endliche Punktmenge. Ihr Ideal $\mathfrak{J}(V)$ in $K[X_1, \dots, X_n]$ wird von n Polynomen erzeugt. (Interpolation!)

3. L/K sei eine Körpererweiterung, wobei L unendlich viele Elemente besitzt. Für $f_1, \dots, f_n \in K[T_1, \dots, T_m]$ betrachte man in $\mathbb{A}^n(L)$ die abgeschlossene Hülle V (in der K-Zariski-Topologie) der Menge V_0 aller Punkte

$$(f_1(t_1, \dots, t_m), \dots, f_n(t_1, \dots, t_m)),$$

wobei $(t_1, \dots, t_m)$ ganz L^m durchläuft. V ist irreduzibel.
Anleitung: Betrachte den K-Homomorphismus

$$K[X_1, \dots, X_n] \to K[T_1, \dots, T_m] \quad (X_i \mapsto f_i(T_1, \dots, T_m))$$

und verwende Satz 1.3a).

(Man sagt in der obigen Situation, daß V durch eine „polynomiale Parameterdarstellung" mit den Parametern $T_1, \dots, T_m$ gegeben sei.)

4. In der Situation von Aufgabe 3 gebe man ein Beispiel dafür an, daß V_0 nicht abgeschlossen zu sein braucht.

5. Für L/K wie in Aufgabe 3 zeige man, daß jede lineare K-Varietät in $\mathbb{A}^n(L)$ irreduzibel ist.

6. Eine irreduzible reelle Varietät $V \subset \mathbb{R}^n$ ist zusammenhängend in der Zariski-Topologie, braucht aber nicht zusammenhängend in der üblichen Topologie der $\mathbb{R}^n$ zu sein. Man gebe hierfür ein Beispiel an.

7. L/K sei eine Körpererweiterung, $V \subset \mathbb{A}^n(K)$ eine K-Varietät, $\overline{V} \subset \mathbb{A}^n(L)$ ihre abgeschlossene Hülle in der L-Topologie von $\mathbb{A}^n(L)$.
   a) Das Ideal $\mathfrak{I}(\overline{V})$ von $\overline{V}$ in $L[X_1, \dots, X_n]$ ist das Erweiterungsideal $\mathfrak{I}(V) \cdot L[X_1, \dots, X_n]$ des Ideals $\mathfrak{I}(V)$ von V in $K[X_1, \dots, X_n]$.
   b) $V = \overline{V} \cap \mathbb{A}^n(K)$.
   c) Ist $\overline{V} = V_1^* \cup \dots \cup V_s^*$ die Zerlegung von $\overline{V}$ in irreduzible Komponenten (bzgl. der L-Topologie) und $V_i := V_i^* \cap \mathbb{A}^n(K)$ $(i = 1, \dots, s)$, so ist $V = V_1 \cup \dots \cup V_s$ die Zerlegung von V in irreduzible Komponenten (bzgl. der K-Topologie von $\mathbb{A}^n(K)$). Ferner ist $V_i^* = \overline{V}_i$, die abgeschlossene Hülle von V_i in $\mathbb{A}^n(L)$. (Im Fall $K = \mathbb{R}$, $L = \mathbb{C}$ heißt $\overline{V}$ die „Komplexifizierung" der $\mathbb{R}$-Varietät $V \subset \mathbb{A}^n(\mathbb{R})$.)

8. $\{r_\lambda\}_{\lambda \in \Lambda}$ sei ein Erzeugendensystem eines endlich erzeugten Moduls (oder Ideals) I. Es gibt endlich viele Indizes λ_i $(i = 1, \dots, n)$, so daß auch $\{r_{\lambda_1}, \dots, r_{\lambda_n}\}$ Erzeugendensystem von I ist.

9. I sei ein Ideal des Polynomrings $K[X_1, \dots, X_n]$ über einem Körper K. Ein Teilkörper $K' \subset K$ heißt *Definitionskörper* von I, wenn I ein Erzeugendensystem, bestehend aus Elementen von $K'[X_1, \dots, X_n]$ besitzt. Man zeige, daß jedes Ideal $I \subset K[X_1, \dots, X_n]$ einen kleinsten Definitionskörper K_0 besitzt (d.h. einen, der in jedem Definitionskörper von I enthalten ist).
Anleitung: $K[X_1, \dots, X_n]/I$ besitzt eine K-Vektorraumbasis, bestehend aus Bildern von Monomen $X_1^{\alpha_1} \dots X_n^{\alpha_n}$. Alle übrigen Monome lassen sich modulo I durch diese als Linearkombination mit Koeffizienten aus K ausdrücken. Man adjungiert alle diese Koeffizienten zum Primkörper von K und erhält K_0.

10. Jeder surjektive Endomorphismus φ eines noetherschen Rings R ist ein Automorphismus.
Anleitung: Betrachte Kern (φ^n) für alle $n \in \mathbb{N}$.

§ 3. Der Hilbertsche Nullstellensatz

Für ein Ideal I des Polynomrings $K[X_1, \dots, X_n]$ über einem Körper K und einen Erweiterungskörper L/K kann die Nullstellenmenge $\mathfrak{V}(I) \subset \mathbb{A}^n(L)$ leer sein. Es gilt jedoch das für die algebraische Geometrie fundamentale

Theorem 3.1: (Hilbertscher Nullstellensatz) Ist L algebraisch abgeschlossen und $I \neq K[X_1, \dots, X_n]$, dann ist $\mathfrak{V}(I)$ nicht leer.

Der Satz ist äquivalent mit einer Aussage über Körpererweiterungen:

Satz 3.2 (Hilbertscher Nullstellensatz, körpertheoretische Form): Ist A/K eine Körpererweiterung und entsteht A aus K durch Ringadjunktion endlich vieler Elemente, dann ist A/K algebraisch.

Aus 3.2 folgt 3.1: Zu I gibt es nämlich ein maximales Ideal M von $K[X_1, \dots, X_n]$ mit $M \supset I$. $A := K[X_1, \dots, X_n]/M$ ist dann ein Körper, der aus K durch Ringadjunktion der Restklassen ξ_i der X_i $(i = 1, \dots, n)$ hervorgeht. Nach 3.2 ist A/K algebraisch, es gibt daher einen K-Homomorphismus $\phi : A \to L$, denn L ist algebraisch abgeschlossen. Es ist dann $(\phi(\xi_1), \dots, \phi(\xi_n)) \in L^n$ eine Nullstelle von M, folglich auch von I.

Umgekehrt folgt 3.2 auch aus 3.1: Geht der Körper A aus K durch Ringadjunktion endlich vieler Elemente hervor, so ist $A \cong K[X_1, \dots, X_n]/M$ mit einem maximalen Ideal M. Nach 3.1 besitzt M eine Nullstelle $(\xi_1, \dots, \xi_n) \in \overline{K}^n$, wobei $\overline{K}$ der algebraische Abschluß von K ist. Man hat einen K-Homomorphismus $K[X_1, \dots, X_n] \to \overline{K}$, $X_i \mapsto \xi_i$ mit dem Kern M und somit einen K-Isomorphismus $A \cong K[\xi_1, \dots, \xi_n]$. Da die ξ_i über K algebraisch sind, ist auch A/K algebraisch.

Der Beweis von 3.2 (nach Artin-Tate [5] und Zariski [83]) beruht auf den beiden folgenden Hilfssätzen:

Lemma 3.3: $R \subset S \subset T$ seien Ringe, R sei noethersch und $T = R[x_1, \dots, x_n]$ mit $x_1, \dots, x_n \in T$. Ferner sei T als S-Modul endlich erzeugt. Dann ist auch S als Ring über R endlich erzeugt.

Beweis: Wir betrachten ein Erzeugendensystem $\{w_1, \dots, w_m\}$ des S-Moduls T, in dem die x_i $(i = 1, \dots, n)$ enthalten sind, und seine „Multiplikationstabelle“:

$$w_i w_k = \sum_{l=1}^{m} a_l^{ik} w_l \qquad (i, k = 1, \dots, m;\ a_l^{ik} \in S).$$

Für $S' := R[\{a_l^{ik}\}_{i,k,l=1,\dots,m}]$ gilt dann

$$T = S'w_1 + \dots + S'w_m,$$

denn mit den a_l^{ik} liegen alle Potenzprodukte der x_i in $S'w_1 + \dots + S'w_m$, also ganz T, da $T = R[x_1, \dots, x_n]$.

Da R noethersch ist, ist auch S' noethersch nach dem Hilbertschen Basissatz für Ringe und T ist ein noetherscher S'-Modul nach dem Hilbertschen Basissatz für Moduln. Da $S' \subset S \subset T$, ergibt sich, daß S als S'-Modul endlich erzeugt ist, folglich auch als Ring über R.

Lemma 3.4: $S = K(Z_1, \dots, Z_t)$ sei ein rationaler Funktionenkörper über einem Körper K, wobei $t > 0$ ist. Dann ist S als Ring über K nicht endlich erzeugbar.

Beweis: Angenommen, $\{x_1, \dots, x_m\}$ sei ein Ringerzeugendensystem von S/K, wobei $x_i = \dfrac{f_i(Z_1, \dots, Z_t)}{g_i(Z_1, \dots, Z_t)}$ $(i = 1, \dots, m)$ mit Polynomen f_i, g_i ist. Jedes Element von S besitzt dann wegen $S = K[x_1, \dots, x_m]$ eine Darstellung als Quotient zweier Polynome aus $K[Z_1, \dots, Z_t]$, wobei im Nenner höchstens solche irreduziblen Polynome aufgehen, die eines der g_i teilen. Für ein Primpolynom p, das keines der g_i teilt, kann $\frac{1}{p}$ nach dem Satz von der eindeutigen Faktorzerlegung in $K(Z_1, \dots, Z_t)$ keine solche Darstellung besitzen. Da $K[Z_1, \dots, Z_t]$ unendlich viele, paarweise nichtassoziierte Primpolynome besitzt, in den g_i aber nur endlich viele Primpolynome aufgehen, gibt es ein solches p, und man ist zu einem Widerspruch gelangt.

Der Beweis von 3.2 ergibt sich nun unmittelbar: Wäre A/K transzendent und $\{Z_1, \dots, Z_t\}$, $t > 0$ eine Transzendenzbasis, so wäre $S := K(Z_1, \dots, Z_t)$ nach 3.3 als Ring über K endlich erzeugt, was nach 3.4 nicht möglich ist. (Für weitere Beweise des Nullstellensatzes siehe Kap. II, § 2 und Kap. II, § 3, Aufgabe 1.)

Korollar 3.5: L/K sei eine Körpererweiterung, wobei L algebraisch abgeschlossen ist. Ein algebraisches Gleichungssystem

$$f_i = 0 \quad (i = 1, \dots, m)$$

mit Polynomen $f_1, \dots, f_m \in K[X_1, \dots, X_n]$ besitzt genau dann eine Lösung in L^n, wenn $(f_1, \dots, f_m) \neq K[X_1, \dots, X_n]$. (Diese Aussage ist von mehr theoretischem Interesse als von praktischem Nutzen.)

Korollar 3.6: Für jedes maximale Ideal M des Polynomrings $K[X_1, \dots, X_n]$ über einem Körper K ist $K[X_1, \dots, X_n]/M$ algebraisch über K. Ist K algebraisch abgeschlossen, so gibt es Elemente $\xi_1, \dots, \xi_n \in K$, so daß

$$M = (X_1 - \xi_1, \dots, X_n - \xi_n).$$

Die erste Aussage folgt aus 3.2. Wenn K algebraisch abgeschlossen ist, so besitzt M eine Nullstelle $(\xi_1, \dots, \xi_n) \in K^n$. Die nicht zu M gehörenden Polynome besitzen dann

$(\xi_1, \dots, \xi_n)$ nicht zur Nullstelle, denn sonst hätte jedes Polynom diese Nullstelle. Es folgt $(X_1 - \xi_1, \dots, X_n - \xi_n) \subset M$. Es ist aber $(X_1 - \xi_1, \dots, X_n - \xi_n)$ selbst schon ein maximales Ideal, daher folgt die zweite Aussage von 3.6.

Der Nullstellensatz läßt sich wie folgt verschärfen:

Satz 3.7: L/K sei eine Körpererweiterung, wobei L algebraisch abgeschlossen ist. Die Zuordnung $V \mapsto \mathfrak{J}(V)$ definiert eine Bijektion der Menge aller K-Varietäten $V \subset \mathbb{A}^n(L)$ auf die Menge aller Ideale I von $K[X_1, \dots, X_n]$ mit $\mathrm{Rad}(I) = I$. Für jedes Ideal I von $K[X_1, \dots, X_n]$ gilt

$$\mathrm{Rad}(I) = \mathfrak{J}(\mathfrak{V}(I)).$$

Beweis: Aus den Regeln 1.8 hat sich schon ergeben, daß die Zuordnung $V \mapsto \mathfrak{J}(V)$ injektiv ist. Daß sie auch surjektiv ist, ergibt sich, wenn die zweite Aussage in 3.7 gezeigt ist.

Für jedes Ideal I von $K[X_1, \dots, X_n]$ ist $\mathrm{Rad}(I) \subset \mathfrak{J}(\mathfrak{V}(I))$. Sei nun $F \in \mathfrak{J}(\mathfrak{V}(I))$, $F \neq 0$. Wir zeigen, daß $F \in \mathrm{Rad}(I)$, mit Hilfe des „Schlusses von Rabinowitsch":

Im Polynomring $K[X_1, \dots, X_n, T]$ mit einer weiteren Unbestimmten T bilden wir das von I und $F \cdot T - 1$ erzeugte Ideal J. Wäre $(x_1, \dots, x_n, t) \in L^{n+1}$ Nullstelle von J, dann wäre $(x_1, \dots, x_n) \in \mathfrak{V}(I)$, folglich $F(x_1, \dots, x_n) \cdot t - 1 = -1$. Da aber $(x_1, \dots, x_n, t)$ auch Nullstelle von $F \cdot T - 1$ ist, ist dies ein Widerspruch. Da J keine Nullstellen besitzt, ist $J = K[X_1, \dots, X_n, T]$ nach 3.1. Man hat dann eine Gleichung

$$1 = \sum_{i=1}^{s} R_i F_i + S(FT - 1)$$

mit $R_i, S \in K[X_1, \dots, X_n, T]$ und $F_i \in I$ $(i = 1, \dots, s)$.
$\varphi : K[X_1, \dots, X_n, T] \to K(X_1, \dots, X_n)$ sei der K-Homomorphismus mit $\varphi(X_i) = X_i$ $(i = 1, \dots, n)$, $\varphi(T) = \frac{1}{F}$. Es gilt dann

$$1 = \sum_{i=1}^{s} \varphi(R_i) \cdot F_i, \quad \varphi(R_i) = \frac{A_i}{F^{\rho_i}} \quad \text{mit } A_i \in K[X_1, \dots, X_n],\ \rho_i \in \mathbb{N}.$$

Mit $\rho := \max_{i=1,\dots,s} \{\rho_i\}$ ergibt sich nun $F^\rho \in (F_1, \dots, F_s)$, also $F \in \mathrm{Rad}(I)$.

Korollar 3.8:

a) Für zwei Ideale $I_1, I_2 \subset K[X_1, \dots, X_n]$ gilt genau dann $\mathfrak{V}(I_1) = \mathfrak{V}(I_2)$, wenn $\mathrm{Rad}(I_1) = \mathrm{Rad}(I_2)$.

b) Zwei algebraische Gleichungssysteme

$$F_i = 0 \ (i = 1, \dots, m) \quad \text{und} \quad G_j = 0 \ (j = 1, \dots, l)$$

besitzen genau dann die gleiche Lösungsmenge in $\mathbb{A}^n(L)$, wenn gilt: Für alle $i \in [1, m]$ existiert ein $\rho_i \in \mathbb{N}$ mit $F_i^{\rho_i} \in (G_1, \dots, G_l)$ und für alle $j \in [1, l]$ ein $\sigma_j \in \mathbb{N}$ mit $G_j^{\sigma_j} \in (F_1, \dots, F_m)$.

Korollar 3.9:

a) K'/K sei eine Körpererweiterung mit $K' \subset L$, $\mathfrak{I}(V)$ das Ideal einer K-Varietät $V \subset \mathbb{A}^n(L)$ in $K[X_1, \ldots, X_n]$. Dann ist

$$\mathrm{Rad}(\mathfrak{I}(V) \cdot K'[X_1, \ldots, X_n])$$

das Ideal von V in $K'[X_1, \ldots, X_n]$.

b) $V \subset \mathbb{A}^n(L)$ und $W \subset \mathbb{A}^m(L)$ seien zwei K-Varietäten, $\mathfrak{I}(V) \subset K[X_1, \ldots, X_n]$ und $\mathfrak{I}(W) \subset K[Y_1, \ldots, Y_m]$ die zugehörigen Ideale. Dann gehört zur Produktvarietät $V \times W \subset \mathbb{A}^{n+m}(L)$ in $K[X_1, \ldots, X_n, Y_1, \ldots, Y_m]$ das Ideal

$$\mathfrak{I}(V \times W) = \mathrm{Rad}(\mathfrak{I}(V), \mathfrak{I}(W)).$$

Diese Aussagen ergeben sich unmittelbar aus der Formel in 3.7.

Im folgenden sei L/K stets eine Körpererweiterung, wobei L algebraisch abgeschlossen ist.

Definition 3.10:

a) Eine K-Algebra, die (als Ring) endlich erzeugt ist über K, heißt eine *affine K-Algebra*.

b) Für eine K-Varietät $V \subset \mathbb{A}^n(L)$ heißt

$$K[V] := K[X_1, \ldots, X_n]/\mathfrak{I}(V)$$

der *Koordinatenring von* V (oder die *affine K-Algebra von* V).

Für $V = \mathbb{A}^n(L)$ ist $K[V] = K[X_1, \ldots, X_n]$. Die in 3.7 angegebene Beziehung zwischen den K-Varietäten von $\mathbb{A}^n(L)$ und den Idealen von $K[X_1, \ldots, X_n]$ läßt sich verallgemeinern: Man betrachtet auf der einen Seite die K-Untervarietäten einer festen Varietät V und auf der andern die Ideale von $K[V]$. Bei der Herleitung dieser Beziehung werden wir von folgenden ringtheoretischen Tatsachen Gebrauch machen, die auch später noch häufig stillschweigend benutzt werden:

R sei ein Ring, $\mathfrak{a}$ ein Ideal von R, $\epsilon: R \to R/\mathfrak{a}$ der kanonische Epimorphismus.

1. Die Abbildung, die jedem Ideal I von $R/\mathfrak{a}$ sein Urbild $\epsilon^{-1}(I)$ in R zuordnet, ist eine inklusionserhaltende Bijektion der Menge aller Ideale von $R/\mathfrak{a}$ auf die Menge aller $\mathfrak{a}$ umfassenden Ideale von R.
2. ϵ induziert einen Isomorphismus
   $R/\epsilon^{-1}(I) \cong \epsilon(R)/I$.
3. Genau dann ist I Primideal (maximales Ideal) in $R/\mathfrak{a}$, wenn $\epsilon^{-1}(I)$ Primideal (maximales Ideal) von R ist.
4. Genau dann gilt $\mathrm{Rad}(I) = I$, wenn $\mathrm{Rad}(\epsilon^{-1}(I)) = \epsilon^{-1}(I)$ ist.

1. und 2. bilden den Inhalt eines der Noetherschen Isomorphiesätze der Ringtheorie, 3. und 4. ergeben sich daraus leicht.

Die Elemente φ des Koordinatenrings $K[V]$ einer K-Varietät $V \subset \mathbb{A}^n(L)$ lassen sich als Funktionen $\varphi: V \to L$ auffassen: Ist $\varphi = F + \mathfrak{J}(V)$ mit $F \in K[X_1, \dots, X_n]$ und $x = (\xi_1, \dots, \xi_n) \in V$, so setzt man

$$\varphi(x) = F(\xi_1, \dots, \xi_n).$$

Dies ist unabhängig von der Wahl des Repräsentanten F der Restklasse φ, so daß man eine wohldefinierte Funktion auf V erhält. Ist beispielsweise $x_i := X_i + \mathfrak{J}(V)$, so ist x_i die *i-te Koordinatenfunktion*: Sie ordnet jedem $(\xi_1, \dots, \xi_n) \in V$ seine i-te Koordinate ξ_i zu.

Für eine Teilmenge I (insbesondere ein Ideal) von $K[V]$ können wir nun von der *Nullstellenmenge* $\mathfrak{V}_V(I)$ von I auf V sprechen (eine K-Untervarietät von V) und für eine Teilmenge $W \subset V$ (insbesondere eine K-Untervarietät von V) vom *Verschwindungsideal* $\mathfrak{J}_V(W)$ in $K[V]$.

Es ergibt sich sofort, daß $\mathfrak{J}_V(W) = \mathfrak{J}(W)/\mathfrak{J}(V)$. Ferner hat man die zu 1.8 analogen Regeln auch für die Operationen $\mathfrak{V}_V$ und $\mathfrak{J}_V$. Aus 3.7 und 1.10 ergibt sich nun folgende allgemeinere Version des Nullstellensatzes:

Satz 3.11: $V \subset \mathbb{A}^n(L)$ sei eine K-Varietät. Die Abbildung $W \mapsto \mathfrak{J}_V(W)$, die jeder K-Varietät $W \subset V$ ihr Ideal $\mathfrak{J}_V(W)$ in $K[V]$ zuordnet, ist eine inklusionsumkehrende Bijektion der Menge aller K-Untervarietäten von V auf die Menge aller Ideale I von $K[V]$ mit $\text{Rad}(I) = I$. Für jedes Ideal I von $K[V]$ ist

$$\text{Rad}(I) = \mathfrak{J}_V(\mathfrak{V}_V(I)).$$

Eine K-Untervarietät $W \subset V$ ist genau dann irreduzibel, wenn $\mathfrak{J}_V(W)$ ein Primideal von $K[V]$ ist.

Durch diesen Satz wird z.B. die Frage, welche irreduziblen Untervarietäten V besitzt, zurückgeführt auf die Frage nach allen Primidealen von $K[V]$.

Wir beenden diesen Paragraphen mit einigen allgemeinen Aussagen über Koordinatenringe affiner Varietäten.

Regeln 3.12:

a) Der Koordinatenring $K[V]$ einer Varietät V ist eine reduzierte affine K-Algebra. Genau dann ist V irreduzibel, wenn $K[V]$ Integritätsring ist.

b) Unter den Voraussetzungen von 3.9a) gilt

$$K'[V] \cong (K' \otimes_K K[V])_{red}.$$

c) Unter den Voraussetzungen von 3.9b) gilt

$$K[V \times W] \cong (K[V] \otimes_K K[W])_{red}$$

d) Ist W eine K-Untervarietät der K-Varietät V, so hat man einen kanonischen Isomorphismus

$$K[W] \cong K[V]/\mathfrak{J}_V(W),$$

der durch die Beschränkung der Funktionen aus $K[V]$ auf W induziert wird.

e) Sind U und W zwei Untervarietäten von V und ist $I \subset K[W]$ das Bild von $\mathfrak{J}_V(U)$ beim kanonischen Epimorphismus $K[V] \to K[W]$, dann gilt

$$\mathfrak{V}_W(I) = U \cap W.$$

f) Jede reduzierte affine K-Algebra A ist K-isomorph zum Koordinatenring einer K-Varietät V (in einem geeigneten affinen Raum $\mathbb{A}^n(L)$).

Beweis:

a) Da $\mathfrak{J}(V) = \text{Rad}(\mathfrak{J}(V))$, ist $K[V]$ reduziert. Genau dann ist $K[V]$ Integritätsring, wenn $\mathfrak{J}(V)$ Primideal ist, d.h. wenn V irreduzibel ist.

b) Nach 3.9a) ist $K'[V] = K'[X_1, \dots, X_n]/\text{Rad}(\mathfrak{J}(V) \cdot K'[X_1, \dots, X_n]) \cong$ $\cong (K'[X_1, \dots, X_n]/\mathfrak{J}(V) \cdot K'[X_1, \dots, X_n])_{red} \cong (K' \otimes_K K[V])_{red}$.

c) Nach 3.9b) ist $K[V \times W] = K[X_1, \dots, X_n, Y_1, \dots, Y_m]/\text{Rad}(\mathfrak{J}(V), \mathfrak{J}(W)) \cong$ $\cong (K[X_1, \dots, X_n, Y_1, \dots, Y_m]/(\mathfrak{J}(V), \mathfrak{J}(W))_{red} \cong (K[V] \otimes_K K[W])_{red}$.

d) Es ist $K[W] = K[X_1, \dots, X_n]/\mathfrak{J}(W) \cong K[X_1, \dots, X_n]/\mathfrak{J}(V)/\mathfrak{J}(W)/\mathfrak{J}(V) \cong K[V]/\mathfrak{J}_V(W)$. Berücksichtigt man, wie die Elemente von $K[V]$ und $K[W]$ als Funktionen aufgefaßt werden, so sieht man, daß die Funktionen aus $K[W]$ gerade die Beschränkungen der Funktionen aus $K[V]$ sind, wobei zwei Funktionen auf V genau dann dieselbe Beschränkung in W besitzen, wenn sie modulo $\mathfrak{J}_V(W)$ kongruent zueinander sind.

e) Es ist $I = \mathfrak{J}_V(U) + \mathfrak{J}_V(W)/\mathfrak{J}_V(W)$ und $\mathfrak{V}_V(\mathfrak{J}_V(U) + \mathfrak{J}_V(W)) = U \cap W$. Hieraus ergibt sich die Behauptung.

f) Ist $A = K[x_1, \dots, x_n]$ mit $x_i \in A (i = 1, \dots, n)$, so ist $A \cong K[X_1, \dots, X_n]/I$ mit einem Ideal $I \subset K[X_1, \dots, X_n]$. Da A reduziert vorausgesetzt ist, folgt $\text{Rad}(I) = I$. Ist V die Nullstellenmenge von I in $\mathbb{A}^n(L)$, so ergibt sich $A \cong K[V]$.

Aufgaben:

1. a) Jedes maximale Ideal im Polynomring $K[X_1, \dots, X_n]$ über einem Körper K wird von n Elementen erzeugt.
   b) R sei ein Ring, $M \subset R[X_1, \dots, X_n]$ ein maximales Ideal, für das $M \cap R$ ein maximales Ideal von R ist, das von p Elementen erzeugt wird. Dann wird M von $p + n$ Elementen erzeugt.
2. A sei eine affine Algebra über einem Körper K, M ein maximales Ideal von A und $B \subset A$ eine K-Unteralgebra. Dann ist $M \cap B$ ein maximales Ideal von B.
3. Für jedes Ideal $I \neq A$ einer affinen Algebra A ist $\text{Rad}(I)$ der Durchschnitt aller I umfassenden maximalen Ideale von A.
4. A sei eine affine Algebra über einem Körper K, d ihre Dimension als K-Vektorraum. A besitzt höchstens d maximale Ideale.
5. Im Polynomring $K[X_1, X_2]$ über einem algebraisch abgeschlossenem Körper K gibt es nur folgende Primideale:
   a) Das Nullideal (0) und das Einheitsideal (1).
   b) Die Hauptideale (f), wobei f ein irreduzibles Polynom ist.
   c) Die maximalen Ideale $(X_1 - \xi_1, X_2 - \xi_2)$, wobei $(\xi_1, \xi_2) \in K^2$.
   (Man verwende § 1, Aufgabe 7 und 3.7.)

6. L/K sei eine Körpererweiterung, wobei L algebraisch abgeschlossen ist. Für einen Punkt $x = (\xi_1, \dots, \xi_n)$ einer affinen K-Varietät $V \subset \mathbb{A}^n(L)$ sei $\varphi_x : K[V] \to L$ die Abbildung, die jeder Funktion $f \in K[V]$ den Funktionswert $f(x) \in L$ zuordnet. Die Abbildung $x \mapsto \varphi_x$ ist eine Bijektion von V auf die Menge $\mathrm{Hom}_K(K[V], L)$ der K-Algebrahomomorphismen von K[V] in L.
7. K sei ein beliebiger Körper, S die Menge aller Polynome aus $K[X_1, \dots, X_n]$, die keine Nullstelle in $\mathbb{A}^n(K)$ besitzen und I ein Ideal von $K[X_1, \dots, X_n]$ mit $I \cap S = \emptyset$. Dann besitzt I eine Nullstelle in $\mathbb{A}^n(K)$.
(Im Beweis dieser *Verallgemeinerung des Nullstellensatzes* kann man die Anleitung zu § 1, Aufgabe 3 benutzen.)

§ 4. Das Spektrum eines Rings

Im vorigen Paragraphen ist die sehr enge Beziehung von algebraischer Geometrie und Ringtheorie erstmals deutlich geworden. Wir besprechen in diesem Paragraphen eine Verallgemeinerung des Begriffs der affinen Varietät, bei dem man von einem beliebigen kommutativen Ring R mit 1 ausgeht. Diese Verallgemeinerung hat sich in der modernen algebraischen Geometrie als sehr bedeutsam erwiesen. Zunächst wird die formale Analogie zum Begriff der affinen Varietät sichtbar werden.

Definition 4.1: Für einen Ring R bezeichnet:

a) Spec(R) die Menge aller Primideale $\mathfrak{p}$ von R, $\mathfrak{p} \neq R$.

b) J(R) die Menge aller Primideale aus Spec(R), die sich als Durchschnitt maximaler Ideale schreiben lassen.

c) Max(R) die Menge aller maximalen Ideale von R.

Spec(R) heißt das *Spektrum*, J(R) das *J-Spektrum* und Max(R) das *Maximalspektrum* von R.

Offensichtlich ist $\mathrm{Max}(R) \subset J(R) \subset \mathrm{Spec}(R)$. Ist X eine dieser Mengen und I ein Ideal von R, so heißt

$$\mathfrak{V}(I) := \{\mathfrak{p} \in X \mid \mathfrak{p} \supset I\}$$

die *Nullstellenmenge* von I in X. Eine Teilmenge $A \subset X$ heißt *abgeschlossen*, wenn es ein Ideal I von R gibt, so daß $A = \mathfrak{V}(I)$ ist.

Für zwei abgeschlossene Mengen $A_k = \mathfrak{V}(I_k)$ $(k = 1, 2)$ von X ist $A_1 \cup A_2 = \mathfrak{V}(I_1 \cap I_2)$ ebenfalls abgeschlossen und für eine Familie $A_\lambda = \mathfrak{V}(I_\lambda)$ abgeschlossener Mengen $(\lambda \in \Lambda)$ ist auch $\bigcap_{\lambda \in \Lambda} A_\lambda = \mathfrak{V}\left(\sum_{\lambda \in \Lambda} I_\lambda\right)$ abgeschlossen in X. Die Mengen $\mathfrak{V}(I)$, wenn I alle Ideale von R durchläuft, sind die abgeschlossenen Mengen einer Topologie auf X, der *Zariski-Topologie* von X.

Offensichtlich tragen Max(R) und J(R) die Relativtopologie zur Zariski-Topologie von Spec(R).

Für eine beliebige Menge $A \subset X$ heißt

$$\mathfrak{I}(A) := \bigcap_{\mathfrak{p} \in A} \mathfrak{p}$$

das *Ideal von* A in R (Verschwindungsideal).

Man hat die

Regel 4.2: Für jede Teilmenge A von X ist $\mathfrak{V}(\mathfrak{I}(A)) = \bar{A}$ die abgeschlossene Hülle von A in X.

Beweis: Aus der Definition von $\mathfrak{I}(A)$ folgt unmittelbar, daß $A \subset \mathfrak{V}(\mathfrak{I}(A))$, also $\bar{A} \subset \mathfrak{V}(\mathfrak{I}(A))$. Ist umgekehrt $\mathfrak{V}(I)$ eine A umfassende abgeschlossene Menge von X, I ein Ideal von R, so gilt $\mathfrak{p} \supset I$ für jedes $\mathfrak{p} \in A$, folglich $I \subset \bigcap_{\mathfrak{p} \in A} \mathfrak{p} = \mathfrak{I}(A)$ und daher $\mathfrak{V}(I) \supset \mathfrak{V}(\mathfrak{I}(A))$, woraus $\mathfrak{V}(\mathfrak{I}(A)) = \bar{A}$ folgt.

Analog zum Hilbertschen Nullstellensatz gilt

Satz 4.3: Es sei $X = \operatorname{Spec}(R)$. Für jedes Ideal I von R ist

$$\mathfrak{I}(\mathfrak{V}(I)) = \operatorname{Rad}(I).$$

Die abgeschlossenen Teilmengen von X entsprechen eineindeutig den Idealen von R, die mit ihrem Radikal übereinstimmen. Inklusionen kehren sich dabei um.

Im Beweis dieses Satzes benützen wir

Lemma 4.4 (Krull): I sei ein Ideal eines Rings R, S eine multiplikativ abgeschlossene Teilmenge von R mit $I \cap S = \emptyset$. Dann besitzt die Menge M aller Ideale J von R mit $I \subset J$ und $J \cap S = \emptyset$ ein maximales Element. Dieses ist ein Primideal von R.

Beweis: Ist $\{J_\lambda\}_{\lambda \in \Lambda}$ eine bzgl. der Inklusion totalgeordnete Familie von Idealen aus M, so ist auch $J := \bigcup_{\lambda \in \Lambda} J_\lambda$ ein Ideal von R mit $I \subset J$ und $J \cap S = \emptyset$. Nach dem Zornschen Lemma besitzt M ein maximales Element $\mathfrak{p}$.

Angenommen, für zwei Elemente $a_1, a_2 \in R \setminus \mathfrak{p}$ gelte $a_1 \cdot a_2 \in \mathfrak{p}$. Da $a_i \notin \mathfrak{p}$, ist $(Ra_i + \mathfrak{p}) \cap S \neq \emptyset$ $(i = 1, 2)$. Es gibt daher Elemente $r_i \in R$, $p_i \in \mathfrak{p}$, so daß

$$r_i a_i + p_i \in S \quad (i = 1, 2).$$

Dann ist aber $(r_1 a_1 + p_1) \cdot (r_2 a_2 + p_2) = r_1 r_2 a_1 a_2 + r_1 a_1 p_2 + r_2 a_2 p_1 + p_1 p_2 \in \mathfrak{p} \cap S$ im Widerspruch zu $\mathfrak{p} \cap S = \emptyset$. $\mathfrak{p}$ ist somit Primideal.

Wendet man das Lemma auf $S = \{1\}$ an, so ergibt sich die bekannte Tatsache, daß jedes Ideal I eines Rings R mit $I \neq R$ in einem maximalen Ideal von R enthalten ist. Ferner hat man

Korollar 4.5: Für jedes Ideal I eines Rings R mit $I \neq R$ ist

$$\mathrm{Rad}(I) = \bigcap_{\substack{\mathfrak{p} \supset I \\ \mathfrak{p} \in \mathrm{Spec}(R)}} \mathfrak{p}.$$

Speziell ist $\bigcap_{\mathfrak{p} \in \mathrm{Spec}(R)} \mathfrak{p} = \mathrm{Rad}(0)$ die Menge aller nilpotenten Elemente von R.

Beweis: Geht man zu R/I über, so erkennt man, daß es genügt, die zweite Aussage zu beweisen. Es ist klar, daß $\bigcap_{\mathfrak{p} \in \mathrm{Spec}(R)} \mathfrak{p}$ alle nilpotenten Elemente von R enthält. Ist $x \in \bigcap_{\mathfrak{p} \in \mathrm{Spec}(R)} \mathfrak{p}$, so betrachte man $S := \{x^n \mid n \in \mathbb{N}\}$. Wäre x nicht nilpotent, so wäre $(0) \cap S = \emptyset$ und es gäbe nach 4.4 ein Primideal $\mathfrak{p}$ mit $\mathfrak{p} \cap S = \emptyset$, entgegen der Voraussetzung $x \in \mathfrak{p}$.

Korollar 4.5 beweist auch Satz 4.3: Es ist $\mathfrak{I}(\mathfrak{V}(I)) = \bigcap_{\mathfrak{p} \in \mathfrak{V}(I)} \mathfrak{p} = \bigcap_{\mathfrak{p} \supset I} \mathfrak{p} = \mathrm{Rad}(I)$. Die weitere Aussage des Satzes folgt nun mit Hilfe von 4.2. (Natürlich wird durch 4.3 kein neuer Beweis des Hilbertschen Nullstellensatzes gegeben.)

Analog zu 1.10 gilt

Satz 4.6: R sei ein Ring, X sein Spektrum, J-Spektrum oder Maximalspektrum. Eine abgeschlossene Teilmenge $A \subset X$ ist genau dann irreduzibel, wenn $\mathfrak{I}(A)$ Primideal ist.

Beweis:

a) A sei irreduzibel und $f \cdot g \in \mathfrak{I}(A)$ für $f, g \in R$. Für jedes $\mathfrak{p} \in A$ ist dann $f \in \mathfrak{p}$ oder $g \in \mathfrak{p}$ und daher $A = (A \cap \mathfrak{V}(f)) \cup (A \cap \mathfrak{V}(g))$. Somit ist $A \subset \mathfrak{V}(f)$ oder $A \subset \mathfrak{V}(g)$, d.h. $f \in \mathfrak{I}(A)$ oder $g \in \mathfrak{I}(A)$.

b) $\mathfrak{I}(A)$ sei ein Primideal und $A = A_1 \cup A_2$ mit abgeschlossenen Mengen $A_1, A_2 \subset A$. Dann ist $\mathfrak{I}(A_i) \supset \mathfrak{I}(A)$ und andererseits $\mathfrak{I}(A) = \mathfrak{I}(A_1 \cup A_2) = \mathfrak{I}(A_1) \cap \mathfrak{I}(A_2)$, also $\mathfrak{I}(A_1) \subset \mathfrak{I}(A)$ oder $\mathfrak{I}(A_2) \subset \mathfrak{I}(A)$. Es folgt $\mathfrak{I}(A_1) = \mathfrak{I}(A)$ oder $\mathfrak{I}(A_2) = \mathfrak{I}(A)$ und nach 4.2 $A_1 = A$ oder $A_2 = A$.

Wir wollen jetzt die Beziehungen zwischen einer affinen Varietät und dem Spektrum ihres Koordinatenrings untersuchen. L/K sei eine Körpererweiterung, wobei L algebraisch abgeschlossen ist, und $V \subset \mathbb{A}^n(L)$ eine K-Varietät.

Für jedes $x \in V$ ist die Menge $\mathfrak{p}_x := \mathfrak{I}_V(\{x\})$ aller Funktionen $\varphi \in K[V]$ mit $\varphi(x) = 0$ ein Primideal $\neq K[V]$. Man hat somit eine Abbildung

$$\begin{aligned} \phi: V &\to \mathrm{Spec}(K[V]). \\ x &\mapsto \mathfrak{p}_x \end{aligned}$$

ϕ ist stetig, denn ist $A = \mathfrak{V}(I)$ ein abgeschlossene Menge von Spec(K [V]), so ist $\phi^{-1}(A) = \{x \in V \mid \mathfrak{p}_x \supset I\}$ die Nullstellenmenge von I in V, also ebenfalls eine abgeschlossene Menge. ϕ ist jedoch i.a. weder injektiv noch surjektiv.

Für $x = (x_1, \dots, x_n) \in V$ ist $\mathfrak{p}_x$ der Kern des K-Epimorphismus $K[V] \to K[x_1, \dots, x_n]$ mit $\varphi \mapsto \varphi(x)$ für alle $\varphi \in K[V]$. Ist $y = (y_1, \dots, y_n) \in V$ ein weiterer Punkt, so gilt $\mathfrak{p}_x = \mathfrak{p}_y$ genau dann, wenn es einen K-Isomorphismus $K[x_1, \dots, x_n] \cong K[y_1, \dots, y_n]$ gibt, der x_i auf y_i abbildet $(i = 1, \dots, n)$. Man nennt in diesem Fall x und y *konjugierte Punkte* über K.

Für viele Zwecke der algebraischen Geometrie kann man konjugierte Punkte identifizieren. Dies wird durch den Übergang von V zu Spec(K [V]) bewirkt.

Die Punkte $x = (x_1, \dots, x_n) \in V$, deren Koordinaten x_i algebraisch über K sind, heißen die *K-algebraischen Punkte* von V. Nach dem Hilbertschen Nullstellensatz gibt es zu jedem $\mathfrak{m} \in \text{Max}(K[V])$ einen K-algebraischen Punkt $x \in V$ mit $\mathfrak{m} = \mathfrak{p}_x$. Somit ist $\phi^{-1}(\text{Max}(K[V]))$ die Menge der K-algebraischen Punkte von V und ϕ bildet diese Menge *auf* Max(K[V]) ab.

Ist speziell K algebraisch abgeschlossen, so induziert ϕ einen Homöomorphismus des Raums V_K aller K-rationalen Punkte von V auf Max(K [V]).

Im allgemeinen Fall zeigen wir, daß $\mathfrak{p} \in \text{Spec}(K[V])$ genau dann in Bild (ϕ) liegt, wenn die zugehörige Untervarietät $\mathfrak{V}_V(\mathfrak{p}) \subset V$ einen „generischen Punkt" besitzt:

Definition 4.7: A sei eine abgeschlossene Menge eines topologischen Raums X. $x \in A$ heißt *generischer Punkt* von A, wenn $A = \overline{\{x\}}$ die abgeschlossene Hülle von $\{x\}$ in X ist.

Wenn A einen generischen Punkt besitzt, dann ist A irreduzibel, denn mit $\{x\}$ ist auch $\overline{\{x\}}$ irreduzibel (2.10).

Für $\mathfrak{p} \in \text{Spec}(K[V])$ gibt es genau dann ein $x \in V$ mit $\mathfrak{p} = \mathfrak{p}_x = \mathfrak{J}_V(\{x\})$, wenn $\mathfrak{V}_V(\mathfrak{p}) = \mathfrak{V}_V(\mathfrak{J}_V(\{x\})) = \overline{\{x\}}$ ist, d.h. wenn x generischer Punkt von $\mathfrak{V}_V(\mathfrak{p})$ ist.

Nicht jede (nichtleere) irreduzible Varietät braucht einen generischen Punkt zu besitzen, ist z.B. L = K, so ist $\overline{\{x\}} = \{x\}$ für jeden Punkt $x \in V$. Ist dagegen der Transzendenzgrad von L über K mindestens n, so hat jede nichtleere irreduzible K-Varietät $V \subset \mathbb{A}^n(L)$ einen generischen Punkt: Man zeigt leicht, daß sich in diesem Fall K [V] durch einen K-Homomorphismus in L einbetten läßt; die Bilder $x_i \in L$ der Koordinatenfunktionen liefern dann einen generischen Punkt $x = (x_1, \dots, x_n)$ von V. Beispielsweise besitzt jede nichtleere irreduzible affine $\mathbb{Q}$-Varietät in $\mathbb{A}^n(\mathbb{C})$ (n beliebig) einen generischen Punkt, da $\mathbb{C}$ unendlichen Transzendenzgrad über $\mathbb{Q}$ besitzt.

Eine Technik der klassischen algebraischen Geometrie (s. [X]) bestand darin, für das Studium der K-Varietäten sogleich Punkte mit Koordinaten aus einem „Universalkörper" L über K zuzulassen (d.h. einem algebraisch abgeschlossenen Erweiterungskörper von unendlichem Transzendenzgrad über K), um stets generische Punkte zur Verfügung zu haben. In diesem Fall ist die obige Abbildung ϕ stets surjektiv. Das Spektrum liefert einen Ersatz für diese Technik:

Satz 4.8: X sei das Spektrum oder J-Spektrum eines Rings R. Jede nichtleere irreduzible abgeschlossene Teilmenge $A \subset X$ besitzt genau einen generischen Punkt $\mathfrak{p}$, nämlich $\mathfrak{p} := \mathfrak{J}(A)$.

Beweis: Ist $\mathfrak{p}$ ein generischer Punkt von A, so gilt nach 4.2 die Formel $A = \overline{\{\mathfrak{p}\}} = \mathfrak{V}(\mathfrak{J}(\{\mathfrak{p}\})) = \mathfrak{V}(\mathfrak{p})$, also $\mathfrak{J}(A) = \mathfrak{J}(\mathfrak{V}(\mathfrak{p}))$. Aus der Definition von $\mathfrak{J}$ und $\mathfrak{V}$ folgt aber sofort, daß $\mathfrak{J}(\mathfrak{V}(\mathfrak{p})) = \mathfrak{p}$ ist, somit $\mathfrak{p} = \mathfrak{J}(A)$.

Allgemein ist $\mathfrak{J}(A) = \bigcap_{\mathfrak{p} \in A} \mathfrak{p}$ nach 4.6 ein Primideal von R. Im Fall $X = J(R)$ sind die $\mathfrak{p} \in A$ Durchschnitte maximaler Ideale, folglich ist auch $\mathfrak{J}(A) \in J(R)$. Wendet man die Regel $\overline{\{x\}} = \mathfrak{V}(\mathfrak{J}(\{x\}))$ auf $x = \mathfrak{J}(A)$ an, so folgt $\overline{\{\mathfrak{J}(A)\}} = \mathfrak{V}(\mathfrak{J}(A)) = A$, d.h. $\mathfrak{J}(A)$ ist in der Tat generischer Punkt von A.

Wie jeder topologische Raum besitzen auch die oben eingeführten Spektren eine Zerlegung in irreduzible Komponenten. Man kann Aussagen über topologische Räume aus § 2 mittels 4.3 in die Sprache der Ringe übersetzen und dadurch Sätze über Ringe erhalten:

Satz 4.9: R sei ein Ring, I ein Ideal von R. Die minimalen Primteiler von I entsprechen eineindeutig den irreduziblen Komponenten der Teilmenge $\mathfrak{V}(I) \subset \mathrm{Spec}(R)$. Insbesondere besitzt jedes Ideal in einem Ring R minimale Primteiler und jedes $\mathfrak{p} \in \mathrm{Spec}(R)$ umfaßt ein minimales Primideal von R. Ferner gilt:

a) Ist Spec(R) ein noetherscher topologischer Raum (z.B. R ein noetherscher Ring), dann besitzt I nur endlich viele minimale Primteiler und R nur endlich viele minimale Primideale.
b) Ist J(R) noethersch, dann besitzt die Menge der Primteiler von I, die in J(R) enthalten sind, nur endlich viele minimale Elemente.

Beweis: Die minimalen Primteiler von I sind gerade die generischen Punkte der irreduziblen Komponenten von $\mathfrak{V}(I)$. Die in 4.9b) genannten Primideale sind die generischen Punkte der irreduziblen Komponenten der Menge $\mathfrak{V}(I) \subset J(R)$.

Wenn ein Ring nur endlich viele minimale Primideale besitzt, kann man etwas über seine Nullteiler aussagen:

Satz 4.10: $R \neq \{0\}$ sei ein Ring mit nur endlich vielen minimalen Primidealen $\mathfrak{p}_1, \dots, \mathfrak{p}_s$. Dann ist $\mathrm{Rad}(0) = \bigcap_{i=1}^{s} \mathfrak{p}_i$. Ferner besteht $\bigcup_{i=1}^{s} \mathfrak{p}_i$ aus lauter Nullteilern. Ist R reduziert, so ist $\bigcup_{i=1}^{s} \mathfrak{p}_i$ die Menge aller Nullteiler von R.

Beweis: Die erste Aussage folgt aus 4.5 und 4.9, die zweite ist nur für $s > 1$ noch zu beweisen. Ist $r \in \mathfrak{p}_j$ für ein $j \in [1,s]$, dann wähle man ein $t \in \bigcap_{i \neq j} \mathfrak{p}_i$, $t \notin \mathfrak{p}_j$. Ein solches gibt es, denn sonst wäre $\bigcap_{i \neq j} \mathfrak{p}_i \subset \mathfrak{p}_j$ und es folgte $\mathfrak{p}_i \subset \mathfrak{p}_j$ für ein $i \neq j$, im Widerspruch zur Annahme, daß $\mathfrak{p}_j$ minimal ist. Aus $rt \in \bigcap_{i=1}^{s} \mathfrak{p}_i$ folgt $(rt)^\rho = 0$ für geeignetes

$\rho \in \mathbb{N}$. Da $t \notin \mathfrak{p}_j$, ist $t^\rho \neq 0$. Es gibt daher ein $\sigma \in \mathbb{N}$ mit $r^\sigma t^\rho \neq 0$, $r^{\sigma+1} t^\rho = 0$, d.h. r ist Nullteiler von R.

Ist R reduziert, so ist $\bigcap_{i=1}^{s} \mathfrak{p}_i = (0)$. Ist $r \in R$ Nullteiler, so gibt es ein $t \in R \setminus \{0\}$ mit $rt = 0$. Es gibt auch ein $j \in [1, s]$ mit $t \notin \mathfrak{p}_j$. Aus $rt = 0 \in \mathfrak{p}_j$ folgt $r \in \mathfrak{p}_j$.

Wir wollen jetzt die Spektren verschiedener Ringe miteinander vergleichen. $\alpha : R \to S$ sei ein Ringhomomorphismus. Für jedes $\mathfrak{p} \in \operatorname{Spec}(S)$ ist $\alpha^{-1}(\mathfrak{p}) \in \operatorname{Spec}(R)$. Durch α wird daher eine Abbildung

$$\operatorname{Spec}(\alpha) : \operatorname{Spec}(S) \to \operatorname{Spec}(R), \qquad \operatorname{Spec}(\alpha)(\mathfrak{p}) = \alpha^{-1}(\mathfrak{p})$$

induziert.

Bemerkung 4.11: $\operatorname{Spec}(\alpha)$ ist stetig.

Ist nämlich $A = \mathfrak{V}(I)$ eine abgeschlossene Menge von Spec(R) mit einem Ideal I von R, so ist

$$\begin{aligned}\operatorname{Spec}(\alpha)^{-1}(A) &= \{\mathfrak{p} \in \operatorname{Spec}(S) \mid \alpha^{-1}(\mathfrak{p}) \supset I\} \\ &= \{\mathfrak{p} \in \operatorname{Spec}(S) \mid \mathfrak{p} \supset \alpha(I) \cdot S\} = \mathfrak{V}(\alpha(I) \cdot S),\end{aligned}$$

wobei $\alpha(I) \cdot S$ das von $\alpha(I)$ in S erzeugte Ideal ist. Das Urbild einer abgeschlossenen Menge von Spec(R) ist also abgeschlossen in Spec(S), d.h. $\operatorname{Spec}(\alpha)$ ist stetig.

Satz 4.12: Ist α surjektiv mit dem Kern I, so induziert $\operatorname{Spec}(\alpha)$ einen Homöomorphismus von Spec(S) auf $\mathfrak{V}(I) \subset \operatorname{Spec}(R)$. Genau dann ist $\operatorname{Spec}(\alpha)$ ein Homöomorphismus von Spec(S) auf Spec(R), wenn I nur aus nilpotenten Elementen besteht.

Beweis: Daß $\operatorname{Spec}(\alpha)$ eine Bijektion von Spec(S) auf $\mathfrak{V}(I)$ ist, ist eine Umformulierung der Aussage, daß sich die Primideale $\mathfrak{p}$ von S und ihre Urbilder $\alpha^{-1}(\mathfrak{p})$ in R eineindeutig entsprechen und diese gerade die I umfassenden Primideale von R sind. Ist $A = \mathfrak{V}(J)$ eine abgeschlossene Menge von Spec(S), so ist $\operatorname{Spec}(\alpha)(A) = \mathfrak{V}(\alpha^{-1}(J))$ eine abgeschlossene Teilmenge von $\mathfrak{V}(I)$, somit ist die obige Bijektion sogar ein Homöomorphismus.

Nach 4.5 ist genau dann $\mathfrak{V}(I) = \operatorname{Spec}(R)$, wenn $\operatorname{Rad}(I) = \operatorname{Rad}(0)$ ist, d.h. wenn I nur aus nilpotenten Elementen besteht.

Nach 4.12 ist speziell $\operatorname{Spec}(R_{red}) \to \operatorname{Spec}(R)$ ein Homöomorphismus. Wir sehen, daß das Paar (R, Spec(R)) mehr Information enthält, als der topologische Raum Spec(R) allein. Man betrachtet in der modernen algebraischen Geometrie die Paare (R, Spec(R)) als die zu studierenden Objekte der affinen Geometrie, wir wollen sie für den Augenblick *„affine Schemata"* nennen (für den genaueren Begriff eines affinen Schemas s. [M] oder [N] (vgl. auch Kap. III, § 4, Aufgabe 1); einige mit diesem Begriff verknüpfte Ideen lassen sich aber auch in unserer vereinfachten Darstellung deutlich machen).

Als *abgeschlossenes Unterschema* eines affinen Schemas (R, Spec (R)) verstehen wir ein Paar (R/I, Spec (R/I)), wobei I ein Ideal von R ist. Spec (R/I) identifiziert sich nach 4.12 mit der abgeschlossenen Menge $\mathfrak{V}(I)$ von Spec (R), diese Menge ist aber noch mit dem Ring R/I versehen. Im Gegensatz zur klassischen algebraischen Geometrie (Satz 3.7) entsprechen sich die abgeschlossenen Unterschemata von (R, Spec (R)) und die Ideale von R eineindeutig.

Für zwei abgeschlossene Unterschemata $(R/I_k, \mathrm{Spec}(R/I_k))$ $(k = 1, 2)$ heißt $(R/I_1 \cap I_2, \mathrm{Spec}(R/I_1 \cap I_2))$ ihre *Vereinigung* und $(R/I_1 + I_2, \mathrm{Spec}(R/I_1 + I_2))$ ihr *Durchschnitt*. Da

$$\mathfrak{V}(I_1 \cap I_2) = \mathfrak{V}(I_1) \cup \mathfrak{V}(I_2) \quad \text{und} \quad \mathfrak{V}(I_1 + I_2) = \mathfrak{V}(I_1) \cap \mathfrak{V}(I_2),$$

handelt es sich mengentheoretisch tatsächlich um Vereinigung und Durchschnitt.

Der Begriff des Schemas eröffnet die Möglichkeit, von „mehrfach zu zählenden Varietäten" zu sprechen. Wir deuten dies durch einige Beispiele an:

Es sei $R := K[X, Y]$ der Polynomring über einem algebraisch abgeschlossenen Körper K. $\mathrm{Spec}(R/(X^2))$ identifiziert sich topologisch mit der Gerade $X = 0$ in K^2 (Y-Achse). Das affine Schema $(R/(X^2), \mathrm{Spec}(R/(X^2)))$ läßt sich dagegen als die „doppelt zu zählende Y-Achse" auffassen (ähnlich wie man sagt, durch $X^2 = 0$ werde eine „Doppelgerade" definiert). (R/(X), Spec (R/(X))) ist ein echtes abgeschlossenes Unterschema von $(R/(X^2), \mathrm{Spec}(R/X^2))$ mit dem gleichen „unterliegenden topologischen Raum".

Das affine Schema $(R/(X^2, XY), \mathrm{Spec}(R/(X^2, XY))$ ist wegen $(X^2, XY) = (X) \cap (X^2, Y)$ die Vereinigung der beiden affinen Schemata

$$\begin{array}{lll} (R/(X), & \mathrm{Spec}(R/(X))) & \text{(Y-Achse)} \\ (R/(X^2, Y), & \mathrm{Spec}(R/(X^2, Y)) & \text{(Ursprung, doppelt zu zählen).} \end{array}$$

Man kann es interpretieren als Y-Achse, auf der der Ursprung doppelt zu zählen ist, die übrigen Punkte einfach (Fig. 7).

Die Notwendigkeit, mehrfach zu zählende Varietäten zu betrachten, ergibt sich, wenn man Schnitte algebraischer Varietäten genauer untersuchen will. Wir illustrieren dies an Beispielen:

Die Varietät $V: X_1X_3 = X_2X_3 = 0$ wird von der Ebene $X_1 - X_3 = 0$ in der Geraden $X_1 = X_3 = 0$ geschnitten (Fig. 8). Für den Schnitt der entsprechenden Schemata ergibt sich wegen $K[X_1, X_2, X_3]/(X_1X_3, X_2X_3, X_1 - X_3) \cong K[X_1, X_2]/(X_1^2, X_1X_2)$ die Gerade mit dem doppelt zu zählenden Nullpunkt, der Tatsache entsprechend, daß der Ursprung auf 2 verschiedenen irreduziblen Komponenten von V liegt.

Schneidet man den Kegel $X_1^2 + X_2^2 - X_3^2 = 0$ mit der Ebene $X_1 = 0$, so erhält man (falls Char $K \neq 2$) wegen

$$(X_1^2 + X_2^2 - X_3^2, X_1) = (X_1, X_2 + X_3) \cap (X_1, X_2 - X_3)$$

als Schnittschema die Vereinigung zweier „einfach zu zählender" Geraden. (Dies ist immer der Fall, wenn die Schnittebene nicht „tangential" zum Kegel ist (Fig. 9).) Dagegen ergibt sich als Schnitt mit der Ebene $X_1 - X_3 = 0$ wegen $(X_1^2 + X_2^2 - X_3^2, X_1 - X_3) = (X_2^2, X_1 - X_3)$ die „doppelt zu zählende" Gerade $X_1 - X_3 = X_2 = 0$ (Fig. 10). Allgemein schneidet eine

Fig. 7

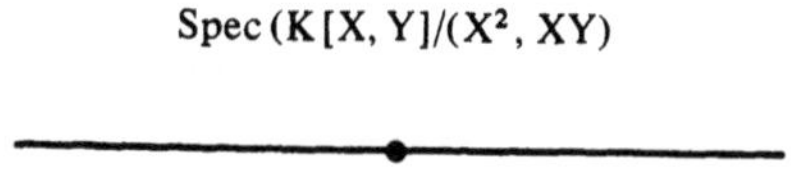

Gerade mit doppelt zu zählendem Punkt

Fig. 8

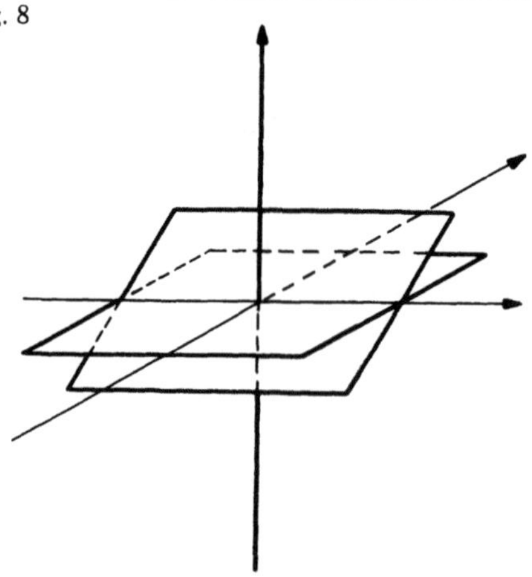

Schnitt der Varietät $X_1 X_3 = X_2 X_3 = 0$ mit der Ebene $X_2 - X_3 = 0$

Fig. 9

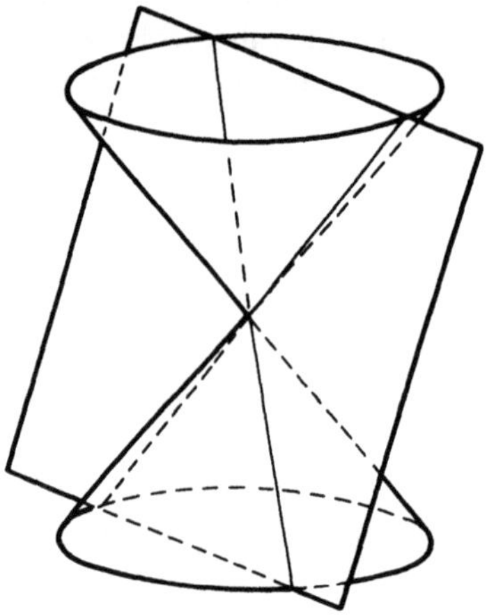

Fig. 10

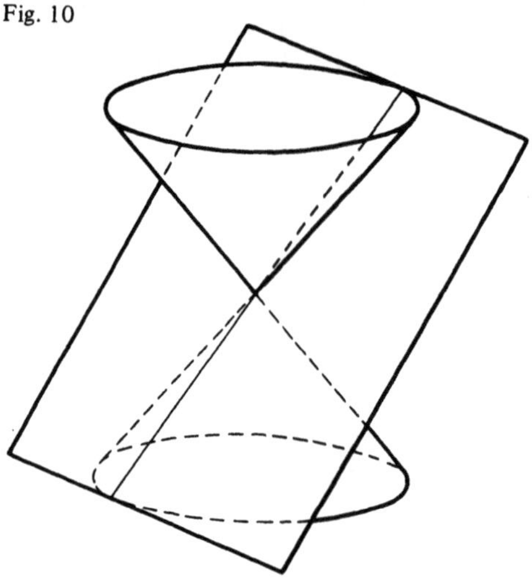

Ebene durch die Spitze des Kegels (bei algebraisch abgeschlossenem Koordinatenkörper) immer in 2 Geraden, wenn man „mit Vielfachheit zählt".

In der Multiplizitätstheorie der Schemata werden die obigen Andeutungen präziser gefaßt.

Aufgaben:

1. R sei ein Ring. Genau dann ist Spec (R) irreduzibel, wenn R_{red} ein Integritätsring ist.
2. Ein Element e eines Rings R heißt *idempotent*, wenn $e^2 = e$ ist.

   a) $e \in R$ ist genau dann idempotent, wenn $1 - e$ es ist.

b) Ist $1 = e_1 + e_2$ mit Nichteinheiten $e_1, e_2 \in R$ und ist $e_1 \cdot e_2$ nilpotent, dann gibt es ein idempotentes Element $e \in R$ mit $e \neq 0, e \neq 1$.

c) Spec(R) ist genau dann ein zusammenhängender topologischer Raum, wenn es in R kein idempotentes Element $\neq 0,1$ gibt.

3. Man gebe einen Ring mit unendlich vielen minimalen Primidealen an.
4. L/K sei eine Körpererweiterung, $V \subset \mathbb{A}^n(L)$ eine K-Varietät und $W \subset V$ eine irreduzible Untervarietät, die einen generischen Punkt x besitzt. $\varphi \in K[V]$ verschwindet genau dann auf ganz W, wenn $\varphi(x) = 0$ ist.
5. Unter den Voraussetzungen von Aufgabe 4 ist $(x_1, \ldots, x_n) \in \mathbb{A}^n(L)$ genau dann generischer Punkt von V, wenn der K-Homomorphismus $K[V] \to K[x_1, \ldots, x_n]$ $(\varphi \mapsto \varphi(x_1, \ldots, x_n))$ ein Isomorphismus ist. Ist dies der Fall, so gehört $(y_1, \ldots, y_n) \in \mathbb{A}^n(L)$ genau dann zu V, wenn es einen K-Homomorphismus $\alpha: K[x_1, \ldots, x_n] \to K[y_1, \ldots, y_n]$ mit $\alpha(x_i) = y_i$ $(i = 1, \ldots, n)$ gibt. (Man sagt in diesem Fall $(y_1, \ldots, y_n)$ sei eine *Spezialisierung* von $(x_1, \ldots, x_n)$.)
6. Für eine affine Algebra A über einem Körper K ist J(A) = Spec(A). Ist B irgendeine K-Algebra und $\alpha: B \to A$ ein K-Homomorphismus, dann ist $\text{Spec}(\alpha)(\text{Max}(A)) \subset \text{Max}(B)$.

§ 5. Projektive Varietäten und homogenes Spektrum

Der n-dimensionale projektive Raum $\mathbb{P}^n(L)$ über einem Körper L ist die Menge aller Geraden durch den Ursprung von L^{n+1}. Ein Punkt $x \in \mathbb{P}^n(L)$ kann repräsentiert werden durch ein (n + 1)-tupel $(x_0, \ldots, x_n) \neq (0, \ldots, 0)$ aus L^{n+1} und $(x'_0, \ldots, x'_n) \in L^{n+1}$ definiert genau dann denselben Punkt, wenn es ein $\lambda \in L^\times$ gibt mit $(x_0, \ldots, x_n) = \lambda(x'_0, \ldots, x'_n)$. Ein x repräsentierendes (n + 1)-tupel $(x_0, \ldots, x_n)$ heißt ein *System homogener Koordinaten* von x. Wir schreiben $x = \langle x_0, \ldots, x_n \rangle$. Eine *projektive Koordinatentransformation* ist eine Abbildung $\mathbb{P}^n(L) \to \mathbb{P}^n(L)$, die mittels einer Matrix $A \in Gl(n + 1, L)$ durch die Gleichung

$$(Y_0, \ldots, Y_n) = (X_0, \ldots, X_n) \cdot A \tag{1}$$

gegeben wird.

Ist K ein Teilkörper von L und $F \in K[X_0, \ldots, X_n]$, so heißt $x \in \mathbb{P}^n(L)$ *Nullstelle von* F, wenn $F(x_0, \ldots, x_n) = 0$ für *jedes* System $(x_0, \ldots, x_n)$ homogener Koordinaten von x. Ist F homogen, so genügt es, daß diese Bedingung für *ein* System $(x_0, \ldots, x_n)$ mit $x = \langle x_0, \ldots, x_n \rangle$ erfüllt ist. Ist allgemein $F = F_0 + \ldots + F_d$ die Zerlegung von F in homogene Polynome F_k vom Grad k und ist L ein unendlicher Körper, so gilt $F(x) = 0$ genau dann, wenn $F_k(x_0, \ldots, x_n) = 0$ für alle k und ein $(x_0, \ldots, x_n)$ mit $x = \langle x_0, \ldots, x_n \rangle$. Es ist nämlich

$$F(\lambda(x_0, \ldots, x_n)) = F_0(x_0, \ldots, x_n) + \lambda F_1(x_0, \ldots, x_n) + \ldots + \lambda^d F_d(x_0, \ldots, x_n)$$

und die rechte Seite verschwindet genau dann für unendlich viele $\lambda \in L$, wenn $F_k(x_0, \ldots, x_n) = 0$ für $k = 0, \ldots, d$.

Projektive Varietäten sind die Lösungsmengen von algebraischen Gleichungssystemen mit lauter homogenen Polynomen:

Definition 5.1: $V \subset \mathbb{P}^n(L)$ heißt *projektive algebraische K-Varietät*, wenn es homogene Polynome $F_1, \dots, F_m \in K[X_0, \dots, X_n]$ gibt, so daß V die Menge aller gemeinsamen Nullstellen der F_i in $\mathbb{P}^n(L)$ ist.

Der Begriff ist invariant gegenüber Koordinatentransformationen (1), wenn A nur Koeffizienten aus K besitzt. Die Lösungsmengen homogener linearer Gleichungssysteme heißen *lineare Varietäten*. Hat das Gleichungssystem den Rang $n - d$, so erhält man eine d-dimensionale lineare Varietät, für $d = 1$ speziell eine *projektive Gerade*. Eine *projektive Hyperfläche* wird durch eine Gleichung $F = 0$ mit einem nicht konstanten homogenen Polynom F gegeben. Ist dieses linear, so spricht man von einer *projektiven Hyperebene*.

Ein Vorteil des Arbeitens im Projektiven besteht darin, daß man dort stärkere Schnittpunktsätze hat als im Affinen, wodurch oft lästige Fallunterscheidungen vermieden werden. Wir geben hierzu zwei Beispiele, die sich später als Spezialfälle eines allgemeineren Satzes erweisen werden (Kap. V.3.10):

Satz 5.2: L sei algebraisch abgeschlossen, $n \geqslant 2$.

a) Eine lineare Varietät der Dimension $d \geqslant 1$ und eine Hyperfläche schneiden sich stets.

b) Je zwei projektive Hyperflächen schneiden sich.

Beweis:

a) Es genügt, die Behauptung für $d = 1$ zu zeigen. Nach einer Koordinatentransformation können wir annehmen, daß die Gerade durch das System $X_2 = \dots = X_n = 0$ gegeben wird. Wird die Hyperfläche durch $F = 0$ definiert, so ist $F(X_0, X_1, 0, \dots, 0)$ ein homogenes Polynom in X_0, X_1 von positivem Grad (oder $\equiv 0$). Es gibt dann, da L algebraisch abgeschlossen ist, Elemente $x_0, x_1 \in L$, die nicht beide Null sind, so daß $F(x_0, x_1, 0, \dots, 0) = 0$. $x := \langle x_0, x_1, 0, \dots, 0\rangle$ ist dann ein Schnittpunkt.

b) Die beiden Hyperflächen seien durch die Gleichungen $F = 0$ und $G = 0$ mit nicht konstanten homogenen Polynomen $F, G \in L[X_0, \dots, X_n]$ gegeben. Wir können annehmen, daß F und G irreduzibel sind und nicht zueinander assoziiert. (Die irreduziblen Faktoren homogener Polynome sind wieder homogen.) Durch geeignete Wahl des Koordinatensystems können wir erreichen, daß $\langle 0, \dots, 0,1\rangle$ auf keiner der beiden Hyperflächen liegt. Faßt man dann F und G als Polynome in X_n mit Koeffizienten aus $L[X_0, \dots, X_{n-1}]$ auf, dann liegt ihr höchster Koeffizient in L.

F und G sind auch als Elemente von $L(X_0, \dots, X_{n-1})[X_n]$ teilerfremd. Man hat dann eine Gleichung

$$1 = R \cdot F + S \cdot G \qquad (R, S \in L(X_0, \dots, X_{n-1})[X_n]).$$

Nach Multiplikation mit dem Produkt der Nenner aller Koeffizienten aus $L(X_0, \dots, X_{n-1})$ von R und S ergibt sich eine Gleichung

$$N = A \cdot F + B \cdot G \qquad (A, B \in L[X_0, \dots, X_n], N \in L[X_0, \dots, X_{n-1}]).$$

Da F und G homogen sind und nicht konstant, kann man (nach Zerlegung von N, A, B in homogene Komponenten) auch eine solche Gleichung mit homogenen Polynomen

N, A, B finden, wobei N nicht konstant ist. Nach Division von A durch G mit Rest kann man auch noch annehmen, daß Grad(A) < Grad(G) ist. Schließlich kann man noch voraussetzen, daß kein irreduzibler Teiler von N eines der Polynome A oder B teilt, denn teilt er eines, dann beide, und er kann gekürzt werden.

Ist φ ein irreduzibler Faktor von N, so gibt es eine Nullstelle $(x_0, \dots, x_{n-1}) \in L^n$, $(x_0, \dots, x_{n-1}) \neq (0, \dots, 0)$ von φ, die nicht zugleich Nullstelle aller Koeffizienten von A ist, wenn A als Polynom in X_n mit Koeffizienten aus $L[X_0, \dots, X_{n-1}]$ aufgefaßt wird, denn andernfalls würden diese Koeffizienten zu $\mathfrak{J}(\mathfrak{V}(\varphi)) = (\varphi)$ gehören, also sämtlich durch φ geteilt werden. Aus der in $L[X_n]$ bestehenden Gleichung

$$0 = A(x_0, \dots, x_{n-1}, X_n) \cdot F(x_0, \dots, x_{n-1}, X_n) + \\ + B(x_0, \dots, x_{n-1}, X_n) \cdot G(x_0, \dots, x_{n-1}, X_n)$$

ergibt sich wegen

$$\mathrm{Grad}_{X_n} A < \mathrm{Grad}_{X_n} G, \text{ daß } F(x_0, \dots, x_{n-1}, X_n) \text{ und } G(x_0, \dots, x_{n-1}, X_n)$$

einen nicht konstanten Teiler aus $L[X_n]$ gemeinsam haben, also auch eine gemeinsame Nullstelle $x_n \in L$, q.e.d.

Wir wollen jetzt analog wie im Affinen den Zusammenhang zwischen projektiven Varietäten und der Idealtheorie herstellen. Dazu führen wir zunächst einige allgemeine ringtheoretische Begriffe ein, durch welche Begriffe wie der Grad eines Polynoms und die Zerlegung eines Polynoms in homogene Komponenten verallgemeinert werden.

Definition 5.3: Eine *Graduierung* eines Rings G ist eine Familie $\{G_k\}_{k \in \mathbb{Z}}$ von Untergruppen G_k der additiven Gruppe von G, wobei gilt

a) $G = \bigoplus_{k \in \mathbb{Z}} G_k$.

b) $G_i \cdot G_j \subset G_{i+j}$ für alle $i, j \in \mathbb{Z}$.

G heißt *graduierter Ring*, wenn er mit einer Graduierung $\{G_k\}_{k \in \mathbb{Z}}$ versehen ist. Ist $G_k = 0$ für $k < 0$, so heißt G *positiv graduiert*. Die Elemente aus G_k sind die *homogenen Elemente vom Grad* k aus G. Wird $g \in G$ gemäß a) in der Form $g = \sum_{k \in \mathbb{Z}} g_k$ $(g_k \in G_k)$ geschrieben, so heißt g_k die *homogene Komponente* k-ten Grades von g.

Beispiele:

1. Jeder Polynomring $G = R[X_1, \dots, X_n]$ über einem Ring R ist positiv graduiert: Die homogenen Elemente vom Grad k sind die homogenen Polynome k-ten Grades: $\sum_{\nu_1 + \dots + \nu_n = k} \rho_{\nu_1 \dots \nu_n} X_1^{\nu_1} \dots X_n^{\nu_n}$. Wir nennen diese Graduierung die *kanonische Graduierung des Polynomrings*.

2. Der Polynomring kann jedoch auch noch mit anderen Graduierungen versehen werden: Sei $(\alpha_1, \dots, \alpha_n) \in \mathbb{Z}^n$ gegeben. G_k sei jetzt die Menge der Polynome $\sum\limits_{\alpha_1\nu_1+\dots+\alpha_n\nu_n=k} \rho_{\nu_1\dots\nu_n} X_1^{\nu_1} \dots X_n^{\nu_n}$. („Quasihomogene" Polynome vom Typ $(\alpha_1, \dots, \alpha_n)$ und Grad k.)

Ist $\{G_k\}_{k\in\mathbb{Z}}$ eine Graduierung auf einem Ring G, so ist G_0 wegen 5.3b) ein Unterring von G mit $1 \in G_0$. Ist nämlich $1 = \sum\limits_{k\in\mathbb{Z}} e_k$ die Zerlegung der Eins in homogene Komponenten, so gilt für jedes homogene Element $g \in G$ die Gleichung $g = 1 \cdot g = \sum\limits_{k\in\mathbb{Z}} e_k \cdot g$ und durch Koeffizientenvergleich folgt $g = e_0 \cdot g$. Dann ist aber auch $g = e_0 \cdot g$ für jedes $g \in G$, d.h. $e_0 = 1$.

Definition 5.4: Ein Ideal eines graduierten Rings heißt *homogen*, wenn es sich durch homogene Elemente erzeugen läßt.

Lemma 5.5: Für ein Ideal I eines graduierten Rings G sind folgende Aussagen äquivalent:
a) I ist homogen.
b) Für jedes $a \in I$ gehören auch die homogenen Komponenten a_k von a zu $I\,(k \in \mathbb{Z})$.
c) G/I ist ein graduierter Ring mit der Graduierung $\{(G/I)_k\}_{k\in\mathbb{Z}}$, wobei $(G/I)_k := G_k + I/I$ für alle $k \in \mathbb{Z}$.

Beweis:

a) → b). $\{b_\lambda\}_{\lambda\in\Lambda}$ sei ein Erzeugendensystem von I, bestehend aus homogenen Elementen b_λ vom Grad d_λ. Ferner sei $a = \sum\limits_{i=1}^{m} r_{\lambda_i} b_{\lambda_i}$ ein Element von I und $r_{\lambda_i} = \sum\limits_{k\in\mathbb{Z}} r_{\lambda_i}^{(k)}$ die Zerlegung von r_{λ_i} in homogene Komponenten. Dann ist $a = \sum\limits_{k\in\mathbb{Z}} a_k$ mit

$$a_k := r_{\lambda_1}^{(k-d_{\lambda_1})} \cdot b_{\lambda_1} + \dots + r_{\lambda_m}^{(k-d_{\lambda_m})} \cdot b_{\lambda_m},$$

wobei a_k vom Grad k ist. Offensichtlich ist $a_k \in I$ für alle $k \in \mathbb{Z}$.

b) → a). Ist irgendein Erzeugendensystem von I gegeben, so bildet die Menge aller homogenen Komponenten aller Elemente des Erzeugendensystems ebenfalls ein Erzeugendensystem von I.

b) → c). Es ist klar, daß $G/I = \sum\limits_{k\in\mathbb{Z}} (G/I)_k$ ist. Daher genügt es zu zeigen, daß die Darstellung eines Elements aus G/I als Summe von Elementen aus den $(G/I)_k$ eindeutig ist. Angenommen, $\sum\limits_{k\in\mathbb{Z}} \bar{g}_k = 0$ mit $\bar{g}_k \in (G/I)_k$, also $\bar{g}_k = g_k + I$ mit einem $g_k \in G_k$.

Es ist dann $\sum'_{k \in \mathbb{Z}} g_k \in I$ und somit $g_k \in I$, also $\bar{g}_k = 0$ für alle $k \in \mathbb{Z}$.

c) → b). $a = \sum'_{k \in \mathbb{Z}} a_k$ sei ein Element von I, $a_k \in G_k$ für alle $k \in \mathbb{Z}$. Dann gilt $\sum'_{k \in \mathbb{Z}} \bar{a}_k = 0$ in G/I, wenn $\bar{a}_k$ die Restklasse von a_k ist. Es folgt $a_k \in I$ für alle $k \in \mathbb{Z}$.

In der Situation von 5.5 wird G/I stets als graduierter Ring mit der durch 5.5c) gegebenen Graduierung betrachtet. Ist I endlich erzeugt, so besitzt I auch ein *endliches* Erzeugendensystem aus lauter homogenen Elementen. Sind I und J homogene Ideale von G, so sind auch ihre Summe, ihr Produkt und ihr Durchschnitt homogen. Ferner ist das Bild von J in G/I ein homogenes Ideal von G/I und das Urbild eines homogenen Ideals aus G/I in G ist ebenfalls homogen.

Unter den in 5.1 gemachten Voraussetzungen definiert man analog wie im Affinen für eine nichtleere projektive K-Varietät $V \subset \mathbb{P}^n(L)$ das *Verschwindungsideal* $\mathfrak{J}(V) \subset K[X_0, \dots, X_n]$ als die Menge aller Polynome, die in allen Punkten von V verschwinden. Ferner setzt man $\mathfrak{J}(\emptyset) := (X_0, \dots, X_n)$. Ist L ein unendlicher Körper, so ist $\mathfrak{J}(V)$ stets ein homogenes Ideal mit $\text{Rad}(\mathfrak{J}(V)) = \mathfrak{J}(V)$. $K[V] := K[X_0, \dots, X_n]/\mathfrak{J}(V)$ heißt der *homogene* (oder projektive) *Koordinatenring* von V. Er ist eine positiv graduierte, reduzierte noethersche K-Algebra.

Für jedes homogene Ideal $I \subset K[X_0, \dots, X_n]$ ist die *Nullstellenmenge* $\mathfrak{V}(I)$ definiert als Menge aller gemeinsamen Nullstellen aller Polynome aus I. Da I von endlich vielen homogenen Polynomen erzeugt wird, ist $\mathfrak{V}(I)$ eine projektive K-Varietät.

Für die Bildung der Nullstellenmenge und des Verschwindungsideals gelten im Projektiven analoge Regeln wie im Affinen, die sich ebenso leicht wie dort beweisen lassen. Insbesondere:

Lemma 5.6: Endliche Vereinigungen und beliebige Durchschnitte projektiver K-Varietäten in $\mathbb{P}^n(L)$ sind wieder projektive K-Varietäten. Die projektiven K-Varietäten in $\mathbb{P}^n(L)$ sind die abgeschlossenen Mengen einer Topologie auf $\mathbb{P}^n(L)$ (der K-Zariski-Topologie). $\mathbb{P}^n(L)$ (und damit auch jede projektive K-Varietät) ist, mit der K-Zariski-Topologie versehen, ein noetherscher topologischer Raum.

Lemma 5.7: Jede projektive K-Varietät $V \subset \mathbb{P}^n(L)$ besitzt eine eindeutige Zerlegung in irreduzible Komponenten. V ist genau dann irreduzibel, wenn $\mathfrak{J}(V)$ ein Primideal von $K[X_0, \dots, X_n]$ ist.

Definition 5.8: Der *affine Kegel* $\tilde{V}$ einer projektiven K-Varietät $V \subset \mathbb{P}^n(L)$ ist die Menge aller $(x_0, \dots, x_n) \in \mathbb{A}^{n+1}(L)$, die als homogene Koordinatensysteme eines Punktes von V auftreten, hinzugenommen noch den Punkt $(0, \dots, 0) \in \mathbb{A}^{n+1}(L)$.

Ist $F_i = 0$ $(i = 1, \dots, m)$ ein V definierendes Gleichungssystem aus homogenen Polynomen, so ist $\tilde{V}$ gerade die Lösungsmenge dieses Systems in $\mathbb{A}^{n+1}(L)$. Die Zuordnung $V \mapsto \tilde{V}$ ist eine Bijektion der Menge der projektiven K-Varietäten auf die Menge aller nichtleeren affinen K-Kegel in $\mathbb{A}^{n+1}(L)$ (in Sinne von Beispiel 1.2.4). Es ist $\mathfrak{J}(V) = \mathfrak{J}(\widetilde{V})$, dem (affinen) Verschwindungsideal des Kegels $\widetilde{V}$. Wenn L algebraisch abgeschlossen ist, dann entsprechen die affinen Kegel in $\mathbb{A}^{n+1}(L)$ (mit der Spitze im Ursprung) nach dem Hilbertschen Nullstellensatz eindeutig den *homogenen* Idealen $I \underset{\neq}{\subset} K[X_0, \dots, X_n]$ mit $\mathrm{Rad}(I) = I$. Hieraus ergibt sich

Satz 5.9: (Projektiver Nullstellensatz) L sei algebraisch abgeschlossen. Die Zuordnung $V \mapsto \mathfrak{J}(V)$ ist eine Bijektion der Menge aller K-Varietäten $V \subset \mathbb{P}^n(L)$ auf die Menge aller homogenen Ideale $I \subset (X_0, \dots, X_n)$ von $K[X_0, \dots, X_n]$ mit $\mathrm{Rad}(I) = I$. Die Umkehrabbildung wird durch die Bildung der Nullstellenmenge gegeben. Für jedes homogene Ideal $I \neq K[X_0, \dots, X_n]$ ist $\mathfrak{J}(\mathfrak{V}(I)) = \mathrm{Rad}(I)$. Die obige Bijektion ist inklusionsumkehrend, der leeren Varietät ist das Ideal $(X_0, \dots, X_n)$ zugeordnet. Die irreduziblen K-Varietäten entsprechen eineindeutig den *homogenen* Primidealen $\neq K[X_0, \dots, X_n]$.

Korollar 5.10: Ein Gleichungssystem $F_i = 0$ $(i = 1, \dots, m)$ mit nichtkonstanten homogenen Polynomen $F_i \in K[X_0, \dots, X_n]$ besitzt genau dann eine nichttriviale Lösung in L^{n+1}, wobei L ein algebraisch abgeschlossener Erweiterungskörper von K ist, wenn

$$\mathrm{Rad}(F_1, \dots, F_m) \neq (X_0, \dots, X_n).$$

Aus 5.9 ergibt sich, daß für ein homogenes Ideal I des Polynomrings auch Rad (I) homogen ist, was man leicht auch direkt bestätigen kann. Allgemeiner hat man:

Satz 5.11: $G = \bigoplus_{i \in \mathbb{Z}} G_i$ sei ein graduierter Ring, I ein homogenes Ideal von G. Dann sind alle minimalen Primteiler von I homogen.

Dies folgt unmittelbar aus dem

Lemma 5.12: Ist $\mathfrak{P}$ ein Primideal von G und $\mathfrak{P}^*$ das von den homogenen Elementen aus $\mathfrak{P}$ erzeugte Ideal, so ist auch $\mathfrak{P}^*$ ein Primideal.

Ist nämlich $\mathfrak{P}$ ein minimaler Primteiler von I, so ist $I \subset \mathfrak{P}^* \subset \mathfrak{P}$ und aus dem Lemma folgt, daß $\mathfrak{P} = \mathfrak{P}^*$ homogen ist.

Zum Beweis des Lemmas seien $a, b \in G$ mit $a \cdot b \in \mathfrak{P}^*$ gegeben. Es sei $a = a_0 + \dots + a_n$, $b = b_0 + \dots + b_m$, wobei die a_i, b_i homogen vom Grad i sind. Angenommen, es sei $a \notin \mathfrak{P}^*$, $b \notin \mathfrak{P}^*$. Dann gibt es einen größten Index i mit $a_i \notin \mathfrak{P}^*$ und einen größten Index j mit $b_j \notin \mathfrak{P}^*$. Die homogene Komponente vom Grad $i + j$ des Elements $a \cdot b$ ist $\sum_{\alpha+\beta=i+j} a_\alpha b_\beta$. Da $\mathfrak{P}^*$ homogen ist, ist $\sum_{\alpha+\beta=i+j} a_\alpha b_\beta \in \mathfrak{P}^*$. Da alle Summanden bis auf $a_i b_j$ zu $\mathfrak{P}^*$ gehören, ist auch $a_i b_j \in \mathfrak{P}^* \subset \mathfrak{P}$ und somit $a_i \in \mathfrak{P}$ oder $b_j \in \mathfrak{P}$, also auch $a_i \in \mathfrak{P}^*$ oder $b_j \in \mathfrak{P}^*$, ein Widerspruch.

Korollar 5.13: Unter den Voraussetzungen von 5.11 ist Rad (I) der Durchschnitt aller I umfassenden homogenen Primideale von G und daher selbst homogen. Speziell ist Rad (0) homogen und auch G_{red} ein graduierter Ring.

Korollar 5.14: L sei ein algebraisch abgeschlossener Körper. Die irreduziblen Komponenten eines Kegels in $\mathbb{A}^{n+1}(L)$ sind ebenfalls Kegel (mit derselben Spitze).

Beweis: Zu den irreduziblen Komponenten von V gehören die minimalen Primteiler von $\mathfrak{I}(V)$. Weil $\mathfrak{I}(V)$ homogen ist, sind nach 5.11 auch die minimalen Primteiler homogen. (Das Korollar gilt allgemeiner für beliebige unendliche Körper L, siehe Aufgabe 2.)

Der Koordinatenring K [V] einer projektiven K-Varietät $V \subset \mathbb{P}^n(L)$ läßt sich auch auffassen als der Koordinatenring des affinen Kegels $\tilde{V}$ von V. Aus 3.10 folgt sofort, daß sich (falls L algebraisch abgeschlossen ist) die projektiven Untervarietäten $W \subset V$ und die homogenen Ideale $I \neq K[V]$ mit $\text{Rad}(I) = I$ eineindeutig entsprechen, wobei den irreduziblen Untervarietäten $W \subset V$ die homogenen Primideale in K [V] zugeordnet sind.

Wir geben jetzt noch kurz das projektive Analogon zum Spektrum eines Rings an. Man geht aus von einem positiv graduierten Ring $G = \bigoplus_{i \in \mathbb{N}} G_i$. In einem solchen Ring ist $G_+ := \bigoplus_{i > 0} G_i$ ein homogenes Ideal.

Definition 5.15: Mit Proj (G) bezeichnet man die Menge aller homogenen Primideale $\mathfrak{P}$ von G mit $G_+ \not\subset \mathfrak{P}$. Diese heißen auch die *relevanten Primideale* von G. Proj (G) heißt das *homogene Spektrum* von G.

Nach dem projektiven Nullstellensatz entsprechen im Falle $G = K[V]$ für eine projektive K-Varietät V die relevanten Primideale von G eineindeutig den *nichtleeren* irreduziblen Untervarietäten von V.

Da $\text{Proj}(G) \subset \text{Spec}(G)$, können wir Proj (G) mit der Relativtopologie zur Zariski-Topologie von Spec(G) versehen. Eine Teilmenge $A \subset \text{Proj}(G)$ ist genau dann abgeschlossen, wenn es ein Ideal I von G gibt, so daß A die Menge aller I umfassenden relevanten Primideale von G ist. Man zeigt ähnlich wie für das Spektrum, daß jede nichtleere irreduzible abgeschlossene Teilmenge von Proj (G) genau einen generischen Punkt besitzt. Ist Proj (G) noethersch, dann besitzt es nur endlich viele irreduzible Komponenten und folglich gibt es auch nur endlich viele relevante minimale Primideale in G.

Neben dem Übergang zum affinen Kegel einer projektiven Varietät spielt ein weiterer Zusammenhang zwischen affiner und projektiver algebraischer Geometrie eine wichtige Rolle: Die projektive Abschließung einer affinen Varietät.

Für eine Körpererweiterung L/K betrachten wir zunächst die Einbettung von $\mathbb{A}^n(L)$ in $\mathbb{P}^n(L)$, die jedem $(x_1, \dots, x_n) \in \mathbb{A}^n(L)$ den Punkt $\langle 1, x_1, \dots, x_n \rangle \in \mathbb{P}^n(L)$ zuordnet. $\mathbb{A}^n(L)$ wird hierdurch identifiziert mit dem Komplement der Hyperebene $X_0 = 0$. Diese nennt man *unendlich ferne Hyperebene*, ihre Punkte *unendlich ferne Punkte*. (Diese Begriffe hängen vom Koordinatensystem ab. Bei geeigneter Koordinatenwahl kann jede Hyperebene unendlich ferne Hyperebene sein.)

Definition 5.16: Für jede affine K-Varietät $V \subset \mathbb{A}^n(L)$ heißt die abgeschlossene Hülle $\bar{V} \subset \mathbb{P}^n(L)$ von V in der K-Topologie von $\mathbb{P}^n(L)$ die *projektive Abschließung* von V. Die Punkte von $\bar{V} \setminus V$ heißen die *unendlich fernen Punkte* von V.

$\overline{V}$ ist definitionsgemäß die kleinste V umfassende projektive K-Varietät von $\mathbb{P}^n(L)$. Wird V durch ein Gleichungssystem

$$F_i(X_1, \dots, X_n) = 0 \qquad (i = 1, \dots, m)$$

gegeben, dann ist $\overline{V}$ in der Lösungsmenge V^* in $\mathbb{P}^n(L)$ des homogenen Gleichungssystems

$$F_i^*(Y_0, \dots, Y_n) = 0 \qquad (i = 1, \dots, m)$$

enthalten, wobei $F_i^*(Y_0, \dots, Y_n) := Y_0^{\text{Grad } F_i} F_i\left(\frac{Y_1}{Y_0}, \dots, \frac{Y_n}{Y_0}\right)$ die „Homogenisierung" von F_i ist. Da $V^* \cap \mathbb{A}^n(L) = V$ ist, ergibt sich auch $\overline{V} \cap \mathbb{A}^n(L) = V$.

Ist V eine beliebige projektive K-Varietät mit dem Gleichungssystem

$$F_i(Y_0, \dots, Y_n) = 0 \qquad (F_i \text{ homogen}, i = 1, \dots, m),$$

so ist $V_a := V \cap \mathbb{A}^n(L)$ eine affine K-Varietät mit dem Gleichungssystem

$$F_i(1, X_1, \dots, X_n) = 0 \qquad (i = 1, \dots, m).$$

(Man sagt $F_i(1, X_1, \dots, X_n)$ entstehe aus F_i durch „Dehomogenisieren" bzgl. Y_0.)

Es ergibt sich, daß die K-Topologie auf $\mathbb{A}^n(L)$ die Relativtopologie der K-Topologie von $\mathbb{P}^n(L)$ ist. Ferner hat man:

Satz 5.17:

a) Die Abbildung $V \mapsto \overline{V}$, die jeder K-Varietät $V \subset \mathbb{A}^n(L)$ ihre projektive Abschließung $\overline{V} \subset \mathbb{P}^n(L)$ zuordnet, ist eine Bijektion der Menge der nichtleeren affinen K-Varietäten in $\mathbb{A}^n(L)$ auf die Menge aller derjenigen projektiven K-Varietäten in $\mathbb{P}^n(L)$, von denen keine irreduzible Komponente ganz auf der unendlich fernen Hyperebene liegt.

b) V ist genau dann irreduzibel, wenn $\overline{V}$ es ist.

c) Ist $V = V_1 \cup \dots \cup V_s$ die Zerlegung von V in irreduzible Komponenten, so ist $\overline{V} = \overline{V}_1 \cup \dots \cup \overline{V}_s$ die Zerlegung von $\overline{V}$ in irreduzible Komponenten, wobei $\overline{V}_i$ jeweils die projektive Abschließung von V_i ist.

Beweis: b) folgt aus der Tatsache, daß eine Teilmenge eines topologischen Raums genau dann irreduzibel ist, wenn ihre abgeschlossene Hülle es ist (2.10).

Ist umgekehrt $V^* \subset \mathbb{P}^n(L)$ eine irreduzible projektive K-Varietät, die nicht ganz in der unendlich fernen Hyperebene enthalten ist, so ist V_a^* eine nichtleere offene Menge von V^*. Da eine solche Menge dicht ist in V^* (2.9c), ergibt sich $V^* = \overline{V_a^*}$.

Es entsprechen sich somit eineindeutig die nichtleeren irreduziblen affinen K-Varietäten in $\mathbb{A}^n(L)$ und die irreduziblen projektiven K-Varietäten in $\mathbb{P}^n(L)$, die nicht auf der unendlich fernen Hyperebene liegen. Die übrigen Aussagen des Satzes folgen nun unmittelbar.

Aufgaben:

1. G sei ein positiv graduierter Ring, wobei $G_0 = K$ ein Körper mit unendlich vielen Elementen ist. Je n + 1 Elemente von G seien algebraisch abhängig über K.
   a) Sind $F_1, \dots, F_{n+1} \in G$ homogene Elemente gleichen Grades und setzt man $\widetilde{F}_i := F_i - \lambda_i F_{n+1}$ $(i = 1, \dots, n)$, so gibt es bei geeigneter Wahl der $\lambda_i \in K$ eine Gleichung
   $$F_{n+1}^N = \sum_{i=0}^{N-1} \varphi_i(\widetilde{F}_1, \dots, \widetilde{F}_n) F_{n+1}^i,$$
   wobei φ_i ein homogenes Polynom vom Grad $N - i$ ist $(i = 0, \dots, N - 1)$.
   b) Zu jedem endlich erzeugten homogenen Ideal $I \subset G$ gibt es homogene Elemente $F_1, \dots, F_n \in I$ mit
   $$\operatorname{Rad}(I) = \operatorname{Rad}(F_1, \dots, F_n).$$
   c) Ist L ein beliebiger Erweiterungskörper von K, so ist jede projektive K-Varietät $V \subset \mathbb{P}^n(L)$ Durchschnitt von n + 1 K-Hyperflächen. (Ein Satz von Kronecker, der in Kap. V verschärft werden wird.)
2. L/K sei eine Körpererweiterung, wobei L unendlich ist, $V \subset \mathbb{A}^n(L)$ eine irreduzible K-Varietät. Ferner sei
   $$V^* = \bigcup_{x \in V \setminus \{(0, \dots, 0)\}} g_x,$$
   wobei g_x die Gerade durch x und (0, ..., 0) bezeichnet.
   a) $\mathfrak{J}(V^*)$ ist das von allen homogenen Elementen aus $\mathfrak{J}(V)$ erzeugte Ideal.
   b) Die abgeschlossene Hülle $\overline{V^*}$ von V^* in der K-Topologie ist ein Kegel und irreduzibel.
   c) Die irreduziblen Komponenten eines K-Kegels in $\mathbb{A}^n(L)$ sind selbst Kegel (mit derselben Spitze).
3. K sei ein Körper, $F \in K[X_1, \dots, X_n]$ sei quasihomogenen vom Typ $(\alpha_1, \dots, \alpha_n) \in \mathbb{Z}^n$ und Grad d. Dann gilt die *Eulersche Beziehung*
   $$\sum_{i=1}^{n} \alpha_i X_i \frac{\partial F}{\partial X_i} = d \cdot F.$$
   Ist umgekehrt diese Relation für ein Polynom F erfüllt und (etwa) $\operatorname{Char}(K) = 0$, so ist F quasihomogen.
4. $G = \bigoplus_{i \in \mathbb{N}} G_i$ sei ein positiv graduierter Ring, $G_+ := \bigoplus_{i > 0} G_i$. Folgende Aussagen sind äquivalent:
   a) G ist ein noetherscher Ring.
   b) G_0 ist noethersch und G_+ ein endlich erzeugtes Ideal von G.
   c) G_0 ist noethersch und G als G_0-Algebra endlich erzeugt.
   d) Der Ring $G^{(n)} := \bigoplus_{i \equiv 0 \bmod n} G_i$ ist noethersch für jedes $n \in \mathbb{N}_+$.

5. Mit den Bezeichnungen von Aufgabe 4 gilt:
   a) Für jedes $\mathfrak{P} \in \text{Proj}(G)$ ist $\mathfrak{P} \cap G^{(n)} \in \text{Proj}(G^{(n)})$.
   b) Die Abbildung

   $$\text{Proj}(G) \to \text{Proj}(G^{(n)}), \mathfrak{P} \mapsto \mathfrak{P} \cap G^{(n)}$$

   ist ein Homöomorphismus.
6. I sei ein Ideal des Polynomrings $K[X_1, \dots, X_n]$ über einem Körper K. I* bezeichne das von allen Homogenisierungen

   $$F^* := Y_0^{\text{Grad}\, F}\, F\left(\frac{Y_1}{Y_0}, \dots, \frac{Y_n}{Y_0}\right)$$

   der $F \in I$ in $K[Y_0, \dots, Y_n]$ erzeugte Ideal.
   a) Ist $G \in K[Y_0, \dots, Y_n]$ homogen, Y_0 kein Teiler von G und $F = G(1, X_1, \dots, X_n)$ die Dehomogenisierung von G bzgl. Y_0, so gilt $G = F^*$.
   b) Ist $I = \mathfrak{J}(V)$ für eine K-Varietät $V \subset \mathbb{A}^n(L)$ mit einem algebraisch abgeschlossenen Erweiterungskörper L von K, so ist I* das Ideal der projektiven Abschließung $\overline{V}$ von V.
   c) Genau dann ist I Primideal ($I = \text{Rad}\, I$), wenn I* Primideal ist ($I^* = \text{Rad}(I^*)$ gilt).

Literaturhinweise

Die Hauptsätze dieses Kapitels, der Basissatz und der Nullstellensatz, wurden von Hilbert in den Arbeiten [38] und [39] bewiesen, deren weitere Ergebnisse auch später noch für uns eine Rolle spielen werden. Für den Nullstellensatz gibt es mehrere verschiedene Beweise, eine andere Behandlung als im Text wird z.B. von Krull [47] und Goldman [26] gegeben. Die im Text vorgestellte Behandlung der Komponentenzerlegung algebraischer Varietäten geht auf Bourbaki [B] zurück. Die sich ergebenden idealtheoretischen Folgerungen hat man früher direkt bewiesen (vgl. die fundamentale Arbeit [59] von Emmy Noether).

Das J-Spektrum eines Rings hat vor allem beweistechnische Bedeutung. Seine Nützlichkeit wurde zuerst von Swan [76] demonstriert. Allgemeine Tatsachen über algebraische Varietäten bei nicht algebraisch abgeschlossenem Koordinatenkörper enthält die Arbeit von Silhol [74]. Genaueres über reelle algebraische Varietäten als im Text kann man z.B. aus dem Artikel [82] von Whitney lernen. Für spezielle Fragen komplexer Varietäten (z.B. im Zusammenhang mit der komplexen Topologie) konsultiere man Mumford [P].

Die Sprache der Schemata wurde von Grothendieck entwickelt (vgl. [M]) und zu einem gewaltigen System zur Formulierung der algebraischen Geometrie ausgebaut, in dessen Rahmen sich viele Probleme – auch der klassischen algebraischen Geometrie – lösen ließen. Zusammen mit den Seminarnoten [30] umfaßt dieses Werk mehrere tausend Seiten.

Über die Geschichte der algebraischen Geometrie kann man vieles aus dem Buch [K] von Dieudonné erfahren.

Kapitel II
Dimension

Wir wenden uns jetzt dem Problem zu, die „Größe“ algebraischer Varietäten zu messen, indem wir ihnen eine „Dimension“ zuordnen. Zunächst wird ein sehr allgemeiner Dimensionsbegriff eingeführt, von dem sich dann nach und nach herausstellt, daß er ein „natürliches“ Maß für die Größe einer Varietät ist und daß er in Spezialfällen mit üblichen Dimensionsbegriffen übereinstimmt.

Wenn im weiteren Verlauf dieses Buches von einer K-Varietät gesprochen wird, so ist der Koordinatenkörper L der Varietät immer ein *algebraisch abgeschlossener* Erweiterungskörper des Definitionskörpers K.

§ 1. Krulldimension von topologischen Räumen und Ringen

X sei ein topologischer Raum, $Y \subset X$ eine abgeschlossene irreduzible Teilmenge.

Definition 1.1: Ist $X \neq \emptyset$, so ist die *Krulldimension* dim X (oder kombinatorische Dimension) von X das Supremum der Längen n aller Ketten

$$X_0 \subset X_1 \subset \dots \subset X_n \qquad (X_{i+1} \neq X_i) \tag{1}$$

von nichtleeren abgeschlossenen irreduziblen Teilmengen X_i von X. Ist $Y \neq \emptyset$, so ist die *Kodimension* $\operatorname{codim}_X Y$ von Y in X definiert als das Supremum der Längen aller Ketten (1) mit $X_0 = Y$. Die Kodimension einer beliebigen nichtleeren abgeschlossenen Teilmenge A in X ist das Infimum der Kodimensionen der irreduziblen Komponenten von A. Dem leeren topologischen Raum wird die Krulldimension -1 zugeordnet und der leeren Teilmenge von X die Kodimension ∞.

Diese Dimensionsbegriffe werden vor allem für algebraische Varietäten und die Spektren von Ringen, aufgefaßt als topologische Räume mit der Zariski-Topologie, angewendet. Es ist zunächst keineswegs klar, daß die Krulldimension einer Varietät stets endlich ist. Sie ist jedoch sicher koordinatenunabhängig, da sie mit Hilfe der Zariski-Topologie definiert ist, die koordinatenunabhängig ist.

In diesem Paragraphen stellen wir Eigenschaften der obigen Begriffe zusammen, die sich leicht aus ihrer Definition ergeben.

Regeln 1.2:

a) Ist $\{X_\lambda\}_{\lambda \in \Lambda}$ die Familie der irreduziblen Komponenten von X, so ist
$\dim X = \sup_{\lambda \in \Lambda} \{\dim X_\lambda\}$.

Denn für jede Kette (1) ist X_n in einer irreduziblen Komponente von X enthalten (I.2.12a)).

b) Ist $X = A_1 \cup \ldots \cup A_n$ mit abgeschlossenen Teilmengen A_i, dann ist $\dim X = \sup_{i=1,\ldots,n} \{\dim A_i\}$.

Wieder ist für jede Kette (1) die irreduzible Menge X_n in einem der A_i enthalten.

c) $\dim Y + \operatorname{codim}_X Y \leqslant \dim X$, falls $Y \neq \emptyset$.

Man füge eine mit Y endende und eine mit Y beginnende Kette (1) aneinander.

d) Ist X irreduzibel und $\dim X < \infty$, so gilt $\dim Y < \dim X$ genau dann, wenn $Y \neq X$ ist.

Definition 1.3: Die *Krulldimension* dim R *eines Rings* R ist die Dimension von Spec(R), also für $R \neq \{0\}$ das Supremum der Längen n aller Primidealketten

$$\mathfrak{p}_0 \subset \mathfrak{p}_1 \subset \ldots \subset \mathfrak{p}_n \qquad (\mathfrak{p}_{i+1} \neq \mathfrak{p}_i) \tag{2}$$

aus Spec(R). Die *Höhe* $h(\mathfrak{p})$ von $\mathfrak{p} \in \operatorname{Spec}(R)$ ist das Supremum der Längen aller Ketten (2) mit $\mathfrak{p} = \mathfrak{p}_n$. Für ein beliebiges Ideal $I \neq R$ wird die Höhe h(I) definiert als das Infimum der Höhen der Primteiler von I. Ferner nennt man $\dim(I) := \dim R/I$ auch *die Dimension* (oder Kohöhe) *des Ideals* I.

Auf Grund des Zusammenhangs zwischen den abgeschlossenen irreduziblen Teilmengen von Spec(R) und den Primidealen von R ergibt sich, daß $\dim \mathfrak{p} = \dim(\mathfrak{V}(\mathfrak{p}))$ und $h(\mathfrak{p}) = \operatorname{codim}_{\operatorname{Spec}(R)} \mathfrak{V}(\mathfrak{p})$ für jedes $\mathfrak{p} \in \operatorname{Spec}(R)$. Ferner ist $\dim R = \dim R_{red}$, da Spec(R) und $\operatorname{Spec}(R_{red})$ homöomorph sind.

dim J(R) bezeichnet man auch als *J-Dimension* von R. Da auch in J(R) jede nichtleere irreduzible abgeschlossene Teilmenge genau einen generischen Punkt besitzt, ist J-dim R (falls $R \neq \{0\}$) gleich dem Supremum der Längen aller Ketten (2) mit $\mathfrak{p}_i \in J(R)$ für $i = 0, \ldots, n$.

Für einen positiv graduierten Ring G sei $\text{g-dim}(G) := \dim(\operatorname{Proj}(G))$. g-dim(G) ist (falls $\operatorname{Proj}(G) \neq \emptyset$) das Supremum der Längen aller Ketten (2) mit lauter relevanten Primidealen $\mathfrak{p}_i$ von G ($i = 0, \ldots, n$).

Für eine K-Varietät $V \subset \mathbb{A}^n(L)$ gilt, weil die Ketten (1) aus V eineindeutig den Ketten (2) aus K[V] entsprechen,

$$\dim V = \dim K[V]. \tag{3}$$

(Später wird sich herausstellen, daß dim V nicht von der Wahl des Definitionskörpers K abhängt (3.11 a)), weshalb wir darauf verzichten, von der K-Dimension von V zu sprechen.)

Analog gilt für eine projektive K-Varietät $V \subset \mathbb{P}^n(L)$

$$\dim V = \text{g-dim}\, K[V]. \tag{4}$$

Ist $\bar{V} \subset \mathbb{P}^n(L)$ die projektive Abschließung einer affinen K-Varietät $V \subset \mathbb{A}^n(L)$, so ist

$$\dim \bar{V} \geqslant \dim V.$$

Dies folgt unmittelbar aus I.5.17. Wie wir später sehen werden, gilt in Wirklichkeit das Gleichheitszeichen (4.1).

Durch (3) und (4) wird das Studium der Dimension von Varietäten auf das Studium der Primidealketten in endlich erzeugter Algebren über Körpern zurückgeführt.

Beispiele 1.4:

a) Im Polynomring $K[X_1, \dots, X_n]$ über einem Körper K ist

$$(0) \subset (X_1) \subset (X_1, X_2) \subset \dots \subset (X_1, \dots, X_n)$$

eine Primidealkette (2) von der Länge n, folglich ist $\dim K[X_1, \dots, X_n] \geqslant n$. Wir werden später zeigen, daß in $K[X_1, \dots, X_n]$ jede Primidealkette (2) eine Länge $\leqslant n$ besitzt (3.4). Es ergibt sich dann $\dim \mathbb{A}^n(L) = n$ und die Endlichkeit der Dimension affiner und projektiver Varietäten.

b) In einem faktoriellen Ring R sind die Primideale der Höhe 1 gerade die von Primelementen erzeugten Hauptideale.

Jedes $\mathfrak{p} \in \operatorname{Spec}(R)$ mit $h(\mathfrak{p}) = 1$ enthält ein $r \in R$, $r \neq 0$ und damit auch einen Primteiler π von r. Es folgt $\mathfrak{p} = (\pi)$, da auch (π) ein Primideal ist. Ist umgekehrt ein Primelement π von R gegeben und gilt $\mathfrak{p} \subset (\pi)$ für ein $\mathfrak{p} \in \operatorname{Spec}(R)$, $\mathfrak{p} \neq (0)$, dann enthält $\mathfrak{p}$ ein Primelement π'. Dieses wird von π geteilt und ist daher assoziiert zu π. Es folgt $\mathfrak{p} = (\pi)$ und somit $h(\pi) = 1$.

Es ergibt sich speziell, daß nullteilerfreie Hauptidealringe, die keine Körper sind, die Krulldimension 1 besitzen. Insbesondere ist $\dim \mathbb{Z} = 1$ und $\dim K[X] = 1$.

Wendet man b) auf den faktoriellen Ring $K[X_1, \dots, X_n]$ an, so sieht man auch, daß Hyperflächen (im Affinen wie im Projektiven) von Kodimension 1 sind (im umgebenden affinen oder projektiven Raum).

c) Ein Ring $R \neq \{0\}$ besitzt genau dann die Dimension 0, wenn $\operatorname{Spec}(R) = \operatorname{Max}(R)$ ist. Ein Integritätsring R besitzt genau dann die Dimension 0, wenn er ein Körper ist.

d) Für einen 0-dimensionalen Ring R mit noetherschem Spektrum (speziell einen noetherschen Ring) besitzt Spec(R) nur endlich viele Elemente (die zugleich maximale und minimale Primideale von R sind).

Ein solcher Ring R hat nämlich nach I.4.9 nur endlich viele minimale Primideale.

Die 0-dimensionalen *reduzierten* Ringe mit noetherschem Spektrum lassen sich vollständig bestimmen:

Satz 1.5: Für einen reduzierten Ring R mit nur endlich vielen minimalen Primidealen sind folgende Aussagen äquivalent:

a) $\dim R = 0$.

b) R ist isomorph zu einem direkten Produkt von endlich vielen Körpern.

Dieser Satz ergibt sich als Korollar aus dem sog. *Chinesischen Restsatz*, den wir jetzt beweisen wollen.

Definition 1.6: Zwei Ideale I_1, I_2 eines Rings R heißen *teilerfremd* (oder komaximal), wenn sie $\neq R$ sind, aber $I_1 + I_2 = R$ ist.

Satz 1.7: (Chinesischer Restsatz). $I_1, \dots, I_n$ $(n > 1)$ seien paarweise teilerfremde Ideale eines Rings R. Dann ist der kanonische Ringhomorphismus

$$\varphi : R \to R/I_1 \times \dots \times R/I_n$$
$$r \mapsto (r + I_1, \dots, r + I_n)$$

ein Epimorphismus mit dem Kern $\bigcap_{k=1}^{n} I_k$.

Beweis: Die Aussage über den Kern ergibt sich unmittelbar aus der Definition von φ und der eines direkten Produkts von Ringen.

Wir beweisen die Surjektivität von φ durch Induktion nach n. Sei $n = 2$ und $(r_1 + I_1, r_2 + I_2) \in R/I_1 \times R/I_2$ gegeben. Man hat eine Gleichung $1 = a_1 + a_2$ mit $a_k \in I_k$ $(k = 1,2)$ und es ist somit $a_k \equiv 1 \bmod I_l$ für $l \neq k$. Setzt man $r := r_2 a_1 + r_1 a_2$, so ergibt sich $r \equiv r_k \bmod I_k$ $(k = 1,2)$, womit gezeigt ist, daß φ für $n = 2$ surjektiv ist.

Es sei jetzt $n > 2$ und der Satz sei für weniger als n paarweise teilerfremde Ideale schon bewiesen. Zu gegebenem $(r_1 + I_1, \dots, r_n + I_n) \in R/I_1 \times \dots \times R/I_n$ gibt es dann ein $r' \in R$ mit $r' \equiv r_k \bmod I_k$ für $k = 1, \dots, n-1$.

Wir zeigen, daß $I_1 \cap \dots \cap I_{n-1}$ zu I_n teilerfremd ist. Es gibt Gleichungen $1 = a_1 + a_3 = a_2 + a_3'$ mit $a_k \in I_k$ $(k = 1, 2, 3)$, $a_3' \in I_3$ und folglich ist $1 = a_1 a_2 + (a_2 + a_3') a_3 + a_1 a_3' \in (I_1 \cap I_2) + I_3$. Somit sind $I_1 \cap I_2$ und I_3 teilerfremd. Durch Induktion folgt sofort, daß $I_1 \cap \dots \cap I_{n-1}$ zu I_n teilerfremd ist.

Da der Satz für $n = 2$ schon bewiesen ist, gibt es zu jedem $(r' + I_1 \cap \dots \cap I_{n-1}, r_n + I_n) \in R/I_1 \cap \dots \cap I_{n-1} \times R/I_n$ ein $r \in R$ mit $r \equiv r' \bmod (I_1 \cap \dots \cap I_{n-1})$, $r \equiv r_n \bmod I_n$. Es ist dann $r \equiv r_k \bmod I_k$ $(k = 1, \dots, n)$, womit der Satz bewiesen ist.

Beweis von 1.5: $\mathfrak{p}_1, \dots, \mathfrak{p}_n$ seien die minimalen Primideale von R. Ist $\dim R = 0$, so sind diese zugleich maximal und daher auch paarweise teilerfremd. Da R reduziert ist, ist $\bigcap_{k=1}^{n} \mathfrak{p}_k = (0)$. Nach 1.7 ist $R \cong R/\mathfrak{p}_1 \times \dots \times R/\mathfrak{p}_n$, ein direktes Produkt von Körpern.

Ist umgekehrt $R \cong K_1 \times \dots \times K_n$ mit Körpern K_i $(i = 1, \dots, n)$, so ist für jedes Ideal I von R die Projektion in K_i das Nullideal oder K_i selbst. Die einzigen Elemente des Spektrums von $K_1 \times \dots \times K_n$ sind daher die Ideale

$$\mathfrak{p}_i := K_1 \times \dots \times K_{i-1} \times (0) \times K_{i+1} \times \dots \times K_n .$$

Diese sind zugleich minimal und maximal.

Für eine spätere Anwendung beweisen wir noch eine Aussage über das Maximalspektrum und das J-Spektrum eines Rings.

Satz 1.8: Für jeden Ring R gilt:

a) $\operatorname{Max}(R)$ ist genau dann noethersch, wenn $J(R)$ es ist.

b) $\dim \operatorname{Max}(R) = \dim J(R) \leq \dim \operatorname{Spec}(R)$.

Beweis: Ist $A \subset \mathrm{Max}(R)$ abgeschlossen, so sei $\bar{A}$ die abgeschlossene Hülle von A in J(R). Für jede abgeschlossene Menge $B \subset J(R)$ sei $B^* := B \cap \mathrm{Max}(R)$. Wir werden zeigen, daß $\bar{A}^* = A$ und $\overline{B^*} = B$ ist. Die abgeschlossenen Mengen von Max(R) und J(R) entsprechen sich dann eineindeutig, wobei Inklusionen erhalten bleiben und irreduziblen Mengen wieder irreduzible Mengen zugeordnet sind. Die Aussagen des Satzes folgen dann sofort.

$\bar{A}^* = A$ folgt unmittelbar aus der Definition der Zariski-Topologie auf Max(R) und J(R). Für jede abgeschlossene Menge $B \subset J(R)$ ist $\mathfrak{J}(B) = \bigcap_{\mathfrak{p} \in B} \mathfrak{p}$. Da jedes $\mathfrak{p} \in J(R)$ Durchschnitt maximaler Ideale von R ist, folgt $\mathfrak{J}(B) = \bigcap_{\mathfrak{m} \in B^*} \mathfrak{m} = \mathfrak{J}(B^*)$. Nach I.4.2 ergibt sich $\overline{B^*} = \mathfrak{V}(\mathfrak{J}(B^*)) = \mathfrak{V}(\mathfrak{J}(B)) = B$.

Definition 1.9: Ein Ring $R \neq \{0\}$ heißt *lokal (semilokal)*, wenn Max(R) nur aus einem Element (nur aus endlich vielen Elementen) besteht.

Bemerkung 1.10: Für jeden semilokalen Ring ist J(R) = Max(R) und

$$\dim J(R) = \dim \mathrm{Max}(R) = 0.$$

Ein Primideal, das Durchschnitt von endlich vielen maximalen Idealen ist, enthält eines dieser maximalen Ideale und ist daher selbst maximal. Für einen semilokalen Ring R ist somit J(R) = Max(R). Die irreduziblen Komponenten von J(R) sind gerade die Punkte von J(R), woraus dim J(R) = 0 folgt.

Aufgaben:

1. Jeder nichtleere Hausdorffraum besitzt die Krulldimension 0.
2. Eine affine oder projektive Varietät der Dimension 0 besteht nur aus endlich vielen Punkten.
3. Ein lokaler Ring der Dimension 0 besteht nur aus Einheiten und nilpotenten Elementen, ein semilokaler Ring der Dimension 0 nur aus Einheiten und Nullteilern.
4. In einem lokalen Ring R sind 0 und 1 die einzigen idempotenten Elemente (insbesondere ist Spec(R) zusammenhängend).
5. $K[|X_1, \dots, X_n|]$ bezeichne den Ring der formalen Potenzreihen in den Unbestimmten $X_1, \dots, X_n$ über einem Körper K.
   a) Eine formale Potenzreihe $\Sigma a_{\nu_1 \dots \nu_n} X_1^{\nu_1} \dots X_n^{\nu_n}$ $(a_{\nu_1 \dots \nu_n} \in K)$ ist genau dann Einheit in $K[|X_1, \dots, X_n|]$, wenn der „konstante Term" $a_{0 \dots 0} \neq 0$ ist.
   b) $K[|X_1, \dots, X_n|]$ ist ein lokaler Ring.
6. $\alpha_k : R_k \to P$ $(k = 1,2)$ seien zwei Ringhomomorphismen. Unter dem *Faserprodukt* $R_1 \times_P R_2$ von R_1 und R_2 über P (bzgl. α_1, α_2) versteht man ein Tripel (S, β_1, β_2), wobei $\beta_k : S \to R_k$ $(k = 1, 2)$ Ringhomomorphismen mit $\alpha_1 \circ \beta_1 = \alpha_2 \circ \beta_2$ sind und folgende universelle Eigenschaft erfüllt ist: Ist (T, γ_1, γ_2) irgendein Tripel wie (S, β_1, β_2), so gibt es genau einen Ringhomomorphismus $\delta : T \to S$ mit $\gamma_k = \beta_k \circ \delta$ $(k = 1, 2)$.

a) Im direkten Produkt $R_1 \times R_2$ betrachte man den Unterring S aller (r_1, r_2) mit $\alpha_1(r_1) = \alpha_2(r_2)$. $\beta_k : S \to R_k$ sei die Beschränkung der kanonischen Projektion $R_1 \times R_2 \to R_k$ $(k = 1, 2)$. Dann ist (S, β_1, β_2) Faserprodukt von R_1 und R_2 über P.

b) I_1, I_2 seien Ideale eines Rings, $\alpha_k : R/I_k \to R/I_1 + I_2$ und $\beta_k : R/I_1 \cap I_2 \to R/I_k$ die kanonischen Epimorphismen $(k = 1, 2)$. Dann ist $(R/I_1 \cap I_2, \beta_1, \beta_2)$ Faserprodukt von R/I_1 und R/I_2 über $R/I_1 + I_2$. (Dies verallgemeinert 1.7 im Fall $n = 2$.)

§ 2. Primidealketten und ganze Ringerweiterungen

Die Sätze dieses Paragraphen dienen als Vorbereitung für das Studium der Dimension algebraischer Varietäten, sie sind aber auch für die Ringtheorie von großer Bedeutung.

S/R sei eine Ringerweiterung, wobei $R \neq \{0\}$ ist, und I sei ein Ideal von R. ($I = R$ ist der wichtigste Spezialfall der folgenden Betrachtungen.)

Definition 2.1: $x \in S$ heißt *ganz über* I, wenn es ein Polynom $f \in R[X]$ der Form

$$f = X^n + a_1 X^{n-1} + \dots + a_n \quad (n > 0, a_i \in I, i = 1, \dots, n) \tag{1}$$

gibt, so daß $f(x) = 0$. S/R heißt *ganze Ringerweiterung*, wenn jedes $x \in S$ ganz über R ist. (Verlangt man in (1), daß $a_i \in I^i$ für $i = 1, \dots, n$ ist, so heißt x *ganz abhängig von* I. Dieser Begriff wird für uns keine Rolle spielen.)

Satz 2.2: Für $x \in S$ sind folgende Aussagen äquivalent:

a) x ist ganz über I.

b) $R[x]$ ist als R-Modul endlich erzeugt und $x \in \text{Rad}(IR[x])$.

c) Es gibt einen Unterring S' von S mit $R[x] \subset S'$, so daß S' als R-Modul endlich erzeugt ist und $x \in \text{Rad}(IS')$.

Beweis:

a) → b). f sei wie in (1) gegeben. Jedes $g \in R[X]$ läßt sich durch f mit Rest dividieren: $g = q \cdot f + r$ mit $q, r \in R[X]$, Grad r < Grad f. Da $g(x) = r(x)$, sieht man, daß $\{1, x, \dots, x^{n-1}\}$ ein Erzeugendensystem des R-Moduls $R[x]$ ist. Aus $f(x) = 0$ folgt ferner $x^n \in IR[x]$, also $x \in \text{Rad}(IR[x])$.

b) → c) ergibt sich, wenn man $S' = R[x]$ setzt.

c) → a). Ist $\{w_1, \dots, w_l\}$ ein Erzeugendensystem des R-Moduls S' und $x^m \in IS'$, so können wir schreiben

$$x^m w_i = \sum_{k=1}^{l} \rho_{ik} w_k \quad \text{oder} \quad \sum_{k=1}^{l} (x^m \delta_{ik} - \rho_{ik}) w_k = 0 \quad (i = 1, \dots, l)$$

mit gewissen $\rho_{ik} \in I$. Nach der Cramerschen Regel ist $\det(x^m \delta_{ik} - \rho_{ik}) \cdot w_k = 0$ für $k = 1, \dots, l$. Ferner gilt $1 = \sum_{k=1}^{l} a_k w_k$ mit gewissen $a_k \in R$ und es folgt

$\det(x^m \delta_{ik} - \rho_{ik}) = 0$. Die vollständige Entwicklung der Determinante führt dann zu einer Gleichung (1), wobei $n = m \cdot l$ ist.

Korollar 2.3: Ist S als R-Modul endlich erzeugt, so ist S ganz über R. $x \in S$ ist in diesem Fall genau dann ganz über I, wenn $x \in \mathrm{Rad}(IS)$.

Korollar 2.4: Sind $x_1, \dots, x_n \in S$ ganz über I, so ist $R[x_1, \dots, x_n]$ ein endlich erzeugter R-Modul und $x_i \in \mathrm{Rad}(IR[x_1, \dots, x_n])$ für $i = 1, \dots, n$.

Dies folgt durch Induktion aus 2.2.

Benutzt man 2.4, so kann man (nach J. David) den folgenden kurzen Beweis von Kap. I. Satz 3.2 geben: L/K sei eine Körpererweiterung, wobei $L = K[x_1, \dots, x_n]$ mit gewissen $x_i \in L$ $(i = 1, \dots, n)$. Man zeigt durch Induktion nach n, daß L/K algebraisch ist. Für $n = 1$ ist das klar. Angenommen, es sei $n \geqslant 2$, die Behauptung sei für $n - 1$ Elemente schon gezeigt, aber sie sei falsch für n Elemente. Sei etwa x_1 transzendent über K. Da $L = K(x_1)[x_2, \dots, x_n]$, ist L über $K(x_1)$ algebraisch nach Induktionsvoraussetzung. $u_i \in K[x_1]$ sei der höchste Koeffizient einer algebraischen Gleichung von x_i über $K[x_1]$ $(i = 2, \dots, n)$ und $u := \prod_{i=2}^{n} u_i$. Dann ist L ganz über $K[x_1, \frac{1}{u}]$ nach 2.4. Sei p ein Primpolynom aus $K[x_1]$, welches u nicht teilt. $\frac{1}{p}$ genügt einer Gleichung

$$\left(\frac{1}{p}\right)^m + a_1\left(\frac{1}{p}\right)^{m-1} + \dots + a_m = 0 \qquad \left(m > 0, a_i \in K\left[x_1, \frac{1}{u}\right]\right).$$

Nach Multiplikation mit p^m und einer geeigneten Potenz von u geht sie über in eine Gleichung

$$u^\rho + b_1 p + \dots + b_m p^m = 0 \qquad (\rho \in \mathbb{N}, b_i \in K[x_1]).$$

Dann ist aber p ein Teiler von u^ρ in $K[x_1]$, ein Widerspruch.

Korollar 2.5: Sind S/R und T/S ganze Ringerweiterungen, so ist auch T/R eine ganze Ringerweiterung.

$x \in T$ genüge einer Gleichung $x^n + s_1 x^{n-1} + \dots + s_n = 0$ mit $s_i \in S$ $(i = 1, \dots, n)$. Da $s_1, \dots, s_n$ ganz über R sind, ist $R[s_1, \dots, s_n]$ als R-Modul endlich erzeugt. Dann ist aber auch $R[s_1, \dots, s_n, x]$ endlich erzeugter R-Modul und x ist ganz über R nach 2.3.

Korollar 2.6: Die Menge $\overline{R}$ aller über R ganzen Elemente von S ist ein Unterring von S. $\mathrm{Rad}(I\overline{R})$ ist die Menge aller über I ganzen Elemente von S.

Für $x, y \in \overline{R}$ ist $R[x, y]$ als R-Modul endlich erzeugt. Nach 2.2 sind dann auch $x + y, x - y$ und $x \cdot y$ in $\overline{R}$. Ist $x \in S$ ganz über I, so ist $x \in \mathrm{Rad}(I\overline{R})$ nach 2.2.

Falls umgekehrt $x \in \mathrm{Rad}(I\overline{R})$ ist, so ist $x^m \in IR[x_1, \dots, x_n]$ für geeignete $x_1, \dots, x_n \in \overline{R}$. Da $R[x_1, \dots, x_n]$ endlich erzeugter R-Modul ist, folgt nach 2.2, daß x ganz über I ist.

Definition 2.7: $\bar{R}$ heißt *ganze Abschließung* von R in S. R heißt *ganz abgeschlossen* in S, wenn $\bar{R} = R$. Ein Integritätsring, der ganz abgeschlossen in seinem Quotientenkörper ist, heißt *normal.*

Beispiel 2.8: Jeder faktorielle Ring R ist normal (speziell also $\mathbb{Z}$ und $R[X_1, \dots, X_n]$, wenn R selbst faktoriell ist (z.B. ein Körper)).

K sei der Quotientenkörper von R und $x \in K$ sei ganz über R. Wir betrachten eine Gleichung

$$x^n + r_1 x^{n-1} + \dots + r_n = 0 \qquad (n > 0, r_i \in R)$$

und eine gekürzte Darstellung $x = \frac{r}{s}$ mit $r, s \in R$. Nach Multiplikation mit s^n nimmt die Gleichung die Form

$$r^n + r_1 s r^{n-1} + \dots + r_n s^n = 0$$

an. Gäbe es ein Primelement von R, welches s teilt, so würde dieses auch r teilen, ein Widerspruch. Somit ist s Einheit in R und $x \in R$.

Lemma 2.9: S/R sei eine ganze Ringerweiterung, J ein Ideal von S, $I := J \cap R$. Dann gilt:
a) S/J ist ganz über R/I. (R/I ist in kanonischer Weise ein Unterring von S/J).
b) Enthält J einen Nichtnullteiler von S, so ist $I \neq (0)$.

Beweis:
a) folgt unmittelbar aus der Definition 2.1.
b) Ist $x \in J$ kein Nullteiler von S und genügt x der Gleichung $x^n + r_1 x^{n-1} + \dots + r_n = 0$ $(n > 0, r_i \in R)$, so können wir annehmen, daß $r_n \neq 0$ ist. Andernfalls könnten wir durch x dividieren und den Grad der Gleichung erniedrigen. Es folgt dann $r_n \in J \cap R = I$ und $I \neq (0)$.

Für ganze Ringerweiterung S/R besteht ein enger Zusammenhang zwischen den Primidealketten von R und denen von S. Dieser Zusammenhang wird in den Sätzen von Cohen-Seidenberg angegeben, die wir jetzt herleiten wollen.

$$\phi : \mathrm{Spec}(S) \to \mathrm{Spec}(R) \qquad (\mathfrak{P} \mapsto \mathfrak{P} \cap R)$$

sei die zu S/R gehörige stetige Abbildung der Spektren. Ist $\mathfrak{P} \in \mathrm{Spec}(S)$, $\mathfrak{p} := \mathfrak{P} \cap R$, so sagen wir „$\mathfrak{P}$ liege über $\mathfrak{p}$".

Satz 2.10: S/R sei eine ganze Ringerweiterung. Dann gilt:
a) $\phi : \mathrm{Spec}(S) \to \mathrm{Spec}(R)$ ist surjektiv (über jedem Primideal von R liegt ein Primideal von S).
b) ϕ ist abgeschlossen (das Bild jeder abgeschlossenen Menge von Spec(S) ist abgeschlossen in Spec(R)).
c) Sind $\mathfrak{P}_1, \mathfrak{P}_2 \in \mathrm{Spec}(S)$ mit $\mathfrak{P}_1 \subset \mathfrak{P}_2$ gegeben, so folgt aus $\phi(\mathfrak{P}_1) = \phi(\mathfrak{P}_2)$, daß $\mathfrak{P}_1 = \mathfrak{P}_2$.

d) ϕ bildet Max(S) auf Max(R) ab und es ist ϕ^{-1}(Max(R)) = Max(S). ($\mathfrak{P} \in$ Spec(S) ist genau dann maximal, wenn $\mathfrak{P} \cap R$ maximal ist.)

Beweis:

a) Für $\mathfrak{p} \in$ Spec(R) sei $N := R \setminus \mathfrak{p}$. Jedes $x \in \mathfrak{p}S$ genügt nach 2.3 einer Gleichung

$$x^n + r_1 x^{n-1} + \dots + r_n = 0 \qquad (n > 0, r_i \in \mathfrak{p}).$$

Wäre $x \in \mathfrak{p}S \cap N$, also speziell $x \in R$, so folgte $x^n \in \mathfrak{p}$ und damit $x \in \mathfrak{p}$ im Widerspruch zu $x \in N$. Da $\mathfrak{p}S \cap N = \phi$ ist, kann man I.4.4 anwenden: Es gibt ein $\mathfrak{P} \in$ Spec(S) mit $\mathfrak{p}S \subset \mathfrak{P}$, $\mathfrak{P} \cap N = \phi$. Dann ist aber $\mathfrak{P} \cap R = \mathfrak{p}$.

b) $A := \mathfrak{V}(J)$ sei eine abgeschlossene Menge von Spec(S) mit einem Ideal J von S und $I := J \cap R$. Nach 2.9 ist S/J ganz über R/I und daher ist nach a) die Abbildung Spec(S/J) → Spec(R/I) surjektiv. ϕ bildet somit A auf die abgeschlossene Menge $\mathfrak{V}(I)$ von Spec(R) ab, denn nach I.4.12 ist $\mathfrak{V}(J)$ das Bild von Spec(S/J) → Spec(S) und $\mathfrak{V}(I)$ das Bild von Spec(R/I) → Spec(R).

c) Sei $\mathfrak{p} := \mathfrak{P}_1 \cap R = \mathfrak{P}_2 \cap R$. Dann ist $S/\mathfrak{P}_1$ ganz über $R/\mathfrak{p}$ und $\mathfrak{P}_2/\mathfrak{P}_1$ ein Primideal von $S/\mathfrak{P}_1$, das mit $R/\mathfrak{p}$ den Durchschnitt (0) besitzt. Nach 2.9b) muß $\mathfrak{P}_1 = \mathfrak{P}_2$ sein.

d) Sei $\mathfrak{P} \in$ Spec(S) gegeben und $\mathfrak{p} := \mathfrak{P} \cap R$. Ist $R/\mathfrak{p}$ ein Körper, dann ist auch $S/\mathfrak{P}$ ein Körper, denn $S/\mathfrak{P}$ geht aus $R/\mathfrak{p}$ durch Adjunktion algebraischer Elemente hervor. Ist $S/\mathfrak{P}$ ein Körper, so ist (0) das einzige Element von Spec($S/\mathfrak{P}$) und nach a) ist auch (0) das einzige Element von Spec($R/\mathfrak{p}$). Folglich ist auch $R/\mathfrak{p}$ ein Körper.

Wenn wir im folgenden von einer „Primidealkette“ $\mathfrak{P}_0 \subset \mathfrak{P}_1 \subset \dots \subset \mathfrak{P}_n$ eines Rings S sprechen, so sollen die $\mathfrak{P}_i$ aus Spec(S) sein und es sollen immer echte Inklusionen $\mathfrak{P}_i \subset \mathfrak{P}_{i+1}, \mathfrak{P}_i \neq \mathfrak{P}_{i+1}$ vorliegen.

Korollar 2.11: Ist $\mathfrak{P}_0 \subset \mathfrak{P}_1 \subset \dots \subset \mathfrak{P}_n$ eine Primidealkette in S und $\mathfrak{p}_i := \mathfrak{P}_i \cap R$ $(i = 0, \dots, n)$, so ist $\mathfrak{p}_0 \subset \mathfrak{p}_1 \subset \dots \subset \mathfrak{p}_n$ eine Primidealkette in R.

Korollar 2.12: („Going-up“-Theorem von Cohen-Seidenberg). Zu jeder Primidealkette $\mathfrak{p}_0 \subset \mathfrak{p}_1 \subset \dots \subset \mathfrak{p}_n$ in R und zu jedem über $\mathfrak{p}_0$ liegenden $\mathfrak{P}_0 \in$ Spec(S) gibt es in S eine Primidealkette $\mathfrak{P}_0 \subset \mathfrak{P}_1 \subset \dots \subset \mathfrak{P}_n$ mit $\mathfrak{P}_i \cap R = \mathfrak{p}_i$ $(i = 0, \dots, n)$.

Beweis: Ist eine über $\mathfrak{p}_0 \subset \dots \subset \mathfrak{p}_i$ liegende Primidealkette $\mathfrak{P}_0 \subset \dots \subset \mathfrak{P}_i$ schon konstruiert, so betrachten wir in $S/\mathfrak{P}_i$ ein über $\mathfrak{p}_{i+1}/\mathfrak{p}_i$ liegendes Primideal. Sein Urbild $\mathfrak{P}_{i+1}$ in S liegt dann über $\mathfrak{p}_{i+1}$ und es ist $\mathfrak{P}_i \subset \mathfrak{P}_{i+1}, \mathfrak{P}_i \neq \mathfrak{P}_{i+1}$.

Korollar 2.13:

a) dim R = dim S.

b) Für jedes $\mathfrak{P} \in$ Spec(S) ist $h(\mathfrak{P}) \leqslant h(\mathfrak{P} \cap R)$, $\dim(\mathfrak{P}) = \dim(\mathfrak{P} \cap R)$.

Dies folgt aus 2.11, 2.12 und der Definition der Dimension und Höhe.

Korollar 2.14: Ist Spec(S) noethersch, dann ist ϕ eine endliche Abbildung, d.h. über jedem $\mathfrak{p} \in$ Spec(R) liegen nur endlich viele $\mathfrak{P} \in$ Spec(S).

Beweis: Für $\mathfrak{p} \in \operatorname{Spec}(R)$ ist $\mathfrak{p}S$ in einem über $\mathfrak{p}$ liegenden Primideal von S enthalten und folglich ist $\mathfrak{p}S \cap R = \mathfrak{p}$. Die über $\mathfrak{p}$ liegenden Primideale von S sind minimale Primteiler von $\mathfrak{p}S$ (2.10c)). Da Spec(S) noethersch ist, ist ihre Anzahl nach I.4.9a) endlich.

Die obigen Aussagen über Primidealketten lassen sich noch verschärfen, wenn man voraussetzt, daß R ein normaler Ring ist:

Lemma 2.15: R sei ein normaler Ring mit dem Quotientenkörper K, L/K eine Körpererweiterung und I ein Primideal von R. Ist $x \in L$ ganz über I, so hat das Minimalpolynom m von x über K die Gestalt

$$m = X^n + a_1 X^{n-1} + \dots + a_n \quad \text{mit} \quad a_i \in I \quad (i = 1, \dots, n).$$

Beweis: $x = x_1, x_2, \dots, x_n$ seien die Nullstellen von m im algebraischen Abschluß $\overline{K}$ von K. Da man x durch einen K-Automorphismus von $\overline{K}$ in jedes der x_i $(i = 1, \dots, n)$ überführen kann, sind auch die x_i Nullstellen eines Polynoms (1), von dem x Nullstelle ist, d.h. auch die x_i sind ganz über I $(i = 1, \dots, n)$. Die Koeffizienten a_k von m sind die elementarsymmetrischen Funktionen der x_i, nach 2.6 gehören sie $\operatorname{Rad}(I\overline{R})$ an, wobei $\overline{R}$ die ganze Abschließung von R in K ist. Da $\overline{R} = R$ und I Primideal ist, folgt $a_k \in I$ für $k = 1, \dots, n$.

Satz 2.16: („Going-down"-Theorem von Cohen-Seidenberg). S/R sei eine ganze Ringerweiterung, wobei R und S Integritätsringe sind und R überdies normal ist. $\mathfrak{p}_0 \subset \mathfrak{p}_1$ sei eine Primidealkette in Spec(R) und $\mathfrak{P}_1$ ein über $\mathfrak{p}_1$ liegendes Primideal von S. Dann gibt es ein $\mathfrak{P}_0 \in \operatorname{Spec}(S)$ mit $\mathfrak{P}_0 \subset \mathfrak{P}_1$ und $\mathfrak{P}_0 \cap R = \mathfrak{p}_0$.

Beweis: Die Mengen $N_0 := R \setminus \mathfrak{p}_0$, $N_1 := S \setminus \mathfrak{P}_1$ und $N := N_0 \cdot N_1 := \{rs \mid r \in N_0, s \in N_1\}$ sind multiplikativ abgeschlossen und es ist $N_i \subset N$ $(i = 1, 2)$. Wir zeigen, daß $\mathfrak{p}_0 S \cap N = \phi$ ist. Nach I.4.4 gibt es dann ein $\mathfrak{P}_0 \in \operatorname{Spec}(S)$ mit $\mathfrak{p}_0 S \subset \mathfrak{P}_0$ und $\mathfrak{P}_0 \cap N = \phi$. Da $\mathfrak{P}_0 \cap N_1 = \phi$ ist, gilt $\mathfrak{P}_0 \subset \mathfrak{P}_1$ und aus $\mathfrak{P}_0 \cap N_0 = \phi$ folgt $\mathfrak{P}_0 \cap R = \mathfrak{p}_0$.

Angenommen, es gäbe ein $x \in \mathfrak{p}_0 S \cap N$. x wäre ganz über $\mathfrak{p}_0$ und nach 2.15 hätte sein Minimalpolynom m über dem Quotientenkörper K von R die Gestalt $m = X^n + a_1 X^{n-1} + \dots + a_n$ mit $a_i \in \mathfrak{p}_0$ $(i = 1, \dots, n)$. Aus $x \in N$ ergibt sich ferner, daß $x = r \cdot s$ mit $r \in N_0$, $s \in N_1$ ist. $s = \frac{x}{r}$ hat über K das Minimalpolynom

$$X^n + \frac{a_1}{r} X^{n-1} + \dots + \frac{a_n}{r^n}$$

dessen Koeffizienten nach 2.15 in R liegen, da s ganz über R ist. Setzt man $a_i = r^i \rho_i$ mit $\rho_i \in R$ $(i = 1, \dots, n)$, so folgt aus $a_i \in \mathfrak{p}_0$, $r \notin \mathfrak{p}_0$, daß $\rho_i \in \mathfrak{p}_0$ für $i = 1, \dots, n$. Dann ist aber s sogar ganz über $\mathfrak{p}_0$ und somit $s \in \operatorname{Rad}(\mathfrak{p}_0 S) \subset \mathfrak{P}_1$, im Widerspruch zu $s \in N_1$.

Korollar 2.17: Unter den Voraussetzungen von 2.16 gilt $h(\mathfrak{P}) = h(\mathfrak{P} \cap R)$ für jedes $\mathfrak{P} \in \operatorname{Spec}(S)$.

Beweis: $h(\mathfrak{P}) \leq h(\mathfrak{P} \cap R)$ wurde in 2.13 gezeigt. Die umgekehrte Ungleichung ergibt sich jetzt aus 2.16, weil man zu jeder mit $\mathfrak{P} \cap R$ endenden Primidealkette in Spec(R) eine gleichlange mit $\mathfrak{P}$ endende Primidealkette in Spec(S) konstruieren kann.

Aufgaben:

1. S/R sei eine Ringerweiterung, wobei $R \neq \{0\}$ und S ein Integritätsring ist, L/K die zugehörige Erweiterung der Quotientenkörper. Besitzt L/K ein primitives Element, so gibt es ein solches schon in S.
2. Unter den Voraussetzungen von Aufgabe 1 sei R normal, L/K endlich separabel algebraisch und S die ganze Abschließung von R in L. $s \in S$ sei primitives Element von L/K, $s_1, \dots, s_n$ seien die Konjugierten von s über K und D sei die van der Mondesche Determinante

$$\begin{vmatrix} 1 & s_1 & s_1^2 & \dots & s_1^{n-1} \\ 1 & s_2 & s_2^2 & \dots & s_2^{n-1} \\ \vdots & & & & \\ 1 & s_n & s_n^2 & \dots & s_n^{n-1} \end{vmatrix}$$

   a) Es ist $D^2 \in R$ und $S \subset \frac{1}{D^2} \cdot (R + Rs + \dots + Rs^{n-1})$.

   b) Ist R noethersch, so ist S als R-Modul endlich erzeugt (und damit ebenfalls ein noetherscher Ring). Ist R eine affine Algebra über einem Körper $k \subset R$, dann auch S.
3. K sei ein Körper. Jede K-Unteralgebra $A \subset K[X]$ ist endlich erzeugt über K und es ist $\dim A = 1$, falls $A \neq K$. (*Anleitung:* Ist $f \in K[X]$, $f \notin K$, so ist $K[X]$ ganz über $K[f]$.)
4. (J. David) K sei ein Körper, $f \in K[X_1, \dots, X_n]$ schreibe sich in der Form $f = f_0 + \dots + f_d$ (f_i homogen vom Grad i, $f_d \neq 0$) und f_d sei ein Produkt von paarweise nicht assoziierten Primpolynomen. Dann ist $K[f]$ ganz abgeschlossen in $K[X_1, \dots, X_n]$ und $K(f)$ algebraisch abgeschlossen in $K(X_1, \dots, X_n)$.
5. R sei ein lokaler (semilokaler) Ring, $P \subset R$ ein Unterring, wobei R/P eine ganze Ringerweiterung ist. Dann ist auch P lokal (semilokal).
6. S/R sei eine Ringerweiterung, wobei $R \neq \{0\}$ und S als R-Modul von t Elementen erzeugt wird. Dann liegen über jedem maximalen Ideal von R höchstens t maximale Ideale von S.

§ 3. Dimension affiner Algebren und affiner algebraischer Varietäten

Grundlegend für diesen Paragraphen ist

Theorem 3.1: (Noetherscher Normalisierungssatz). A sei eine affine Algebra über einem Körper K, $I \subset A$ ein Ideal, $I \neq A$. Es gibt natürliche Zahlen $\delta \leqslant d$ und Elemente $Y_1, \dots, Y_d \in A$, so daß gilt:

a) $Y_1, \dots, Y_d$ sind algebraisch unabhängig über K.

b) A ist als $K[Y_1, \dots, Y_d]$-Modul endlich erzeugt.

c) $I \cap K[Y_1, \dots, Y_d] = (Y_{\delta+1}, \dots, Y_d)$.
Ist K unendlich und $A = K[x_1, \dots, x_n]$, so kann man zusätzlich erreichen:

d) Für $i = 1, \dots, \delta$ ist Y_i von der Form $Y_i = \sum_{k=1}^{n} a_{ik} x_k \quad (a_{ik} \in K)$.

Als Vorbereitung zum Beweis zeigen wir zunächst

Lemma 3.2: F sei ein nicht verschwindendes Polynom aus $K[X_1, \dots, X_n]$.

a) Durch eine Substitution der Form $X_i = Y_i + X_n^{r_i}$ $(i = 1, \dots, n-1)$ mit geeignet gewählten $r_i \in \mathbb{N}$ geht F über in ein Element der Form
$$aX_n^m + \rho_1 X_n^{m-1} + \dots + \rho_m \qquad (a \in K^\times, \rho_i \in K[Y_1, \dots, Y_{n-1}]) \tag{1}$$

b) Besitzt K unendlich viele Elemente, so läßt sich das gleiche Ergebnis erreichen mittels einer Substitution $X_i = Y_i + a_i X_n$ $(i = 1, \dots, n-1)$ mit geeignet gewählten $a_i \in K$.

Beweis: Es sei $F = \sum a_{\nu_1 \dots \nu_n} X_1^{\nu_1} \dots X_n^{\nu_n}$, $F \neq 0$

Im Fall a) nimmt F nach der Substitution die Gestalt
$$F = \sum a_{\nu_1 \dots \nu_n} (X_n^{r_1} + Y_1)^{\nu_1} \dots (X_n^{r_{n-1}} + Y_{n-1})^{\nu_{n-1}} X_n^{\nu_n}$$
$$= \sum a_{\nu_1 \dots \nu_n} (X_n^{\nu_n + \nu_1 r_1 + \dots + \nu_{n-1} r_{n-1}} + \dots)$$
an, wobei die Punkte Terme bedeuten, in denen X_n nur in niedrigerer Potenz auftritt. Wir setzen $r_i := k^i$ $(i = 1, \dots, n-1)$, wobei $k - 1$ der größte Index ist, der bei einem Koeffizienten $a_{\nu_1 \dots \nu_n} \neq 0$ von F auftritt. Die Zahlen $\nu_n + \nu_1 k + \dots + \nu_{n-1} k^{n-1}$ sind dann für verschiedene n-tupel $(\nu_1, \dots, \nu_n)$ mit $a_{\nu_1 \dots \nu_n} \neq 0$ ebenfalls verschieden. Ist m die größte dieser Zahlen, so ergibt sich, daß F in der Tat die Form (1) besitzt.

Im Fall b) sei $F = F_0 + \dots + F_m$ die Zerlegung von F in homogene Komponenten F_i (Grad $F_i = i$, $F_m \neq 0$). Nach der angegebenen Substitution besitzt F die Gestalt $F = F_m(a_1, \dots, a_{n-1}, 1) X_n^m + \dots$. Da F_m homogen und $\neq 0$ ist, ist auch $F_m(X_1, \dots, X_{n-1}, 1) \neq 0$. Weil K unendlich ist, kann man $a_1, \dots, a_{n-1} \in K$ finden, so daß $F_m(a_1, \dots, a_{n-1}, 1) \neq 0$ ist (I.1.3a)).

Beweis des Normalisierungssatzes:

1. A sei zunächst eine Polynomalgebra $K[X_1, \dots, X_n]$ und $I = (F)$ ein Hauptideal, $F \neq 0$.
   Wir setzen dann $Y_n := F$ und wählen Y_i $(i = 1, \dots, n-1)$ wie in Lemma 3.2. Dann ist $A = K[Y_1, \dots, Y_n][X_n]$ und wegen $0 = F - Y_n = aX_n^m + \rho_1(Y_1, \dots, Y_{n-1}) X_n^{m-1} + \dots + \rho_m(Y_1, \dots, Y_{n-1}) - Y_n$ ist X_n ganz über $K[Y_1, \dots, Y_n]$ und folglich A endlich erzeugter $K[Y_1, \dots, Y_n]$-Modul.
   Die Elemente $Y_1, \dots, Y_n$ sind algebraisch unabhängig über K, denn andernfalls wäre $K(Y_1, \dots, Y_n)$ und somit auch $K(X_1, \dots, X_n)$ vom Transzendenzgrad $< n$ über K. Wir zeigen noch $I \cap K[Y_1, \dots, Y_n] = (Y_n)$.

Jedes $f \in I \cap K[Y_1, \dots, Y_n]$ schreibt sich in der Form $f = G \cdot Y_n$ mit $G \in A$. Es gibt dann eine Gleichung

$$G^s + a_1 G^{s-1} + \dots + a_s = 0 \quad (s > 0, a_i \in K[Y_1, \dots, Y_n])$$

aus der

$$f^s + a_1 Y_n f^{s-1} + \dots + a_s Y_n^s = 0$$

folgt. Es ergibt sich, daß Y_n auch ein Teiler von f in $K[Y_1, \dots, Y_n]$ ist.

2. I sei jetzt ein beliebiges Ideal aus $A = K[X_1, \dots, X_n]$. Für $I = (0)$ ist nichts zu zeigen. Wir dürfen daher annehmen, daß ein nichtkonstantes $F \in I$ existiert. Für $n = 1$ sind wir ebenfalls schon fertig (Fall 1). Es sei jetzt $n > 1$. $K[Y_1, \dots, Y_n]$ mit $Y_n := F$ sei wie im Fall 1 konstruiert. Durch Induktion können wir annehmen, daß der Satz für $I \cap K[Y_1, \dots, Y_{n-1}]$ bereits gilt: Es gibt über K algebraisch unabhängige Elemente $T_1, \dots, T_{d-1} \in K[Y_1, \dots, Y_{n-1}]$, so daß $K[Y_1, \dots, Y_{n-1}]$ als $K[T_1, \dots, T_{d-1}]$-Modul endlich erzeugt ist und $I \cap K[T_1, \dots, T_{d-1}] = (T_{\delta+1}, \dots, T_{d-1})$ mit einem $\delta < d$. Da $K[Y_1, \dots, Y_n]$ über $K[T_1, \dots, T_{d-1}, Y_n]$ endlich erzeugt ist, ist auch A über $K[T_1, \dots, T_{d-1}, Y_n]$ endlich erzeugt (als Modul). Es ist dann $d = n$ und $T_1, \dots, T_{n-1}, Y_n$ sind algebraisch unabhängig über K. Wenn K unendlich ist, kann man annehmen, daß die T_i $(i = 1, \dots, \delta)$ Linearkombinationen der Y_j $(j = 1, \dots, n-1)$ sind, also auch Linearkombinationen der X_j $(j = 1, \dots, n)$.
   Jedes $f \in I \cap K[T_1, \dots, T_{n-1}, Y_n]$ schreibt sich in der Form $f = f^* + HY_n$ mit $f^* \in I \cap K[T_1, \dots, T_{n-1}] = (T_{\delta+1}, \dots, T_{n-1})$ und $H \in K[T_1, \dots, T_{n-1}, Y_n]$. Es ergibt sich, daß $I \cap K[T_1, \dots, T_{n-1}, Y_n]$ von $T_{\delta+1}, \dots, T_{n-1}, Y_n$ erzeugt wird.
3. Im allgemeinen Fall schreiben wir $A = K[X_1, \dots, X_n]/J$ und bestimmen wie im Fall 2 eine Unteralgebra $K[Y_1, \dots, Y_n]$ von $K[X_1, \dots, X_n]$ mit $J \cap K[Y_1, \dots, Y_n] = (Y_{d+1}, \dots, Y_n)$, wobei die Y_i $(i = 1, \dots, d)$ als Linearkombination der X_k gewählt seien, wenn K unendlich ist. Das Bild von $K[Y_1, \dots, Y_n]$ in A läßt sich mit der Polynomalgebra $K[Y_1, \dots, Y_d]$ identifizieren. Über dieser ist dann A endlich erzeugter Modul. Wir wenden den Fall 2 jetzt noch einmal an auf $I' := I \cap K[Y_1, \dots, Y_d]$: Es gibt eine Polynomalgebra $K[T_1, \dots, T_d] \subset K[Y_1, \dots, Y_d]$, über der $K[Y_1, \dots, Y_d]$ als Modul endlich erzeugt ist, so daß $I' \cap K[T_1, \dots, T_d] = (T_{\delta+1}, \dots, T_d)$ ist mit einem $\delta \leqslant d$ und die T_i $(i = 1, \dots, \delta)$ Linearkombinationen der Y_j $(j = 1, \dots, d)$ sind, also auch der Bilder x_k der X_k in A, wenn K unendlich ist.
   Da A auch als $K[T_1, \dots, T_d]$-Modul endlich erzeugt ist, erfüllen die Elemente $T_1, \dots, T_d$ die Forderungen des Normalisierungssatzes, q.e.d.

Definition 3.3: Für eine affine K-Algebra $A \neq \{0\}$ heißt $K[Y_1, \dots, Y_d] \subset A$ eine *Noethersche Normalisierung*, wenn $Y_1, \dots, Y_d$ algebraisch unabhängig über K sind und A als $K[Y_1, \dots, Y_d]$-Modul endlich erzeugt ist.

Aus dem Normalisierungssatz und den Sätzen von Cohen-Seidenberg ergeben sich wichtige Aussagen über die Dimension affiner Algebren und ihre Primidealketten. Wir nennen eine Primidealkette *maximal*, wenn es keine Kette größerer Länge gibt, die alle Primideale der gegebenen Kette enthält.

Im folgenden sei $A \neq \{0\}$ immer eine affine Algebra über einem Körper K.

Satz 3.4: Ist $K[Y_1, \dots, Y_d] \subset A$ eine Noethersche Normalisierung, so ist $\dim A = d$. Ist A überdies Integritätsring, so haben alle maximalen Primidealketten aus A die Länge d (speziell gilt dies für die Polynomalgebra $K[X_1, \dots, X_d]$).

Beweis: Nach 1.4a) und 2.13 ist $\dim A = \dim K[Y_1, \dots, Y_d] \geqslant d$. Für eine beliebige Primidealkette

$$\mathfrak{P}_0 \subset \dots \subset \mathfrak{P}_m \tag{2}$$

von A ist noch zu zeigen, daß $m \leqslant d$ ist. Wir schließen durch Induktion nach d.

Setzt man $\mathfrak{p}_i := \mathfrak{P}_i \cap K[Y_1, \dots, Y_d]$, so ist $\mathfrak{p}_0 \subset \dots \subset \mathfrak{p}_m$ eine Primidealkette in $K[Y_1, \dots, Y_d]$. Für $d = 0$ ist nichts zu zeigen. Es sei daher $d > 0$ und die Behauptung sei für Polynomalgebren kleinerer Variablenzahl schon bewiesen. Es ist dann nur für $m > 0$ noch etwas zu zeigen.

Nach 3.1 gibt es eine Noethersche Normalisierung $K[T_1, \dots, T_d] \subset K[Y_1, \dots, Y_d]$ mit $\mathfrak{p}_1 \cap K[T_1, \dots, T_d] = (T_{\delta+1}, \dots, T_d)$ $(\delta \leqslant d)$. Da $\mathfrak{p}_1 \neq (0)$ ist, ist $\delta < d$ (2.10c)). $K[T_1, \dots, T_\delta] \subset K[Y_1, \dots, Y_d]/\mathfrak{p}_1$ ist dann ebenfalls eine Noethersche Normalisierung. Nach Induktionsvoraussetzung gilt für die Länge der Primidealkette

$$(0) = \mathfrak{p}_1/\mathfrak{p}_1 \subset \mathfrak{p}_2/\mathfrak{p}_1 \subset \dots \subset \mathfrak{p}_m/\mathfrak{p}_1 \tag{3}$$

$m - 1 \leqslant \delta < d$. Es folgt $m \leqslant d$.

Ist A Integritätsring und (2) eine maximale Primidealkette von A, so ist $\mathfrak{P}_0 = (0)$ und $\mathfrak{P}_m$ ein maximales Ideal von A. Wir zeigen, daß auch $\mathfrak{p}_0 \subset \dots \subset \mathfrak{p}_m$ eine maximale Primidealkette in $K[Y_1, \dots, Y_d]$ ist. Angenommen, man könnte zwischen $\mathfrak{p}_i$ und $\mathfrak{p}_{i+1}$ $(i \in [0, m-1])$ noch ein weiteres Primideal „einschieben". Dann wähle man eine Noethersche Normalisierung $K[T_1, \dots, T_d] \subset K[Y_1, \dots, Y_d]$, so daß $\mathfrak{p}_i \cap K[T_1, \dots, T_d] = (T_{\delta+1}, \dots, T_d)$ mit einem $\delta \leqslant d$ ist. Es ist dann auch $K[T_1, \dots, T_\delta] \subset K[Y_1, \dots, Y_d]/\mathfrak{p}_i$ eine Noethersche Normalisierung. Da man zwischen (0) und $\mathfrak{p}_{i+1}/\mathfrak{p}_i$ ein Primideal einschieben kann, gilt dies auch für das Nullideal von $K[T_1, \dots, T_\delta]$ und $\mathfrak{p}_{i+1}/\mathfrak{p}_i \cap K[T_1, \dots, T_\delta]$. Nun ist aber $K[T_1, \dots, T_\delta] \subset A/\mathfrak{P}_i$ ebenfalls eine Noethersche Normalisierung.

Nach 2.16 (going-down) ergäbe sich, daß man zwischen (0) und $\mathfrak{P}_{i+1}/\mathfrak{P}_i$ ein Primideal einschieben könnte, also auch zwischen $\mathfrak{P}_i$ und $\mathfrak{P}_{i+1}$, entgegen der Maximalität der Kette (2). Da $\mathfrak{p}_0 = (0)$ und $\mathfrak{p}_m$ ein maximales Ideal von $K[Y_1, \dots, Y_d]$ ist (2.10), ist die Maximalität der Kette (3) bewiesen.

Man zeigt nun $m = d$ durch Induktion nach d. Ist $d > 0$, so wählt man wie oben eine Noethersche Normalisierung

$$K[T_1, \dots, T_d] \subset K[Y_1, \dots, Y_d] \quad \text{mit} \quad \mathfrak{p}_1 \cap K[T_1, \dots, T_d] = (T_{\delta+1}, \dots, T_d).$$

Dieses Ideal besitzt die Höhe 1 (2.17). Es muß dann $\delta = d - 1$ sein und (3) ist eine maximale Primidealkette in $K[T_1, \dots, T_{d-1}]$. Nach Induktionsvoraussetzung hat sie die Länge $d - 1$. Es folgt $m = d$.

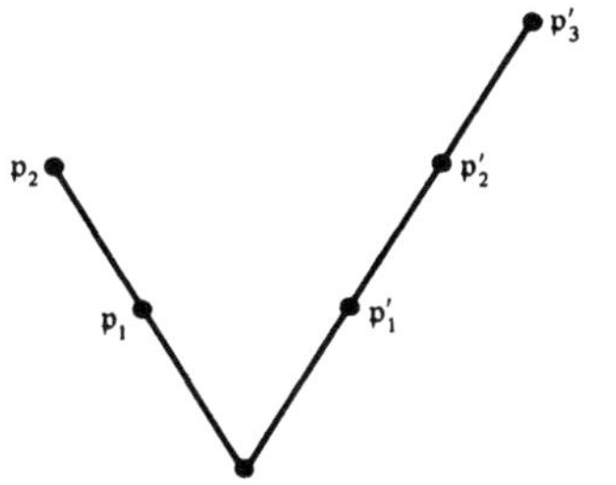

Fig. 11

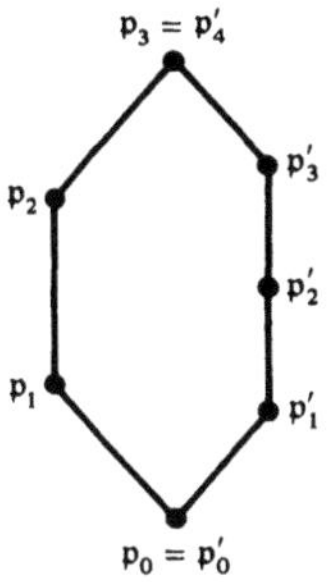

Fig. 12

Insbesondere hat sich ergeben, daß affine Algebren stets endliche Krulldimension besitzen. Für beliebige noethersche Ringe muß das nicht so sein. Es gibt auch noethersche Integritätsringe endlicher Dimension mit maximalen Primidealketten unterschiedlicher Länge (Fig. 11).

Korollar 3.5: $\mathfrak{P} \subset \mathfrak{Q}$ seien Primideale von A, $\mathfrak{Q} \neq A$. Alle maximalen Primidealketten, die mit $\mathfrak{P}$ beginnen und $\mathfrak{Q}$ enden, haben die gleiche Länge, nämlich $\dim A/\mathfrak{P} - \dim A/\mathfrak{Q}$.

Beweis: $\mathfrak{P} = \mathfrak{P}_0 \subset \dots \subset \mathfrak{P}_m = \mathfrak{Q}$ sei eine solche Kette und $A' := A/\mathfrak{P}$. Die Kette $(0) = \mathfrak{P}_0/\mathfrak{P} \subset \dots \subset \mathfrak{P}_m/\mathfrak{P} = \mathfrak{Q}/\mathfrak{P}$ aus A' werde zu einer maximalen Primidealkette von A' verlängert, diese besitzt nach 3.4 die Länge $\dim A'$. Dem Teil der verlängerten Kette, der mit $\mathfrak{Q}/\mathfrak{P}$ beginnt, entspricht eine maximale Primidealkette in $A'' := A/\mathfrak{Q}$. Es folgt $m = \dim A' - \dim A''$.

Ein Ring, für den die in 3.5 angegebene Eigenschaft zutrifft, heißt *Kettenring*. Es gibt Beispiele noetherscher Ringe, die keine Kettenringe sind (Fig. 12).

Korollar 3.6: $\mathfrak{p}_1, \dots, \mathfrak{p}_s$ seien die minimalen Primideale von A und L_i sei der Quotientenkörper von $A/\mathfrak{p}_i$ $(i = 1, \dots, s)$. Dann gilt:

a) $\dim A = \underset{i=1,\dots,s}{\operatorname{Max}} \{\operatorname{Trgr}(L_i/K)\}$. Insbesondere ist $\dim A = \operatorname{Trgr}(L/K)$, wenn A Integritätsring mit dem Quotientenkörper L ist.

b) Ist $\dim A/\mathfrak{p}_i$ unabhängig von $i \in [1, s]$, so ist für jedes $\mathfrak{p} \in \operatorname{Spec}(A)$

$$\dim A = h(\mathfrak{p}) + \dim A/\mathfrak{p}.$$

Beweis: Da jede maximale Primidealkette von A mit einem der $\mathfrak{p}_i$ $(i \in [1, s])$ beginnt, genügt es, die Behauptungen für Integritätsringe zu beweisen. Ist A Integritätsring und $K[Y_1, \dots, Y_d] \subset A$ eine Noethersche Normalisierung, so ist $d = \dim A$ auch der Transzendenzgrad von L über K. Die Formel $\dim A = h(\mathfrak{p}) + \dim A/\mathfrak{p}$ folgt aus 3.5 mit $\mathfrak{P} = (0)$, $\mathfrak{Q} = \mathfrak{p}$.

Korollar 3.7: dim A ist die Maximalzahl K-algebraisch unabhängiger Elemente von A. Ist $B \subset A$ eine weitere affine K-Algebra, so ist $\dim B \leqslant \dim A$.

Beweis: Es sei $d := \dim A$. Nach dem Normalisierungssatz genügt es zu zeigen: Sind $Z_1, \dots, Z_m \in A$ algebraisch unabhängig über K, so ist $m \leqslant d$. $\mathfrak{p}_1, \dots, \mathfrak{p}_s$ seien die minimalen Primideale von A. Dann ist nach I.4.10

$$(0) = \left(\bigcap_{i=1}^{s} \mathfrak{p}_i\right) \cap K[Z_1, \dots, Z_m] = \bigcap_{i=1}^{s} (\mathfrak{p}_i \cap K[Z_1, \dots, Z_m]),$$

da $K[Z_1, \dots, Z_m]$ keine nilpotenten Elemente $\neq 0$ besitzt. Es gibt dann ein $i \in [1, s]$ mit $\mathfrak{p}_i \cap K[Z_1, \dots, Z_m] = (0)$. Aus $K[Z_1, \dots, Z_m] \subset A/\mathfrak{p}_i$ folgt $m \leqslant \mathrm{Trgr}(L_i/K) \leqslant d$, wenn L_i der Quotientenkörper von $A/\mathfrak{p}_i$ ist.

Die zweite Aussage in 3.7 ergibt sich unmittelbar aus der ersten.

Korollar 3.8: Folgende Aussagen sind äquivalent:

a) $\dim A = 0$.
b) A ist endlich-dimensionaler K-Vektorraum.
c) Spec(A) ist endlich.
d) Max(A) ist endlich.

Beweis: $K[Y_1, \dots, Y_d] \subset A$ sei eine Noethersche Normalisierung. Genau dann ist A als K-Vektorraum endlich dimensional, wenn $d = 0$ ist. Ist $d = 0$, so besitzt Spec(A) nach 1.4d) nur endlich viele Elemente. Ist Max(A) endlich, dann auch $\mathrm{Max}(K[Y_1, \dots, Y_d])$ nach 2.10d). Dies ist nur für $d = 0$ möglich, denn für $d > 0$ gibt es in $\mathbb{A}^d(\overline{K})$ unendlich viele Punkte, wenn $\overline{K}$ die algebraische Abschließung von K ist, folglich auch unendlich viele maximale Ideale $\mathfrak{m}$ in $K[Y_1, \dots, Y_d]$, denn jedes maximale Ideal $\mathfrak{m}$ hat nur endlich viele Nullstellen in $\mathbb{A}^d(\overline{K})$, nämlich die sämtlichen Konjugierten einer Nullstelle.

Korollar 3.9:

a) Ist K'/K eine Körpererweiterung, so gilt

$$\dim(K' \otimes_K A) = \dim A.$$

Ist A überdies Integritätsring, so gilt

$$\dim(K' \otimes_K A/\mathfrak{P}) = \dim A$$

für jedes minimale Primideal $\mathfrak{P}$ von $K' \otimes_K A$.

b) Ist $A' \neq \{0\}$ eine weitere affine K-Algebra, so gilt

$$\dim(A \otimes_K A') = \dim A + \dim A'.$$

Sind A und A' Integritätsringe, so gilt

$$\dim(A \otimes_K A'/\mathfrak{P}) = \dim A + \dim A'$$

für jedes minimale Primideal $\mathfrak{P}$ von $A \otimes_K A'$.

Beweis: $K[Y_1, \dots, Y_d] \subset A$ und $K[Z_1, \dots, Z_\delta] \subset A'$ seien Noethersche Normalisierungen. $K' \otimes_K K[Y_1, \dots, Y_n]$ identifiziert sich mit $K'[Y_1, \dots, Y_d]$ und $K[Y_1, \dots, Y_n] \otimes_K K[Z_1, \dots, Z_\delta]$ mit $K[Y_1, \dots, Y_d, Z_1, \dots, Z_\delta]$. Ferner sind $K'[Y_1, \dots, Y_d] \subset K' \otimes_K A$ und $K[Y_1, \dots, Y_d, Z_1, \dots, Z_\delta] \subset A \otimes_K A'$ Noethersche Normalisierungen. Es folgt die erste Dimensionsformel in a) und b).

Ist A Integritätsring mit dem Quotientenkörper L, so hat man ein kommutatives Diagramm mit injektiven Ringhomomorphismen

$$\begin{array}{ccc} K' \otimes_K K(Y_1, \dots, Y_d) & \to & K' \otimes_K L \\ \uparrow & & \uparrow \\ K' \otimes_K K[Y_1, \dots, Y_d] & \to & K' \otimes_K A \end{array}$$

$K' \otimes_K L$ ist ein freier $K' \otimes_K K(Y_1, \dots, Y_d)$-Modul, da L über $K(Y_1, \dots, Y_d)$ eine Basis besitzt. Kein Element $\neq 0$ aus $K' \otimes_K K(Y_1, \dots, Y_d)$ kann daher Nullteiler in $K' \otimes_K L$ sein. Es ergibt sich, daß $\mathfrak{P} \cap K' \otimes_K K[Y_1, \dots, Y_d] = (0)$ ist, denn die Elemente eines minimalen Primideals $\mathfrak{P}$ von $K' \otimes_K A$ sind Nullteiler dieses Rings nach I.4.10. Wir erhalten die zweite Formel in a).

Die zweite Formel in b) ergibt sich ähnlich mit Hilfe des Diagramms

$$\begin{array}{ccc} K(Y_1, \dots, Y_d) \otimes_K K(Z_1, \dots, Z_\delta) & \to & L \otimes_K L' \\ \uparrow & & \uparrow \\ K[Y_1, \dots, Y_d] \otimes_K K[Z_1, \dots, Z_\delta] & \to & A \otimes_K A', \end{array}$$

in dem L' den Quotientenkörper von A' bedeutet.

Korollar 3.10: A sei faktoriell, $I \neq (0)$, $I \neq A$ ein Ideal mit $\mathrm{Rad}(I) = I$. Dann sind folgende Aussagen äquivalent:

a) Für jeden minimalen Primteiler $\mathfrak{p}$ von I ist

$$\dim A/\mathfrak{p} = \dim A - 1$$

b) I ist Hauptideal.

Beweis:

a) → b). Nach 3.6 ist $h(\mathfrak{p}) = 1$ und nach 1.4b) folgt $\mathfrak{p} = (\pi)$ mit einem Primelement π von A. Sind $\mathfrak{p}_1, \dots, \mathfrak{p}_s$ ($\mathfrak{p}_i \neq \mathfrak{p}_j$ für $i \neq j$) die sämtlichen minimalen Primteiler von I, $\mathfrak{p}_i = (\pi_i)$ $(i = 1, \dots, s)$, so ergibt sich $I = \mathrm{Rad}(I) = \mathfrak{p}_1 \cap \dots \cap \mathfrak{p}_s = (\pi_1 \cdot \dots \cdot \pi_s)$.

b) → a). Ist $I = (a)$ Hauptideal und $a = \pi_1 \cdot \dots \cdot \pi_s$ eine Zerlegung von a in Primelemente π_i $(i = 1, \dots, s)$, dann sind die $\mathfrak{p}_i := (\pi_i)$ gerade die minimalen Primteiler von I. Nach 1.4b) ist $h(\mathfrak{p}_i) = 1$ und somit $\dim A/\mathfrak{p}_i = \dim A - 1$.

Wendet man die vorstehenden Aussagen über Primidealketten und die Dimension affiner Algebren an auf die Koordinatenringe affiner Varietäten, so ergeben sich auf Grund des Zusammenhangs zwischen Untervarietäten einer Varietät und den Idealen ihres Koordinatenrings unmittelbar Sätze über die Dimension affiner Varietäten und über Ketten irreduzibler Untervarietäten. Wir fassen die wichtigsten dieser Aussagen zusammen:

Satz 3.11: Für jede nichtleere K-Varietät $V \subset \mathbb{A}^n(L)$ gilt:

a) dim V ist unabhängig von der Wahl des Definitionskörpers K. Ist K'/K eine Körpererweiterung mit $K' \subset L$ und ist V irreduzibel in der K-Topologie, so hat jede irreduzible Komponente von V in der K'-Topologie die gleiche Dimension.

b) Es ist $\dim V \leqslant n$. Genau dann gilt $\dim V = n$, wenn $V = \mathbb{A}^n(L)$.

c) Wenn alle irreduziblen Komponenten von V dieselbe Dimension d besitzen, so haben alle maximalen Ketten

$$V_0 \subset V_1 \subset \dots \subset V_d \qquad (V_0 \neq \emptyset, V_i \neq V_{i+1})$$

von irreduziblen Untervarietäten V_i von V die Länge d. Ferner ist, falls V irreduzibel ist,

$$\dim V = \mathrm{Trgr}(K(V)/K),$$

wobei $K(V)$ der Quotientenkörper von $K[V]$ ist.

d) Haben alle irreduziblen Komponenten von V dieselbe Dimension und ist $W \subset V$ eine irreduzible Untervarietät $W \neq \emptyset$, so ist

$$\dim(V) = \dim(W) + \mathrm{codim}_V(W).$$

e) Ist $W \subset \mathbb{A}^m(L)$ eine weitere nichtleere K-Varietät, so ist

$$\dim(V \times W) = \dim(V) + \dim(W).$$

Sind V und W irreduzibel, so haben alle irreduziblen Komponenten von $V \times W$ dieselbe Dimension.

f) Genau dann ist $\dim V = 0$, wenn V nur aus endlich vielen Punkten besteht.

g) Der Koordinatenring $K[V]$ sei faktoriell, $W \subset V$ eine Untervarietät, $W \neq V$, $W \neq \emptyset$. Genau dann besitzen alle irreduziblen Komponenten von W die Kodimension 1 in V, wenn das Ideal $\mathfrak{J}_V(W)$ von W in $K[V]$ ein Hauptideal ist. (Speziell: V ist genau dann Hyperfläche in $\mathbb{A}^n(L)$, wenn alle irreduziblen Komponenten von V die Kodimension 1 in $\mathbb{A}^n(L)$ besitzen).

Beweis:

a) folgt aus 3.9a): Es ist $K'[V] = (K' \otimes_K K[V])_{red}$ nach I.3.12b). Da die Spektren von $K' \otimes_K K[V]$ und $(K' \otimes_K K[V])_{red}$ homöomorph sind (I.4.12), ergeben sich die Aussagen nun unmittelbar.

b) Wir schreiben $K[V] = K[X_1, \dots, X_n]/\mathfrak{J}(V)$. Genau dann ist $\dim V = n$, wenn $\mathfrak{J}(V) = 0$ ist, denn die Primidealketten von $K[V]$ entsprechen eineindeutig denjenigen von $K[X_1, \dots, X_n]$, in denen nur $\mathfrak{J}(V)$ umfassende Primideale auftreten.

Die Aussagen c), d) und g) sind unmittelbare Übersetzungen von 3.4, 3.6 und 3.10, ferner ergibt sich e) aus 3.9b) mit Hilfe von I.3.12c).

f) Ist $\dim V = 0$, so besitzt $\operatorname{Spec}(K[V])$ nach 3.8 nur endlich viele Elemente, die sämtlich maximale Ideale sind. Dann besitzt V auch nur endlich viele Punkte, die alle in $\mathbb{A}^n(\overline{K})$ liegen, wobei $\overline{K}$ der algebraische Abschluß von K in L ist. Wenn V nur endlich viele Punkte besitzt, dann gibt es auch nur endlich viele irreduzible Untervarietäten von V, also ist $\operatorname{Spec} K[V]$ endlich und es folgt $\dim V = 0$ nach 3.8.

Eine K-Varietät $V \subset \mathbb{A}^n(L)$ heißt *affine algebraische Kurve* (*Fläche*), wenn alle ihre irreduziblen Komponenten die Dimension 1 (die Dimension 2) besitzen. Spezielle Beispiele sind die ebenen algebraischen Kurven ($n = 2$).

Wir betrachten noch die Krull-Dimension linearer Varietäten:

Beispiel 3.12: $\Lambda \subset \mathbb{A}^n(L)$ sei eine nichtleere lineare K-Varietät, die durch ein lineares Gleichungssystem $\sum_{k=1}^{n} a_{ik} X_k = b_i$ $(i = 1, \dots, m)$ vom Rang r definiert wird. Dann ist $\dim \Lambda = n - r$.

Nach einer Koordinatentransformation kann man annehmen, daß Λ durch das System $X_i = 0$ $(i = 1, \dots, r)$ gegeben wird. Dann ist $\mathfrak{J}(\Lambda) = (X_1, \dots, X_r)$ und $K[\Lambda] \cong K[X_{r+1}, \dots, X_n]$, folglich $\dim \Lambda = n - r$.

Aus der Aussage d) des Normalisierungssatzes läßt sich folgende geometrische Folgerung ableiten:

Satz 3.13: K sei algebraisch abgeschlossen, $V \subset \mathbb{A}^n(K)$ eine K-Varietät der Dimension $d \geqslant 0$. Dann gibt es eine d-dimensionale lineare K-Varietät $\Lambda \subset \mathbb{A}^n(K)$ und eine Parallelprojektion $\pi : \mathbb{A}^n(K) \to \Lambda$ mit folgenden Eigenschaften (Fig. 13):

a) $\pi(V) = \Lambda$.

b) Für jedes $x \in \Lambda$ ist $\pi^{-1}(\{x\}) \cap V$ endlich.

Beweis: Es gibt eine Noethersche Normalisierung $K[Y_1, \dots, Y_n] \subset K[X_1, \dots, X_n]$ mit $\mathfrak{J}(V) \cap K[Y_1, \dots, Y_n] = (Y_{\delta+1}, \dots, Y_n)$, wobei die Y_i $(i = 1, \dots, \delta)$ lineare homogene Polynome in $X_1, \dots, X_n$ sind. Es ist dann $K[Y_1, \dots, Y_\delta] \subset K[V]$ eine Noethersche Normalisierung, folglich $\delta = d$.

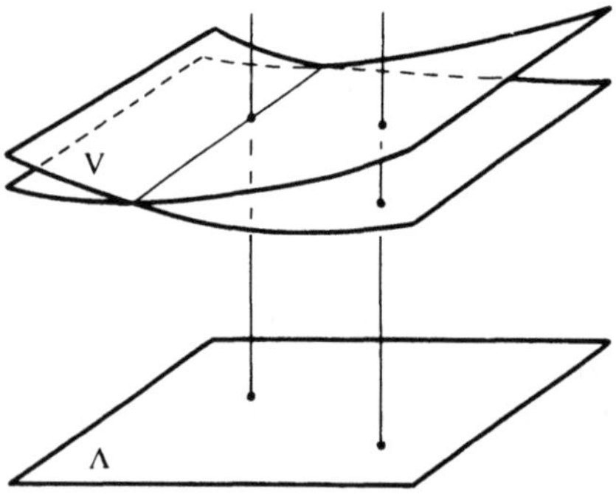

Fig. 13

Nach einer Koordinatentransformation kann man annehmen, daß $Y_i = X_i$ für $i = 1, \dots, d$ gilt. Λ sei die durch $X_{d+1} = \dots = X_n = 0$ gegebene d-dimensionale lineare Varietät in $\mathbb{A}^n(K)$. Für jeden Punkt $(a_1, \dots, a_d, 0, \dots, 0) \in \Lambda$ gibt es auf V mindestens einen, aber höchstens endlich viele Punkte, deren erste d Koordinaten mit $a_1, \dots, a_d$ übereinstimmen, denn über dem maximalen Ideal $(X_1 - a_1, \dots, X_d - a_d)$ von $K[X_1, \dots, X_d]$ liegen mindestens ein, aber höchstens endlich viele maximale Ideale von $K[V]$ (2.14 und 2.10). Diese sind gerade die maximalen Ideale der genannten Punkte von V.

Korollar 3.14: Zu jeder d-dimensionalen Varietät $V \subset \mathbb{A}^n(K)$ $(d \geq 0)$ gibt es eine lineare Varietät Λ' der Dimension $n - d$, welche V nur in endlich vielen Punkten schneidet und eine lineare Varietät Λ'' der Dimension $\geq n - d - 1$, welche V nicht trifft.

Beweis: Man nehme $\Lambda' := \pi^{-1}(\{x\})$ für ein $x \in \Lambda$. Ist ferner H eine Hyperebene, welche keinen der endlich vielen Punkte aus $\pi^{-1}(\{x\}) \cap V$ enthält, so setze man $\Lambda'' := \Lambda' \cap H$.

Man kann zeigen, daß „fast alle" $(n - d)$-dimensionalen linearen Varietäten von $\mathbb{A}^n(K)$ (in einem zu präzisierenden Sinne) die Varietät V nur in endlich vielen Punkten schneiden und daß die Anzahl der Schnittpunkte „fast immer" dieselbe ist.

Aufgaben:

1. Man leite den Hilbertschen Nullstellensatz aus dem Noetherschen Normalisierungssatz her.
2. Mit den Bezeichnungen von 3.1 ist $d - \delta$ die Höhe von I.
3. K sei ein Körper.
   a) Im Polynomring $K[X_1, X_2]$ gibt es unendlich viele Primideale der Höhe 1, die in (X_1, X_2) enthalten sind.
   b) A sei eine affine K-Algebra. Für $\mathfrak{P} \in \operatorname{Spec}(A)$ sei $h(\mathfrak{P}) \geq 2$. Dann gibt es unendlich viele $\mathfrak{p} \in \operatorname{Spec}(A)$ mit $\mathfrak{p} \subset \mathfrak{P}$ und $h(\mathfrak{p}) = 1$.
4. Eine affine Varietät, die durch eine polynomiale Parameterdarstellung mit m Parametern gegeben ist (I. § 2, Aufgabe 3), besitzt eine Dimension $\leq m$. Ist mit den Bezeichnungen der früheren Aufgabe $L = K$ algebraisch abgeschlossen und $K[T_1, \dots, T_m]$ ganz über $K[f_1, \dots, f_n]$, so ist V_0 abgeschlossen in der Zariski-Topologie und von der Dimension m.

5. K sei ein algebraisch abgeschlossener Körper, $V \subset \mathbb{A}^n(K)$ eine K-Varietät, die nicht nur aus einem Punkt besteht. Folgende Aussagen sind äquivalent:
   a) Es gibt Polynome $f_1(T), \dots, f_n(T) \in K[T]$, so daß
   $$V = \{(f_1(t), \dots, f_n(t)) \mid t \in K\}.$$
   b) Es gibt einen injektiven K-Homomorphismus $K[V] \to K[T]$.
   V ist in diesem Fall eine irreduzible algebraische Kurve.
6. Unter den Voraussetzungen von Satz 3.13 und mit den Bezeichnungen seines Beweises werde $K[V]$ als Modul über $K[Y_1, \dots, Y_d]$ von m Elementen erzeugt. Dann besteht $\pi^{-1}(x) \cap V$ für jedes $x \in \Lambda$ aus höchstens m Punkten. (Eine d-dimensionale algebraische Varietät ist also höchstens „endlich-mal so dick" wie eine lineare Varietät der Dimension d.)

§ 4. Dimension projektiver Varietäten

Viele Aussagen über die Dimension affiner Varietäten lassen sich unmittelbar auf projektive Varietäten übertragen. Wir betrachten dazu die in I. § 5 angegebene Einbettung

$$\mathbb{A}^n(L) \to \mathbb{P}^n(L) \qquad (x_1, \dots, x_n) \mapsto \langle 1, x_1, \dots, x_n \rangle.$$

Satz 4.1: Ist $V \subset \mathbb{A}^n(L)$ eine K-Varietät und $\overline{V} \subset \mathbb{P}^n(L)$ ihre projektive Abschließung, so ist $\dim \overline{V} = \dim V$.

Beweis: Nach I.5.17a) genügt es, irreduzible Varietäten $V \neq \emptyset$ zu betrachten. Zu einem solchen V gibt es eine Kette

$$V_0 \subset V_1 \subset \dots \subset V_d = V \subset V_{d+1} \subset \dots \subset V_n = \mathbb{A}^n(L) \; (V_0 \neq \emptyset, V_i \neq V_{i+1})$$

irreduzibler K-Varietäten, wobei $d = \dim V$. Die projektiven Abschließungen $\overline{V}_i$ der V_i bilden nach I.5.17 eine entsprechende Kette

$$\overline{V}_0 \subset \overline{V}_1 \subset \dots \subset \overline{V}_d = \overline{V} \subset \overline{V}_{d+1} \subset \dots \subset \overline{V}_n = \mathbb{P}^n(L),$$

der im Polynomring $K[Y_0, \dots, Y_n]$ eine Kette homogener Primideale

$$\mathfrak{P}_0 \supset \mathfrak{P}_1 \supset \dots \supset \mathfrak{P}_d = \mathfrak{I}(\overline{V}) \supset \mathfrak{P}_{d+1} \supset \dots \supset \mathfrak{P}_n = (0)$$

entspricht, wobei $\mathfrak{P}_0 \neq (Y_0, \dots, Y_n)$, da $\overline{V}_0 \neq \emptyset$.

Da die Länge einer beliebigen Primidealkette aus $K[Y_0, \dots, Y_n]$ höchstens $n + 1$ ist, ergibt sich, daß

$$\mathfrak{P}_0 \supset \mathfrak{P}_1 \supset \dots \supset \mathfrak{P}_d = \mathfrak{I}(\overline{V})$$

eine Kette homogener Primideale von maximaler Länge ist, die mit $\mathfrak{I}(\overline{V})$ beginnt und mit einem in $(Y_0, \dots, Y_n)$ echt enthaltenen Primideal endet. Somit ist $\dim \overline{V} = d$, q.e.d.

Ist

$$\overline{V}_0 \subset \overline{V}_1 \subset \dots \subset \overline{V}_m \qquad (\overline{V}_0 \neq \emptyset, \overline{V}_i \neq \overline{V}_{i+1}) \tag{1}$$

eine Kette irreduzibler K-Varietäten in $\mathbb{P}^n(L)$, so kann man das Koordinatensystem so wählen, daß $\overline{V}_0$ nicht ganz in der unendlich fernen Hyperebene liegt. Es ist dann $\overline{V}_i$ die projektive Abschließung des affinen Teils V_i von $\overline{V}_i$ $(i = 0, \dots, m)$. Die Kette $V_0 \subset V_1 \subset \dots \subset V_m$ läßt sich im Affinen zu einer Kette irreduzibler Varietäten der Länge n verfeinern. Wenn man zu den projektiven Abschließungen übergeht, erhält man eine Verfeinerung von (1) zu einer Kette irreduzibler projektiver K-Varietäten der Länge n.

Somit hat man

Satz 4.2: Jede Kette (1) von irreduziblen projektiven K-Varietäten in $\mathbb{P}^n(L)$ ist in einer maximalen solchen Kette enthalten. Alle maximalen Ketten haben die Länge n.

Für Primidealketten folgt hieraus

Korollar 4.3: Jede Kette

$$\mathfrak{P}_0 \subset \mathfrak{P}_1 \subset \dots \subset \mathfrak{P}_m \tag{2}$$

relevanter Primideale aus $K[Y_0, \dots, Y_n]$ läßt sich verfeinern zu einer maximalen solchen Kette. Alle maximalen Ketten (2) haben die Länge n.

Spricht man von Ketten homogener Primideale, so hat man noch das irrelevante Primideal $(Y_0, \dots, Y_n)$ hinzuzunehmen. Alle maximalen Primidealketten, bestehend aus lauter homogenen Primidealen von $K[Y_0, \dots, Y_n]$ haben die Länge $n + 1$.

Satz 4.4:

a) Für jede K-Varietät $V \subset \mathbb{P}^n(L)$ ist $\dim V \leqslant n$ und $\dim V = n$ gilt dann und nur dann, wenn $V = \mathbb{P}^n(L)$ ist.

b) Ist $\widetilde{V} \subset \mathbb{A}^{n+1}(L)$ der affine Kegel von V, so gilt

$$\dim \widetilde{V} = \dim V + 1.$$

Ferner ist $\dim V = \dim K[V] - 1 = \text{g-dim}\, K[V]$.

c) dim V ist unabhängig von der Wahl des Definitionskörpers K.

d) Haben alle irreduzible Komponenten von V dieselbe Dimension und ist $W \subset V$ eine irreduzible Untervarietät, $W \neq \emptyset$, so gilt

$$\dim V = \dim W + \operatorname{codim}_V W.$$

e) Eine projektive Varietät V besitzt genau dann die Dimension 0, wenn sie nur aus endlich vielen Punkten besteht.

f) Eine K-Varietät $V \subset \mathbb{P}^n(L)$ ist genau dann Hyperfläche, wenn alle ihre irreduziblen Komponenten die Kodimension 1 in $\mathbb{P}^n(L)$ besitzen.

Beweis:

a) folgt unmittelbar aus 4.2.

b) Es ist $\dim \widetilde{V} = \dim V + 1$, da man im Affinen auch das irrelevante Primideal $(Y_0, \dots, Y_n)$ zu zählen hat (der Spitze des Kegels entsprechend). Da $K[\widetilde{V}] = K[V]$ ist, ergibt sich auch die zweite Aussage in b).

c) Für $\widetilde{V}$ ist die Unabhängigkeit der Dimension vom Definitionskörper schon gezeigt (3.11), die Behauptung folgt daher aus b).

d) ergibt sich aus 4.2, da W in einer irreduziblen Komponente von V enthalten ist.

e) Sei $\dim V = 0$. Für jede Wahl der unendlich ferner Hyperebene besitzt der affine Teil von V nach 3.11 f) nur endlich viele Punkte. Es gibt $n + 1$ Hyperebenen in $\mathbb{P}^n(L)$ mit leerem Durchschnitt. Wählt man diese der Reihe nach als unendlich ferne Hyperebenen, so folgt die Endlichkeit von V.

Ist umgekehrt V endlich, so kann man die unendlich ferne Hyperebene so legen, daß sie keinen Punkt von V enthält. Es folgt dann $\dim V = 0$ nach 4.1.

f) Ein homogenes Ideal $I \subset K[Y_0, \dots, Y_n]$, $I \neq (0)$, $I \neq (1)$, ist genau dann ein Hauptideal, wenn seine minimalen Primteiler Hauptideale sind, die von irreduziblen homogenen Polynomen erzeugt werden. Hieraus ergibt sich die Aussage f).

Es ist auch klar, daß eine lineare Varietät in $\mathbb{P}^n(L)$ die Dimension $n - r$ besitzt, wenn sie durch ein lineares homogenes Gleichungssystem vom Rang r beschrieben wird.

Der Noethersche Normalisierungssatz gestattet (analog zu 3.13 und mit ähnlichem Beweis) im Projektiven folgende Anwendung:

Satz 4.5: K sei ein algebraisch abgeschlossener Körper, $V \subset \mathbb{P}^n(K)$ eine K-Varietät der Dimension $d \geqslant 0$. Dann gibt es in $\mathbb{P}^n(K)$ lineare Varietäten Λ_d und Λ'_{n-d-1} der Dimension d bzw. $n - d - 1$ mit

$$\Lambda_d \cap \Lambda'_{n-d-1} = \emptyset, \qquad V \cap \Lambda'_{n-d-1} = \emptyset,$$

so daß V bei der Zentral-Projektion von Λ'_{n-d-1} aus *auf* Λ_d abgebildet wird und über jedem Punkt von Λ_d nur endlich viele Punkte von V liegen. (Die Projektion ist folgendermaßen definiert: Für $P \in V$ ist der Verbindungsraum von P mit Λ'_{n-d-1} eine lineare Varietät der Dimension $n - d$. Diese schneidet Λ_d in genau einem Punkt Q, der definitionsgemäß der Bildpunkt von P ist.)

Aufgaben:

1. Man führe den Beweis von Satz 4.5 im Detail durch.
2. $s: \mathbb{P}^n(L) \times \mathbb{P}^m(L) \to \mathbb{P}^{(n+1)(m+1)-1}(L)$ sei die Abbildung, welche $(\langle x_0, \dots, x_n\rangle, \langle y_0, \dots, y_m\rangle)$ den Punkt $\langle x_0y_0, \dots, x_0y_m, \dots, x_iy_0, \dots, x_iy_m, \dots, x_ny_0, \dots, x_ny_m\rangle$ zuordnet.
   a) s ist wohldefiniert und injektiv.
   b) $V := \text{Bild}(s)$ ist die projektive Varietät, die durch das Gleichungssystem
   $$Z_{ij}Z_{kl} - Z_{il}Z_{kj} = 0 \qquad (i, k = 0, \dots, n;\ j, l = 0, \dots, m)$$
   beschrieben wird.
   c) $\dim V = n + m$.
3. Eine projektive Varietät, die unendlich viele Punkte einer Geraden enthält, enthält die ganze Gerade.

Literaturhinweise

Das Studium der Primidealketten in Ringen als Grundlage einer Dimensionstheorie wurde von Krull [43] begonnen und in verschiedenen Arbeiten weitergeführt (vgl. auch [45]). Von ihm stammen die wichtigsten Sätze über das Verhalten von Primidealketten bei ganzen Ringerweiterungen, die später von Cohen-Seidenberg [10] verallgemeinert wurden. Der erste Beweis des Noetherschen Normalisierungssatzes (für unendlichen Grundkörper) ist in [60] enthalten.

Beispiele für noethersche Ringe unendlicher Krulldimension und Ringe, die nicht Kettenringe sind, werden z.B. am Ende des Buches von Nagata [F] angegeben. Dort finden sich weitere Beispiele für unangenehme Phänomene, die bei noetherschen Ringen auftreten können. ***Exzellente Ringe*** vermeiden solche Phänomene (für die exakte Definition siehe [E]). Gegenwärtig beschäftigen sich viele Untersuchungen mit der Frage, unter welchen Bedingungen ein noetherscher Ring exzellent ist. Neben den affinen Algebren über Körpern sind z.B. noethersche Ringe R von Primzahlcharakteristik p, die als R^p-Moduln endlich erzeugt sind, exzellente Ringe (vgl. [49]), insbesondere Kettenringe.

Kapitel III

Reguläre und rationale Funktionen auf algebraischen Varietäten. Lokalisation

Ähnlich dem Vorgehen in anderen Gebieten der Mathematik kann man algebraische Varietäten dadurch untersuchen, daß man studiert, welche regulären Funktionen auf ihnen existieren. Eine Funktion heißt dabei regulär, wenn sie sich lokal als Quotient zweier Polynomfunktionen schreiben läßt. Mit einer Varietät sind diverse Funktionenringe verknüpft, die globale oder lokale Informationen über die Varietät enthalten. In diesem Kapitel geht es zunächst um die algebraische Beschreibung dieser Funktionenringe. Wir werden dabei auf die allgemeine Untersuchung von Quotientenmoduln und Quotientenringen geführt.

§ 1. Einige Eigenschaften der Zariski-Topologie

In diesem Paragraphen ist X entweder eine affine oder projektive K-Varietät *) oder das Spektrum eines Rings R. X sei mit der jeweiligen Zariski-Topologie versehen und es sei $X \neq \emptyset$.

Ist f ein Element von K [X] (im Fall algebraischer Varietäten) oder von R (im Fall $X = \mathrm{Spec}(R)$), so bezeichne D(f).

a) Im Fall algebraischer Varietäten: Die Menge aller $x \in X$ mit $f(x) \neq 0$,

b) im Fall $X = \mathrm{Spec}(R)$: Die Menge der $\mathfrak{p} \in X$ mit $f \notin \mathfrak{p}$.

In jedem Fall hat man die leicht zu bestätigenden

Regeln 1.1:

a) $D(f) = X \setminus \mathfrak{B}(f)$ ist offen in X.

b) $D(f \cdot g) = D(f) \cap D(g)$.

c) $D(f^n) = D(f)$ für alle $n \in \mathbb{N}_+$.

d) Genau dann ist $D(f) = \emptyset$, wenn f nilpotent ist (I.4.5).

Satz 1.2: Die Mengen D(f) (wobei im projektiven Fall f alle homogenen Elemente von K [X] durchläuft) bilden eine Basis für die offenen Mengen von X: Jede offene Menge ist sogar endliche Vereinigung von Mengen der Form D(f), wenn man im Fall $X = \mathrm{Spec}(R)$ noch zusätzlich voraussetzt, daß R noethersch sein soll.

---

*) Es sei an die Vereinbarung erinnert, daß der Koordinatenkörper einer K-Varietät immer ein algebraisch abgeschlossener Erweiterungskörper L von K sein soll.

Beweis: Ist U eine offene Teilmenge von X, so ist die abgeschlossene Menge $A := X\setminus U$ von der Form $A = \mathfrak{V}(f_1, \dots, f_r) = \bigcap_{i=1}^{r} \mathfrak{V}(f_i)$ mit (im projektiven Fall homogenen) Elementen $f_i \in K[X]$ oder $f_i \in R$. Es folgt $U = X\setminus\bigcap_{i=1}^{r}\mathfrak{V}(f_i) = \bigcup_{i=1}^{r} (X\setminus\mathfrak{V}(f_i)) = \bigcup_{i=1}^{r} D(f_i)$.

Satz 1.3: Im Fall $X = \operatorname{Spec}(R)$ sei R noethersch. Jede Teilmenge A von X ist quasikompakt, d.h. jede offene Überdeckung von A enthält eine endliche Überdeckung von A.

Beweis: Es genügt, offene Menge zu betrachten, und nach 1.2 reicht es aus zu zeigen, daß die Mengen D(f) quasikompakt sind. Man kann sich auch auf Überdeckungen beschränken, in denen die auftretenden offenen Mengen ebenfalls von dieser Form sind.

Es sei also $D(f) = \bigcup_{\lambda\in\Lambda} D(g_\lambda)$. I sei das von $\{g_\lambda\}_{\lambda\in\Lambda}$ erzeugte Ideal. Es ist dann $\mathfrak{V}(f) = X\setminus D(f) = X\setminus \bigcup_{\lambda\in\Lambda} D(g_\lambda) = \bigcap_{\lambda\in\Lambda} (X\setminus D(g_\lambda)) = \bigcap_{\lambda\in\Lambda} \mathfrak{V}(g_\lambda) = \mathfrak{V}(I)$. Da I endlich erzeugt ist, gibt es endlich viele Indizes λ_i mit $I = (g_{\lambda_1}, \dots, g_{\lambda_n})$. Es folgt $\mathfrak{V}(I) = \bigcap_{i=1}^{n} \mathfrak{V}(g_{\lambda_i})$ und $D(f) = \bigcup_{i=1}^{n} D(g_{\lambda_i})$.

Lemma 1.4: Eine offene Menge U eines noetherschen topologischen Raumes X ist genau dann dicht in X, wenn U jede irreduzible Komponente von X trifft.

Beweis: Ist $X = \bigcup_{i=1}^{n} X_i$ die Zerlegung in irreduzible Komponenten, so ist $X_i \not\subset \bigcup_{j\neq i} X_j$ und somit $U_i := X\setminus \bigcup_{j\neq i} X_j \neq \emptyset$ für $i = 1, \dots, n$. Es ist $U_i \subset X_i$ und U_i ist offen in X. Ist U dicht in X, so schneidet U jedes der U_i und somit jede irreduzible Komponente von X. Schneidet U jede Komponente X_i $(i = 1, \dots, n)$ und ist $U' \neq \emptyset$ offen in X, dann existiert ein $i \in [1, n]$ mit $U' \cap X_i \neq \emptyset$. Da X_i irreduzibel ist, ist auch $(U \cap X_i) \cap (U' \cap X_i) \neq \emptyset$ (I.2.10) folglich $U \cap U' \neq \emptyset$ und U ist dicht in X.

Satz 1.5: Unter den eingangs gemachten Voraussetzungen sei X noethersch (im Fall $X = \operatorname{Spec}(R)$). Jede dichte offene Teilmenge $U \subset X$ enthält eine dichte Menge der Form D(f) (wobei im projektiven Fall f homogen von positivem Grad ist).

Wir benötigen hierzu das häufig nützliche Lemma über das *Vermeiden von Primidealen:*

Lemma 1.6: I sei ein Ideal, $\mathfrak{p}_1, \dots, \mathfrak{p}_n$ $(n \geq 1)$ seien Primideale eines Rings R. Ist $I \not\subset \mathfrak{p}_i$ $(i = 1, \dots, n)$, so gibt es ein $f \in I$ mit $f \notin \mathfrak{p}_i$ $(i = 1, \dots, n)$. Ist R ein positiv graduierter Ring, I ein homogenes Ideal von R und sind $\mathfrak{p}_1, \dots, \mathfrak{p}_n \in \mathrm{Proj}(R)$, so kann f sogar als ein homogenes Element positiven Grades gewählt werden.

Beweis durch Induktion nach n: Für $n = 1$ hat man nur zu beachten, daß man im graduierten Fall ein homogenes Element f positiven Grades mit $f \in I$, $f \notin \mathfrak{p}_1$ finden kann: Da I homogen ist, gibt es ein homogenes Element $a \in I$, $a \notin \mathfrak{p}_1$. Ferner gibt es (da $\mathfrak{p}_1 \in \mathrm{Proj}(R)$) ein homogenes Element positiven Grades $b \in R$, $b \notin \mathfrak{p}_1$. Man setze nun $f := ab$.

Es sei jetzt $n > 1$ und die Behauptung sei für $n - 1$ Primideale schon bewiesen. Wir dürfen annehmen, daß kein $\mathfrak{p}_i$ in einem $\mathfrak{p}_j$ mit $j \neq i$ enthalten ist. Es ist dann $I \cap \mathfrak{p}_j \not\subset \mathfrak{p}_i$ für $j \neq i$ und nach Induktionsvoraussetzung existiert ein Element $x_j \in I \cap \mathfrak{p}_j$, $x_j \notin \bigcup_{i \neq j} \mathfrak{p}_i$, wobei x_j homogen und $\mathrm{Grad}\, x_j > 0$ im graduierten Fall. Indem man die x_j notfalls in geeignete Potenzen erhebt, kann man annehmen, daß sie (im graduierten Fall) alle vom gleichen Grad sind.

Wir setzen $y_j := \prod_{i \neq j} x_i$ und $f := \sum_{j=1}^{n} y_j$. Es ist $y_j \in \mathfrak{p}_i \cap I$ für alle $i \neq j$, aber $y_j \notin \mathfrak{p}_j$ $(j = 1, \dots, n)$, ferner sind die y_j im graduierten Fall vom gleichen Grad, daher ist auch f homogen und von positivem Grad. Aus der Konstruktion ergibt sich, daß $f \in I$, aber $f \notin \mathfrak{p}_i$ $(i = 1, \dots, n)$.

Beweis von Satz 1.5: $X = \bigcup_{i=1}^{n} X_i$ sei die Zerlegung von X in irreduzible Komponenten und $A := X \setminus U$. Nach 1.4 ist kein X_i in A enthalten und daher $\mathfrak{J}(A) \not\subset \mathfrak{J}(X_i)$ $(i = 1, \dots, n)$. Nach 1.6 gibt es ein $f \in \mathfrak{J}(A)$ mit $f \notin \mathfrak{J}(X_i)$ $(i = 1, \dots, n)$, das im projektiven Fall homogen von positivem Grad ist. Dann ist $D(f) \subset U$ und $D(f) \cap X_i \neq \emptyset$ für $i = 1, \dots, n$, d.h. $D(f)$ ist dicht in X nach 1.4.

Satz 1.7: Unter den eingangs gemachten Voraussetzungen ist eine Menge der Form $D(f)$ genau dann dicht in X, wenn für jedes nicht nilpotente g aus dem Ring, dem f entstammt, auch fg nicht nilpotent ist.

Beweis: Ist $D(f)$ dicht in X und g nicht nilpotent (also $D(g) \neq \emptyset$), so ist $D(fg) = D(f) \cap D(g) \neq \emptyset$ und fg ist ebenfalls nicht nilpotent.

Ist umgekehrt die Bedingung aus 1.7 erfüllt und $U \neq \emptyset$ offen in X, so wählen wir in U eine nichtleere offene Menge der Form $D(g)$. g ist dann nicht nilpotent, folglich auch fg nicht und daher $D(f) \cap D(g) = D(fg) \neq \emptyset$. Es folgt $D(f) \cap U \neq \emptyset$ und somit die Dichtheit von $D(f)$.

Korollar 1.8: Im Fall einer affinen oder projektiven K-Varietät X ist $D(f)$ genau dann dicht in X, wenn f kein Nullteiler von $K[X]$ ist.

Das Korollar gilt analog auch für $X = \mathrm{Spec}(R)$, wenn R reduziert ist.

Aufgaben:

1. R sei ein beliebiger Ring. Für alle $f \in R$ sind die Mengen $D(f) = \{ \mathfrak{p} \in \operatorname{Spec}(R) \mid f \notin \mathfrak{p} \}$ quasikompakt.
2. X sei ein noetherscher topologischer Raum, in dem jede nichtleere irreduzible abgeschlossene Teilmenge genau einen generischen Punkt besitzt (z.B. das Spektrum eines noetherschen Rings). Für $y \in X$ sei X_y die Menge der $x \in X$ mit $y \in \overline{\{x\}}$ (die Menge der „Generalisierungen" von y), versehen mit der Relativtopologie. Ist $Y \subset X$ eine abgeschlossene Teilmenge mit $X_y \setminus \{y\} \neq \emptyset$ für alle $y \in Y$, dann ist $X \setminus Y$ dicht in X.
3. Zusätzlich zu den Voraussetzungen in Aufgabe 2 sei X zusammenhängend und für jedes $y \in Y$ sei $X_y \setminus \{y\}$ nicht leer und ebenfalls zusammenhängend. Dann ist auch $X \setminus Y$ zusammenhängend. Anleitung: Wäre $X \setminus Y = X_1 \cup X_2$ mit disjunkten, relativ zu $X \setminus Y$ abgeschlossenen Teilmengen X_i $(i = 1,2)$, so betrachte man den generischen Punkt y einer irreduziblen Komponente von $\overline{X}_1 \cap \overline{X}_2$ ($\overline{X}_i$ ist der Abschluß von X_i in X) und folgere, daß auch $X_y \setminus \{y\}$ unzusammenhängend ist.
4. $G = \bigoplus_{i \in \mathbb{N}} G_i$ sei ein positiv graduierter Ring mit $\operatorname{Proj}(G) \neq \emptyset$. Es sei $G_+ := \bigoplus_{i > 0} G_i$.
   Für ein homogenes Element $f \in G_+$ sei $D(f) := \{ \mathfrak{p} \in \operatorname{Proj}(G) \mid f \notin \mathfrak{p} \}$.
   a) Ist I ein homogenes Ideal von G mit $I \cap G_+ \subset \mathfrak{p}$ für ein $\mathfrak{p} \in \operatorname{Proj}(G)$, so ist $I \subset \mathfrak{p}$.
   b) Für die Mengen $D(f)$, $f \in G_+$ homogen, gelten die Regeln 1.1.
   c) Die Mengen $D(f)$, $f \in G_+$ homogen, bilden eine Basis für die offenen Mengen von $\operatorname{Proj}(G)$.
   d) Ist $\operatorname{Proj}(G)$ noethersch, so enthält jede dichte offene Teilmenge U von $\operatorname{Proj}(G)$ eine dichte Menge $D(f)$ mit einem homogenen Element $f \in G_+$.

§ 2. Die Garbe der regulären Funktionen auf einer algebraischen Varietät

In diesem Paragraphen sei V stets eine nichtleere affine oder projektive K-Varietät. $U \neq \emptyset$ sei eine offene Menge von V und $r : U \to L$ eine Abbildung.

Definition 2.1: Die Funktion r heißt *regulär* in $x \in U$, wenn es Elemente $f, g \in K[V]$ gibt, die im projektiven Fall homogen vom gleichen Grad sind, so daß gilt:

1. $x \in D(g) \subset U$.
2. $r = \frac{f}{g}$ auf $D(g)$, d.h. für alle $y \in D(g)$ ist $r(y) = \frac{f(y)}{g(y)}$.

(Im projektiven Fall ist das so zu verstehen, daß für y jeweils ein System homogener Koordinaten in homogene Polynome, die f und g repräsentieren, einzusetzen ist. Da f und g homogen vom gleichen Grad sind, ist das Ergebnis unabhängig von der speziellen Wahl der homogenen Koordinaten.)

Es ist klar, daß der Begriff der regulären Funktion in einem Punkt koordinatenunabhängig ist. Ist r regulär auf ganz U, so gibt es nach 1.3 Elemente $f_1, \dots, f_n, g_1, \dots, g_n \in K[V]$, wobei im projektiven Fall f_i und g_i jeweils homogen vom gleichen Grad sind, und wobei gilt:

1. $U = \bigcup_{i=1}^{n} D(g_i)$,

2. $r = \frac{f_i}{g_i}$ auf $D(g_i)$ für $i = 1, \dots, n$.

Speziell sind die Elemente von K, aufgefaßt als „konstante Funktionen", regulär auf U. Wir bezeichnen die Menge der auf U regulären Funktionen mit $\mathcal{O}(U)$. Der leeren Menge ordnen wir den Nullring zu: $\mathcal{O}(\emptyset) := \{0\}$.

Satz 2.2: Die regulären Funktionen definieren eine Garbe von K-Algebren auf V, d.h.

1. $\mathcal{O}(U)$ ist für jede offene Teilmenge U von V eine K-Algebra.
2. Sind $U' \subset U$ offen in V und nichtleer, so ist für jedes $r \in \mathcal{O}(U)$ die Beschränkung $r|_{U'}$ regulär auf U′ und

   $\rho^U_{U'} : \mathcal{O}(U) \to \mathcal{O}(U') \qquad (r \mapsto r|_{U'})$

   ein K-Algebra-Homomorphismus. Setzt man noch $\rho^U_\emptyset := 0$, so gilt $\rho^{U'}_{U''} \circ \rho^U_{U'} = \rho^U_{U''}$, wenn $U'' \subset U' \subset U$ offene Menge von V sind und $\rho^U_U = \mathrm{id}_{\mathcal{O}(U)}$.
3. Ist $U = \bigcup_{\lambda \in \Lambda} U_\lambda$ mit offenen Mengen U_λ und ist für jedes $\lambda \in \Lambda$ ein $r_\lambda \in \mathcal{O}(U_\lambda)$ gegeben, so daß $\rho^{U_\lambda}_{U_\lambda \cap U_{\lambda'}}(r_\lambda) = \rho^{U_{\lambda'}}_{U_\lambda \cap U_{\lambda'}}(r_{\lambda'})$ für alle $\lambda, \lambda' \in \Lambda$, so gibt es genau ein $r \in \mathcal{O}(U)$ mit $\rho^U_{U_\lambda}(r) = r_\lambda$ für alle $\lambda \in \Lambda$.

Der *Beweis* ergibt sich unmittelbar, weil die Regularität einer Funktion eine lokale Eigenschaft ist, aus den folgenden beiden Bemerkungen:

a) Sind $r, \bar{r}$ in $x \in U$ reguläre Funktionen auf U und gilt $r = \frac{f}{g}$ auf D(g) sowie $\bar{r} = \frac{\bar{f}}{\bar{g}}$ auf $D(\bar{g})$, so ist $r = \frac{f\bar{g}}{g\bar{g}}$ und $\bar{r} = \frac{g\bar{f}}{g\bar{g}}$ auf $D(g\bar{g}) = D(g) \cap D(\bar{g})$. Man hat jetzt Quotientendarstellungen von r und $\bar{r}$ mit dem gleichen Definitionsbereich und man sieht, daß Summe, Differenz und Produkt wieder regulär in x sind.
b) Ist $U' \subset U$ eine weitere offene Menge mit $x \in U'$, so ist $r|_{U'}$ regulär in x, denn es gibt eine offene Menge $D(g')$ mit $x \in D(g') \subset U'$ und es ist $r = \frac{fg'}{gg'}$ auf $D(gg') \subset U'$.

(Der Begriff der Garbe ist von grundlegender Bedeutung für das Studium der algebraischen Varietäten, hauptsächlich für globale Fragen. Da wir in Zukunft mehr an lokalen Problemen interessiert sind, spielt der Garbenbegriff im folgenden keine wesentliche Rolle.)

Für die regulären Funktionen auf offenen Mengen der Form D(g) läßt sich folgende Beschreibung geben:

Satz 2.3: $g \in K[V]$ sei $\neq 0$ (und im projektiven Fall homogen von positivem Grad). Jedes $r \in \mathcal{O}(D(g))$ besitzt dann eine Darstellung $r = \frac{f}{g^\nu}$ auf ganz D(g), wobei $\nu \in \mathbb{N}$ und $f \in K[V]$ (homogen mit Grad $f = \nu \cdot$ Grad g im projektiven Fall).

Beweis: r besitzt Darstellungen $r = \frac{f_i}{g_i}$ auf $D(g_i)$ $(i = 1, \dots, n)$, wobei $D(g) = \bigcup_{i=1}^{n} D(g_i)$. Auf $D(g_i) \cap D(g_j) = D(g_i g_j)$ gilt $f_i g_j - f_j g_i = 0$, folglich $g_i g_j (f_i g_j - f_j g_i) = 0$ auf ganz V $(i, j \in [1, n])$. Schreibt man $r = \frac{f_i g_i}{g_i^2}$ auf $D(g_i)$, so kann ohne Einschränkung angenommen werden, daß $f_i g_j - f_j g_i = 0$ auf ganz V gilt, d.h. $f_i g_j = f_j g_i$ in K[V].

Aus $D(g) = \bigcup_{i=1}^{n} D(g_i)$ folgt $g \in \text{Rad}(g_1, \dots, g_n)$ (im projektiven Fall gilt dies, weil g als nicht konstant vorausgesetzt ist). Man hat daher eine Gleichung $g^\nu = \sum_{i=1}^{n} h_i g_i$ mit (im projektiven Fall homogenen) Elementen $h_1, \dots, h_n \in K[V]$ (Grad h_i + Grad $g_i = \nu \cdot$ Grad g). Setzt man $f := \sum_{i=1}^{n} h_i f_i$, so ergibt sich

$$g^\nu f_j = \sum_{i=1}^{n} (h_i g_i) f_j = \sum_{i=1}^{n} (h_i f_i) g_j = f g_j$$

und somit $r = \frac{f_j}{g_j} = \frac{f}{g^\nu}$ auf $D(g_j)$ für jedes $j \in [1, n]$. Somit ist $r = \frac{f}{g^\nu}$ auf ganz D(g).

Korollar 2.4: Ist V eine affine K-Varietät, so ist $\mathcal{O}(V)$ als K-Algebra isomorph zu K[V].

Da $V = D(1)$ ist, ergibt sich dies unmittelbar aus 2.3.

Satz 2.5: (Identitätssatz) U_1, U_2 seien offene Mengen von V, $r_1 \in \mathcal{O}(U_1)$, $r_2 \in \mathcal{O}(U_2)$. Es existiere eine dichte offene Menge U von V mit $U \subset U_1 \cap U_2$, so daß $r_1|_U = r_2|_U$. Dann ist $r_1|_{U_1 \cap U_2} = r_2|_{U_1 \cap U_2}$.

Beweis: Wir setzen $U' := U_1 \cap U_2$ und $r := r_1|_{U'} - r_2|_{U'}$. Dann ist $A := \{x \in U' \mid r(x) = 0\}$ eine abgeschlossene Teilmenge von U': Ist nämlich $x \in U' \setminus A$ und schreibt man $r = \frac{f}{g}$ in einer Umgebung $D(g) \subset U'$ von x, so ist $f(x) \neq 0$ und somit $r \neq 0$ in der offenen Umgebung $D(f) \cap D(g)$ von x. Nach Voraussetzung ist $U \subset A$ und U ist dicht in V. Es folgt $A = U'$ und somit $r_1 = r_2$ auf U'.

Korollar 2.6: U sei eine dichte offene Menge von V, $r \in \mathcal{O}(U)$. Dann gibt es ein eindeutig bestimmtes Paar (U', r'), wobei U' eine offene Menge mit $U \subset U'$ ist, $r' \in \mathcal{O}(U')$ und

$r = r'|_U$, so daß gilt: r' läßt sich nicht fortsetzen zu einer regulären Funktion auf einer U' echt umfassenden offenen Menge von V.

Definition 2.7: Eine auf einer dichten offenen Menge U von V gegebene reguläre Funktion r, die sich nicht fortsetzen läßt zu einer regulären Funktion auf einer U echt umfassenden offenen Menge von V heißt *rationale Funktion* auf V. U heißt *Definitionsbereich*, $V \setminus U$ *Polmenge* der rationalen Funktion.

Man addiert, subtrahiert und multipliziert rationale Funktionen, indem man diese Operationen auf dem Durchschnitt ihrer Definitionsbereiche durchführt und das Ergebnis zu einer rationalen Funktion auf V fortsetzt. Die Menge R(V) aller rationalen Funktionen auf V wird dadurch zu einer K-Algebra.

Ist $r \in R(V)$ und $W \subset V$ eine Untervarietät, von der keine irreduzible Komponente ganz in der Polmenge von r enthalten ist, so ist die Einschränkung $r|_W \in R(W)$ folgendermaßen definiert: Der Definitionsbereich U von r trifft jede irreduzible Komponente von W, daher ist $W \cap U$ dicht in W. $r|_{W \cap U}$ ist regulär auf $W \cap U$, denn stellt man r in der Umgebung von $x \in W \cap U$ als Quotient zweier Funktionen f, g aus K[V] dar, so schreibt sich $r|_{W \cap U}$ in der Umgebung von x auf W auch als der Quotient der homomorphen Bilder $\bar{f}, \bar{g}$ von f, g beim Epimorphismus $K[V] \to K[W]$. $r|_W$ ist die rationale Funktion auf W, die sich durch Fortsetzung von $r|_{W \cap U}$ ergibt.

Wir setzen uns jetzt zum Ziel, die algebraische Struktur der K-Algebra R(V) zu bestimmen. Zunächst gilt:

Satz 2.8: $V = \bigcup_{i=1}^{n} V_i$ sei die Zerlegung von V in irreduzible Komponenten. Dann ist die Abbildung

$$R(V) \to R(V_1) \times \ldots \times R(V_n) \qquad (r \mapsto (r|_{V_1}, \ldots, r|_{V_n}))$$

ein Isomorphismus von K-Algebren.

Beweis: Nach der obigen Vorbemerkung ist klar, daß die Abbildung wohldefiniert ist. Sie ist offensichtlich ein K-Algebra-Homomorphismus. Ist $(r_1, \ldots, r_n) \in \prod_{i=1}^{n} R(V_i)$ gegeben, so sei r'_j für jedes $j \in [1,n]$ die Einschränkung von r_j auf das Komplement U_j von $V_j \cap \left(\bigcup_{i \neq j} V_i\right)$ im Definitionsbereich von r_j. U_j ist eine dichte offene Menge von V_j und es ist $U_j \cap U_{j'} = \emptyset$ für $j \neq j'$. Die r'_j definieren eine reguläre Funktion auf der dichten offenen Menge $\bigcup_{j=1}^{n} U_j$ von V. r sei die durch sie bestimmte rationale Funktion auf V. Auf Grund des Identitätssatzes ist klar, daß durch $(r_1, \ldots, r_n) \mapsto r$ eine Umkehrabbildung zu der im Satz gegebenen Abbildung geliefert wird.

Nach 2.8 genügt es, die Struktur von R(V) für eine irreduzible Varietät V zu bestimmen. Zunächst noch im allgemeinen Fall betrachten wir einen (homogenen) Nichtnullteiler

$g \in K[V]$ und ein beliebiges $f \in K[V]$ (homogen vom gleichen Grad wie g). Da D(g) dicht in V ist (1.8), bestimmt $\frac{f}{g}$ eindeutig eine rationale Funktion auf V. Umgekehrt gilt:

Lemma 2.9: Hat $r \in R(V)$ den Definitionsbereich U, so gibt es einen (homogenen) Nichtnullteiler $g \in K[V]$ mit $D(g) \subset U$, so daß $r = \frac{f}{g^\nu}$ auf D(g) mit einem $f \in K[V]$, $\nu \in \mathbb{N}$ (wobei f homogen, $\mathrm{Grad}(f) = \nu \cdot \mathrm{Grad}(g)$).

Beweis: Nach 1.5 enthält U eine in V dichte offene Menge der Form D(g), wobei g ein Nichtnullteiler von K[V] ist und homogen von positivem Grad im projektiven Fall. Nach 2.3 hat $r|_{D(g)}$ die angegebene Gestalt.

Satz 2.10: V sei irreduzibel.

a) Im affinen Fall ist R(V) K-isomorph zum Quotientenkörper K(V) des Koordinatenrings K[V]. R(V) ist ein endlich erzeugter Erweiterungskörper von K vom Transzendenzgrad dim V.

b) Im projektiven Fall ist R(V) K-isomorph zum Teilkörper K(V) des Quotientenkörpers von K[V], bestehend aus allen Elementen, die sich als Quotienten homogener Elemente gleichen Grades aus K[V] schreiben lassen.

Beweis: $K(V) \to R(V)$ sei die Abbildung, die jedem Quotienten $\frac{f}{g}$ die Fortsetzung der durch $\frac{f}{g}$ auf D(g) definierten regulären Funktion zu einer rationalen Funktion zuordnet. Diese Abbildung ist unabhängig von der Quotientendarstellung, ein K-Algebra-Homomorphismus und injektiv. Nach 2.9 ist sie auch surjektiv. Daß dim V gleich dem Transzendenzgrad von K(V) über K ist (im affinen Fall) wurde in II.3.11 c) gezeigt.

Satz 2.11: V sei eine irreduzible *projektive* K-Varietät, wobei K algebraisch abgeschlossen ist. Dann ist $\mathcal{O}(V) = K$: Auf einer irreduziblen projektiven K-Varietät (K algebraisch abgeschlossen) sind die Konstanten die einzigen global regulären Funktionen.

Beweis: Gemäß 2.10b) können wir $\mathcal{O}(V)$ mit einer Unteralgebra von Q(K[V]) identifizieren. Sei $K[V] = K[Y_0, \dots, Y_n]/\mathfrak{I}(V)$ und y_i sei das Bild von Y_i in K[V]. Dann ist $V = \bigcup_{i=0}^{n} D(y_i)$. Bei geeigneter Numerierung kann man annehmen, daß $y_i \neq 0$ für $i = 0, \dots, m$, $y_j = 0$ für $j = m+1, \dots, n$. $K[V]_\nu$ bezeichne den homogenen Bestandteil ν-ten Grades des graduierten Rings K[V].

Nach 2.3 besitzt $r \in \mathcal{O}(V)$ für $i = 0, \dots, m$ eine Darstellung $r = \frac{f_i}{y_i^{\nu_i}}$ $(\nu_i \in \mathbb{N}, f_i \in K[V]_{\nu_i})$. Sei $\nu := \sum_{i=0}^{m} \nu_i$. Es folgt dann $y_0^{\alpha_0} \cdot \ldots \cdot y_m^{\alpha_m} r \in K[V]_\nu$ für jedes Monom $y_0^{\alpha_0} \cdot \ldots \cdot y_m^{\alpha_m}$ mit $\sum_{i=0}^{m} \alpha_i = \nu$, denn es ist $\alpha_i \geqslant \nu_i$ für mindestens ein $i \in [0, m]$. Es ergibt sich $K[V]_\nu r^t \subset K[V]_\nu$

und speziell $r^t \in \frac{1}{y_0^\nu} K[V]_\nu$ für alle $t \in \mathbb{N}$. Da $K[V][r]$ somit ein $K[V]$-Untermodul des endlich erzeugten $K[V]$-Moduls $K[V] + \frac{1}{y_0^\nu} K[V]$ ist, folgt aus I.2.17 und II.2.2, daß r ganz über $K[V]$ ist:

$$r^\rho + a_1 r^{\rho-1} + \ldots + a_\rho = 0 \qquad (a_i \in K[V], \rho > 0). \tag{*}$$

Aus $f_0^\rho + a_1 y_0^{\nu_0} f_0^{\rho-1} + \ldots + a_\rho y_0^{\nu_0 \rho} = 0$ sieht man durch Koeffizientenvergleich, daß man die a_i in (*) durch ihre homogenen Komponenten 0-ten Grades ersetzen kann. Daher ist r algebraisch über K, d.h. $r \in K$, da K algebraisch abgeschlossen ist, q.e.d.

Unter den Voraussetzungen von 2.11 besitzt jede nichtkonstante rationale Funktion r eine nichtleere Polmenge und daher auch eine nichtleere Nullstellenmenge (denn sonst hätte $\frac{1}{r}$ leere Polmenge).

Weitere Informationen über projektive Varietäten erhalten wir aus den folgenden Betrachtungen. Es sei $V \subset \mathbb{A}^n(L)$ eine nichtleere affine K-Varietät und $\overline{V} \subset \mathbb{P}^n(L)$ ihre projektive Abschließung im Sinne von I.§ 5.

V ist dann eine dichte offene Menge von $\overline{V}$ und jede (dichte) offene Menge $U \subset V$ ist auch in $\overline{V}$ offen (und dicht).

$\mathcal{O}_V(U)$ und $\mathcal{O}_{\overline{V}}(U)$ bezeichne die regulären Funktionen auf U im affinen und im projektiven Fall.

Jedes $r \in \mathcal{O}_V(U)$ läßt sich auch als Element von $\mathcal{O}_{\overline{V}}(U)$ auffassen: Ist nämlich $r = \frac{f}{g}$ auf D(g) mit $f, g \in K[V]$, so wähle man Polynome $F, G \in K[X_1, \ldots, X_n]$, die f und g repräsentieren. Man setze $F^* := Y_0^d \cdot F\left(\frac{Y_1}{Y_0}, \ldots, \frac{Y_n}{Y_0}\right)$, $G^* := Y_0^d \cdot G\left(\frac{Y_1}{Y_0}, \ldots, \frac{Y_n}{Y_0}\right)$ mit $d := \mathrm{Max}(\mathrm{Grad}(F), \mathrm{Grad}(G))$. f^*, g^* seien die Bilder von F^*, G^* in $K[\overline{V}]$. Es ist dann $r = \frac{f^*}{g^*}$ auf $D(g^*)$.

Durch den Prozeß des Dehomogenisierens (I.§ 5) erhält man auch unmittelbar, daß jedes $r \in \mathcal{O}_{\overline{V}}(U)$ zu $\mathcal{O}_V(U)$ gehört. Somit gilt:

Lemma 2.12: U sei eine offene Menge einer affinen Varietät V, $\overline{V}$ die projektive Abschließung von V. Dann gilt

$$\mathcal{O}_V(U) = \mathcal{O}_{\overline{V}}(U).$$

Es ergibt sich: Jede rationale Funktion auf V läßt sich eindeutig zu einer rationalen Funktion auf $\overline{V}$ fortsetzen und die Einschränkung einer rationalen Funktion von $\overline{V}$ auf V ist eine rationale Funktion auf V. Diese beiden Abbildungen kehren einander um:

Satz 2.13: $\overline{V}$ sei die projektive Abschließung einer nichtleeren affinen Varietät V. Dann hat man einen K-Algebra-Isomorphismus $R(V) \cong R(\overline{V})$. Insbesondere ist für irreduzibles V auch $R(\overline{V})$ ein endlich erzeugter Erweiterungskörper von K vom Transzendenzgrad $\dim \overline{V} = \dim V$.

Man nennt endlich erzeugte Körpererweiterungen F/K auch „algebraische Funktionenkörper über K". Eine wichtige Methode zur Untersuchung solcher Körper besteht darin, sie als die Körper rationaler Funktionen geeigneter irreduzibler projektiver Varietäten aufzufassen. Dies ist immer möglich: Ist $F = K(z_1, \dots, z_m)$, so ist F der Funktionenkörper der irreduziblen affinen Varietät V mit dem Koordinatenring $K[z_1, \dots, z_m]$ und nach 2.13 auch von $\overline{V}$, der projektiven Abschließung von V. Ein solches $\overline{V}$ nennt man ein *projektives Modell* von F/K. Durch solche Modelle kann man F/K Invarianten zuordnen, mit deren Hilfe sich z.B. manchmal zeigen läßt, daß F/K nicht reintranszendent ist oder daß F/K nicht K-isomorph ist zu einem weiteren algebraischen Funktionenkörper F'/K.

Während wir uns bisher mit den maximalen Fortsetzungen regulärer Funktionen befaßt haben, sollen nun reguläre Funktionen auch „lokal" betrachtet werden. V sei wie zu Anfang eine affine oder projektive Varietät, W eine nichtleere irreduzible Teilmenge von V (die nicht abgeschlossen zu sein braucht). Mit $\mathfrak{A}(W)$ bezeichnen wir die Menge aller offenen Mengen U von V mit $U \cap W \neq \emptyset$. Für $U_1, U_2 \in \mathfrak{A}(W)$ ist dann auch $U_1 \cap U_2 \in \mathfrak{A}(W)$ (I.2.10).

Definition 2.14: Für $U_1, U_2 \in \mathfrak{A}(W)$ heißen zwei Funktionen $r_1 \in \mathcal{O}(U_1)$, $r_2 \in \mathcal{O}(U_2)$ *äquivalent in* W, wenn es ein $U \in \mathfrak{A}(W)$ mit $U \subset U_1 \cap U_2$ gibt, so daß $r_1|_U = r_2|_U$ ist.

Offensichtlich wird hierdurch eine Äquivalenzrelation auf $\bigcup_{U \in \mathfrak{A}(W)} \mathcal{O}(U)$ definiert. Eine Äquivalenzklasse bzgl. dieser Äquivalenzrelation heißt ein *regulärer Funktionskeim in* W. $\mathcal{O}_W(V)$ sei die Menge der regulären Funktionskeime in W. Es ist $K \subset \mathcal{O}_W(V)$, wenn man die Elemente von K mit den Keimen konstanter Funktionen identifiziert.

Man addiert und multipliziert Funktionskeime, indem man Repräsentanten auf dem Durchschnitt ihrer Definitionsbereiche addiert oder multipliziert und dann wieder zum Keim übergeht. Das Ergebnis ist unabhängig von der Repräsentantenwahl.

Bemerkung 2.15: $\mathcal{O}_W(V)$ ist eine lokale K-Algebra. Ihr maximales Ideal ist die Menge $\mathfrak{m}_W(V)$ aller $\rho \in \mathcal{O}_W(V)$, für die ein Repräsentant r auf einer nichtleeren offenen Teilmenge von W verschwindet.

Beweis: Es ist klar, daß $\mathcal{O}_W(V)$ ein kommutativer Ring mit 1 ist und $\mathfrak{m}_W(V)$ ein Ideal von $\mathcal{O}_W(V)$. Wir zeigen, daß $\mathcal{O}_W(V) \setminus \mathfrak{m}_W(V)$ nur aus Einheiten von $\mathcal{O}_W(V)$ besteht, woraus folgt, daß $\mathfrak{m}_W(V)$ das einzige maximale Ideal von $\mathcal{O}_W(V)$ ist.

Ist $\rho \in \mathcal{O}_W(V) \setminus \mathfrak{m}_W(V)$ gegeben, so läßt sich ρ durch einen Quotienten $\frac{f}{g}$ mit $D(g) \in \mathfrak{A}(W)$ repräsentieren, wobei auch $D(f) \in \mathfrak{A}(W)$ ist, weil $\rho \notin \mathfrak{m}_W(V)$. Der durch $\frac{g}{f}$ repräsentierte Funktionskeim ist invers zu ρ.

Im Fall, daß W nur aus einem Punkt x besteht, schreibt man $\mathcal{O}_x(V)$ an Stelle von $\mathcal{O}_W(V)$ und nennt $\mathcal{O}_x(V)$ den *lokalen Ring von* x *auf* V oder auch den Halm der Garbe $\mathcal{O}$ in x. $\mathfrak{m}_x(V)$ bezeichnet das maximale Ideal von $\mathcal{O}_x(V)$. Die algebraische Struktur des Rings $\mathcal{O}_x(V)$ ist komplizierter als die des Rings R(V) der rationalen Funktionen auf V.

Sie hängt damit zusammen, ob x ein „regulärer oder singulärer Punkt“ von V ist (Kap. VI) und welche Natur die Singularität besitzt. Das Interesse an den Ringen $\mathcal{O}_x$ besteht gerade darin, daß sich lokale Eigenschaften der Varietät V in der Umgebung von x widerspiegeln in idealtheoretischen Eigenschaften der Ringe $\mathcal{O}_x$.

Ist V eine affine Varietät mit der projektiven Abschließung $\bar{V}$, so hat man für jede nichtleere irreduzible Teilmenge W von V (jeden Punkt $x \in V$) einen kanonischen Ringisomorphismus

$$\mathcal{O}_W(V) \cong \mathcal{O}_W(\bar{V}), \qquad \mathcal{O}_x(V) \cong \mathcal{O}_x(\bar{V}),$$

da sich alle regulären Funktionskeime in $\mathcal{O}_W(\bar{V})$ und $\mathcal{O}_x(\bar{V})$ schon durch reguläre Funktionen auf V repräsentieren lassen (durch Beschränkung auf V). Das Studium der Ringe $\mathcal{O}_W(\bar{V})$ und $\mathcal{O}_x(\bar{V})$ kann also „im Affinen“ erfolgen, was manchmal vorteilhaft ist.

Ist V irreduzibel, so hat man einen injektiven K-Algebra-Homomorphismus $\mathcal{O}_W(V) \to R(V)$, der dadurch gegeben wird, daß man einem Keim bzgl. W die eindeutig bestimmte rationale Funktion zuordnet, welche den Keim repräsentiert. $\mathcal{O}_W(V)$ identifiziert sich dabei mit der Unteralgebra von $R(V)$ aller rationalen Funktionen, in deren Polmenge W nicht enthalten ist, und $R(V)$ ist der Quotientenkörper von $\mathcal{O}_W(V)$.

Die in den beiden nächsten Paragraphen durchzuführenden algebraischen Betrachtungen können als ein erster Schritt zur Strukturuntersuchung der Ringe regulärer Funktionen verstanden werden, die in diesem Paragraphen auftraten.

Aufgaben:

V und W seien zwei nichtleere affine oder projektive K-Varietäten. Eine Abbildung $\varphi: V \to W$ heißt *K-regulär* (oder ein *K-Morphismus*), wenn sie stetig (für die Zariski-Topologien) ist und für jede offene Menge $U \subset W$ mit $\varphi^{-1}(U) \neq \emptyset$ gilt: Ist $f \in \mathcal{O}_W(U)$, so ist $f \circ \varphi \in \mathcal{O}_V(\varphi^{-1}(U))$. Dabei bezeichnen $\mathcal{O}_V$ bzw. $\mathcal{O}_W$ die Garben der K-regulären Funktionen auf V bzw. W. Eine K-reguläre Abbildung φ heißt *K-Isomorphismus*, wenn es eine K-reguläre Abbildung $\psi: W \to V$ gibt mit $\psi \circ \varphi = \mathrm{id}_V$, $\varphi \circ \psi = \mathrm{id}_W$.

1. Die Zusammensetzung regulärer Abbildungen ist wieder regulär. Ist $\varphi: V \to W$ regulär, so ist die Abbildung $\mathcal{O}_W(U) \to \mathcal{O}_V(\varphi^{-1}(U))$ ($f \mapsto f \circ \varphi$) für jede offene Menge $U \subset W$ mit $\varphi^{-1}(U) \neq \emptyset$ ein K-Algebra-Homomorphismus (ein Isomorphismus, wenn φ ein Isomorphismus ist).
2. Für eine reguläre Abbildung $\varphi: V \to W$, ein $x \in V$ und ein $f \in \mathcal{O}_{\varphi(x)}(W)$ sei $\varphi_x(f) \in \mathcal{O}_x(V)$ folgendermaßen definiert: f werde in einer Umgebung von $\varphi(x)$ durch eine reguläre Funktion F repräsentiert. Dann ist $\varphi_x(f)$ der Keim von $F \circ \varphi$ in x. $\varphi_x: \mathcal{O}_{\varphi(x)}(W) \to \mathcal{O}_x(V)$ ist ein wohldefinierter K-Algebra-Homomorphismus mit $\varphi_x(\mathfrak{m}_{\varphi(x)}(W)) \subset \mathfrak{m}_x(V)$, ein Isomorphismus, wenn φ ein Isomorphismus ist.

Im folgenden seien $V \subset \mathbb{A}^m(L)$, $W \subset \mathbb{A}^n(L)$ nichtleere affine K-Varietäten.

3. Eine Abbildung $\varphi: V \to W$ ist genau dann K-regulär, wenn es Polynome $P_1, \dots, P_n \in K[X_1, \dots, X_m]$ gibt, so daß $\varphi(x) = (P_1(x), \dots, P_n(x))$ für alle $x \in V$.

4. Für eine K-reguläre Abbildung $\varphi : V \to W$ sei $K[\varphi] : K[W] \to K[V]$ der durch $f \mapsto f \circ \varphi$ gegebene K-Algebra-Homomorphismus. Ist $\psi : W \to Z$ eine weitere K-reguläre Abbildung in eine affine K-Varietät Z, so gilt $K[\psi \circ \varphi] = K[\varphi] \circ K[\psi]$. Ferner ist $K[id] = id_{K[V]}$. Durch $\varphi \mapsto K[\varphi]$ wird eine Bijektion der Menge aller K-regulären Abbildungen auf die Menge aller K-Algebra-Homomorphismen $K[W] \to K[V]$ gegeben. Dabei entsprechen die K-Isomorphismen von V auf W eineindeutig den K-Algebra-Isomorphismen $K[W] \xrightarrow{\sim} K[V]$.
5. K sei ein Körper der Charakteristik $p > 0$ und $F : \mathbb{A}^n(L) \to \mathbb{A}^n(L)$ die durch $F(x_1, \dots, x_n) = (x_1^p, \dots, x_n^p)$ gegebene Abbildung (Frobenius-Morphismus). F ist eine bijektive K-reguläre Abbildung, aber kein Isomorphismus.
6. $\varphi : V \to W$ sei K-regulär. Ist $Z \subset V$ eine Untervarietät, $\overline{\varphi(Z)}$ die abgeschlossene Hülle von $\varphi(Z)$ in der K-Topologie von W, dann ist $K[\varphi]^{-1}(\mathfrak{J}(Z))$ das Ideal von $\overline{\varphi(Z)}$ in $K[W]$, wenn $\mathfrak{J}(Z)$ das Ideal von Z in $K[V]$ ist. Ferner gilt:
   a) Ist Z irreduzibel, dann auch $\overline{\varphi(Z)}$.
   b) $\dim \overline{\varphi(V)} \leqslant \dim V$.
   c) Genau dann ist $\overline{\varphi(V)} = W$, wenn $K[\varphi]$ injektiv ist. (φ heißt in diesem Fall ein *dominanter Morphismus*.)
7. Für eine reguläre Abbildung $\varphi : V \to W$ sind folgende Aussagen äquivalent:
   a) $K[\varphi]$ ist surjektiv.
   b) $\varphi(V)$ ist eine Untervarietät von W und $\varphi : V \to \varphi(V)$ ein Isomorphismus. (φ heißt in diesem Fall eine *abgeschlossene Immersion* oder *Einbettung* von V in W.)
8. Es entsprechen sich eineindeutig:
   a) Die Einbettungen von V in $\mathbb{A}^m(L)$,
   b) die Erzeugendensysteme der Länge m der K-Algebra $K[V]$.
9. Man gebe ein Beispiel für eine Raumkurve an, die sich nicht in die Ebene einbetten läßt.
10. Man gebe eine geometrische Beschreibung der regulären Abbildung $\varphi : \mathbb{A}^2(L) \to \mathbb{A}^2(L)$ mit $\varphi(x_1, x_2) = (x_1, x_1 x_2)$ und bestimme $\varphi^{-1}(C)$, wenn C die Kurve $X_1^p - X_2^q = 0$ $(p, q \in \mathbb{N})$ oder $X_1^2(1 - X_1^2) - X_2^2 = 0$ ist.
11. $\mathcal{O}$ sei die Garbe der regulären Funktionen auf einer algebraischen Varietät V, $U \subset V$ eine nichtleere offene Menge. Man zeige, daß $\mathcal{O}(U)$ *projektiver (inverser) Limes* der Ringe $\mathcal{O}(D(g))$ mit $D(g) \subset U$ ist, d.h. daß folgende universelle Eigenschaft erfüllt ist: Ist R irgendein Ring und gibt es für jedes g mit $D(g) \subset U$ einen Ringhomomorphismus $\alpha_g : R \to \mathcal{O}(D(g))$, so daß für $D(g') \subset D(g)$ stets

   $$\alpha_{g'} = \rho^{D(g)}_{D(g')} \circ \alpha_g$$

   gilt, so gibt es genau einen Ringhomomorphismus $\alpha : R \to \mathcal{O}(U)$ mit $\alpha_g = \rho^U_{D(g)} \circ \alpha$ für alle g mit $D(g) \subset U$.
12. Unter den Voraussetzungen von Aufgabe 11 sei $x \in V$. Für eine offene Menge $U \subset V$ mit $x \in U$ bezeichne $\rho^U_x : \mathcal{O}(U) \to \mathcal{O}_x(V)$ die Abbildung, die jeder regulären Funktion auf U ihren Keim in x zuordnet. ρ^U_x ist ein Ringhomomorphismus mit

$\rho_x^U = \rho_x^{U'} \circ \rho_{U'}^U$ für alle offenen Mengen U' von V mit $x \in U' \subset U$. $\mathcal{O}_x(V)$ ist *injektiver (direkter) Limes* der Ringe $\mathcal{O}(U)$ mit $x \in U$, d.h. folgende universelle Eigenschaft ist erfüllt: Ist R irgendein Ring und gibt es für jedes U mit $x \in U$ einen Ringhomomorphismus $\alpha_U : \mathcal{O}(U) \to R$, so daß $\alpha_U = \alpha_{U'} \circ \rho_{U'}^U$ gilt für jede offene Menge U' mit $x \in U' \subset U$, dann gibt es genau einen Ringhomomorphismus $\alpha : \mathcal{O}_x(V) \to R$ mit $\alpha_U = \alpha \circ \rho_x^U$ für alle offenen U mit $x \in U$.

§ 3. Quotientenringe und Quotientenmoduln. Beispiele

Dieser Paragraph behandelt – in allgemeiner Form – Quotientenbildungen, wie sie in Spezialfällen schon im letzten Paragraphen vorkamen.

R sei ein Ring, S eine multiplikativ abgeschlossene Teilmenge von R *), M ein R-Modul. Für jedes $r \in R$ bezeichne in Zukunft $\mu_r : M \to M$ die (lineare) Abbildung mit $\mu_r(m) = rm$ für alle $m \in M$. (Sie heißt „die Multiplikation mit r".)

Definition 3.1: Ein R-Modul M_S zusammen mit einer linearen Abbildung $i : M \to M_S$ heißt *Quotientenmodul von* M *bzgl. der Nennermenge* S, wenn folgendes gilt:

1. Für jedes $s \in S$ ist $\mu_s : M_S \to M_S$ bijektiv.
2. Ist N irgendein R-Modul, für den $\mu_s : N \to N$ bijektiv für alle $s \in S$ ist, und ist $j : M \to N$ irgendeine lineare Abbildung, dann gibt es genau eine lineare Abbildung $\ell : M_S \to N$ mit $j = \ell \circ i$. i heißt *die kanonische Abbildung in den Quotientenmodul.*

Wie immer, wenn ein Objekt durch eine universelle Eigenschaft definiert ist, ergibt sich, daß das Paar (M_S, i), wenn es existiert, bis auf Isomorphie im folgenden Sinn eindeutig bestimmt ist: Ist (M_S^*, i^*) ebenfalls ein Quotientenmodul von M bzgl. S, so gibt es genau einen Isomorphismus $M_S \xrightarrow{\sim} M_S^*$, für den das Diagramm

$$\begin{array}{ccc} & & M_S \\ & \overset{i}{\nearrow} & \downarrow \\ M & & \\ & \underset{i^*}{\searrow} & \\ & & M_S^* \end{array} \qquad (1)$$

kommutativ ist.

Der *Existenzbeweis* für den Quotientenmodul verläuft ähnlich dem für den Quotientenkörper eines Integritätsrings:

a) M_S *als Menge der Brüche* $\frac{m}{s}$ $(m \in M, s \in S)$.
Man führt auf $M \times S$ folgende Äquivalenzrelation ein (*Gleichheitsdefinition für Brüche*): Für $(m,s), (m',s') \in M \times S$ soll $(m,s) \sim (m',s')$ genau dann gelten, wenn es ein $s'' \in S$ gibt, so daß $s''(s'm - sm') = 0$ ist. Eine leichte Rechnung zeigt, daß es sich hierbei wirklich um eine Äquivalenzrelation handelt. Die Äquivalenzklasse, der (m,s) angehört,

*) Es werde an die Vereinbarung erinnert, daß für jede multiplikativ abgeschlossene Teilmenge S eines Rings R stets $1 \in S$ sein soll. Dies ist für das Folgende bequem, wenn auch entbehrlich.

werde mit $\frac{m}{s}$ bezeichnet und M_S sei die Menge aller Äquivalenzklassen von $M \times S$ bzgl. der angegebenen Relation. Ferner sei $i: M \to M_S$ die Abbildung mit $i(m) = \frac{m}{1}$ für alle $m \in M$.

b) *Addition und Skalarmultiplikation* auf M_S werden durch folgende Formeln definiert (Bruchrechnungsregeln):

$$\frac{m}{s} + \frac{m'}{s'} := \frac{s'm + sm'}{ss'}$$

$$r \cdot \frac{m}{s} := \frac{rm}{s} \qquad (r \in R).$$

Man prüft durch Rechnung sofort nach, daß das Ergebnis jeweils unabhängig ist von der speziellen Wahl der Repräsentanten (m, s) der Klassen $\frac{m}{s}$ und daß die Axiome eines R-Moduls erfüllt sind. $\frac{0}{1}$ ist neutrales Element der Addition. Offensichtlich ist $i: M \to M_S$ eine lineare Abbildung.

Für jedes $s \in S$ ist $\mu_s: M_S \to M_S$ bijektiv, denn die Zuordnung $\frac{m'}{s'} \mapsto \frac{m'}{ss'}$ liefert eine wohldefinierte lineare Abbildung $j_s: M_S \to M_S$, welche μ_s umkehrt.

c) Zum *Nachweis der universellen Eigenschaft* seien N und j wie in der Definition 3.1 gegeben. Wenn eine lineare Abbildung $\ell: M_S \to N$ mit $j = \ell \circ i$ existiert, so muß für alle $m \in M$ die Bedingung $\ell(\frac{m}{1}) = j(m)$ erfüllt sein. Für alle $s \in S$ muß dann auch $s \cdot \ell(\frac{m}{s}) = \ell(s \cdot \frac{m}{s}) = j(m)$ gelten, d.h.

$$\ell\left(\frac{m}{s}\right) = \mu_s^{-1}(j(m)). \tag{2}$$

Dies zeigt, daß ℓ, wenn es existiert, eindeutig bestimmt ist durch die Forderung $j = \ell \circ i$. Andererseits wird durch die Formel (2) – wie man leicht nachrechnet – eine wohldefinierte lineare Abbildung $\ell: M_S \to N$ gegeben, welche die Forderung erfüllt.

Auf Grund von (1) können wir jeden Quotientenmodul von M bzgl. S mit dem so konstruierten M_S identifizieren. $\frac{m}{s}$ identifiziert sich dabei mit $\mu_s^{-1}(i(m))$ für alle $m \in M$, $s \in S$.

Im *Spezialfall* $M = R$ liefert die obige Konstruktion einen R-Modul R_S. Auf R_S kann durch die Formel

$$\frac{r}{s} \cdot \frac{r'}{s'} := \frac{rr'}{ss'}$$

eine wohldefinierte Multiplikation eingeführt werden, durch die R_S zu einem kommutativen Ring mit dem Einselement $\frac{1}{1}$ wird. $i: R \to R_S$ ist dann ein Ringhomomorphismus. Daß für $s \in S$ die Abbildung $\mu_s: R_S \to R_S$ bijektiv wird, ist gleichbedeutend damit, daß $i(s) = \frac{s}{1}$ Einheit in R_S ist.

Ist T irgendein Ring und $j: R \to T$ irgendein Ringhomomorphismus, so daß $j(s)$ für alle $s \in S$ Einheit in T ist, so ist T ein R-Modul bzgl. der Skalarmultiplikation $r \cdot t := j(r) \cdot t \; (r \in R, t \in T)$ und $\mu_s: T \to T$ ist bijektiv für alle $s \in S$. Die oben konstruierte Abbildung $\ell: R_S \to T$ mit $j = \ell \circ i$ ist ein Ringhomomorphismus, wie man sofort nachrechnet.

Man nennt R_S den *Quotientenring* von R zur Nennermenge S und $i : R \to R_S$ den kanonischen Homomorphismus in den Quotientenring. Die obige Diskussion zeigt, daß R_S auch durch eine universelle Eigenschaft definiert werden kann:

Satz 3.2: Für jedes $s \in S$ ist $i(s)$ Einheit in R_S. Ist T irgendein Ring, $j : R \to T$ ein Ringhomomorphismus, für den $j(s)$ Einheit in T für alle $s \in S$ ist, so gibt es genau einen Ringhomomorphismus $\ell : R_S \to T$ mit $j = \ell \circ i$.

Jeden R-Modul N, für den μ_s für alle $s \in S$ bijektiv ist, kann man zu einem R_S-Modul machen, indem man eine (wohldefinierte!) Skalarmultiplikation durch die Formel

$$\frac{r}{s} \cdot n := \mu_s^{-1}(rn) \qquad \left(\frac{r}{s} \in R_S,\, n \in N\right)$$

einführt. Speziell ist der Quotientenmodul M_S eines R-Moduls M ein R_S-Modul mit der Skalarmultiplikation

$$\frac{r}{s} \cdot \frac{m}{s'} := \frac{rm}{ss'} .$$

Als solcher soll M_S in Zukunft auch immer betrachtet werden. Umgekehrt ist für jeden R_S-Modul N auch $\mu_s : N \to N\,(n \mapsto \frac{s}{1} n)$ bijektiv für alle $s \in S$, da $\frac{s}{1}$ Einheit in R_S ist.

Bemerkung 3.3: Der R_S-Modul M_S wird von $i(M)$ erzeugt. Genau dann ist die kanonische Abbildung $i : M \to M_S$ $(i : R \to R_S)$ ein Isomorphismus, wenn für jedes $s \in S$ die Abbildung $\mu_s : M \to M$ schon bijektiv ist (wenn jedes $s \in S$ schon Einheit in R ist). (In diesen Fällen ist die Quotientenbildung natürlich überflüssig und man identifiziert M_S mit M (R_S mit R).)

Wegen $\frac{m}{s} = \frac{1}{s} \cdot \frac{m}{1}$ ist die erste Aussage trivial. Die zweite ergibt sich, weil (M, id_M) bzw. (R, id_R) unter der angegebenen Bedingung für S schon der universellen Eigenschaft in 3.1 bzw. 3.2 genügen.

Beispiele:

a) Ist $R \neq \{0\}$ ein Integritätsring und $S := R \setminus \{0\}$, dann ist R_S der *Quotientenkörper* von R und $i : R \to R_S$ die Einbettung von R in den Quotientenkörper, welche die $r \in R$ mit den „unechten Brüchen" $\frac{r}{1}$ identifiziert.

b) $R \neq \{0\}$ sei ein beliebiger Ring, S die multiplikativ abgeschlossene Menge aller Nichtnullteiler von R. In diesem Fall heißt R_S *der volle Quotientenring von* R. Er wird in Zukunft stets mit Q(R) bezeichnet.

Ist speziell $R = K[V]$ der Koordinatenring einer affinen K-Varietät V und R(V) der Ring der rationalen Funktionen auf V, so hat man einen injektiven Ringhomomorphismus $j : K[V] \to R(V)$, der jedem $f \in K[V]$ die durch f gegebene Funktion auf V zuordnet. Ist f Nichtnullteiler in K[V], so ist j(f) Einheit in R(V), denn nach 1.8 ist D(f) dicht in V und die Fortsetzung von $\frac{1}{f}$ zu einer rationalen Funktion auf V ist ein Inverses von $j(f)$. j induziert somit einen Ringhomomorphismus (3.2)

$$\ell : Q(K[V]) \to R(V)$$

$\ell(\frac{f}{g})$ ist dabei die Fortsetzung der durch $\frac{f}{g}$ auf D(g) gegebenen Funktion zu einer rationalen Funktion auf V. Aus 2.9 folgt, daß ℓ surjektiv ist. ℓ ist auch injektiv, denn ist $\frac{f}{g} = 0$ auf D(g), so ist $gf = 0$ auf ganz V und somit $\frac{f}{g} = 0$ als Element von Q(K[V]). Wir haben damit 2.10a) verallgemeinert:

Satz 3.4: Der Ring R(V) der rationalen Funktionen auf einer affinen K-Varietät $V \neq \emptyset$ ist K-isomorph zum vollen Quotientenring Q(K[V]) des affinen Koordinatenrings K[V].

c) R sei ein beliebiger Ring, g ein Element von R. $S := \{1, g, g^2, \dots\}$ ist eine multiplikativ abgeschlossene Teilmenge von R. Den Quotientenmodul M_S eines R-Moduls M bezeichnet man in diesem Fall auch mit M_g, entsprechend den Quotientenring mit R_g.

Ist R = K[V] Koordinatenring einer affinen K-Varietät und ist $g \neq 0$, so ergibt sich aus 2.3:

Satz 3.5: Der Ring $\mathcal{O}(D(g))$ der auf D(g) regulären Funktionen ist K-isomorph zu $K[V]_g$.

d) R sei ein beliebiger Ring, $\mathfrak{p} \in \operatorname{Spec}(R)$. $S := R \setminus \mathfrak{p}$ ist multiplikativ abgeschlossen. Der Quotientenring R_S wird auch mit $R_\mathfrak{p}$ bezeichnet, er heißt der *lokale Ring des Primideals* $\mathfrak{p}$ *von* R oder die *Lokalisation* von R in $\mathfrak{p}$.

In der Tat ist $R_\mathfrak{p}$ ein lokaler Ring; sein maximales Ideal $\mathfrak{m}_\mathfrak{p}$ besteht aus allen Elementen $\frac{p}{s}$ mit $p \in \mathfrak{p}$, $s \in S$: Diese Elemente bilden ersichtlich ein Ideal in $R_\mathfrak{p}$. Ist ferner $\frac{r}{s} \in R_\mathfrak{p} \setminus \mathfrak{m}_\mathfrak{p}$ gegeben, so ist $r \notin \mathfrak{p}$ und $\frac{r}{s}$ eine Einheit von R mit dem Inversen $\frac{s}{r}$. $\mathfrak{m}_\mathfrak{p}$ ist somit ein maximales Ideal von $R_\mathfrak{p}$ und es gibt kein weiteres maximales Ideal.

Wie in b) sei jetzt R = K[V] Koordinatenring einer affinen K-Varietät V und $W \subset V$ eine nichtleere irreduzible Teilmenge von V, $\overline{W}$ ihre abgeschlossene Hülle in V.

$\mathfrak{I}(W) = \mathfrak{I}(\overline{W})$ ist ein Primideal von K[V], das wir hier mit $\mathfrak{p}_W$ bezeichnen wollen. $j : K[V] \to \mathcal{O}_W(V)$ sei der K-Algebrahomomorphismus, der jedem $f \in K[V]$ den Keim von f in W zuordnet. Für $f \notin \mathfrak{p}_W$ ist $j(f) \notin \mathfrak{m}_W(V)$, also eine Einheit von $\mathcal{O}_W(V)$. Folglich induziert j einen K-Algebra-Homomorphismus $K[V]_{\mathfrak{p}_W} \to \mathcal{O}_W(V)$, von dem man leicht verifiziert, daß er ein Isomorphismus ist.

Satz 3.6: W sei eine nichtleere irreduzible Teilmenge einer affinen K-Varietät V. Der Ring $\mathcal{O}_W(V)$ der regulären Funktionskeime in W ist K-isomorph zum lokalen Ring $K[V]_{\mathfrak{p}_W}$ des Koordinatenrings K[V] nach dem Primideal $\mathfrak{p}_W = \mathfrak{I}(W)$.

Speziell ist für $x \in V$ der lokale Ring $\mathcal{O}_x(V) \cong K[V]_{\mathfrak{p}_x}$ mit $\mathfrak{p}_x := \{f \in K[V] \mid f(x) = 0\}$.

e) $G = \bigoplus_{i \in \mathbb{Z}} G_i$ sei ein graduierter Ring, S eine multiplikativ abgeschlossene Teilmenge von G, die aus lauter homogenen Elementen besteht. G_S kann auf natürliche Weise ebenfalls mit einer Graduierung versehen werden: $(G_S)_i$ besteht aus allen Quotienten $\frac{g}{s} \in G_S$, wobei $g \in G$ homogen ist und Grad g − Grad s = i. (Die letzte Gleichung gilt für alle möglichen Darstellungen von $\frac{g}{s}$ als Quotient homogener Elemente.) Es ist $G_S = \bigoplus_{i \in \mathbb{Z}} (G_S)_i$.

Von besonderem Interesse ist der Unterring $(G_S)_0$ der homogenen Elemente 0-ten Grades. Ist $V \neq \emptyset$ eine projektive K-Varietät mit dem Koordinatenring K[V] und S die Menge aller homogenen Nichtnullteiler von K[V], so identifiziert sich die K-Algebra der rationalen Funktionen auf V mit $(K[V]_S)_0$ (2.10). Ist g homogenes Element positiven Grades aus K[V], so ist $\mathcal{O}(D(g)) = (K[V]_g)_0$. Ist ferner W eine nichtleere irreduzible Teilmenge von V und S die Menge aller homogenen Elemente, die nicht im Primideal $\mathfrak{J}(W)$ liegen, so ist $\mathcal{O}_W(V) \cong (K[V]_S)_0$.

Allgemein sei $\mathfrak{p} \neq G$ ein homogenes Primideal eines graduierten Rings $G = \bigoplus_{i \in \mathbb{Z}} G_i$ und S die Menge der homogenen Elemente aus $G \setminus \mathfrak{p}$. Dann ist $(G_S)_0$ ein lokaler Ring, den man auch mit $G_{(\mathfrak{p})}$ bezeichnet und *die homogene Lokalisation* von G in $\mathfrak{p}$ nennt. Sein maximales Ideal ist die Menge aller Quotienten $\frac{p}{s}$, wobei $p \in \mathfrak{p}$, $s \in S$ homogen vom gleichen Grad sind. Ist G Integritätsring und $\mathfrak{p} = (0)$, so ist $(G_S)_0$ ein Körper.

Aufgaben:

S sei eine multiplikativ abgeschlossene Teilmenge eines Rings R. Anders als im Text kann man den Quotientenring (Quotientenmodul) bzgl. S auch wie folgt beschreiben:

1. $\{X_s\}_{s \in S}$ sei eine Familie von Unbestimmten und $R' := R[\{X_s\}]/I$, wobei I das von allen Polynomen $sX_s - 1$ mit $s \in S$ in $R[\{X_s\}]$ erzeugte Ideal ist. $i : R \to R'$ sei die Zusammensetzung der kanonischen Injektion $R \to R[\{X_s\}]$ mit dem kanonischen Epimorphismus $R[\{X_s\}] \to R'$. Dann ist (R', i) Quotientenring von R bzgl. der Nennermenge S.
2. Für jeden R-Modul M ist $R_S \otimes_R M$ zusammen mit der kanonischen R-linearen Abbildung $M \to R_S \otimes_R M$ ($m \mapsto 1 \otimes m$) Quotientenmodul von M bzgl. der Nennermenge S.

§ 4. Eigenschaften von Quotientenringen und Quotientenmoduln

R sei ein Ring, M ein R-Modul, $S \subset R$ sei multiplikativ abgeschlossen.

Ist $\rho : P \to R$ ein Ringhomomorphismus, so kann man M als einen P-Modul bzgl. folgender Skalarmultiplikation auffassen: Für $p \in P$, $m \in M$, soll $pm := \rho(p)m$ sein. Speziell ist jeder R_S-Modul N auch ein R-Modul bzgl. der kanonischen Abbildung $i : R \to R_S$. Wir fassen in Zukunft R_S-Moduln stillschweigend auch in diesem Sinne als R-Moduln auf.

Für ein $m \in M$ heißt $\mathrm{Ann}(m) := \{r \in R \mid rm = 0\}$ der *Annullator von* m. $\mathrm{Ann}(M) := \{r \in R \mid rm = 0 \text{ für alle } m \in M\}$ heißt der *Annullator von* M. Ann(m) und Ann(M) sind Ideale von R.

Für jedes Ideal $I \subset \mathrm{Ann}(M)$ kann man M als einen R/I-Modul auffassen: Für $r + I \in R/I$, $m \in M$ sei $(r + I)m := rm$. Wegen IM = 0 ist dies unabhängig von der Repräsentantenwahl.

Regel 4.1: Ist $i : M \to M_S$ die kanonische Abbildung, so ist

$$\text{Kern}(i) = \{m \in M \mid \text{es gibt ein } s \in S \text{ mit } sm = 0\}.$$

Beweis: Für $m \in M$ gilt genau dann $i(m) = \frac{m}{1} = \frac{0}{1}$, wenn es ein $s \in S$ mit $sm = 0$ gibt (Gleichheitsdefinition der Brüche).

Definition 4.2: Der *Torsionsuntermodul* $T(M)$ ist die Menge aller $m \in M$, für die es einen Nichtnullteiler $s \in R$ mit $sm = 0$ gibt. M heißt *torsionsfrei*, wenn $T(M) = \langle 0 \rangle$ ist, *Torsionsmodul*, wenn $T(M) = M$.

Ist S die Menge aller Nichtnullteiler von R, so ist $T(M) = \text{Kern}(i)$. M ist genau dann torsionsfrei, wenn i injektiv ist und Torsionsmodul, wenn $M_S = \langle 0 \rangle$.

Für allgemeines S ist $i : R \to R_S$ genau dann injektiv, wenn S keinen Nullteiler von R enthält.

Regel 4.3: Genau dann ist $M_S = \langle 0 \rangle$, wenn es für jedes $m \in M$ ein $s \in S$ mit $sm = 0$ gibt. Genau dann ist $R_S = \{0\}$, wenn $0 \in S$.

Die erste Aussage ist klar nach der Gleichheitsdefinition der Brüche, bei der zweiten beachte man, daß 1 nur durch 0 annulliert werden kann.

Für $g \in R$ ist z.B. $R_g = \{0\}$ genau dann, wenn g nilpotent ist.

Satz 4.4: Genau dann ist $M = \langle 0 \rangle$, wenn $M_{\mathfrak{m}} = \langle 0 \rangle$ ist für alle $\mathfrak{m} \in \text{Max}(R)$.

Beweis: Ist $M_{\mathfrak{m}} = \langle 0 \rangle$ für alle $\mathfrak{m} \in \text{Max}(R)$ und $m \in M$ gegeben, so ist nach 4.3 $\text{Ann}(m)$ in keinem maximalen Ideal von R enthalten, also $\text{Ann}(m) = R$ und folglich $1 \in \text{Ann}(m)$. Dies bedeutet aber, daß $m = 0$ ist.

Wir haben eine erste „Lokal-Global-Aussage" erhalten: Ein Modul verschwindet genau dann, wenn er „lokal" für alle maximalen Ideale von R verschwindet.

Definition 4.5: Unter dem *Träger* von M versteht man die Menge

$$\text{Supp}(M) := \{\mathfrak{p} \in \text{Spec}(R) \mid M_{\mathfrak{p}} \neq \langle 0 \rangle\}.$$

Satz 4.6: Ist M endlich erzeugt, so ist $\text{Supp}(M) = \mathfrak{V}(\text{Ann}(M)) = \{\mathfrak{p} \in \text{Spec}(R) \mid \mathfrak{p} \supset \text{Ann}(M)\}$. Insbesondere ist $\text{Supp}(M)$ eine abgeschlossene Teilmenge von $\text{Spec}(R)$.

Beweis: Sei $M = \langle m_1, \dots, m_t \rangle$ und $\mathfrak{p} \notin \text{Supp}(M)$, also $M_{\mathfrak{p}} = \langle 0 \rangle$. Nach 4.3 gibt es dann Elemente $s_i \in R \setminus \mathfrak{p}$ mit $s_i m_i = 0$ $(i = 1, \dots, t)$. $s := \prod_{i=1}^{t} s_i$ ist dann in $\text{Ann}(M)$ und nicht in $\mathfrak{p}$, somit $\mathfrak{p} \notin \mathfrak{V}(\text{Ann}(M))$.

Ist umgekehrt $\mathfrak{p} \notin \mathfrak{V}(\text{Ann}(M))$, so gibt es ein $s \in \text{Ann}(M)$, $s \notin \mathfrak{p}$ und nach 4.3 folgt $M_{\mathfrak{p}} = \langle 0 \rangle$.

Es sei jetzt N ein weiterer R-Modul und $\ell : M \to N$ eine lineare Abbildung, $M \to N_S$ die Zusammensetzung von ℓ und der kanonischen Abbildung $i_N : N \to N_S$.

Auf Grund der universellen Eigenschaft 3.1 gibt es genau eine R-lineare Abbildung $\ell_S : M_S \to N_S$, so daß das Diagramm

$$\begin{array}{ccc} M & \xrightarrow{\ \ell\ } & N \\ \downarrow & & \downarrow \\ M_S & \xrightarrow[\ \ell_S\ ]{} & N_S \end{array}$$

kommutativ ist. Dabei ist $s\ell_S\left(\frac{m}{s}\right) = \ell_S\left(\frac{m}{1}\right) = \frac{\ell(m)}{1}$, also $\ell_S\left(\frac{m}{s}\right) = \frac{\ell(m)}{s}$ für alle $\frac{m}{s} \in M_S$. ℓ_S ist somit auch R_S-linear.

ℓ_S heißt die *durch ℓ induzierte Abbildung* der Quotientenmoduln. Es ist leicht zu sehen, daß

$$\mathrm{Hom}_R(M, N) \to \mathrm{Hom}_{R_S}(M_S, N_S) \qquad (\ell \mapsto \ell_S)$$

eine R-lineare Abbildung ist: $(r_1\ell_1 + r_2\ell_2)_S = r_1(\ell_1)_S + r_2(\ell_2)_S$ für $r_1, r_2 \in R$, $\ell_1, \ell_2 \in \mathrm{Hom}_R(M, N)$. Ferner ist $(\ell' \circ \ell)_S = \ell'_S \circ \ell_{S'}$, wenn $\ell' : N \to P$ eine weitere R-lineare Abbildung ist.

Regel 4.7: Ist ℓ injektiv (surjektiv, bijektiv), dann auch ℓ_S.

Wenn ℓ injektiv ist und $\ell_S\left(\frac{m}{s}\right) = \frac{\ell(m)}{s} = 0$ für ein $\frac{m}{s} \in M_S$, so gibt es ein $s' \in S$ mit $s'\ell(m) = 0 = \ell(s'm)$. Es folgt $s'm = 0$ und somit $\frac{m}{s} = 0$. Daß ℓ_S surjektiv (bijektiv) ist, wenn ℓ es ist, ergibt sich sofort.

Ist $U \subset M$ ein Untermodul, so kann man nach 4.7 U_S in kanonischer Weise als Untermodul des R_S-Moduls M_S auffassen, indem man U_S mit der Menge aller Quotienten $\frac{u}{s} \in M_S$ mit $u \in U$, $s \in S$ identifiziert. Wir werden dies in Zukunft stillschweigend immer tun. Insbesondere ist für ein Ideal I von R auch I_S als ein Ideal von R_S zu betrachten. Im Fall einer Lokalisation $R_\mathfrak{p}$ von R nach einem $\mathfrak{p} \in \mathrm{Spec}(R)$ schreibt man auch $IR_\mathfrak{p}$ statt $I_\mathfrak{p}$.

Man hat folgende, leicht zu bestätigende

Regeln 4.8:

a) Ist $\{U_\lambda\}_{\lambda \in \Lambda}$ eine Familie von Untermoduln von M, so gilt

$$\left(\bigcap_{\lambda \in \Lambda} U_\lambda\right)_S = \bigcap_{\lambda \in \Lambda} (U_\lambda)_S, \text{ falls } \Lambda \text{ endlich ist,}$$

und

$$\left(\sum_{\lambda \in \Lambda} U_\lambda\right)_S = \sum_{\lambda \in \Lambda} (U_\lambda)_S.$$

Ist M die direkte Summe der U_λ, so ist M_S die direkte Summe der $(U_\lambda)_S$.

b) $\mathrm{Ann}(M)_S = \mathrm{Ann}_{R_S}(M_S)$, wenn M endlich erzeugter R-Modul ist.

c) Für jedes Ideal I von R gilt

$$(I^n)_S = (I_S)^n, \quad (\text{Rad } I)_S = \text{Rad}(I_S).$$

Ist R reduziert, so auch R_S.

d) Ist I ein Ideal von R mit $I \cap S \neq \emptyset$, so ist $I_S = R_S$.

Um eine Übersicht über die Untermoduln eines Quotientenmoduls (die Ideale eines Quotientenrings) zu geben, ist es zweckmäßig, den folgenden Begriff einzuführen:

Definition 4.9: Ist $U \subset M$ ein Untermodul, so heißt die Menge $S(U)$ aller $m \in M$, für die ein $s \in S$ mit $sm \in U$ existiert, die S-*Komponente von* U.

$S(U)$ ist ein U umfassender Untermodul von M mit $S(S(U)) = S(U)$. Ferner gilt $S\left(\bigcap_{i=1}^{n} U_i\right) = \bigcap_{i=1}^{n} S(U_i)$ für Untermoduln $U_i \subset M$ $(i = 1, \ldots, n)$.

Es sei $\mathfrak{A}(M_S)$ die Menge aller Untermoduln des R_S-Moduls M_S und $\mathfrak{A}_S(M)$ die Menge aller Untermoduln $U \subset M$ mit $S(U) = U$.

Satz 4.10: Die Abbildung

$$\alpha : \mathfrak{A}_S(M) \to \mathfrak{A}(M_S) \qquad (U \mapsto U_S)$$

ist eine inklusionserhaltende Bijektion. Ihre Umkehrabbildung ordnet jedem $U' \in \mathfrak{A}(M_S)$ den Untermodul $i^{-1}(U') \subset M$ zu, wobei $i : M \to M_S$ die kanonische Abbildung ist.

Beweis: Für $U' \in \mathfrak{A}(M_S)$ sei $U := i^{-1}(U')$. Ist dann $m \in S(U)$, also $sm \in U$ für ein $s \in S$, so ist $\frac{s}{1} \cdot i(m) \in U'$, folglich auch $i(m) \in U'$ (da $\frac{s}{1}$ Einheit in R_S) und somit $m \in U$. Es ergibt sich $S(U) = U$. Durch $U' \mapsto U$ wird somit eine Abbildung $\beta : \mathfrak{A}(M_S) \to \mathfrak{A}_S(M)$ definiert.

Es ist klar, daß $U_S \subset U'$. Ist $\frac{m}{s} \in U'$, so ist auch $\frac{m}{1} \in U'$, folglich $m \in U$ und $U' = U_S$. Hierdurch ist gezeigt, daß $\alpha \circ \beta = \text{id}_{\mathfrak{A}(M_S)}$.

Ist $U \in \mathfrak{A}_S(M)$, so ist $i^{-1}(U_S) = U$, denn aus $\frac{m}{1} = \frac{u}{s}$ $(m \in M, u \in U, s \in S)$ folgt $s'm \in U$ für ein $s' \in S$, also $m \in U = S(U)$. Somit gilt auch $\beta \circ \alpha = \text{id}_{\mathfrak{A}_S(M)}$, q.e.d.

Ist $U \subset M$ irgendein Untermodul von M, so zeigen die obigen Betrachtungen, daß $U_S = U_S^*$ für jeden Untermodul $U^* \subset M$ mit $U \subset U^* \subset S(U)$. Aus 4.10 ergibt sich insbesondere auch, daß die Ideale von R_S eineindeutig den Idealen von R entsprechen, die mit ihrer S-Komponente übereinstimmen.

Korollar 4.11: Ist M ein noetherscher R-Modul, so ist M_S ein noetherscher R_S-Modul. Ist R ein noetherscher Ring, so auch R_S.

Die in § 2 betrachteten Funktionenringe auf algebraischen Varietäten sind sämtlich noethersch, da sie Quotientenringe affiner Algebren über Körpern sind, die nach dem Basissatz noethersch sind.

Für $\mathfrak{p} \in \mathrm{Spec}(R)$ ist

$$S(\mathfrak{p}) = \{r \in R \mid \text{es gibt ein } s \in S \text{ mit } sr \in \mathfrak{p}\} = \begin{cases} \mathfrak{p}, & \text{falls } \mathfrak{p} \cap S = \emptyset \\ R, & \text{falls } \mathfrak{p} \cap S \neq \emptyset. \end{cases}$$

Allgemeiner: Ist $I = \bigcap_{i=1}^{n} \mathfrak{p}_i$ mit $\mathfrak{p}_i \in \mathrm{Spec}(R)$, so ist

$$S(I) = \bigcap_{\mathfrak{p}_i \cap S = \emptyset} \mathfrak{p}_i .$$

Satz 4.12: $i : R \to R_S$ sei die kanonische Abbildung, Σ die Menge aller $\mathfrak{p} \in \mathrm{Spec}(R)$ mit $\mathfrak{p} \cap S = \emptyset$. Dann gilt:

a) Jedes $\mathfrak{P} \in \mathrm{Spec}(R_S)$ ist von der Form $\mathfrak{P} = \mathfrak{p}_S$ mit einem eindeutig bestimmten $\mathfrak{p} \in \Sigma$.

b) $\mathrm{Spec}(i)$ definiert einen Homöomorphismus von $\mathrm{Spec}(R_S)$ auf Σ (versehen mit der Relativtopologie der Topologie von $\mathrm{Spec}(R)$).

c) Für jedes $\mathfrak{p} \in \Sigma$ ist $h(\mathfrak{p}_S) = h(\mathfrak{p})$ und für jedes Ideal I von R mit $I_S \neq R_S$ ist $h(I_S) \geq h(I)$.

d) $\dim R_S \leq \dim R$.

e) Ist R ein faktorieller Ring und $0 \notin S$, so ist auch R_S faktoriell.

Beweis:

a) folgt aus 4.10 und der obigen Formel für $S(\mathfrak{p})$.

b) $\mathrm{Spec}(i)$ definiert nach a) eine Bijektion von $\mathrm{Spec}(R_S)$ auf Σ; weil $\mathrm{Spec}(i)$ stetig ist (I.4.11) genügt es zu zeigen, daß $\mathrm{Spec}(i)$ auch eine abgeschlossene Abbildung von $\mathrm{Spec}(R_S)$ auf Σ ist: Ist J ein Ideal von R_S; so wird die Menge der J umfassenden $\mathfrak{P} \in \mathrm{Spec}(R_S)$ durch $\mathrm{Spec}(i)$ auf die Menge der $i^{-1}(J)$ umfassenden $\mathfrak{p} \in \mathrm{Spec}(R)$ mit $\mathfrak{p} \cap S = \emptyset$ abgebildet, also eine abgeschlossene Menge von Σ.

c) Die Formel $h(\mathfrak{p}_S) = h(\mathfrak{p})$ ergibt sich aus a) und die Formel $h(I_S) \geq h(I)$ folgt dann, weil die Höhe eines Ideals definiert ist als das Infimum der Höhen der umfassenden Primideale.

d) ergibt sich, weil die Dimension eines Rings $R \neq \{0\}$ das Supremum der Höhen der $\mathfrak{p} \in \mathrm{Spec}(R)$ ist.

e) Da $0 \notin S$, ist i injektiv. Ist π ein Primelement von R und $(\pi) \cap S = \emptyset$, so ist $\frac{\pi}{1}$ Primelement in R_S. Ist $(\pi) \cap S \neq \emptyset$, so ist $\frac{\pi}{1}$ Einheit in R_S. Es ergibt sich, daß auch in R_S jedes Element $\neq 0$ entweder Einheit oder Produkt von Primelementen ist.

Korollar 4.13:

a) Für jedes $f \in R$ definiert $\mathrm{Spec}(R_f) \to \mathrm{Spec}(R)$ einen Homöomorphismus von $\mathrm{Spec}(R_f)$ auf $D(f) \subset \mathrm{Spec}(R)$.

b) Für jedes $\mathfrak{p} \in \mathrm{Spec}(R)$ definiert $\mathrm{Spec}(R_\mathfrak{p}) \to \mathrm{Spec}(R)$ einen Homöomorphismus von $\mathrm{Spec}(R_\mathfrak{p})$ auf die Menge aller in $\mathfrak{p}$ enthaltenen Primideale von R. (Die Menge aller „Generalisierungen" von $\mathfrak{p}$.) Es ist $h(\mathfrak{p}) = \dim R_\mathfrak{p}$.

Für die lokalen Ringe auf algebraischen Varietäten ergeben sich folgende Aussagen

Satz 4.14: W sei eine nichtleere irreduzible Teilmenge einer affinen Varietät V. Dann gilt:

a) Die Elemente von $\mathrm{Spec}(\mathcal{O}_W(V))$ entsprechen eineindeutig den irreduziblen Untervarietäten $V' \subset V$ mit $W \subset V'$; die minimalen Primideale den irreduziblen Komponenten V_i von V mit $W \subset V_i$.
b) Genau dann ist $\mathcal{O}_W(V)$ Integritätsring, wenn W nur in einer irreduziblen Komponente von V enthalten ist.
c) Es ist $\dim \mathcal{O}_W(V) = \mathrm{codim}_V(\overline{W})$, wobei $\overline{W}$ die abgeschlossene Hülle von W in V ist.
d) Die Ideale J von $\mathcal{O}_W(V)$ mit $J \neq \mathcal{O}_W(V)$ und $\mathrm{Rad}\, J = J$ stehen in eineindeutiger Korrespondenz zu den Untervarietäten von V, deren sämtliche irreduzible Komponenten W enthalten.

Beweis: Ist $\mathfrak{p}_W$ das zu W in K[V] gehörige Primideal, so ist (nach 3.6) $\mathcal{O}_W(V) \cong K[V]_{\mathfrak{p}_W}$. Die Elemente von $\mathrm{Spec}(K[V]_{\mathfrak{p}_W})$ entsprechen nach 4.13b) eineindeutig den in $\mathfrak{p}_W$ enthaltenen Primidealen von K[V], also den W umfassenden irreduziblen Untervarietäten von V (I.3.11). Da $K[V]_{\mathfrak{p}_W}$ reduziert ist (4.8c)), ist $K[V]_{\mathfrak{p}_W}$ genau dann Integritätsring, wenn er nur ein minimales Primideal besitzt. Hieraus folgt b). c) ergibt sich aus a) und der Definition der Krulldimension und der Kodimension. Die Ideale $J \neq \mathcal{O}_W(V)$ mit $\mathrm{Rad}\, J = J$ sind die Durchschnitte ihrer minimalen Primteiler (I.4.5). Sie entsprechen eineindeutig den endlichen Durchschnitten von Primidealen $\mathfrak{p} \in \mathrm{Spec}(K[V])$ mit $\mathfrak{p} \subset \mathfrak{p}_W$. Hieraus folgt d).

Man beachte, daß Satz 4.14 insbesondere angewendet werden kann, wenn $W = \{x\}$ ein Punkt $x \in V$ ist. Er ist ein erster Beleg für die frühere These, daß der lokale Ring $\mathcal{O}_x(V)$ Informationen über das Verhalten von V in der Nähe von x enthält.

Ein Untermodul $U \subset M$ ist stets im Kern der zusammengesetzten Abbildung

$$M \xrightarrow{i} M_S \xrightarrow{\epsilon} M_S/U_S$$

enthalten, wenn i und ϵ die kanonischen Abbildungen sind. Nach der universellen Eigenschaft des Restklassenmoduls M/U und des Quotientenmoduls $(M/U)_S$ wird daher eine R_S-lineare Abbildung

$$\rho : (M/U)_S \to M_S/U_S, \qquad \rho\left(\frac{m+U}{s}\right) = \frac{m}{s} + U_S$$

induziert.

Regel 4.15: (Vertauschbarkeit der Bildung des Restklassen- und Quotientenmoduls) ρ ist ein Isomorphismus.

Beweis: ρ ist offensichtlich surjektiv. Wir zeigen: $\text{Kern}(\rho) = 0$. Wenn $\rho(\frac{m+U}{s}) = 0$ ist, also $\frac{m}{s} \in U_S$, dann gibt es Elemente $u \in U$, $s' \in S$ mit $\frac{m}{s} = \frac{u}{s'}$ und folglich ein $s'' \in S$ mit $s''(s'm - su) = 0$. Es ergibt sich

$$\frac{m+U}{s} = \frac{s''s'm+U}{s''s's} = \frac{s''su+U}{s''s's} = 0.$$

Regel 4.16: I sei ein Ideal in R und S' das Bild von S in R/I. Die kanonische Abbildung

$$\rho : (R/I)_{S'} \to R_S/I_S, \qquad \rho\left(\frac{r+I}{s+I}\right) = \frac{r}{s} + I_S$$

ist ein Ringisomorphismus.

Dies ergibt sich wie 4.15.

Regel 4.17: Ist $M \xrightarrow{\alpha} N \xrightarrow{\beta} P$ eine exakte Folge von R-Moduln und linearen Abbildungen (d.h. Bild α = Kern β), so ist

$$M_S \xrightarrow{\alpha_S} N_S \xrightarrow{\beta_S} P_S$$

eine exakte Folge von R_S-Moduln.

Beweis: Aus $\beta \circ \alpha = 0$ folgt $\beta_S \circ \alpha_S = (\beta \circ \alpha)_S = 0$, mithin Bild $\alpha_S \subset$ Kern β_S. Ist $\frac{n}{s} \in N_S$ mit $\beta_S(\frac{n}{s}) = \frac{\beta(n)}{s} = 0$ gegeben, so gibt es ein $s' \in S$ mit $0 = s'\beta(n) = \beta(s'n)$, also $s'n \in$ Bild α. Da $\frac{n}{s} = \frac{s'n}{s's}$ ist, folgt Kern β_S = Bild α_S.

Beispiele 4.18:

a) I sei ein Ideal von R, $\mathfrak{p} \in \text{Spec}(R)$ enthalte I und $\mathfrak{p}'$ sei das Bild von $\mathfrak{p}$ in R/I. Dann hat man nach 4.16 einen kanonischen Isomorphismus

   $$(R/I)_{\mathfrak{p}'} \cong R_{\mathfrak{p}}/I_{\mathfrak{p}}.$$

   Im Fall I = $\mathfrak{p}$ ergibt dies einen Isomorphismus

   $$Q(R/\mathfrak{p}) \cong R_{\mathfrak{p}}/\mathfrak{p}R_{\mathfrak{p}}.$$

   Der Restklassenkörper des lokalen Rings $R_{\mathfrak{p}}$ nach seinem maximalen Ideal $\mathfrak{p}R_{\mathfrak{p}}$ ist somit isomorph zum Quotientenkörper von $R/\mathfrak{p}$.

b) $\mathfrak{p}$ sei ein minimales Primideal eines reduzierten Rings R. Nach 4.8c) ist $R_{\mathfrak{p}}$ ebenfalls reduziert und $\mathfrak{p}R_{\mathfrak{p}}$ ist das einzige minimale Primideal von $R_{\mathfrak{p}}$ (4.12). Es folgt $\mathfrak{p}R_{\mathfrak{p}} = (0)$ nach I.4.5 und somit ist $R_{\mathfrak{p}} = R_{\mathfrak{p}}/\mathfrak{p}R_{\mathfrak{p}} \cong Q(R/\mathfrak{p})$. Der lokale Ring eines minimalen Primideals $\mathfrak{p}$ in einem reduzierten Ring ist somit stets ein Körper, isomorph zum Quotientenkörper von $R/\mathfrak{p}$.

Während wir bisher die Nennermenge S meist festgehalten haben, sollen jetzt auch noch einige Regeln im Zusammenhang mit der Änderung der Nennermenge hergeleitet werden. Neben S sei eine weitere multiplikativ abgeschlossene Teilmenge T von R gegeben. S' sei das Bild von S in R_T und T' das von T in R_S.

Nach der universellen Eigenschaft des Quotientenrings hat man einen kanonischen Ringhomomorphismus

$$i_S^T : R_T \to (R_S)_{T'} \left(\frac{r}{t} \mapsto \frac{\frac{r}{1}}{\frac{t}{1}} \right)$$

und entsprechend eine R_T-lineare Abbildung

$$j_S^T : M_T \to (M_S)_{T'} \left(\frac{m}{t} \mapsto \frac{\frac{m}{1}}{\frac{t}{1}} \right),$$

wobei $(M_S)_{T'}$ mit Hilfe von i_S^T als R_T-Modul aufzufassen ist, d.h. die Skalarmultiplikation wird gegeben durch die Formel

$$\frac{r}{t} \cdot \frac{\frac{m}{s}}{\frac{t'}{1}} = \frac{\frac{rm}{s}}{\frac{tt'}{1}} .$$

Regel 4.19: Besteht S' nur aus Einheiten von R_T, so sind i_S^T und j_S^T Isomorphismen.

Beweis: Auf Grund der universellen Eigenschaft hat man einen kanonischen Ringhomomorphismus

$$R_S \to R_T \quad \left(\frac{r}{s} \mapsto \frac{r}{1} \left(\frac{s}{1} \right)^{-1} \right)$$

und daher auch einen kanonischen Ringhomomorphismus

$$\rho : (R_S)_{T'} \to R_T \quad \left(\frac{\frac{r}{s}}{\frac{t}{1}} \mapsto \frac{r}{t} \left(\frac{s}{1} \right)^{-1} \right).$$

Offensichtlich ist $\rho \circ i_S^T = \mathrm{id}_{R_T}$ und man rechnet auch sofort nach, daß $i_S^T \circ \rho = \mathrm{id}_{(R_S)_{T'}}$. Für j_S^T kann man analog schließen.

Korollar 4.20:

a) Ist $S \subset T$, so hat man kanonische Isomorphismen $R_T \cong (R_S)_{T'}$ und $M_T \cong (M_S)_{T'}$.

b) Besteht überdies T' aus lauter Einheiten von R_S, so hat man kanonische Isomorphismen $R_T \cong R_S$ und $M_T \cong M_S$.

Beispiele 4.21:

a) Für $\mathfrak{p}, \mathfrak{q} \in \operatorname{Spec}(R)$ mit $\mathfrak{p} \subset \mathfrak{q}$ sei $S := R \setminus \mathfrak{q}$ und $T := R \setminus \mathfrak{p}$. Dann hat man kanonische Isomorphismen

$$R_{\mathfrak{p}} \cong (R_{\mathfrak{q}})_{\mathfrak{p}R_{\mathfrak{q}}}, \qquad M_{\mathfrak{p}} \cong (M_{\mathfrak{q}})_{\mathfrak{p}R_{\mathfrak{q}}}. \tag{1}$$

Nach 4.19 ist nämlich $R_{\mathfrak{p}} \cong (R_{\mathfrak{q}})_{T'}$, wobei T' das Bild von T in $R_{\mathfrak{q}}$ ist. $\mathfrak{p}R_{\mathfrak{q}}$ ist ein Primideal von $R_{\mathfrak{q}}$ und $T'' := R_{\mathfrak{q}} \setminus \mathfrak{p}R_{\mathfrak{q}}$ umfaßt T'. Die kanonische Abbildung $(R_{\mathfrak{q}})_{T'} \to (R_{\mathfrak{q}})_{T''}$ ist nach 4.20 ein Isomorphismus, denn die Bilder der Elemente von T'' in $(R_{\mathfrak{q}})_{T'} \cong R_{\mathfrak{p}}$ sind Einheiten. Für M hat man denselben Beweis.

Die Formeln (1) werden oft angewendet. Ist z.B. $\mathcal{O}_W(V)$ der lokale Ring einer irreduziblen Untervarietät $W \neq \emptyset$ einer Varietät V und ist $W' \subset W$ eine weitere irreduzible Untervarietät, $W' \neq \emptyset$, so hat man einen kanonischen Ringisomorphismus

$$\mathcal{O}_W(V) \cong \mathcal{O}_{W'}(V)_{\mathfrak{p}},$$

wobei $\mathfrak{p}$ das zu W in $\mathcal{O}_{W'}(V)$ gehörige Primideal ist.

b) Ist $R \neq \{0\}$ Integritätsring, so ergibt sich aus (1) im Fall $\mathfrak{p} = (0)$ ein kanonischer Isomorphismus

$$Q(R) \cong Q(R_{\mathfrak{q}}). \tag{2}$$

Dabei identifiziert sich $R_{\mathfrak{q}}$ mit der Menge aller $\frac{r}{s} \in Q(R)$ mit $r \in R, s \in R \setminus \mathfrak{q}$. Man kann daher die lokalen Ringe $R_{\mathfrak{q}}$ als Unterringe von $Q(R)$ auffassen und sie haben dann natürlich alle denselben Quotientenkörper. Entsprechendes gilt für alle Quotientenringe R_S mit $0 \notin S$. (Dies verallgemeinert die Tatsache, daß $\mathcal{O}_W(V) \subset R(V)$ für nichtleere irreduzible Varietäten $W \subset V$ (§ 2).)

Regel 4.22: Für $f, g \in R$ hat man einen kanonischen Ringisomorphismus

$$(R_f)_g \xrightarrow{\sim} R_{fg} \qquad \left(\frac{\frac{r}{f^\nu}}{\frac{g^\mu}{1}} \mapsto \frac{rf^\mu g^\nu}{(fg)^{\nu+\mu}} \right)$$

und entsprechend auch einen Isomorphismus $(M_f)_g \xrightarrow{\sim} M_{fg}$ von R_{fg}-Moduln, der durch die analoge Formel gegeben wird. (Dabei bedeutet $(R_f)_g$ den Quotientenring von R_f nach der Menge der Potenzen von $\frac{g}{1} \in R_f$; entsprechend ist $(M_f)_g$ definiert.)

Beweis: Da die Bilder von f und g Einheiten in R_{fg} sind, gibt es nach der universellen Eigenschaft der Quotientenringe einen kanonischen Ringhomomorphismus $(R_f)_g \to R_{fg}$, welcher der angegebenen Formel genügt. Da auch das Bild von fg in $(R_f)_g$ eine Einheit ist, hat man auch einen Ringhomormorphismus

$$R_{fg} \to (R_f)_g \qquad \left(\frac{r}{(fg)^\nu} \mapsto \frac{\frac{r}{f^\nu}}{\frac{g^\nu}{1}} \right)$$

und dieser kehrt den obigen Homomorphismus um.

Von den zahlreichen kanonischen Isomorphismen für Quotientenringe und -moduln, die bisher abgeleitet wurden, wird später häufig in der Form Gebrauch gemacht, daß isomorphe Objekte stillschweigend identifiziert werden. Man gewöhnt sich schnell an dieses Vorgehen, das sehr viel Schreibarbeit einspart, wenn man sich zunächst in einigen Fällen nochmals die verwendeten Regeln vergegenwärtigt.

Zum Abschluß dieses Paragraphen sollen noch zwei Struktursätze für Quotientenringe reduzierter Ringe hergeleitet werden.

$R \neq \{0\}$ sei ein reduzierter Ring mit nur endlich vielen minimalen Primidealen $\mathfrak{p}_1, \dots, \mathfrak{p}_t$ ($\mathfrak{p}_i \neq \mathfrak{p}_j$ für $i \neq j$), S die Menge aller Nichtnullteiler von R. Nach I.4.10 ist $S = R \setminus \bigcup_{i=1}^{t} \mathfrak{p}_i$. Die $(\mathfrak{p}_i)_S$ $(i = 1, \dots, t)$ sind nach 4.12 die einzigen Elemente des Spektrums von $Q(R) = R_S$, sie sind zugleich maximal und minimal und $\bigcap_{i=1}^{t} (\mathfrak{p}_i)_S = (0)$. Nach dem chinesischen Restsatz (II.1.7) hat man daher einen kanonischen Isomorphismus

$$R_S \cong R_S/\mathfrak{p}_1 R_S \times \dots \times R_S/\mathfrak{p}_t R_S.$$

Dabei ist $R_S/\mathfrak{p}_i R_S \cong (R/\mathfrak{p}_i)_{S_i}$ nach 4.16, wobei S_i das Bild von S in $R/\mathfrak{p}_i$ ist. Da $R_S/\mathfrak{p}_i R_S$ ein Körper ist, ist $(R/\mathfrak{p}_i)_{S_i} \cong Q(R/\mathfrak{p}_i)$ nach 4.20b). Wir erhalten als ringtheoretisches Analogon zu 2.8:

Satz 4.23: Ist $R \neq \{0\}$ ein reduzierter Ring mit nur endlich vielen minimalen Primidealen $\mathfrak{p}_1, \dots, \mathfrak{p}_t$ ($\mathfrak{p}_i \neq \mathfrak{p}_j$ für $i \neq j$), so ist

$$Q(R) \cong Q(R/\mathfrak{p}_1) \times \dots \times Q(R/\mathfrak{p}_t).$$

Das Analogon zu 4.23 im graduierten Fall erfordert etwas mehr Mühe. G sei ein positiv graduierter Ring, S die Menge aller homogenen Nichtnullteiler von G. S enthalte ein Element positiven Grades. Ferner sei G reduziert und besitze nur endlich viele minimale Primideale $\mathfrak{p}_1, \dots, \mathfrak{p}_t$ ($\mathfrak{p}_i \neq \mathfrak{p}_j$ für $i \neq j$). Diese sind nach I.5.11 homogen und es ist $\mathfrak{p}_i \in \operatorname{Proj}(G)$ $(i = 1, \dots, t)$, da S ein Element positiven Grades enthält und $S \cap \mathfrak{p}_i = \emptyset$ ist (I.4.10). S_i sei die Menge aller homogenen Elemente $\neq 0$ von $G/\mathfrak{p}_i$, $\overline{S}_i$ das Bild von S in $G/\mathfrak{p}_i$. Wir versehen G_S, $(G/\mathfrak{p}_i)_{S_i}$ und $(G/\mathfrak{p}_i)_{\overline{S}_i}$ mit der (in § 3, Beispiel e) angegebenen) kanonischen Graduierung.

Zunächst soll gezeigt werden, daß der kanonische Homomorphismus

$$\alpha : G_S \to G_S/(\mathfrak{p}_1)_S \times \dots \times G_S/(\mathfrak{p}_t)_S$$

ein Isomorphismus graduierter Ringe ist. Dabei wird ein direktes Produkt graduierter Ringe dadurch zu einem graduierten Ring, daß man ein Element des Produkts genau dann homogen vom Grad d nennt, wenn alle seine Komponenten in den Faktoren des Produkts homogen vom Grad d sind. α führt homogene Elemente wieder in solche vom gleichen Grad über und α ist injektiv, da $\bigcap_{i=1}^{t} (\mathfrak{p}_i)_S = (0)$.

Um zu zeigen, daß α auch surjektiv ist, wählen wir für jedes $i \in [1,t]$ ein homogenes Element positiven Grades $a_i \in \bigcap_{j \neq i} \mathfrak{p}_j$ mit $a_i \notin \mathfrak{p}_i$ (1.6). Man kann annehmen, daß die a_i alle vom gleichen Grad sind. Es ist dann $s := \sum_{i=1}^{t} a_i \in S$ und in G_S hat man die Gleichung

$$\frac{a_1}{s} + \dots + \frac{a_t}{s} = 1,$$

wobei Grad $\frac{a_i}{s} = 0$ und $\frac{a_i}{s} \equiv \delta_{ij} \bmod (\mathfrak{p}_j)_S$ $(i, j = 1, \dots, t)$. Ist nun $(y_1, \dots, y_t) \in G_S/(\mathfrak{p}_1)_S \times \dots \times G_S/(\mathfrak{p}_t)_S$ gegeben, so wählen wir für jedes y_i einen Repräsentanten $\frac{b_i}{s_i} \in G_S$ und setzen $y := \sum_{i=1}^{t} \frac{b_i}{s_i} \cdot \frac{a_i}{s}$. Es ist dann $\alpha(y) = (y_1, \dots, y_t)$, d.h. α ist auch surjektiv.

Nach 4.16 ist $G_S/(\mathfrak{p}_i)_S \cong (G/\mathfrak{p}_i)_{\overline{S}_i}$. Um zu zeigen, daß der kanonische Homomorphismus graduierter Ringe $(G/\mathfrak{p}_i)_{\overline{S}_i} \to (G/\mathfrak{p}_i)_{S_i}$ ein Isomorphismus ist, genügt es nach 4.20b) nachzuweisen, daß die Bilder der Elemente von S_i in $(G/\mathfrak{p}_i)_{\overline{S}_i}$ Einheiten sind.

Für $s_i \in S_i$ wählen wir ein homogenes Element $s' \in G$ mit dem Bild s_i in $G/\mathfrak{p}_i$. Ist s' in keinem der $\mathfrak{p}_j$ $(j = 1, \dots, t)$ enthalten, so ist $s' \in S$, also $s_i \in \overline{S}_i$ und wir sind fertig. Andernfalls sei I der Durchschnitt der $\mathfrak{p}_j$, in denen s' nicht enthalten ist. Es gibt dann (nach 1.6) ein $p \in I$, das in keinem der übrigen minimalen Primideale enthalten ist. Wenn s' vom Grad 0 ist, können wir auch p als Element vom Grad 0 wählen. Ist Grad $s' > 0$, so wählen wir p so, daß auch Grad $p > 0$ ist. In diesem Fall können wir auch annehmen, daß s'^{ρ} für ein $\rho \in \mathbb{N}$ und p vom gleichen Grad sind. $s := s'^{\rho} + p$ ist dann in jedem Fall in keinem der $\mathfrak{p}_i$ enthalten, d.h. $s \in S$. Damit ist gezeigt, daß $s_i^{\rho} \in \overline{S}_i$, und somit, daß das Bild von s_i in $(G/\mathfrak{p}_i)_{\overline{S}_i}$ Einheit ist.

Als Ergebnis dieser Diskussion erhalten wir

Satz 4.24: Unter den obigen Voraussetzungen hat man einen Isomorphismus graduierter Ringe

$$G_S = (G/\mathfrak{p}_1)_{S_1} \times \dots \times (G/\mathfrak{p}_t)_{S_t}$$

und einen Ringisomorphismus

$$G_{(S)} \cong (G/\mathfrak{p}_1)_{(S_1)} \times \dots \times (G/\mathfrak{p}_t)_{(S_t)},$$

wobei $G_{(S)}$ den Unterring der Element 0-ten Grades von G_S bezeichnet (entsprechend ist $(G/\mathfrak{p}_i)_{(S_i)}$ definiert). Die $(G/\mathfrak{p}_i)_{(S_i)}$ sind Körper $(i = 1, \dots, t)$.

Aufgaben:

1. R sei ein Ring. Für jede nichtleere offene Menge $U \subset \operatorname{Spec}(R)$ sei $\widetilde{R}(U)$ die Menge der Elemente $(r_\mathfrak{p}) \in \prod_{\mathfrak{p} \in U} R_\mathfrak{p}$ mit folgender Eigenschaft: Für jedes $\mathfrak{p} \in U$ existiert ein $g \in R$ mit $\mathfrak{p} \in D(g) \subset U$ und ein $f \in R$, so daß $r_\mathfrak{q} = \frac{f}{g}$ (in $R_\mathfrak{q}$) für alle $\mathfrak{q} \in D(g)$. Ferner sei $\widetilde{R}(\emptyset) := \{0\}$.

$\widetilde{R}(U)$ ist dann ein Ring und für eine weitere nichtleere offene Menge $U' \subset U$ ist die durch die kanonische Projektion $\prod\limits_{\mathfrak{p}\in U} R_\mathfrak{p} \to \prod\limits_{\mathfrak{p}\in U'} R_\mathfrak{p}$ induzierte Abbildung $\rho^U_{U'} : \widetilde{R}(U) \to \widetilde{R}(U')$ ein Ringhomomorphismus. Man setzt noch $\rho^U_\emptyset := 0$. Das System $\{\widetilde{R}(U); \rho^U_{U'}\}$ ist eine Garbe $\widetilde{R}$ auf Spec(R). ($\widetilde{R}$ heißt die *Strukturgarbe* von Spec(R), das Paar (Spec(R), $\widetilde{R}$) das *affine Schema* von R. Es handelt sich um eine natürliche Verallgemeinerung der mit der Garbe der regulären Funktionen versehenen affinen Varietäten.)
Für jede offene Menge D(g) mit $g \in R$ ist $\widetilde{R}(D(g)) \cong R_g$. Für jedes $\mathfrak{p} \in \mathrm{Spec}(R)$ ist $R_\mathfrak{p}$ direkter Limes der Ringe $\widetilde{R}(U)$ mit $\mathfrak{p} \in U$, wie in § 2, Aufgabe 12. Auch viele andere Eigenschaften der Garbe regulärer Funktionen auf einer affinen Varietät verallgemeinern sich unmittelbar.

2. $\alpha : R \to S$ sei ein Ringhomomorphismus, $\varphi := \mathrm{Spec}(\alpha)$. Für $\mathfrak{p} \in \mathrm{Spec}(R)$ bezeichne $S_\mathfrak{p}$ den Quotientenring von S nach der Nennermenge $\alpha(R \setminus \mathfrak{p})$.
   a) Die Elemente von $\varphi^{-1}(\mathfrak{p})$ entsprechen eineindeutig denen von $\mathrm{Spec}(S_\mathfrak{p}/\mathfrak{p}S_\mathfrak{p})$.
   b) Ist S als R-Modul endlich erzeugt, so ist die Anzahl der Elemente von $\varphi^{-1}(\mathfrak{p})$ höchstens so groß wie die Dimension von $S_\mathfrak{p}/\mathfrak{p}S_\mathfrak{p}$ als $R_\mathfrak{p}/\mathfrak{p}R_\mathfrak{p}$-Vektorraum. ($\mathrm{Spec}(S_\mathfrak{p}/\mathfrak{p}S_\mathfrak{p})$ heißt die *Faser von* φ *in* $\mathfrak{p}$.)
3. R sei ein Ring. Für $f, g \in R$ mit $D(g) \subset D(f)$ gibt es einen kanonischen Ringhomomorphismus $\rho^f_g : R_f \to R_g$, der genau dann ein Isomorphismus ist, wenn $D(g) = D(f)$.
4. R sei ein noetherscher Ring, $S \subset R$ eine multiplikativ abgeschlossene Teilmenge. Es gibt ein $f \in S$, so daß der kanonische Homomorphismus $R_f \to R_S$ injektiv ist.
5. A und B seien affine Algebren über einem Körper K. Für $\mathfrak{p} \in \mathrm{Spec}(A)$, $\mathfrak{q} \in \mathrm{Spec}(B)$ existiere ein K-Algebra-Isomorphismus $A_\mathfrak{p} \xrightarrow{\sim} B_\mathfrak{q}$. Dann gibt es Elemente $f \in A \setminus \mathfrak{p}$, $g \in B \setminus \mathfrak{q}$ und einen K-Algebra-Isomorphismus $A_f \xrightarrow{\sim} B_g$, so daß das Diagramm

$$\begin{array}{ccc} A_f & \xrightarrow{\sim} & B_g \\ \downarrow & & \downarrow \\ A_\mathfrak{p} & \xrightarrow{\sim} & B_\mathfrak{q} \end{array}$$

   kommutativ ist, wobei die senkrechten Pfeile die kanonischen Homomorphismen bedeuten. (Der Isomorphismus der lokalen Ringe „kommt her" von einem Isomorphismus der „Funktionenringe" in geeigneten Umgebungen von $\mathfrak{p}$ und $\mathfrak{q}$.)
6. K sei ein beliebiger Körper, $S \subset K[X_1, \dots, X_n]$ die Menge aller Polynome ohne Nullstelle in $\mathbb{A}^n(K)$. Für eine K-Varietät $V \subset \mathbb{A}^n(K)$ sei $\mathfrak{J}(V) \subset K[X_1, \dots, X_n]_S$ das Ideal aller Quotienten $\frac{f}{s}$ ($f \in K[X_1, \dots, X_n]$, $s \in S$) mit $f(x) = 0$ für alle $x \in V$. Man zeige:
   a) Die Zuordnung $V \mapsto \mathfrak{J}(V)$ liefert eine Bijektion der Menge aller K-Varietäten von $\mathbb{A}^n(K)$ auf die Menge aller Ideale von $K[X_1, \dots, X_n]_S$, die sich als Durchschnitt maximaler Ideale schreiben lassen.
   b) Bei dieser Bijektion wird die Menge der nichtleeren irreduziblen K-Varietäten aus $\mathbb{A}^n(K)$ auf das J-Spektrum von $K[X_1, \dots, X_n]_S$ abgebildet. (Man erinnere sich an Kap. I. § 3, Aufgabe 7).)

§ 5. Fasersumme und Faserprodukt von Moduln. Verkleben von Moduln

Die folgenden beiden Konstruktionen sind Spezialfälle für die Bildung des injektiven und projektiven Limes von Moduln. Da wir nur die Spezialfälle benötigen, beschränken wir uns der Einfachheit halber auf sie. R sei ein Ring, $\alpha_i : N \to M_i$ $(i = 1, 2)$ seien zwei R-Modulhomomorphismen.

Definition 5.1: Eine *Fasersumme* von M_1 und M_2 über N (bzgl. α_1, α_2) ist ein Tripel (S, β_1, β_2), wobei S ein R-Modul ist, $\beta_i : M_i \to S$ R-lineare Abbildungen mit $\beta_1 \circ \alpha_1 = \beta_2 \circ \alpha_2$ sind und folgende universelle Eigenschaft erfüllt ist: Ist (T, γ_1, γ_2) irgendein Tripel wie (S, β_1, β_2), so gibt es genau eine R-lineare Abbildung $\ell : S \to T$ mit $\gamma_i = \ell \circ \beta_i$ $(i = 1, 2)$.

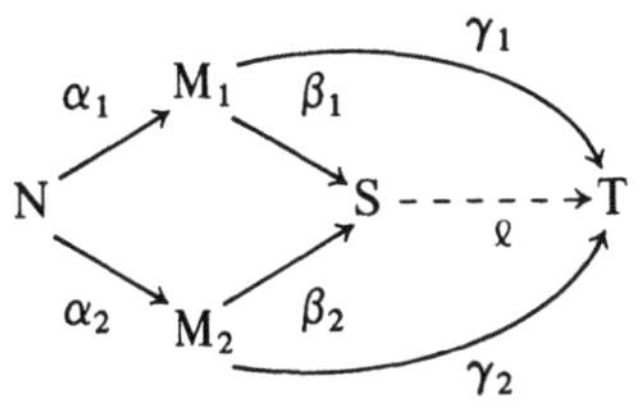

Wie üblich ist die Fasersumme, wenn sie existiert, bis auf kanonische Isomorphie eindeutig bestimmt.

Sind Homomorphismen $\alpha_i : M_i \to N$ $(i = 1, 2)$ gegeben (in der umgekehrten Richtung), so definiert man das *Faserprodukt* (P, β_1, β_2) von M_1 und M_2 über N durch die „dualen" Bedingungen: $\beta_i : P \to M_i$ $(i = 1, 2)$ sind R-lineare Abbildungen mit $\alpha_1 \circ \beta_1 = \alpha_2 \circ \beta_2$ und für jedes Tripel (T, γ_1, γ_2) wie (P, β_1, β_2) gibt es genau eine R-lineare Abbildung $\ell : T \to P$ mit $\gamma_i = \beta_i \circ \ell$ $(i = 1, 2)$.

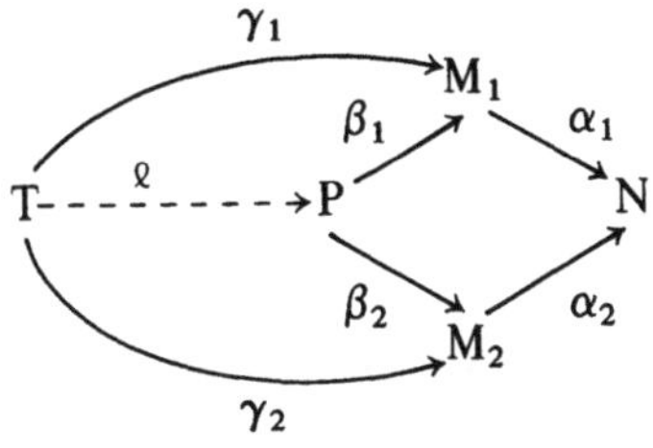

Satz 5.2: Fasersumme und Faserprodukt von Moduln existieren stets.

Beweis: Für die Fasersumme betrachten wir in $M_1 \oplus M_2$ den Untermodul U aller Elemente $(\alpha_1(n), -\alpha_2(n))$ mit $n \in N$ und setzen $S := M_1 \oplus M_2/U$. β_i $(i = 1, 2)$ sei die Zusammensetzung der kanonischen Injektion $M_i \to M_1 \oplus M_2$ mit dem kanonischen Epimorphismus $M_1 \oplus M_2 \to S$. Es ist dann $\beta_1(\alpha_1(n)) = \beta_2(\alpha_2(n))$ nach Konstruktion von U. Ist (T, γ_1, γ_2) wie in 5.1 gegeben, so hat man eine R-lineare Abbildung $h : M_1 \oplus M_2 \to T$,

$(m_1, m_2) \mapsto \gamma_1(m_1) + \gamma_2(m_2)$ und es ist $h(U) = 0$, da $\gamma_1 \circ \alpha_1 = \gamma_2 \circ \alpha_2$. Folglich wird durch h eine lineare Abbildung $\ell : S \to T$ induziert mit $\ell \circ \beta_i = \gamma_i$ $(i = 1, 2)$. Da $S = \beta_1(M_1) + \beta_2(M_2)$ ist, kann es auch nur eine solche Abbildung ℓ geben.

Zum Existenzbeweis für das Faserprodukt betrachte man in $M_1 \oplus M_2$ den Untermodul P aller (m_1, m_2) mit $\alpha_1(m_1) = \alpha_2(m_2)$. $\beta_i : P \to M_i$ sei die Beschränkung der kanonischen Projektion $M_1 \oplus M_2 \to M_i$. Man verifiziert sofort, daß (P, β_1, β_2) die Forderungen der Definition des Faserprodukts erfüllt.

Wir schreiben $M_1 \coprod_N M_2$ für die Fasersumme und $M_1 \prod_N M_2$ für das Faserprodukt von M_1 und M_2 über N. Zunächst soll die Fasersumme

$$\begin{array}{ccc} N & \xrightarrow{\alpha_1} & M_1 \\ {\scriptstyle\alpha_2}\big\downarrow & & \big\downarrow{\scriptstyle\beta_1} \\ M_2 & \xrightarrow[\beta_2]{} & M_1 \coprod_N M_2 \end{array} \qquad (1)$$

untersucht werden. Wegen der Eindeutigkeit der Fasersumme bis auf kanonische Isomorphie darf man im Beweis der folgenden Regeln annehmen, daß in (1) der Modul $M_1 \coprod_N M_2$ der im Beweis von 5.2 konstruierte Modul S und daß β_i $(i = 1, 2)$ die dort angegebene Abbildung ist.

Regeln 5.3:

a) $M_1 \coprod_N M_2 = \beta_1(M_1) + \beta_2(M_2)$.

b) $\text{Kern}(\beta_2) = \alpha_2(\text{Kern}(\alpha_1))$, $\text{Kern}(\beta_1) = \alpha_1(\text{Kern}(\alpha_2))$. Speziell gilt: Ist α_1 injektiv, so auch β_2.

c) Durch β_1 wird ein Isomorphismus $\text{Kokern}(\alpha_1) \cong \text{Kokern}(\beta_2)$ induziert, analog durch β_2 ein Isomorphismus $\text{Kokern}(\alpha_2) \cong \text{Kokern}(\beta_1)$. Speziell gilt: α_1 ist genau dann surjektiv, wenn β_2 es ist.

d) Ist α_1 (bzw. α_2) ein Isomorphismus, so auch β_2 (bzw. β_1).

e) Ist $S \subset R$ multiplikativ abgeschlossen, so ist $((M_1 \coprod_N M_2)_S, (\beta_1)_S, (\beta_2)_S)$ Fasersumme von $(M_1)_S$ und $(M_2)_S$ über N_S (bzgl. $(\alpha_1)_S, (\alpha_2)_S$):

$$(M_1 \coprod_N M_2)_S = (M_1)_S \coprod_{N_S} (M_2)_S.$$

Beweis:

a) wurde schon im Beweis von 5.2 erwähnt.

b) Es ist klar, daß $\alpha_2(\text{Kern}(\alpha_1)) \subset \text{Kern}(\beta_2)$. Ist $m_2 \in \text{Kern}(\beta_2)$ gegeben, so ist (mit den Bezeichnungen aus dem Beweis von 5.2) $(0, m_2) \in U$, also $(0, m_2) = (\alpha_1(n), -\alpha_2(n))$ für ein $n \in N$. Es folgt $n \in \text{Kern}(\alpha_1)$ und $m_2 = \alpha_2(-n) \in \alpha_2(\text{Kern}(\alpha_1))$.

c) Sei $C := \text{Kokern}(\alpha_1) = M_1/\alpha_1(N)$ und $C' := \text{Kokern}(\beta_2) = M_1 \amalg_N M_2/\beta_2(M_2)$. $\overline{\beta}_1 : M_1 \to C'$ bezeichne die Zusammensetzung von β_1 mit dem kanonischen Epimorphismus $M_1 \amalg_N M_2 \to C'$. Wegen a) ist $\overline{\beta}_1$ eine Surjektion und $\overline{\beta}_1(\alpha_1(N)) = 0$. Es wird daher durch β_1 eine Surjektion $\beta_1' : C \to C'$ induziert. Für $m_1 \in M_1$ ist $\overline{\beta}_1(m_1) = 0$ genau dann, wenn $(m_1, 0) + U \in \beta_2(M_2)$, also $(m_1, 0) = (\alpha_1(n), -\alpha_2(n)) + (0, m_2)$ in $M_1 \oplus M_2$ mit $n \in N$, $m_2 \in M_2$. Es folgt $m_1 \in \alpha_1(N)$ und somit ergibt sich, daß β_1' auch injektiv ist.

d) ist eine Folge von b) und c).

e) gilt, weil alle in der Konstruktion der Fasersumme auftretenden Operationen mit der Quotientenbildung vertauschbar sind.

Für das Faserprodukt

$$\begin{array}{ccc} M_1 \prod_N M_2 & \xrightarrow{\beta_1} & M_1 \\ {\scriptstyle\beta_2}\downarrow & & \downarrow{\scriptstyle\alpha_1} \\ M_2 & \xrightarrow[\alpha_2]{} & N \end{array} \qquad (2)$$

hat man analoge (duale) Regeln, die man ebensoleicht verifiziert, indem man $(M_1 \prod_N M_2, \beta_1, \beta_2)$ identifiziert mit dem speziellen im Beweis von 5.2 konstruierten Modell (P, β_1, β_2).

Regeln 5.4:

a) $\text{Kern}(\beta_1) \cap \text{Kern}(\beta_2) = 0$.

b) Durch β_1 wird ein Isomorphismus $\text{Kern}(\beta_2) \cong \text{Kern}(\alpha_1)$ und durch β_2 ein Isomorphismus $\text{Kern}(\beta_1) \cong \text{Kern}(\alpha_2)$ induziert. Speziell gilt: Genau dann ist β_2 (bzw. β_1) injektiv, wenn α_1 (bzw. α_2) es ist.

c) α_2 induziert eine Injektion $\text{Kokern}(\beta_2) \to \text{Kokern}(\alpha_1)$ und α_1 eine Injektion $\text{Kokern}(\beta_1) \to \text{Kokern}(\alpha_2)$. Speziell gilt: Ist α_1 (bzw. α_2) surjektiv, so auch β_2 (bzw. β_1).

d) Ist α_1 (bzw. α_2) ein Isomorphismus, so auch β_2 (bzw. β_1).

e) Ist $S \subset R$ multiplikativ abgeschlossen, so ist $((M_1 \prod_N M_2)_S, (\beta_1)_S, (\beta_2)_S)$ Faserprodukt von $(M_1)_S$ und $(M_2)_S$ über N_S (bzgl. $(\alpha_1)_S, (\alpha_2)_S$):

$$(M_1 \prod_N M_2)_S = (M_1)_S \prod_{N_S} (M_2)_S.$$

Beweis: Da $P = \{(m_1, m_2) \in M_1 \oplus M_2 \mid \alpha_1(m_1) = \alpha_2(m_2)\}$ ist und $\beta_i(m_1, m_2) = m_i$ $(i = 1, 2)$, ergibt sich $\text{Kern}(\beta_1) = \{(0, m_2) \mid \alpha_2(m_2) = 0\}$, $\text{Kern}(\beta_2) = \{(m_1, 0) \mid \alpha_1(m_1) = 0\}$. Hieraus folgen a) und b) sofort.

c) α_2 induziert eine lineare Abbildung $\alpha_2' : M_2/\beta_2(P) \to N/\alpha_1(M_1)$ mit $m_2 + \beta_2(P) \mapsto \alpha_2(m_2) + \alpha_1(M_1)$. Ist $m_2 + \beta_2(P) \in \text{Kern}(\alpha_2')$, so ist $\alpha_2(m_2) = \alpha_1(m_1)$ für ein $m_1 \in M_1$ und daher $m_2 = \beta_2(m_1, m_2)$ mit $(m_1, m_2) \in P$, also $m_2 + \beta_2(P) = \beta_2(P)$. Dies zeigt, daß α_2' injektiv ist.

d) ist eine Folge von b) und c).

e) Der aus allen $\left(\frac{m_1}{s_1}, \frac{m_2}{s_2}\right)$ mit $\frac{\alpha_1(m_1)}{s_1} = \frac{\alpha_2(m_2)}{s_2}$ bestehende Untermodul von $(M_1)_S \oplus (M_2)_S$ identifiziert sich mit dem Untermodul von $(M_1 \oplus M_2)_S$, der aus allen $\frac{(m_1, m_2)}{s}$ mit $\alpha_1(m_1) = \alpha_2(m_2)$ besteht, wie man leicht nachprüft. Hieraus folgt e).

Das Faserprodukt kann zum *Verkleben von Moduln* verwendet werden, die über offenen Mengen von Spec(R) gegeben sind: Für $f, g \in R$ sei M_1 ein R_f-Modul, M_2 ein R_g-Modul und es existiere ein Isomorphismus von R_{fg}-Moduln $\alpha : (M_1)_g \xrightarrow{\sim} (M_2)_f$. Hierbei sind $(M_1)_g$ und $(M_2)_f$ als R_{fg}-Moduln mit Hilfe der kanonischen Isomorphismen $(R_f)_g \cong R_{fg} \cong (R_g)_f$ aufzufassen. Sei $N := (M_2)_f$, α_1 die Zusammensetzung des kanonischen Homomorphismus $M_1 \to (M_1)_g$ mit α und $\alpha_2 : M_2 \to (M_2)_f$ der kanonische Homomorphismus.

Satz 5.5: Ist $P := M_1 \prod_N M_2$ das bzgl. α_1, α_2 gebildete Faserprodukt so gilt: Die kanonischen Abbildungen $\beta_i : P \to M_i$ $(i = 1, 2)$ induzieren Isomorphismen

$$P_f \xrightarrow{\sim} M_1, \quad P_g \xrightarrow{\sim} M_2 \quad (\text{von } R_f\text{- bzw. } R_g\text{-Moduln}).$$

Beweis: Nach 5.4e) ist $P_f \cong (M_1)_f \prod_{N_f} (M_2)_f$. Da $(M_2)_f \to N_f$ ein Isomorphismus ist, folgt $P_f \cong (M_1)_f \cong M_1$ nach 5.4d). Analog schließt man für P_g.

Man sagt, P sei durch „Verkleben von M_1 und M_2 über D(fg) bzgl. α“ entstanden. Mit Hilfe der universellen Eigenschaft des Faserprodukts stellt man leicht fest, daß man einen zu P isomorphen Modul erhält, wenn man, statt von α auszugehen, die Umkehrabbildung α^{-1} verwendet.

Die Konstruktion ist vor allem im Fall wichtig, daß $D(f) \cup D(g) = \text{Spec}(R)$ ist (siehe Kap. IV, § 1).

Aufgaben:

1. I sei ein Ideal eines Rings R. In der Situation von 5.1 sei S' (bzw. P') die Fasersumme (das Faserprodukt) von M_1/IM_1 und M_2/IM_2 über N/IN bzgl. der kanonisch induzierten Homomorphismen. Man prüfe, wie S' mit S (P' mit P) zusammenhängt.
2. R sei ein Ring, Λ eine nichtleere Menge und $\Delta \subset \Lambda \times \Lambda$ eine Teilmenge mit folgenden Eigenschaften: Es ist $(\lambda, \lambda) \in \Delta$ für alle $\lambda \in \Lambda$ und aus $(\lambda, \lambda') \in \Delta$, $(\lambda', \lambda'') \in \Delta$ folgt auch $(\lambda, \lambda'') \in \Delta$. Für jedes $\lambda \in \Lambda$ sei ein R-Modul M_λ und für jedes $(\lambda, \lambda') \in \Delta$ eine lineare Abbildung $\varphi_{\lambda'}^{\lambda} : M_\lambda \to M_{\lambda'}$ gegeben, so daß $\varphi_\lambda^\lambda = \text{id}_{M_\lambda}$ und $\varphi_{\lambda''}^{\lambda'} \circ \varphi_{\lambda'}^{\lambda} = \varphi_{\lambda''}^{\lambda}$, sofern $(\lambda, \lambda') \in \Delta$, $(\lambda', \lambda'') \in \Delta$.
Man definiere analog wie die Fasersumme und das Faserprodukt den *direkten und inversen Limes* des „Diagramms“ $\{M_\lambda, \varphi_{\lambda'}^{\lambda}\}$ und beweise ihre Existenz.

Literaturhinweise

Die Quotientenbildung ist eine sehr alte Technik der Algebra. In älteren Arbeiten beschränkte man sich auf Nennermengen, die aus lauter Nichtnullteilern bestehen. Eine erste systematische Untersuchung über Quotientenringe in diesem Fall wurde von Grell [27] durchgeführt. Die einfache, aber sehr wichtige Verallgemeinerung auf den Fall, daß die Nennermenge Nullteiler enthält, wurde erst verhältnismäßig spät durch Chevalley [9] und Uzkov [80] angegeben. Die zahlreichen Regeln über Quotientenbildung und die damit verbundenen kanonischen Abbildungen werden später häufig und oft stillschweigend angewandt. Dem ungeübten Leser wird empfohlen, die teilweise knapp gehaltenen Beweise im Detail durchzuführen, um sich die nötige Sicherheit im Umgang mit den Regeln anzueignen.

Die Quotientenbildung ist elementare Grundlage für die Einführung des Begriffs des Schemas, der den Begriff der Varietät verallgemeinert, und für die Garbentheorie auf Schemata. Im Text und in den Übungsaufgaben wurde angedeutet, wie diese Begriffe mit den klassischen Begriffen über Varietäten zusammenhängen. Der Leser kann jetzt beginnen, sich in die moderne Sprache der algebraischen Geometrie einzuarbeiten, indem er sich entweder den Quellen [M] zuwendet oder eine der kürzeren Darstellungen der Theorie ([N], [U]) studiert.

Kapitel IV
Das Lokal-Global-Prinzip in der kommutativen Algebra

Man beweist Sätze über Ringe und Moduln häufig dadurch, daß man sie zunächst für den Fall lokaler Ringe oder Moduln über lokalen Ringen bestätigt, wo dies oft einfacher ist, um danach vom „Lokalen" aufs „Globale" zu schließen. Dieses Kapitel enthält einige allgemeine Regeln und Beispiele für diese Technik. Die für die späteren Anwendungen wichtigsten Ergebnisse sind der Satz von Forster-Swan (2.14) und die Lösung des Serreschen Problems für projektive Moduln (3.15) nach Quillen.

§1. Der Übergang vom Lokalen zum Globalen

R sei ein Ring, M ein R-Modul.

Regel 1.1: Sind P, Q Untermoduln von M, so gilt P = Q genau, wenn $P_\mathfrak{m} = Q_\mathfrak{m}$ für alle $\mathfrak{m} \in \mathrm{Max}(R)$.

Es ist $(P + Q/Q)_\mathfrak{m} \cong P_\mathfrak{m} + Q_\mathfrak{m}/Q_\mathfrak{m}$ und $(P + Q/P)_\mathfrak{m} \cong P_\mathfrak{m} + Q_\mathfrak{m}/P_\mathfrak{m}$ nach III.4.15. Ist $P_\mathfrak{m} = Q_\mathfrak{m}$ für alle $\mathfrak{m} \in \mathrm{Max}(R)$, so ergibt sich $P + Q/Q = P + Q/P = \langle 0 \rangle$ nach III.4.4, also P = Q.

Korollar 1.2: Eine Familie $\{m_\lambda\}_{\lambda \in \Lambda}$ von Elementen aus M ist genau dann Erzeugendensystem von M, wenn die Bilder der m_λ in $M_\mathfrak{m}$ ein Erzeugendensystem des $R_\mathfrak{m}$-Moduls $M_\mathfrak{m}$ bilden für jedes $\mathfrak{m} \in \mathrm{Max}(R)$.

Beispiel 1.3: Es gebe Elemente $f, g \in R$ mit $D(f) \cup D(g) = \mathrm{Spec}(R)$. Ist M_f ein endlich erzeugter R_f-Modul und M_g ein endlich erzeugter R_g-Modul, so ist M auch endlich erzeugter R-Modul. Sind nämlich $x_1, \dots, x_m \in M$ Elemente, deren Bilder den R_f-Modul M_f erzeugen und erzeugen die Bilder von $y_1, \dots, y_n \in M$ den R_g-Modul M_g, so sei $N := \langle x_1, \dots, x_m, y_1, \dots, y_n \rangle$. Es ist dann $M_\mathfrak{m} = N_\mathfrak{m}$ für alle $\mathfrak{m} \in \mathrm{Max}(R)$, da $\mathfrak{m} \in D(f)$ oder $\mathfrak{m} \in D(g)$. Insbesondere erhält man durch Verkleben zweier endlich erzeugter Moduln (III. § 5) wieder einen endlich erzeugten Modul.

Korollar 1.4: Für Ideale I, J von R gilt I = J genau dann, wenn $I_\mathfrak{m} = J_\mathfrak{m}$ für alle $\mathfrak{m} \in \mathrm{Max}(R)$ mit $\mathfrak{m} \supset I \cap J$.

Denn für $\mathfrak{m} \notin \mathfrak{V}(I \cap J)$ ist ohnehin $I_\mathfrak{m} = J_\mathfrak{m} = R_\mathfrak{m}$ (III.4.8d)).

Korollar 1.5: Eine Folge von R-Moduln und linearen Abbildungen

$$M \xrightarrow{\alpha} N \xrightarrow{\beta} P$$

ist genau dann exakt, wenn sie lokal exakt ist, d.h. wenn für alle $\mathfrak{m} \in \operatorname{Max}(R)$ die Folge

$$M_{\mathfrak{m}} \xrightarrow{\alpha_{\mathfrak{m}}} N_{\mathfrak{m}} \xrightarrow{\beta_{\mathfrak{m}}} P_{\mathfrak{m}}$$

exakt ist.

Ist $K := \operatorname{Kern} \beta$, $U := \operatorname{Bild} \alpha$, so ist $K_{\mathfrak{m}} = \operatorname{Kern} \beta_{\mathfrak{m}}$ und $U_{\mathfrak{m}} = \operatorname{Bild} \alpha_{\mathfrak{m}}$. Nach 1.1 gilt $K = U$ genau dann, wenn $K_{\mathfrak{m}} = U_{\mathfrak{m}}$ für alle $\mathfrak{m} \in \operatorname{Max}(R)$.

Korollar 1.6: Eine lineare Abbildung $\alpha : M \to N$ von R-Moduln ist genau dann injektiv (surjektiv, bijektiv), wenn für alle $\mathfrak{m} \in \operatorname{Max}(R)$ die Abbildung $\alpha_{\mathfrak{m}}$ injektiv (surjektiv, bijektiv) ist.

Für die Injektivität wende man 1.5 auf die Folge $0 \to M \overset{\alpha}{\to} N$ an, für die Surjektivität betrachte man $M \overset{\alpha}{\to} N \to 0$.

Beispiel 1.7: M sei ein R-Modul. Für Elemente $f, g \in R$ mit $D(f) \cup D(g) = \operatorname{Spec}(R)$ entstehe P durch Verkleben von M_f und M_g bzgl. der kanonischen Abbildungen in M_{fg} (III. § 5). Dann ist $M \cong P$: Durch die universelle Eigenschaft des Faserprodukts P wird eine R-lineare Abbildung $\alpha : M \to P$ gegeben und $\alpha_f : M_f \to P_f$, $\alpha_g : M_g \to P_g$ sind Isomorphismen. Da $D(f) \cup D(g) = \operatorname{Spec}(R)$ ist, ist nach III.4.20 auch $\alpha_{\mathfrak{m}} : M_{\mathfrak{m}} \to P_{\mathfrak{m}}$ für alle $\mathfrak{m} \in \operatorname{Max}(R)$ ein Isomorphismus, folglich auch α.

Regel 1.1 und die an sie anschließenden Korollare bleiben richtig, wenn man an Stelle der $\mathfrak{m} \in \operatorname{Max}(R)$ beliebige Primideale $\mathfrak{p} \in \operatorname{Spec}(R)$ zuläßt, denn nach III.4.21 erhält man die Lokalisation nach $\mathfrak{p}$, indem man zuerst nach einem $\mathfrak{p}$ umfassenden maximalen Ideal $\mathfrak{m}$ lokalisiert und dann nach $\mathfrak{p}R_{\mathfrak{m}}$.

Wir kommen jetzt zu den Lokal-Global-Aussagen, die nur unter einschränkenden Voraussetzungen an die betrachteten Moduln gelten.

Definition 1.8: Die zu einem Erzeugendensystem $\{m_\lambda\}_{\lambda \in \Lambda}$ von M gehörige *Präsentation* von M ist die exakte Folge

$$0 \to K \to R^{\Lambda} \overset{\alpha}{\to} M \to 0,$$

wobei α das kanonische Basiselement e_λ von R^{Λ} auf m_λ abbildet ($\lambda \in \Lambda$) und $K := \operatorname{Kern}(\alpha)$ ist. K heißt der *Relationenmodul* des Erzeugendensystems $\{m_\lambda\}_{\lambda \in \Lambda}$, ein Element aus K eine *Relation*.

Definition 1.9: M heißt *endlich präsentierbar*, wenn es ein $n \in \mathbb{N}$ und eine exakte Folge von R-Moduln

$$0 \to K \to R^n \to M \to 0 \qquad (1)$$

gibt, wobei K endlich erzeugt ist.

Beispielsweise sind endlich erzeugte Moduln über noetherschen Ringen nach dem Basissatz für Moduln stets endlich präsentierbar.

Ist $\{v_1, \dots, v_m\}$ ein Erzeugendensystem von K und schreibt man die v_i als Zeilen einer Matrix A, so ist M durch A (bis auf Isomorphie) eindeutig bestimmt: $M \cong R^n/\langle v_1, \dots, v_m\rangle$. Anders ausgedrückt: M ist isomorph zum Kokern der linearen Abbildung $R^m \xrightarrow{A} R^n$, die durch A definiert wird. (Sie ordnet dem i-ten kanonischen Basisvektor von R^m die i-te Zeile von A zu.)

Man nennt die Matrix A eine *Relationenmatrix* von M. Geht eine Matrix A′ aus A durch elementare Zeilen- oder Spaltenumformungen hervor (Multiplikation einer Zeile oder Spalte mit einer Einheit von R, Addition des Vielfachen einer Zeile oder Spalte zu einer andern), so ist auch A′ eine Relationenmatrix von M (bzgl. einer möglicherweise anderen exakten Folge (1)). Wir werden später (im Anschluß an 1.16) eine notwendige und hinreichende Bedingung dafür erhalten, wann zwei Matrizen (auch verschiedenen Formats) isomorphe R-Moduln präsentieren.

Zunächst sollen noch einige allgemeine Regeln für die Quotientenbildung hergeleitet werden: Für zwei R-Moduln M, N und eine multiplikativ abgeschlossene Teilmenge $S \subset R$ wird durch die R-lineare Abbildung

$$\mathrm{Hom}_R(M,N) \to \mathrm{Hom}_{R_S}(M_S, N_S) \qquad (\alpha \mapsto \alpha_S)$$

eine R_S-lineare Abbildung

$$h: \mathrm{Hom}_R(M,N)_S \to \mathrm{Hom}_{R_S}(M_S, N_S) \quad \left(\frac{\alpha}{s} \mapsto \mu_s^{-1} \circ \alpha_S\right)$$

induziert.

Satz 1.10:

a) Ist M endlich erzeugt, so ist h injektiv.

b) Ist M endlich präsentierbar, so ist h ein Isomorphismus.

Beweis: $\{m_1, \dots, m_t\}$ sei ein Erzeugendensystem von M und $0 \to K \to R^t \xrightarrow{\epsilon} M \to 0$ die zugehörige Präsentation.

a) Für $\alpha \in \mathrm{Hom}_R(M,N)$, $s \in S$ sei $\frac{\alpha}{s} \in$ Kern h. Dann ist $\frac{\alpha(m_k)}{s} = 0$ $(k = 1, \dots, t)$ und es gibt ein $s' \in S$ mit $s'\alpha(m_k) = 0$ $(k = 1, \dots, t)$. Aus $s'\alpha = 0$ folgt $\frac{\alpha}{s} = 0$. Somit ist h injektiv.

b) M sei endlich präsentierbar. Wir können dann annehmen, daß K endlich erzeugt ist. Es ist zu zeigen, daß h surjektiv ist.

$i_M: M \to M_S$ und $i_N: N \to N_S$ seien die kanonischen Abbildungen. Ist $\ell \in \mathrm{Hom}_{R_S}(M_S, N_S)$ gegeben, so gibt es ein $s \in S$, so daß $n_k' := s \cdot \ell(\frac{m_k}{1}) \in i_N(N)$ $(k = 1, \dots, t)$. Sei $n_k' = \frac{n_k}{1}$ mit $n_k \in N$ und $\beta: R^t \to N$ die lineare Abbildung mit $\beta(e_k) = n_k$ $(k = 1, \dots, t)$. Wir zeigen, daß $(s'\beta)(K) = 0$ für geeignetes $s' \in S$. Durch $s'\beta$ wird dann eine lineare Abbildung $\alpha: M \to N$ mit $\alpha(m_k) = s'n_k$ $(k = 1, \dots, t)$ induziert und es folgt $\ell = \mu_{s's}^{-1} \circ \alpha_S$.

Gemäß der Konstruktion von β ist das Diagramm

$$\begin{array}{ccccc} R^t & & \xrightarrow{\quad\beta\quad} & & N \\ \epsilon\downarrow & & & & \downarrow i_N \\ M & \xrightarrow[i_M]{} & M_S & \xrightarrow[s\ell]{} & N_S \end{array}$$

kommutativ. Daher ist $i_N(\beta(K)) = 0$. Da K endlich erzeugt ist, gibt es in der Tat ein $s' \in S$ mit $s' \cdot \beta(K) = 0$, q.e.d.

Definition 1.11: Eine exakte Folge von R-Moduln und linearen Abbildungen

$$0 \to M \xrightarrow{\alpha} N \xrightarrow{\beta} P \to 0 \tag{2}$$

zerfällt, wenn es eine lineare Abbildung $\gamma : P \to N$ gibt, so daß $\beta \circ \gamma = \mathrm{id}_P$ ist.

Ist beispielsweise P ein freier R-Modul, so zerfällt die Folge (2): Man wählt für jedes Basiselement von P ein Urbild bei β und definiert γ als die Abbildung, die jedem Basiselement das gewählte Urbild zuordnet.

Im allgemeinen Fall ist die Bedingung der Definition äquivalent mit jeder der folgenden Aussagen:

1. Die lineare Abbildung

$$\mathrm{Hom}_R(P,N) \to \mathrm{Hom}_R(P,P) \qquad (\gamma \mapsto \beta \circ \gamma)$$

ist surjektiv.

Dies ist nämlich genau dann der Fall, wenn id_P im Bild der Abbildung liegt.

2. $\alpha(M)$ ist direkter Summand von N.

Wenn (2) zerfällt, so ergibt sich sofort, daß $N = \alpha(M) \oplus \gamma(P)$. Ist umgekehrt $\alpha(M)$ direkter Summand von N, also $N = \alpha(M) \oplus U$ mit einem Untermodul U von N, so wird U bei β isomorph auf P abgebildet und man kann γ als Umkehrabbildung dieser Abbildung wählen.

Regel 1.12: Gegeben sei eine exakte Folge (2), wobei P endlich präsentierbar ist. Die Folge zerfällt genau dann, wenn für jedes $\mathfrak{m} \in \mathrm{Max}(R)$ die Folge

$$0 \to M_{\mathfrak{m}} \xrightarrow{\alpha_{\mathfrak{m}}} N_{\mathfrak{m}} \xrightarrow{\beta_{\mathfrak{m}}} P_{\mathfrak{m}} \to 0 \tag{3}$$

zerfällt.

Beweis: $\mathrm{Hom}_R(P,N) \to \mathrm{Hom}_R(P,P)$ ist genau dann surjektiv, wenn für alle $\mathfrak{m} \in \mathrm{Max}(R)$ die induzierte Abbildung

$$\mathrm{Hom}_R(P,N)_{\mathfrak{m}} \to \mathrm{Hom}_R(P,P)_{\mathfrak{m}}$$

surjektiv ist (1.6). Nach 1.10 identifiziert sich diese mit der Abbildung $\mathrm{Hom}_{R_{\mathfrak{m}}}(P_{\mathfrak{m}}, N_{\mathfrak{m}}) \to \mathrm{Hom}_{R_{\mathfrak{m}}}(P_{\mathfrak{m}}, P_{\mathfrak{m}})$, denn P ist endlich präsentierbar. (3) zerfällt genau dann, wenn diese Abbildung surjektiv ist.

Korollar 1.13: M sei ein endlich präsentierbarer R-Modul, $U \subset M$ ein endlich erzeugter Untermodul. Dann ist auch M/U endlich präsentierbar. Genau dann ist U direkter Summand von M, wenn $U_\mathfrak{m}$ direkter Summand von $M_\mathfrak{m}$ ist für jedes $\mathfrak{m} \in \mathrm{Max}(R)$.

Die zweite Behauptung folgt aus 1.12, sobald gezeigt ist, daß $P := M/U$ endlich präsentierbar ist. Nach Voraussetzung existiert eine exakte Folge $0 \to K \xrightarrow{\alpha} R^n \xrightarrow{\beta} M \to 0$, wobei K endlich erzeugt ist. $\beta' : R^n \to P$ sei die Zusammensetzung von β mit dem kanonischen Epimorphismus $M \to P$. Es ist dann $\mathrm{Kern}(\beta') = \beta^{-1}(U)$ endlich erzeugt, da U und K endlich erzeugt sind. Somit ist auch P endlich präsentierbar.

Regel 1.14: Für $f, g \in R$ mit $D(f) \cup D(g) = \mathrm{Spec}(R)$ sei M_f endlich präsentierbarer R_f-Modul und M_g endlich präsentierbarer R_g-Modul. Dann ist M endlich präsentierbarer R-Modul.

Beweis: Nach Voraussetzung gibt es eine exakte Folge von R_f-Moduln $0 \to \widetilde{K} \to R_f^n \xrightarrow{\widetilde{\alpha}} M_f \to 0$, wobei $\widetilde{K}$ endlich erzeugt ist. Man kann annehmen, daß $\widetilde{\alpha}$ von einer R-linearen Abbildung $R^n \to M$ induziert wird (1.10). Mit andern Worten: Es gibt eine exakte Folge von R-Moduln $0 \to K \to F \xrightarrow{\alpha} M$, wobei F frei von endlichem Rang ist, so daß die induzierte Folge

$$0 \to K_f \to F_f \xrightarrow{\alpha_f} M_f \to 0$$

exakt ist und K_f als R_f-Modul endlich erzeugt. $0 \to K' \to F' \xrightarrow{\alpha'} M$ sei die entsprechend für M_g konstruierte Folge. Man erhält dann eine exakte Folge

$$0 \to U \to F \oplus F' \xrightarrow{(\alpha, -\alpha')} M \to 0,$$

wobei $(\alpha, -\alpha')$ die Abbildung ist, die auf F wie α und auf F' wie $-\alpha'$ wirkt, und $U := \mathrm{Kern}(\alpha, -\alpha')$. $(\alpha, -\alpha')$ ist surjektiv nach 1.6. Wir zeigen, daß U endlich erzeugt ist.

Es gibt eine R_f-lineare Abbildung $\varphi : F'_f \to F_f$ mit $\alpha_f \circ \varphi = \alpha'_f$. Man konstruiert ein kommutatives Diagramm von R_f-Moduln mit exakten Zeilen und Spalten

$$\begin{array}{ccccccccc}
 & & 0 & & 0 & & & & \\
 & & \downarrow & & \downarrow & & & & \\
 & & G & = & G & & & & \\
 & & \downarrow & & \downarrow & & & & \\
0 & \to & U_f & \longrightarrow & F_f \oplus F'_f & \longrightarrow & M_f & \to & 0 \\
 & & \downarrow{\scriptstyle \beta'} & & \downarrow{\scriptstyle \beta} & & \| & & \\
0 & \to & K_f & \longrightarrow & F_f & \longrightarrow & M_f & \to & 0 \\
 & & \downarrow & & \downarrow & & & & \\
 & & 0 & & 0 & & & &
\end{array}$$

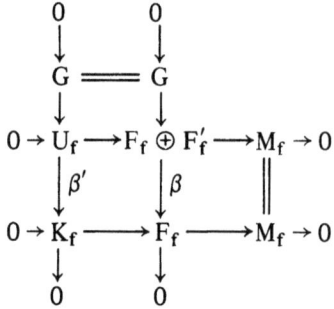

wobei β durch $\beta(x, y) = x - \varphi(y)$ gegeben wird, β' die durch β induzierte Abbildung ist und $G := \mathrm{Kern}\,\beta = \mathrm{Kern}\,\beta'$. Da die mittlere Spalte zerfällt, weil F_f freier R_f-Modul ist, ist G homomorphes Bild von $F_f \oplus F'_f$, also endlich erzeugt. Da auch K_f endlich erzeugt ist, ist U_f endlich erzeugt. Entsprechend ist U_g endlich erzeugter R_g-Modul. Aus 1.3 folgt, daß U endlich erzeugt ist.

Wir wollen jetzt Präsentationen isomorpher Moduln miteinander vergleichen. Gegeben seien zwei exakte Folgen

$$0 \to K_j \overset{\beta_j}{\to} F_j \overset{\alpha_j}{\to} M_j \to 0 \qquad (j = 1, 2)$$

von R-Moduln, wobei die F_j frei sind.

Satz 1.15:

a) Wenn es einen Isomorphismus $i : M_1 \to M_2$ gibt, so existiert auch ein $\alpha \in \operatorname{Aut}(F_1 \oplus F_2)$, so daß das Diagramm

$$\begin{array}{ccc} F_1 \oplus F_2 & \xrightarrow{(\alpha_1, 0)} & M_1 \\ {\scriptstyle\alpha}\downarrow & & \downarrow{\scriptstyle i} \\ F_1 \oplus F_2 & \xrightarrow[(0, \alpha_2)]{} & M_2 \end{array} \tag{4}$$

kommutativ ist. Es ist dann $\alpha(K_1 \oplus F_2) = F_1 \oplus K_2$, wenn man K_j mit $\beta_j(K_j) \subset F_j$ identifiziert $(j = 1, 2)$.

b) Wenn es ein $\alpha \in \operatorname{Aut}(F_1 \oplus F_2)$ gibt mit $\alpha(K_1 \oplus F_2) = F_1 \oplus K_2$, so gibt es auch einen Isomorphismus $i : M_1 \to M_2$, für den (4) kommutativ ist.

Beweis:

a) Da die F_j $(j = 1, 2)$ frei sind, kann man zu einem Isomorphismus $i : M_1 \to M_2$ lineare Abbildungen $\gamma_1 : F_1 \to F_2$ und $\gamma_2 : F_2 \to F_1$ finden mit

$$i \circ \alpha_1 = \alpha_2 \circ \gamma_1 \quad \text{und} \quad \alpha_2 = i \circ \alpha_1 \circ \gamma_2 .$$

Für $(x, y) \in F_1 \oplus F_2$ sei $\alpha'(x, y) := (x, y - \gamma_1(x))$ und $\alpha''(x, y) := (x - \gamma_2(y), y)$. Es ist dann offensichtlich $\alpha', \alpha'' \in \operatorname{Aut}(F_1 \oplus F_2)$. Wir zeigen, daß $\alpha := \alpha'^{-1} \circ \alpha''$ die gesuchte Abbildung ist. Aus

$$(i\alpha_1, \alpha_2)(\alpha''(x, y)) = i\alpha_1(x) - i\alpha_1\gamma_2(y) + \alpha_2(y) = (i \circ (\alpha_1, 0))(x, y)$$

und

$$(i\alpha_1, \alpha_2)(\alpha'(x, y)) = i\alpha_1(x) + \alpha_2(y) - \alpha_2\gamma_1(x) = (0, \alpha_2)(x, y)$$

ergibt sich in der Tat $(0, \alpha_2) \circ \alpha = i \circ (\alpha_1, 0)$, da $\alpha'' = \alpha' \circ \alpha$.

Da $K_1 \oplus F_2 = \operatorname{Kern}(\alpha_1, 0)$ und $F_1 \oplus K_2 = \operatorname{Kern}(0, \alpha_2)$, folgt auch $\alpha(K_1 \oplus F_2) = F_1 \oplus K_2$ sofort.

b) Wenn ein $\alpha \in \operatorname{Aut}(F_1 \oplus F_2)$ mit $\alpha(K_1 \oplus F_2) = F_1 \oplus K_2$ existiert, so ergibt sich die Existenz eines Isomorphismus $i : M_1 \to M_2$, welcher (4) kommutativ macht, aus der Tatsache, daß M_1 der Kokern der Abbildung $\beta_1 \oplus \mathrm{id}_{F_2} : K_1 \oplus F_2 \to F_1 \oplus F_2$ und M_2 der Kokern der Abbildung $\mathrm{id}_{F_1} \oplus \beta_2 : F_1 \oplus K_2 \to F_1 \oplus F_2$ ist.

Korollar 1.16: Gegeben seien exakte Folgen

$$F_j' \xrightarrow{\beta_j} F_j \xrightarrow{\alpha_j} M_j \to 0 \quad (j = 1, 2) \tag{5}$$

mit freien R-Moduln F_j, F_j'. Genau dann ist $M_1 \cong M_2$, wenn es ein $\alpha \in \mathrm{Aut}(F_1 \oplus F_2)$ und $\beta \in \mathrm{Aut}(F_1' \oplus F_2 \oplus F_1 \oplus F_2')$ gibt, so daß das Diagramm

$$\begin{array}{ccc} F_1' \oplus F_2 \oplus F_1 \oplus F_2' & \xrightarrow{(\beta_1 \oplus \mathrm{id}_{F_2}, 0)} & F_1 \oplus F_2 \\ \beta \downarrow & & \downarrow \alpha \\ F_1' \oplus F_2 \oplus F_1 \oplus F_2' & \xrightarrow[(0, \mathrm{id}_{F_1} \oplus \beta_2)]{} & F_1 \oplus F_2 \end{array} \tag{6}$$

kommutativ ist. (Dabei ist $(\beta_1 \oplus \mathrm{id}_{F_2}, 0)$ die Abbildung, die auf F_1' mit β_1, auf F_2 mit id_{F_2} und auf F_1 und F_2' mit 0 übereinstimmt. Entsprechend ist $(0, \mathrm{id}_{F_1} \oplus \beta_2)$ definiert.)

Beweis: Ist ein solches Diagramm gegeben, so folgt $M_1 \cong M_2$, weil diese Moduln isomorph zu den Kokernen der Abbildungen in den Zeilen des Diagramms sind.

Es sei jetzt $M_1 \cong M_2$ und $K_j := \mathrm{Kern}(\alpha_j) = \mathrm{Bild}(\beta_j)$ $(j = 1, 2)$. Nach 1.15a) existiert ein $\alpha \in \mathrm{Aut}(F_1 \oplus F_2)$ und ein Isomorphismus α', so daß das Diagramm

$$\begin{array}{ccccc} F_1' \oplus F_2 & \xrightarrow{\beta_1 \oplus \mathrm{id}} & K_1 \oplus F_2 & \longrightarrow & F_1 \oplus F_2 \\ & & \alpha' \downarrow & & \downarrow \alpha \\ F_1 \oplus F_2' & \xrightarrow{\mathrm{id} \oplus \beta_2} & F_1 \oplus K_2 & \longrightarrow & F_1 \oplus F_2 \end{array}$$

kommutativ ist. Wendet man 1.15a) jetzt noch einmal auf den Isomorphismus α' an, so erhält man das gesuchte Diagramm (6).

Wir bezeichnen im folgenden mit $M(r \times s; R)$ den R-Modul aller $r \times s$-Matrizen mit Koeffizienten aus R und mit $\mathrm{Gl}(r, R)$ die Gruppe der invertierbaren $r \times r$-Matrizen mit Koeffizienten aus R. Es sind dies die $r \times r$-Matrizen, deren Determinante eine Einheit in R ist. Jeder Ringhomomorphismus $R \to R'$ induziert in natürlicher Weise eine Abbildung $M(r \times s; R) \to M(r \times s; R')$ und einen Gruppenhomomorphismus $\mathrm{Gl}(r, R) \to \mathrm{Gl}(r, R')$. Wir nennen zwei Matrizen $A_1, A_2 \in M(r \times s; R)$ *äquivalent*, wenn es ein $A \in \mathrm{Gl}(r, R)$ und ein $B \in \mathrm{Gl}(s, R)$ gibt, so daß

$$A_1 = A \cdot A_2 \cdot B^{-1}.$$

Schreibweise: $A_1 \sim A_2$.

Es seien zwei exakte Folgen (5) gegeben, wobei $F_j = R^{n_j}$, $F_j' = R^{n_j'}$ mit natürlichen Zahlen n_j, n_j' $(j = 1, 2)$.

Dann wird β_1 bzgl. der kanonischen Basen durch eine $n_1' \times n_1$-Matrix B_1 gegeben und β_2 durch eine $n_2' \times n_2$-Matrix B_2. Die Matrizen, die zu den Zeilen von (6) gehören, sind $r \times s$-Matrizen von der Gestalt

$$\left(\begin{array}{c|c} B_1 & 0 \\ \hline 0 & E_{n_2} \\ \hline \multicolumn{2}{c}{0} \end{array}\right) \quad \text{und} \quad \left(\begin{array}{c|c} \multicolumn{2}{c}{0} \\ \hline E_{n_1} & 0 \\ \hline 0 & B_2 \end{array}\right) \tag{6'}$$

mit $r := n_1 + n_2 + n_1' + n_2'$, $s := n_1 + n_2$, wobei E_{n_i} die n_i-reihige Einheitsmatrix ist. 1.16 besagt, daß die Moduln M_1 und M_2 genau dann isomorph sind, wenn diese beiden Matrizen äquivalent sind. Mit andern Worten: B_1 und B_2 präsentieren (bis auf Isomorphie) genau dann denselben R-Modul, wenn die zugehörigen Matrizen in (6') äquivalent sind.

Wir betrachten nun Matrizen mit Koeffizienten aus dem Polynomring $R[X]$ in einer Unbestimmten X über R. Ist $A \in M(r \times s; R[X])$ gegeben und y ein Element einer R-Algebra T, so bezeichne $A(y)$ das Bild von A in $M(r \times s; T)$ beim Einsetzungshomomorphismus $X \mapsto y$. Speziell sei $A(0)$ die Matrix aus $M(r \times s; R)$, die sich aus A ergibt, wenn man X in allen Koeffizienten von A durch 0 ersetzt. Wir nennen $A_1, A_2 \in M(r \times s; R[X])$ *lokal äquivalent für ein* $\mathfrak{m} \in \text{Max}(R)$, wenn die Bilder von A_1, A_2 in $M(r \times s; R_\mathfrak{m}[X])$ äquivalent sind.

Der nächste Satz gibt ein Lokal-Global-Prinzip für die Äquivalenz von Matrizen über $R[X]$. Im Verlauf des Beweises benötigen wir das

Lemma 1.17: Gegeben seien Matrizen $A_1 \in M(r \times s; R[X])$, $A_2 \in M(s \times t; R[X])$, $A_3 \in M(r \times t; R[X])$ und eine multiplikativ abgeschlossene Teilmenge $S \subset R$. $\bar{A}_i$ $(i = 1, 2, 3)$ sei die A_i beim kanonischen Homomorphismus $R[X] \to R_S[X]$ entsprechende Matrix und es gelte $\bar{A}_1 \cdot \bar{A}_2 = \bar{A}_3$ und $A_1(0) \cdot A_2(0) = A_3(0)$. Dann gibt es ein $s \in S$, so daß $A_1(sX) \cdot A_2(sX) = A_3(sX)$.

Beweis: In der Matrix $A_1 A_2 - A_3$ sind wegen $A_1(0) \cdot A_2(0) = A_3(0)$ alle Koeffizienten durch X teilbar. Außerdem geht sie beim kanonischen Homomorphismus $M(r \times t; R[X]) \to M(r \times t; R_S[X])$ in die Nullmatrix über. Es gibt daher nach III.4.1 ein $s \in S$, welches alle Koeffizienten der Matrix annulliert. Dann ist aber $A_1(sX) A_2(sX) - A_3(sX) = 0$.

Satz 1.18: (Vaserstein) $A \in M(r \times s; R[X])$ ist genau dann äquivalent zu $A(0)$, wenn A zu $A(0)$ lokal äquivalent ist für alle $\mathfrak{m} \in \text{Max}(R)$.

Beweis: A und $A(0)$ seien lokal äquivalent für alle $\mathfrak{m} \in \text{Max}(R)$. Mit I werde die Menge aller $a \in R$ mit folgender Eigenschaft bezeichnet: Für alle $f, g \in R[X]$ mit $f - g \in aR[X]$ sind $A(f)$ und $A(g)$ (global) äquivalent.

I ist ein Ideal von R, denn sind $a_1, a_2 \in I$ gegeben und ist $f - g = (r_1 a_1 + r_2 a_2)\varphi$ mit $f, g, \varphi \in R[X]$, $r_1, r_2 \in R$, so ist $(f - r_1 a_1 \varphi) - g \in a_2 R[X]$, folglich $A(g) \sim A(f - r_1 a_1 \varphi) \sim A(f)$. Wir zeigen, daß $1 \in I$. Dann ist $A(f) \sim A(g)$ für *alle* $f, g \in R[X]$, insbesondere für $f = X$, $g = 0$, womit der Satz bewiesen ist.

Für $\mathfrak{m} \in \text{Max}(R)$ gibt es Matrizen $C \in Gl(r, R_\mathfrak{m}[X])$ und $D \in Gl(s, R_\mathfrak{m}[X])$, so daß

$$A(X) = C \cdot A(0) \cdot D.$$

(Dabei bezeichnen hier wie im folgenden $A(X)$ und $A(0)$ auch die Bilder dieser Matrizen in $M(r \times s; R_\mathfrak{m}[X])$.)

Mit einer weiteren Unbestimmten Y ergibt sich

$$A(X + Y) = C(X + Y) A(0) D(X + Y) = C(X + Y) C(X)^{-1} A(X) D(X)^{-1} D(X + Y).$$

Wir setzen $C^* := C(X+Y)C(X)^{-1}$, $D^* := D(X)^{-1} \cdot D(X+Y)$. C^* ist von der Form $C^* = C_0(X) + C_1(X)Y + \ldots + C_m(X)Y^m$ mit $C_i(X) \in M(r \times r; R_{\mathfrak{m}}[X])$ $(i = 0, \ldots, m)$, wobei $C_0(X)$ die Einheitsmatrix ist. Entsprechendes gilt für D^*, C^{*-1} und D^{*-1}. Es gibt dann ein $a' \in R \backslash \mathfrak{m}$, so daß $C(X + a'Y)C(X)^{-1}$ Bild einer Matrix aus $M(r \times r; R[X,Y])$ wird (Beseitigung aller Nenner in den Koeffizienten der Matrix). a' kann so gewählt werden, daß nach der Substitution $Y \mapsto a'Y$ auch D^*, C^{*-1} und D^{*-1} Bilder von Matrizen mit Koeffizienten aus $R[X,Y]$ werden. Nach 1.17 kann man dann auch noch erreichen, daß $C(X + a'Y)C(X)^{-1}$ und $D(X)^{-1}D(X + a'Y)$ Bilder von *invertierbaren* Matrizen $\Gamma(X,Y)$ bzw. $\Delta(X,Y)$ mit Koeffizienten aus $R[X,Y]$ sind, wobei $\Gamma(X,0)$ und $\Delta(X,0)$ die Einheitsmatrix ist.

Über $R_{\mathfrak{m}}[X,Y]$ hat man die Gleichung

$$A(X + a'Y) = C(X + a'Y)C(X)^{-1}A(X)D(X)^{-1}D(X + a'Y)$$

und über $R[X]$ die Gleichung

$$A(X) = \Gamma(X,0)A(X)\Delta(X,0).$$

Nach 1.17 gibt es daher ein $a'' \in R \backslash \mathfrak{m}$, so daß mit $a := a'a''$

$$A(X + aY) = \Gamma(X, a''Y)A(X)\Delta(X, a''Y)$$

eine über $R[X,Y]$ gültige Matrizengleichung ist.

Sind nun $f, g, \varphi \in R[X]$ gegeben mit $f - g = a\varphi$, so erhält man

$$A(f) = A(g + a\varphi) = \Gamma(g, a''\varphi)A(g)\Delta(g, a''\varphi),$$

wobei $\Gamma(g, a''\varphi)$ und $\Delta(g, a''\varphi)$ invertierbar sind, also ist $A(f) \sim A(g)$ und somit $a \in I$.

Es ist damit gezeigt, daß für jedes $\mathfrak{m} \in \operatorname{Max}(R)$ ein $a \in I$ mit $a \notin \mathfrak{m}$ existiert. Folglich ist $I = R$, q.e.d.

Für einen R-Modul N bezeichnet man den $R[X]$-Modul $N[X] := R[X] \otimes_R N$ als den *Erweiterungsmodul* von N nach $R[X]$. $N[X]$ kann identifiziert werden mit der Menge aller „Polynome" $n_0 + Xn_1 + \ldots + X^d n_d$ mit Koeffizienten $n_i \in N$. Dabei addiert man zwei solche Polynome gliedweise und man multipliziert ein Polynom aus $N[X]$ mit einem aus $R[X]$ wie gewohnt, was möglich ist, da man nur Elemente von R und N zu multiplizieren hat.

Definition 1.19: Ein $R[X]$-Modul M heißt *erweitert* (von R), wenn es einen R-Modul N gibt, so daß $M \cong N[X]$ als $R[X]$-Modul. M heißt *lokal erweitert für ein* $\mathfrak{m} \in \operatorname{Max}(R)$, wenn der $R_{\mathfrak{m}}[X]$-Modul $M_{\mathfrak{m}}$ erweitert ist. (Dabei bezeichnet $M_{\mathfrak{m}}$ den Quotientenmodul von M bzgl. der Nennermenge $R \backslash \mathfrak{m}$.)

Ist $M = N[X]$, so ist notwendigerweise $N \cong M/XM$ als R-Modul. Auch für den Begriff des erweiterten Moduls gilt ein Lokal-Global-Prinzip:

Satz 1.20: (Quillen [66]). Ein endlich präsentierbarer $R[X]$-Modul M ist genau dann erweitert, wenn er lokal erweitert ist für jedes $\mathfrak{m} \in \operatorname{Max}(R)$.

Beweis: Nach Voraussetzung gibt es eine exakte Folge von R[X]-Moduln

$$R[X]^m \xrightarrow{\beta_1} R[X]^n \xrightarrow{\alpha_1} M \to 0 \tag{7}$$

Modulo X geht diese über in eine exakte Folge von R-Moduln

$$R^m \xrightarrow{\overline{\beta}_1} R^n \xrightarrow{\overline{\alpha}_1} M/XM \to 0. \tag{7'}$$

Ist $B \in M(m \times n, R[X])$ die Matrix, die β_1 bzgl. der kanonischen Basen zugeordnet wird, so ist $B(0)$ die $\overline{\beta}_1$ entsprechende Matrix.

Durch Erweiterung erhält man aus (7′) eine exakte Folge von R[X]-Moduln (mit $N := M/XM$):

$$R^m[X] \xrightarrow{\overline{\beta}_1[X]} R^n[X] \xrightarrow{\overline{\alpha}_1[X]} N[X] \to 0. \tag{8'}$$

(Dabei bildet z.B. $\overline{\beta}_1[X]$ die Polynome aus $R^m[X]$ dadurch ab, daß $\overline{\beta}_1$ auf die Koeffizienten aus R^m angewandt wird, während X in X übergeführt wird.) (8′) identifiziert sich mit einer exakten Folge von R[X]-Moduln

$$R[X]^m \xrightarrow{\beta_2} R[X]^n \xrightarrow{\alpha_2} N[X] \to 0, \tag{8}$$

wobei β_2 ebenfalls durch die Matrix $B(0)$ beschrieben wird.

Nach 1.16 gilt $M \cong N[X]$ genau dann, wenn die $(2n) \times 2(n+m)$-Matrizen

$$A := \left(\begin{array}{c|c} B & 0 \\ \hline 0 & E_n \\ \hline \multicolumn{2}{c}{0} \end{array}\right) \quad \text{und} \quad \left(\begin{array}{c|c} \multicolumn{2}{c}{0} \\ \hline E_n & 0 \\ \hline 0 & B(0) \end{array}\right)$$

äquivalent sind. Dabei ist die zweite Matrix offensichtlich zu $A(0)$ äquivalent (Zeilen- und Spaltenpermutationen). Nach 1.18 gilt somit $M \cong N[X]$ genau dann, wenn A und $A(0)$ lokal äquivalent sind für alle $\mathfrak{m} \in \operatorname{Max}(R)$. Da die exakten Folgen (7) und (8) mit der Lokalisation nach $\mathfrak{m}$ verträglich sind (III.4.17) und $R[X]_\mathfrak{m} \cong R_\mathfrak{m}[X]$ ist, ergibt sich, daß M genau dann erweitert ist, wenn es lokal erweitert ist für alle $\mathfrak{m} \in \operatorname{Max}(R)$, q.e.d.

Der Satz 1.20 spielt eine Schlüsselrolle in Quillens Lösung des Serreschen Problems über projektive Moduln, die im § 3 besprochen werden wird.

Aufgaben:

1. Ein Modul M über einem Integritätsring R ist genau dann torsionsfrei, wenn $M_\mathfrak{m}$ torsionsfreier $R_\mathfrak{m}$-Modul ist für alle $\mathfrak{m} \in \operatorname{Max}(R)$.
2. M sei ein torsionsfreier Modul über einem Integritätsring $R \neq \{0\}$, $S := R \setminus \{0\}$. Für jedes $\mathfrak{m} \in \operatorname{Max}(R)$ ist die kanonische Abbildung $M_\mathfrak{m} \to M_S$ injektiv. Faßt man $M_\mathfrak{m}$ als Teilmenge von M_S auf, so gilt $M = \bigcap_{\mathfrak{m} \in \operatorname{Max}(R)} M_\mathfrak{m}$, speziell $R = \bigcap_{\mathfrak{m} \in \operatorname{Max}(R)} R_\mathfrak{m}$.

3. R sei ein Ring, M ein R-Modul. Für ein $\mathfrak{p} \in \operatorname{Spec}(R)$ werde der $R_\mathfrak{p}$ -Modul $M_\mathfrak{p}$ von den Bildern der Elemente $m_1, \dots, m_r \in M$ in $M_\mathfrak{p}$ erzeugt. Dann gibt es ein $f \in R \setminus \mathfrak{p}$, so daß auch der R_f-Modul M_f von den Bildern dieser Elemente in M_f erzeugt wird.
4. Ein Modul M über einem Ring R ist genau dann endlich präsentierbar, wenn er lokal für jedes $\mathfrak{m} \in \operatorname{Max}(R)$ endlich präsentierbar ist.
5. Für einen Modul M über einem Ring R bezeichne $M^* := \operatorname{Hom}_R(M, R)$ den Dualmodul und $\alpha : M \to M^{**}$ sei die kanonische Abbildung in den Bidualmodul (sie ordnet jedem $m \in M$ die Linearform $M^* \to R$ zu, die $\ell \in M^*$ auf $\ell(m)$ abbildet). M heißt *reflexiv*, wenn α ein Isomorphismus ist.
   a) Ein endlich erzeugter Modul M über einem noetherschen Ring R ist genau dann reflexiv, wenn er lokal reflexiv ist für jedes $\mathfrak{m} \in \operatorname{Max}(R)$.
   b) Für einen endlich erzeugten Modul M über einem noetherschen Integritätsring ist M^* stets reflexiv.
6. S/R sei eine Ringerweiterung, $N \subset R$ eine multiplikativ abgeschlossene Teilmenge.
   a) Ist S ganz über R, dann ist S_N ganz über R_N.
   b) Ist R ganz abgeschlossen in S, dann auch R_N in S_N.
7. Die Voraussetzungen seien wie in Aufgabe 6. $\mathfrak{f}_{S/R} := \{r \in R \mid rS \subset R\}$ heißt *der Führer von* S *nach* R.
   a) $\mathfrak{f}_{S/R}$ ist das größte S-Ideal, das in R enthalten ist.
   b) Genau dann ist S = R, wenn $\mathfrak{f}_{S/R} = (1)$.
   c) Ist S als R-Modul endlich erzeugt, so gilt $\mathfrak{f}_{S_N/R_N} = (\mathfrak{f}_{S/R})_N$.
8. $R \neq \{0\}$ sei ein Integritätsring mit dem Quotientenkörper K, $\overline{R}$ die ganze Abschließung von R in K. $\overline{R}$ sei als R-Modul endlich erzeugt.
   a) Für $\mathfrak{p} \in \operatorname{Spec}(R)$ ist $R_\mathfrak{p}$ genau dann ganz abgeschlossen in K, wenn $\mathfrak{p} \not\supset \mathfrak{f}_{\overline{R}/R}$. (Die Menge dieser $\mathfrak{p}$ ist somit offen in Spec(R).)
   b) Genau dann ist R ganz abgeschlossen in K, wenn $R_\mathfrak{m}$ ganz abgeschlossen in K ist für jedes $\mathfrak{m} \in \operatorname{Max}(R)$.
9. M sei ein endlich erzeugter Modul über einem Ring R und $0 \to K \to R^n \to M \to 0$ die zu einem Erzeugendensystem $\{m_1, \dots, m_n\}$ von M gehörige Präsentation. Man wähle ein Erzeugendensystem v_λ $(\lambda \in \Lambda)$ von K und bezeichne für $i = 0, \dots, n-1$ mit $F_i(M)$ das Ideal von R, das von allen $(n-i)$-reihigen Unterdeterminanten der Matrix mit den Zeilen v_λ erzeugt wird. Ferner sei $F_i(M) = R$ für $i \geqslant n$.
   a) $F_i(M)$ hängt nicht ab von der speziellen Wahl des Erzeugendensystems von K.
   b) $F_i(M)$ hängt auch nicht ab von der Wahl des Erzeugendensystems $\{m_1, \dots, m_n\}$ von M (Anleitung: Man vergleiche die Ideale für $\{m_1, \dots, m_n\}$ und $\{m_1, \dots, m_n, m\}$, wobei m ein beliebiges Element von M ist).
   c) $F_0(M) \subset F_1(M) \subset \dots \subset F_n(M) = R$.

(Die Ideale $F_i(M)$ heißen die *Fittingideale* oder *Fittinginvarianten* des Moduls M.)

§ 2. Erzeugung von Moduln und Idealen

$R \neq \{0\}$ sei ein Ring, M ein endlich erzeugter R-Modul. Mit $\mu(M)$ bezeichnen wir die Anzahl der Elemente eines kürzesten Erzeugendensystems von M. Ein solches wird auch *minimales Erzeugendensystem* genannt. Ein Erzeugendensystem heißt *unverkürzbar*, wenn keine echte Teilmenge ebenfalls ein Erzeugendensystem ist.

Lemma 2.1: In einem freien R-Modul M sind die minimalen Erzeugendensysteme gerade die Basen von M.

Beweis: Es sei $M \cong R^n$ und $\{b_1, \dots, b_m\}$ ein minimales Erzeugendensystem von R^n. Dann ist $m \leqslant n$ und man hat eine surjektive lineare Abbildung $\ell : R^n \to R^n$ mit $\ell(e_i) = b_i$ $(i = 1, \dots, m)$, $\ell(e_j) = 0$ $(j = m+1, \dots, n)$, wobei $\{e_1, \dots, e_n\}$ die kanonische Basis von R^n ist. Es gibt dann auch eine lineare Abbildung $\ell' : R^n \to R^n$ mit $\ell \circ \ell' = \mathrm{id}$. Ist A die Matrix, die ℓ und A′ die Matrix, die ℓ' bzgl. der kanonischen Basis zugeordnet ist, so folgt $A' \cdot A = \mathrm{id}$, also ist det(A) Einheit in R. Hieraus ergibt sich, daß $m = n$ sein muß und daß die Elemente $b_1, \dots, b_n$ (die Zeilen von A) linear unabhängig sind.

Für die Behandlung von Moduln über lokalen Ringen ist das folgende (zuerst von Krull in einem Spezialfall angegebene) Lemma von grundlegender Bedeutung.

Lemma 2.2: (Lemma von Nakayama). I sei ein Ideal von R, das im Durchschnitt aller $\mathfrak{m} \in \mathrm{Max}(R)$ enthalten ist. M sei ein beliebiger R-Modul, $N \subset M$ ein Untermodul, für den M/N endlich erzeugt ist. Gilt $M = N + IM$, so ist $M = N$.

Beweis: $\overline{M} := M/N$ besitzt ein minimales Erzeugendensystem $\{m_1, \dots, m_t\}$. Angenommen, es wäre $t > 0$. Da $\overline{M} = I\overline{M}$ ist, gibt es eine Gleichung

$$m_t = \sum_{j=1}^{t} a_j m_j \qquad (a_j \in I, j = 1, \dots, t).$$

Aus $(1 - a_t) m_t = \sum_{j=1}^{t-1} a_j m_j$ ergibt sich, da a_t in allen $\mathfrak{m} \in \mathrm{Max}(R)$ liegt und folglich $1 - a_t$ Einheit in R ist, daß $m_t \in \langle m_1, \dots, m_{t-1} \rangle$. Dies widerspricht der vorausgesetzten Minimalität des Erzeugendensystems. Mithin muß $t = 0$, also $M = N$ sein.

Korollar 2.3: $(R, \mathfrak{m})$ sei ein lokaler Ring*), $k := R/\mathfrak{m}$ sein Restklassenkörper und M ein endlich erzeugter R-Modul. Für Elemente $m_1, \dots, m_t \in M$ sind folgende Aussagen äquivalent:

a) $M = \langle m_1, \dots, m_t \rangle$.

b) Die Restklassen $\overline{m}_1, \dots, \overline{m}_t \in M/\mathfrak{m}M$ der m_i bilden ein Erzeugendensystem des k-Vektorraums $M/\mathfrak{m}M$.

---

*) Diese Bezeichnung – die im folgenden häufig verwendet wird – bedeutet, daß $\mathfrak{m}$ das maximale Ideal von R ist.

Beweis: Aus $M/\mathfrak{m}M = \langle \overline{m}_1, \dots, \overline{m}_t \rangle$ folgt $M = \langle m_1, \dots, m_t \rangle + \mathfrak{m}M$ und hieraus $M = \langle m_1, \dots, m_t \rangle$ nach 2.2.

Aus dem Korollar und bekannten Tatsachen über Vektorräume ergeben sich unmittelbar die folgenden Aussagen:

Korollar 2.4: Unter den Voraussetzungen von 2.3 gilt:

a) $\mu(M) = \dim_k (M/\mathfrak{m}M)$.

b) $m_1, \dots, m_t \in M$ bilden genau dann ein minimales Erzeugendensystem von M, wenn ihre Restklassen $\overline{m}_1, \dots, \overline{m}_t \in M/\mathfrak{m}M$ eine Basis bilden.

c) Ist $\{m_1, \dots, m_t\}$ minimales Erzeugendensystem von M und gilt $\sum_{i=1}^{t} r_i m_i = 0$ $(r_i \in R)$, so ist $r_i \in \mathfrak{m}$ für $i = 1, \dots, t$.

d) (Auswahlsatz). Jedes Erzeugendensystem von M enthält ein minimales. Jedes unverkürzbare Erzeugendensystem ist minimal.

e) (Ergänzungssatz). Elemente $m_1, \dots, m_r \in M$ lassen sich genau dann zu einem minimalen Erzeugendensystem von M ergänzen, wenn ihre Restklassen $\overline{m}_1, \dots, \overline{m}_r \in M/\mathfrak{m}M$ linear unabhängig über k sind.

Auf Grund dieser Tatsachen weiß man über die Erzeugung von Moduln über lokalen Ringen hinreichend gut Bescheid. Wir wollen nun vom Lokalen zum Globalen übergehen. Im folgenden sei M immer ein endlich erzeugter Modul über einem beliebigen Ring $R \neq \{0\}$. Für $\mathfrak{p} \in \operatorname{Spec}(R)$ schreiben wir $\mu_\mathfrak{p}(M)$ für die Elementezahl eines kürzesten Erzeugendensystems des $R_\mathfrak{p}$-Modul $M_\mathfrak{p}$.

Ferner definieren wir für jedes $r \in \mathbb{N}$ ein Ideal

$$I(M,r) := \sum_{\{m_1, \dots, m_r\} \subset M} \operatorname{Ann}(M/\langle m_1, \dots, m_r \rangle),$$

wobei die Summe über alle r-elementigen Teilmengen von M zu erstrecken ist.

Es ist $I(M,0) = \operatorname{Ann}(M)$, $I(M,r) \subset I(M,r+1)$ für alle $r \in \mathbb{N}$ und $I(M,r) = R$, falls $r \geqslant \mu(M)$. Ferner gilt $I(M_S, r) = I(M,r)_S$ für jede multiplikativ abgeschlossene Menge $S \subset R$, da alle in der Definition von $I(M,r)$ auftretenden Operationen mit Quotientenbildung vertauschbar sind (III. § 4). Hieraus und aus der Definition der $I(M,r)$ folgt unmittelbar

Lemma 2.5: Für ein $\mathfrak{p} \in \operatorname{Spec}(R)$ ist genau dann $\mu_\mathfrak{p}(M) \geqslant r+1$, wenn $\mathfrak{p} \supset I(M,r)$.

Korollar 2.6: (Halbstetigkeit von $\mu_\mathfrak{p}$). Für jedes $r \in \mathbb{N}$ ist die Menge der $\mathfrak{p} \in \operatorname{Spec}(R)$ mit $\mu_\mathfrak{p}(M) < r$ offen.

Die folgenden Überlegungen in diesem Paragraphen haben zum Ziel, ein Lokal-Global-Prinzip für die Erzeugung von Moduln und Idealen zu gewinnen.

Definition 2.7: (Swan [76]). Ein Element $m \in M$ heißt *basisch in* $\mathfrak{p} \in \mathrm{Spec}(R)$, wenn $m \notin \mathfrak{p} M_{\mathfrak{p}}$.

Gleichbedeutend damit ist, daß $\mathfrak{p} \in \mathrm{Supp}(M)$ und daß m in ein minimales Erzeugendensystem des $R_{\mathfrak{p}}$-Moduls $M_{\mathfrak{p}}$ aufgenommen werden kann. (m bezeichnet hier wie in 2.7 auch das Bild von m in $M_{\mathfrak{p}}$.)

Lemma 2.8: Ist M ein freier R-Modul, so ist $m \in M$ genau dann basisch für alle $\mathfrak{m} \in \mathrm{Max}(R)$, wenn $\langle m \rangle$ ein direkter Summand $\neq \langle 0 \rangle$ von M ist.

Nach 2.1 ist m genau dann basisch für $\mathfrak{m} \in \mathrm{Max}(R)$, wenn $R_{\mathfrak{m}} m$ direkter Summand $\neq \langle 0 \rangle$ von $M_{\mathfrak{m}}$ ist. Die Behauptung folgt daher aus 1.13.

Für das Folgende sei $X := J(R)$ das J-Spektrum von R. Für ein $m \in M$ bezeichne $X(m)$ die Menge der $\mathfrak{p} \in X$, in denen m basisch ist. Für ein Ideal I von R sei $\mathfrak{V}(I)$ wie früher die Menge der I umfassenden $\mathfrak{p} \in X$. Aus 2.4b) folgt, daß m genau dann basisch für $\mathfrak{p} \in \mathfrak{V}(I)$ ist, wenn das Bild $\overline{m}$ von m im R-Modul M/IM basisch in $\mathfrak{p}$ ist (was damit äquivalent ist, daß $\overline{m}$ basisch in $\mathfrak{p}/I$ ist).

Lemma 2.9: X sei noethersch und $d := \dim X < \infty$. Für jedes Ideal I von R besitzt $X(m) \cap \mathfrak{V}(I)$ nur endlich viele minimale Elemente.

Beweis: $\overline{m}$ sei das Bild von m in dem R/I-Modul M/IM. Da sich $\mathfrak{V}(I)$ mit $J(R/I)$ identifizieren läßt, und dabei $X(m) \cap \mathfrak{V}(I)$ in $X(\overline{m})$ übergeht, braucht man nur zu zeigen, daß $X(\overline{m})$ nur endlich viele minimale Elemente besitzt. Wir können somit $I = (0)$ annehmen.

Sind $\{\mathfrak{p}_1, \ldots, \mathfrak{p}_t\}$ die generischen Punkte der irreduziblen Komponenten von X (vgl. I.4.8), so ist (wieder nach der obigen Vorbemerkung)

$$X(m) = \bigcup_{i=1}^{t} X(m_i),$$

wobei m_i das Bild von m in $M/\mathfrak{p}_i M$ ist ($i = 1, \ldots, t$). Wir dürfen daher auch annehmen, daß R Integritätsring mit $(0) \in J(R)$ ist.

Man schließt nun mit Induktion nach d: Für $d = 0$ besitzt $J(R)$ nur einen Punkt und wir sind fertig. Es sei daher $d > 0$. Ist m für (0) basisch, dann ist (0) das einzige minimale Element von X(m).

Wenn m nicht basisch für (0) ist, dann ist das Bild von m in dem Vektorraum M_S ($S := R \setminus \{0\}$) gleich 0, d.h. es gibt ein $r \in R \setminus \{0\}$ mit $rm = 0$. X(m) kann dann mit $X(\overline{m})$ identifiziert werden, wobei $\overline{m}$ das Bild von m im R/(r)-Modul M/rM ist. Da $\dim J(R/(r)) < d$ ist, sind wir nach Induktionsvoraussetzung fertig.

Lemma 2.10: Unter den Voraussetzungen von 2.9 sei

$$u_m := \mathrm{Max}\,\{\mu_{\mathfrak{p}}(M) + \dim \mathfrak{V}(\mathfrak{p}) \mid \mathfrak{p} \in X(m)\}.$$

Dann gibt es nur endlich viele $\mathfrak{p} \in X(m)$ mit $\mu_{\mathfrak{p}}(M) + \dim \mathfrak{V}(\mathfrak{p}) = u_m$.

Beweis: Wir betrachten ein $\mathfrak{p} \in X(\mathfrak{m})$ mit $\mu_\mathfrak{p}(M) + \dim \mathfrak{V}(\mathfrak{p}) = u_\mathfrak{m}$. Sei $\mu_\mathfrak{p}(M) =: r$. Es ist $r > 0$ und $\mathfrak{p} \supset I(M, r-1))$, $\mathfrak{p} \not\supset I(M, r)$. $\mathfrak{p}$ ist ein minimales Element von $X(\mathfrak{m}) \cap \mathfrak{V}(I(M, r-1))$, denn gäbe es ein $\mathfrak{q} \in X(\mathfrak{m}) \cap \mathfrak{V}(I(M, r-1))$ mit $\mathfrak{p} \underset{\neq}{\supset} \mathfrak{q}$, dann wäre $\mu_\mathfrak{q}(M) = \mu_\mathfrak{p}(M) = r$ und $u_\mathfrak{m} = \mu_\mathfrak{p}(M) + \dim \mathfrak{V}(\mathfrak{p}) < \mu_\mathfrak{q}(M) + \dim \mathfrak{V}(\mathfrak{q}) \leqslant u_\mathfrak{m}$, ein Widerspruch. Nach 2.9 besitzt $X(\mathfrak{m}) \cap \mathfrak{V}(I(M, r-1))$ nur endlich viele minimale Elemente. Da es auch nur endlich viele verschiedene Ideale $I(M, r)$ gibt, folgt die Behauptung.

Um das nächste Lemma bequem formulieren zu können, ist es zweckmäßig, die folgende Redeweise einzuführen:

Definition 2.11: Ein Untermodul $U \subset M$ heißt *k-fach basisch* (für ein $k \in \mathbb{N}$) in $\mathfrak{p} \in \operatorname{Spec}(R)$, wenn

$$\mu_\mathfrak{p}(M) - \mu_\mathfrak{p}(M/U) \geqslant k.$$

Für $m \in M$ ist $U = \langle m \rangle$ genau dann 1-fach basisch in $\mathfrak{p}$, wenn m basisch in $\mathfrak{p}$ ist.

Lemma 2.12: $\{m_1, \dots, m_t\}$ sei ein Elementesystem aus M und $\{\mathfrak{p}_1, \dots, \mathfrak{p}_r\}$ $(r > 0)$ eine endliche Menge aus $\operatorname{Spec}(R)$. $\langle m_1, \dots, m_t\rangle$ sei k_i-fach basisch in $\mathfrak{p}_i$ für ein $k_i \in \mathbb{N}$, $k_i < t$ $(i = 1, \dots, r)$. Dann gibt es Elemente $a_1, \dots, a_{t-1} \in R$, so daß $\langle m_1 + a_1 m_t, \dots, m_{t-1} + a_{t-1} m_t\rangle$ k_i-fach basisch in $\mathfrak{p}_i$ ist $(i = 1, \dots, r)$.

Beweis (durch Induktion nach r): Für $r = 1$ dürfen wir R lokal mit dem maximalen Ideal $\mathfrak{m} = \mathfrak{p}_1$ voraussetzen. Sei $U := \langle m_1, \dots, m_t\rangle$ und $\overline{m}_i$ das Bild von m_i in $M/\mathfrak{m}M$ $(i = 1, \dots, t)$. Aus der exakten Folge

$$0 \to U + \mathfrak{m}M/\mathfrak{m}M \to M/\mathfrak{m}M \to M/U + \mathfrak{m}M \to 0$$

und 2.4 ergibt sich, daß $\mu(M) - \mu(M/U) = \dim_{R/\mathfrak{m}} \langle \overline{m}_1, \dots, \overline{m}_t\rangle \geqslant k_1$, wobei $k_1 < t$. Ist schon $\dim_{R/\mathfrak{m}} \langle \overline{m}_1, \dots, \overline{m}_{t-1}\rangle \geqslant k_1$, so ergibt sich die Behauptung mit $a_1 = \dots = a_{t-1} = 0$. Ist $\dim_{R/\mathfrak{m}} \langle \overline{m}_1, \dots, \overline{m}_{t-1}\rangle = k_1 - 1$, so ist $\overline{m}_t$ linear unabhängig von $\{\overline{m}_1, \dots, \overline{m}_{t-1}\}$. Sind etwa $\overline{m}_1, \dots, \overline{m}_{k_1-1}$ linear unabhängig, so ergibt sich die Behauptung mit $a_i = 0$ $(i = 1, \dots, t-1;\ i \neq k_1)$, $a_{k_1} = 1$.

Es sei jetzt $r > 1$ und das Lemma sei für $r - 1$ Primideale schon bewiesen. Wir wählen die Numerierung so, daß $\mathfrak{p}_r$ minimal in der Menge $\{\mathfrak{p}_1, \dots, \mathfrak{p}_r\}$ ist. Es gibt dann Elemente $a'_1, \dots, a'_{t-1} \in R$, so daß $\langle m_1 + a'_1 m_t, \dots, m_{t-1} + a'_{t-1} m_t\rangle$ k_i-fach basisch ist für die $\mathfrak{p}_i$ mit $i = 1, \dots, r-1$. Da $\bigcap_{i=1}^{r-1} \mathfrak{p}_i \not\subset \mathfrak{p}_r$, gibt es ein $a \in \bigcap_{i=1}^{r-1} \mathfrak{p}_i$, $a \notin \mathfrak{p}_r$. Es ist dann auch $\langle m_1 + a'_1 m_t, \dots, m_{t-1} + a'_{t-1} m_t, a m_t\rangle$ k_r-fach basisch für $\mathfrak{p}_r$, denn a geht in $R_{\mathfrak{p}_r}$ in eine Einheit über. Es gibt auch Elemente $a''_1, \dots, a''_{t-1} \in R$, so daß $U := \langle m_1 + a'_1 m_t + a''_1 a m_t, \dots, m_{t-1} + a'_{t-1} + a''_{t-1} a m_t\rangle$ k_r-fach basisch ist für $\mathfrak{p}_r$. Da $a \in \mathfrak{p}_i$ für $i < r$, ist U auch k_i-fach basisch für die $\mathfrak{p}_i$ mit $i < r$ und die Behauptung ist mit $a_i := a'_i + a''_i a$ $(i = 1, \dots, t-1)$ bewiesen.

Satz 2.13: $X := J(R)$ sei noethersch und von endlicher Dimension. Es sei $M = \langle m_1, \ldots, m_t \rangle$ und

$$\mu_p(M) + \dim \mathfrak{B}(p) < t \quad \text{für alle } p \in X(m_t).$$

Dann gibt es Elemente $a_1, \ldots, a_{t-1} \in R$, so daß

$$M = \langle m_1 + a_1 m_t, \ldots, m_{t-1} + a_{t-1} m_t \rangle.$$

Beweis: Ist $X(m_t) = \emptyset$, so ist $M_p = \langle m_1, \ldots, m_{t-1} \rangle R_p$ für alle $p \in X$, insbesondere für die $p \in \operatorname{Max}(R)$. Nach 1.2 folgt $M = \langle m_1, \ldots, m_{t-1} \rangle$ und dies ist die Behauptung mit $a_1 = \ldots = a_{t-1} = 0$.

Ist $X(m_t) \neq \emptyset$, so ist

$$u := \operatorname{Max}\{\mu_p(M) + \dim \mathfrak{B}(p) \mid p \in X(m_t)\} > 0$$

und $t \geqslant 2$. Nach 2.10 gibt es nur endlich viele $p \in X(m_t)$ mit $\mu_p(M) + \dim \mathfrak{B}(p) = u$. Nach 2.12 kann man ein $a_1 \in R$ finden, so daß $m_1 + a_1 m_t$ basisch ist für alle diese p.

$M' := M/\langle m_1 + a_1 m_t \rangle$ wird von den Bildern $m_2', \ldots, m_t'$ von $m_2, \ldots, m_t$ erzeugt und es ist $X(m_t') \subset X(m_t)$. Für die $p \in X(m_t)$ mit $\mu_p(M) + \dim \mathfrak{B}(p) = u$ ist aber $\mu_p(M') < \mu_p(M)$, da $m_1 + a_1 m_t$ basisch ist für diese p, und somit ergibt sich

$$u' := \operatorname{Max}\{\mu_p(M') + \dim \mathfrak{B}(p) \mid p \in X(m_t')\} < u,$$

also $u' < t - 1$.

Für $t = 2$ ist $X(m_t') = \emptyset$ und es folgt $M' = \langle 0 \rangle$, also $M = \langle m_1 + a_1 m_t \rangle$. Ist nun $t > 2$ und der Satz für kleineres t schon bewiesen, so gibt es Elemente $a_2, \ldots, a_{t-1} \in R$ mit $M' = \langle m_2' + a_2 m_t', \ldots, m_{t-1}' + a_{t-1} m_t' \rangle$, woraus die Behauptung $M = \langle m_1 + a_1 m_t, \ldots, m_{t-1} + a_{t-1} m_t \rangle$ folgt.

Korollar 2.14: (Satz von Forster [24] und Swan [76].) $X := J(R)$ sei noethersch von endlicher Krulldimension. Dann ist

$$\mu(M) \leqslant u := \operatorname{Max}\{\mu_p(M) + \dim \mathfrak{B}(p) \mid p \in X \cap \operatorname{Supp}(M)\}.$$

(Genauer besagt Satz 2.13, daß sich aus jedem Erzeugendensystem von M durch „elementare Umformungen“ eines mit u Elementen herstellen läßt.)

Wenn Spec(R) noethersch und von endlicher Dimension ist, so gilt das gleiche für J(R). Der Satz von Forster und Swan gilt dann auch mit

$$u' := \operatorname{Max}\{\mu_p(M) + \dim R/p \mid p \in \operatorname{Supp}(M)\}$$

an Stelle von u, ist in dieser Form aber manchmal echt schwächer, z.B. für einen semilokalen Ring R. In einem solchen ist $J(R) = \operatorname{Max}(R)$, (II.1.10), $\dim J(R) = 0$, dagegen kann es in Spec(R) Elemente p geben, für die $\dim R/p$ beliebig groß ist.

Ist im allgemeinen Fall $X := \mathrm{Max}(R)$ noethersch und von endlicher Dimension (folglich auch $J(R)$, vgl. II.1.8), so ist

$$u \leqslant \dim X + \mathrm{Max}\{\mu_{\mathfrak{m}}(M) \mid \mathfrak{m} \in X \cap \mathrm{Supp}(M)\}.$$

Wenn also M lokal für jedes $\mathfrak{m} \in \mathrm{Max}(R)$ von r Elementen erzeugt wird, so wird M global von $r + \dim X$ Elementen erzeugt.

Es sei nun $M = I$ ein Ideal von R. Da $I_{\mathfrak{p}} = R_{\mathfrak{p}}$ für alle $\mathfrak{p} \in \mathrm{Spec}(R)$ mit $I \not\subset \mathfrak{p}$ ist, erhält man aus 2.14 für Ideale die folgende, etwas genauere Aussage:

Korollar 2.15: J(R) sei noethersch von der Dimension d. I sei ein Ideal von R und

$$u := \mathrm{Max}\{\mu_{\mathfrak{p}}(I) + \dim \mathfrak{V}(\mathfrak{p}) \mid \mathfrak{p} \in \mathfrak{V}(I)\}.$$

Dann wird I von $\mathrm{Max}\{u, d+1\}$ Elementen erzeugt.

Beispiele 2.16:

a) Ein *Dedekindring* ist ein noetherscher Integritätsring der Dimension 1, der lokal Hauptidealring ist. In einem solchen Ring läßt sich jedes Ideal nach 2.15 mit 2 Elementen erzeugen.

b) Sind für einen semilokalen Ring mit den maximalen Idealen $\mathfrak{m}_1, \dots, \mathfrak{m}_r$ die lokalen Ringe $R_{\mathfrak{m}_i}$ $(i = 1, \dots, r)$ Hauptidealringe, dann ist nach 2.15 auch R ein Hauptidealring.

Für semilokale Ringe hat man auch

Korollar 2.17: R sei ein semilokaler Ring mit den maximalen Idealen $\mathfrak{m}_1, \dots, \mathfrak{m}_r$. M sei ein endlich erzeugter R-Modul, $u := \underset{i=1,\dots,r}{\mathrm{Max}} \{\mu_{\mathfrak{m}_i}(M)\}$. Dann wird M von u Elementen erzeugt.

Aufgaben:

1. Man gebe ein Beispiel für ein unverkürzbares Erzeugendensystem eines Moduls, das nicht minimal ist.

2. R sei ein Ring, M, N seien zwei R-Moduln, $\ell : M \to N$ eine lineare Abbildung. Für $\mathfrak{m} \in \mathrm{Max}(R)$ bezeichne $\ell(\mathfrak{m}) : M/\mathfrak{m}M \to N/\mathfrak{m}N$ die induzierte lineare Abbildung von $R/\mathfrak{m}$-Vektorräumen. Man beweise oder widerlege die folgenden Aussagen:
   a) Genau dann ist ℓ injektiv, wenn $\ell(\mathfrak{m})$ es ist für alle $\mathfrak{m} \in \mathrm{Max}(R)$.
   b) Genau dann ist ℓ surjektiv, wenn $\ell(\mathfrak{m})$ es ist für alle $\mathfrak{m} \in \mathrm{Max}(R)$.

3. $(R, \mathfrak{m})$ und $(S, \mathfrak{n})$ seien noethersche lokale Ringe, $\varphi : R \to S$ ein Ringhomormorphismus mit $\varphi(\mathfrak{m}) \subset \mathfrak{n}$ (ein solcher heißt ein *lokaler Homomorphismus*). Es gelte:
   a) Die durch φ induzierte Abbildung $R/\mathfrak{m} \to S/\mathfrak{n}$ ist bijektiv.
   b) Die durch φ induzierte Abbildung $\mathfrak{m}/\mathfrak{m}^2 \to \mathfrak{n}/\mathfrak{n}^2$ ist surjektiv.
   c) S ist als R-Modul endlich erzeugt.

   Dann ist φ surjektiv.

4. $G = \bigoplus_{i \in \mathbb{N}} G_i$ sei ein positiv graduierter Ring, wobei $G_0 = K$ ein Körper ist (folglich $\mathfrak{M} := \bigoplus_{i > 0} G_i$ ein maximales Ideal). I sei ein homogenes Ideal von G.
   a) Homogene Elemente $a_1, \dots, a_n \in I$ bilden genau dann ein Erzeugendensystem von I, wenn ihre Bilder in $G_{\mathfrak{M}}$ das Ideal $I_{\mathfrak{M}}$ erzeugen.
   b) Ist I endlich erzeugt, so ist jedes unverkürzbare Erzeugendensystem von I aus homogenen Elementen minimal. Jedes Erzeugendensystem aus homogenen Elementen enthält ein minimales.
5. $(R, \mathfrak{m})$ sei ein noetherscher lokaler Ring, $I \subset \mathfrak{m}$ ein Ideal. $\xi \in \mathfrak{m}/I$ sei kein Nullteiler in R/I, $x \in \mathfrak{m}$ ein Repräsentant von ξ. Wir setzen $\bar{R} := R/(x)$ und bezeichnen für $a \in R$ mit $\bar{a}$ die Restklasse von a in $\bar{R}$, mit $\bar{I}$ das Bild von I in $\bar{R}$. Elemente $a_1, \dots, a_n \in I$ erzeugen genau dann I, wenn $\bar{a}_1, \dots, \bar{a}_n$ das Ideal $\bar{I}$ erzeugen. Insbesondere ist $\mu(I) = \mu(\bar{I})$.
6. Man gebe einen kurzen Beweis (ohne Benutzung des Satzes von Forster-Swan) für folgende Aussage: Ist ein maximales Ideal $\mathfrak{m}$ eines Rings R endlich erzeugt, so ist $\mu(\mathfrak{m}) \leq \mu_{\mathfrak{m}}(\mathfrak{m}) + 1$.
7. M sei ein endlich erzeugter Modul über einem lokalen Ring $(R, \mathfrak{m})$. $F_i(M)$ seien die Fittingideale von R (§ 1, Aufgabe 9). Folgende Aussagen sind äquivalent:
   a) $\mu(M) = r$.
   b) $F_{r-1}(M) \subset \mathfrak{m}$, $F_r(M) = R$.

§ 3. Projektive Moduln

Projektive Moduln sind direkte Summanden von freien Moduln. Mit diesen haben sie viele Eigenschaften gemeinsam. In der Geometrie entsprechen den projektiven Moduln die Vektorraumbündel, den freien Moduln die trivialen Vektorraumbündel.

In folgenden sei wieder $R \neq \{0\}$ ein beliebiger Ring, M ein R-Modul.

Definition 3.1:

a) M heißt *projektiv* (oder *algebraisches Vektorraumbündel* auf Spec(R)), wenn es einen weiteren R-Modul M' gibt, so daß $M \oplus M'$ frei ist.

b) M heißt *lokal frei*, wenn $M_{\mathfrak{m}}$ ein freier $R_{\mathfrak{m}}$-Modul ist für jedes $\mathfrak{m} \in \text{Max}(R)$.

Aus der Definition entnimmt man unmittelbar die folgenden Tatsachen: Ist M projektiv, so ist auch der R_S-Modul M_S projektiv für jede multiplikativ abgeschlossene Teilmenge $S \subset R$.

Jeder direkte Summand eines projektiven Moduls ist projektiv und die direkte Summe projektiver Moduln ist ebenfalls projektiv. Ist M ein projektiver R-Modul und $P \subset R$ ein Unterring, so daß R ein freier P-Modul ist (z.B. ein Polynomring über P), dann ist M auch als P-Modul projektiv. Ist M ein lokal freier R-Modul, so ist $M_\mathfrak{p}$ ein freier $R_\mathfrak{p}$-Modul für jedes $\mathfrak{p} \in \text{Spec}(R)$, denn $M_\mathfrak{p}$ ist Lokalisation eines $M_\mathfrak{m}$ für geeignetes $\mathfrak{m} \in \text{Max}(R)$.

Satz 3.2: Folgende Aussagen sind äquivalent:

a) M ist projektiv.

b) Für jeden R-Modul-Epimorphismus $\alpha : A \to B$ ist auch

$$\mathrm{Hom}_R(M,\alpha) : \mathrm{Hom}_R(M,A) \to \mathrm{Hom}_R(M,B) \qquad (\ell \mapsto \alpha \circ \ell)$$

ein Epimorphismus.

b′) Für jedes Diagramm von R-Moduln und linearen Abbildungen mit exakter Zeile

$$\begin{array}{ccccc} & & M & & \\ & & \downarrow{\scriptstyle\beta} & & \\ A & \xrightarrow{\alpha} & B & \longrightarrow & 0 \end{array}$$

existiert eine lineare Abbildung $\gamma : M \to A$ mit $\beta = \alpha \circ \gamma$.

c) Jede exakte Folge von R-Moduln der Form $0 \to C \to D \to M \to 0$ zerfällt.

Beweis:

a) → b) Für jeden freien R-Modul F überzeugt man sich mit Hilfe einer Basis sofort, daß $\mathrm{Hom}_R(F,\alpha) =: \bar{\alpha}$ surjektiv ist. Ist M direkter Summand von F, so hat man ein kommutatives Diagramm

$$\begin{array}{ccc} \mathrm{Hom}_R(F,A) & \xrightarrow{\bar{\alpha}} & \mathrm{Hom}_R(F,B) \\ \downarrow & & \downarrow \\ \mathrm{Hom}_R(M,A) & \longrightarrow & \mathrm{Hom}_R(M,B), \end{array}$$

wobei die senkrechten Pfeile Epimorphismen sind. Es folgt b).

b′) ist eine Umformulierung von b).

b) → c) Da $\mathrm{Hom}_R(M,D) \to \mathrm{Hom}_R(M,M)$ surjektiv ist nach b), zerfällt die exakte Folge in c).

c) → a) Man wähle eine exakte Folge $0 \to K \to F \to M \to 0$ mit einem freien R-Modul F. M ist nach c) direkter Summand von F, also projektiv.

Korollar 3.3: M sei ein endlich erzeugter projektiver R-Modul. Es gibt dann auch einen endlich erzeugten R-Modul M′, so daß $M \oplus M'$ frei ist. Insbesondere ist M endlich präsentierbar.

Beweis: Wähle eine exakte Folge $0 \to M' \to F \to M \to 0$ mit einem freien R-Modul F endlichen Ranges. Nach 3.2c) ist $F \cong M \oplus M'$ und M′ ist endlich erzeugt als homomorphes Bild von F. Da $M \cong F/M'$, ist M endlich präsentierbar.

Die Frage, wann projektive Moduln frei sind, spielt für viele Anwendungen eine Rolle. Im folgenden machen wir einige Angaben zu diesem Problem.

Satz 3.4: $(R,\mathfrak{m})$ sei ein lokaler Ring, M ein endlich präsentierbarer R-Modul. Dann sind folgende Aussagen äquivalent:

a) M ist frei.

b) Es gibt eine exakte Folge von R-Moduln $0 \to K \xrightarrow{\alpha} P \xrightarrow{\beta} M \to 0$, wobei P projektiv und die durch α induzierte Abbildung $K/\mathfrak{m}K \to P/\mathfrak{m}P$ eine Injektion ist.

Beweis: Es ist nur b) → a) zu zeigen. Wenn $\mu(M) =: r$ ist, so gibt es eine exakte Folge $0 \to K_0 \xrightarrow{\alpha_0} F_0 \xrightarrow{\beta_0} M \to 0$ mit einem freien R-Modul F_0 vom Rang r. Nach 3.2b′) existiert eine lineare Abbildung $\epsilon : P \to F_0$ mit $\beta = \beta_0 \circ \epsilon$. Mit den induzierten Abbildungen ist das Diagramm

$$\begin{array}{ccc} P/\mathfrak{m}P & & \\ \downarrow & \searrow & \\ & & M/\mathfrak{m}M \\ & \nearrow & \\ F_0/\mathfrak{m}F_0 & & \end{array}$$

kommutativ. Dabei ist $F_0/\mathfrak{m}F_0 \to M/\mathfrak{m}M$ bijektiv, denn die Abbildung ist surjektiv und beide Moduln sind $R/\mathfrak{m}$-Vektorräume der Dimension r. Dann ist auch $P/\mathfrak{m}P \to F_0/\mathfrak{m}F_0$ surjektiv, d.h. $F_0 = \epsilon(P) + \mathfrak{m}F_0$. Aus dem Lemma von Nakayama folgt $F_0 = \epsilon(P)$, also die Surjektivität von ϵ.

Man überzeugt sich sofort davon, daß auch die durch ϵ induzierte Abbildung $\epsilon' : K \to K_0$ surjektiv ist und Kern ϵ' = Kern ϵ (wenn man K mit $\alpha(K)$ identifiziert).

Wir erhalten somit ein kommutatives Diagramm mit exakten Zeilen und Spalten

$$\begin{array}{ccccccccc} & & 0 & & 0 & & & & \\ & & \downarrow & & \downarrow & & & & \\ & & F_1 & = & F_1 & & & & \\ & & \downarrow & & \downarrow & & & & \\ 0 & \longrightarrow & K & \xrightarrow{\alpha} & P & \xrightarrow{\beta} & M & \longrightarrow & 0 \\ & & \downarrow{\scriptstyle \epsilon'} & & \downarrow{\scriptstyle \epsilon} & & \| & & \\ 0 & \longrightarrow & K_0 & \xrightarrow{\alpha_0} & F_0 & \xrightarrow{\beta_0} & M & \longrightarrow & 0 \\ & & \downarrow & & \downarrow & & & & \\ & & 0 & & 0 & & & & \end{array}$$

Da M endlich präsentierbar ist, gibt es eine exakte Folge $0 \to K_1 \to F \to M \to 0$ mit einem freien R-Modul F endlichen Ranges und einem endlich erzeugten R-Modul K_1. Ersetzt man in der obigen Überlegung die Folge $0 \to K \to P \to M \to 0$ durch diese Folge, so ergibt sich, daß K_0 homomorphes Bild von K_1 ist, also daß auch K_0 endlich erzeugt ist.

Wir betrachten nun das obige Diagramm modulo $\mathfrak{m}$. Dann erhalten wir das folgende kommutative Diagramm von $R/\mathfrak{m}$-Vektorräumen mit exakten Zeilen und Spalten:

$$\begin{array}{ccccccccc} & & & & 0 & & & & \\ & & & & \downarrow & & & & \\ & & F_1/\mathfrak{m}F_1 & = & F_1/\mathfrak{m}F_1 & & & & \\ & & \downarrow & & \downarrow & & & & \\ 0 & \longrightarrow & K/\mathfrak{m}K & \longrightarrow & P/\mathfrak{m}P & \longrightarrow & M/\mathfrak{m}M & \to & 0 \\ & & \downarrow & & \downarrow & & \| & & \\ & & K_0/\mathfrak{m}K_0 & \longrightarrow & F_0/\mathfrak{m}F_0 & \longrightarrow & M/\mathfrak{m}M & \to & 0 \\ & & \downarrow & & \downarrow & & & & \\ & & 0 & & 0 & & & & \end{array}$$

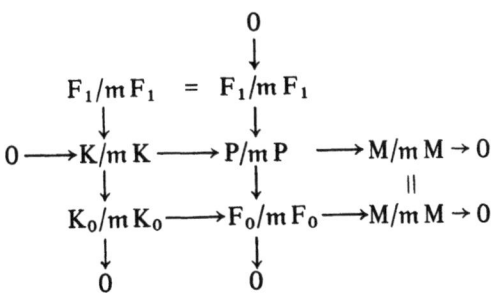

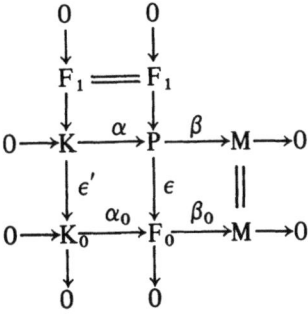

Dabei ist die mittlere Zeile exakt nach der in b) gemachten Voraussetzung und die zweite Spalte ist exakt, weil $0 \to F_1 \to P \to F_0 \to 0$ zerfällt, da F_0 frei ist. Es ergibt sich, daß $K_0/\mathfrak{m}K_0 \to F_0/\mathfrak{m}F_0$ injektiv ist. Andererseits ist $F_0/\mathfrak{m}F_0 \to M/\mathfrak{m}M$ ein Isomorphismus. Es folgt $K_0/\mathfrak{m}K_0 = \langle 0 \rangle$ und da K_0 endlich erzeugt ist, liefert das Lemma von Nakayama daß $K_0 = \langle 0 \rangle$ ist, also $M \cong F_0$ ein freier R-Modul, q.e.d.

Korollar 3.5: Ein endlich erzeugter Modul über einem lokalen Ring ist genau dann projektiv, wenn er frei ist.

Ist M projektiv, so kann man in der exakten Folge aus 3.4b) für P den Modul M selbst wählen und $K = \langle 0 \rangle$. (Man kann 3.5 auch ohne den Umweg über 3.4 sehr leicht direkt bestätigen.)

Korollar 3.6: Für einen endlich erzeugten Modul M über einem beliebigen Ring R sind folgende Aussagen äquivalent:

a) M ist projektiv.
b) M ist endlich präsentierbar und lokal frei.

Beweis: a) $\to$ b) folgt aus 3.3 und 3.5. Unter der Voraussetzung b) gibt es eine exakte Folge $0 \to K \to F \to M \to 0$ mit einem freien R-Modul F endlichen Ranges und einem endlich erzeugten Untermodul $K \subset F$. Wenn M lokal frei ist, so zerfällt die Sequenz lokal für alle $\mathfrak{m} \in \mathrm{Max}(R)$, also auch global nach 1.12. Dann ist M direkter Summand von F, also projektiv.

Definition 3.7: Für einen endlich erzeugten projektiven R-Modul P und ein $\mathfrak{p} \in \mathrm{Spec}(R)$ heißt $\mu_\mathfrak{p}(P)$ der *Rang von* P *in* $\mathfrak{p}$. P heißt *vom Rang* r (schlechthin), wenn $\mu_\mathfrak{p}(P) = r$ für alle $\mathfrak{p} \in \mathrm{Spec}(R)$.

Korollar 3.8: Ist P ein endlich erzeugter projektiver R-Modul, so ist die Funktion $\mu_\mathfrak{p}(P)$ konstant auf jeder Zusammenhangskomponente von Spec(R).

Beweis: Wir schreiben $P \oplus P' \cong R^n$ mit einem weiteren endlich erzeugten projektiven R-Modul P'. Dann ist $\mu_\mathfrak{p}(P) + \mu_\mathfrak{p}(P') = n$ für alle $\mathfrak{p} \in \mathrm{Spec}(R)$. Für jedes $r \in \mathbb{N}$ ist die Menge U der $\mathfrak{p} \in \mathrm{Spec}(R)$ mit $\mu_\mathfrak{p}(P) \leqslant r$ offen (2.6). Da U auch die Menge der $\mathfrak{p}$ mit $\mu_\mathfrak{p}(P') \geqslant n - r$ ist, ist sie auch abgeschlossen. Analog ist auch die Menge der $\mathfrak{p}$ mit $\mu_\mathfrak{p}(P) \geqslant r$ zugleich offen und abgeschlossen und daher auch die Menge der $\mathfrak{p}$ mit $\mu_\mathfrak{p}(P) = r$. Hieraus folgt die Behauptung.

Ist J(R) noethersch und von der Dimension d, so wird jeder endlich erzeugte projektive R-Modul P vom Rang r nach dem Satz von Forster-Swan global von d + r Elementen erzeugt.

Korollar 3.9: Für einen endlich erzeugten Modul M über einem semilokalen Ring R sind folgende Aussagen äquivalent:

a) M ist projektiv von konstantem Rang auf Max(R).
b) M ist frei.

Ist M vom Rang r in allen $\mathfrak{m} \in \mathrm{Max}(R)$, so wird M global von r Elementen erzeugt. Diese bilden eine Basis, da sie bei allen Lokalisationen nach den $\mathfrak{m} \in \mathrm{Max}(R)$ in eine Basis übergehen (2.1).

Eine etwas genauere Aussage als 3.8 macht

Satz 3.10 (Lokale Trivialität projektiver Moduln): P sei ein endlich erzeugter projektiver R-Modul, r sein Rang in $\mathfrak{p} \in \mathrm{Spec}(R)$. Dann gibt es ein $f \in R \setminus \mathfrak{p}$, so daß P_f ein freier R_f-Modul vom Rang r ist.

Beweis: $\{m_1, \dots, m_n\}$ sei ein Erzeugendensystem des R-Moduls P und $\{w_1, \dots, w_r\}$ eine Basis des $R_\mathfrak{p}$-Moduls $P_\mathfrak{p}$. Man kann die w_i als Bilder von Elementen aus P wählen, denn multipliziert man die w_i mit einem gemeinsamen Nenner, so erhält man wieder eine Basis von $P_\mathfrak{p}$. Es gibt Gleichungen $m_i = \sum_{k=1}^{r} \rho_{ik} w_k$ $(i = 1, \dots, n)$ mit Koeffizienten $\rho_{ik} \in R_\mathfrak{p}$. Für ein geeignetes $f \in R \setminus \mathfrak{p}$ kann man die Gleichungen auch als solche in P_f lesen. Sie besagen, daß $P_f = \langle w_1, \dots, w_r \rangle R_f$. Man kann f so wählen, daß D(f) ganz in der Zusammenhangskomponente von Spec(R) enthalten ist, in der $\mathfrak{p}$ liegt. $\{w_1, \dots, w_r\}$ ist dann nach 3.8 eine Basis von $P_\mathfrak{q}$ für alle $\mathfrak{q} \in D(f)$ und es folgt, daß $\{w_1, \dots, w_r\}$ auch eine Basis des R_f-Moduls P_f ist.

Ein triviales Beispiel für einen projektiven Modul, der nicht frei ist, erhält man folgendermaßen: Für $R := K \times K$ mit einem Körper K ist $P := (0) \times K$ ein projektiver Modul, denn er ist lokal frei, jedoch nicht von konstantem Rang.

Interessanter ist folgendes Beispiel: Es sei $R := \mathbb{R}[X, Y, Z]/(X^2 + Y^2 + Z^2 - 1)$ der Koordinatenring der 2-Sphäre über $\mathbb{R}$ und $P := RdX \oplus RdY \oplus RdZ/\langle x dX + y dY + z dZ \rangle$, wobei x, y, z die Bilder von X, Y, Z in R bedeuten. Man kann zeigen, daß P projektiv, aber nicht frei ist. Dies hängt damit zusammen, daß das Tangentialbündel der 2-Sphäre nicht trivial ist (daß man den „Igel nicht ohne Scheitel oder Wirbel frisieren kann").

Sind in R Elemente f, g mit $D(f) \cup D(g) = \mathrm{Spec}(R)$ gegeben, ferner ein freier R_f-Modul endlichen Ranges F_1, ein freier R_g-Modul endlichen Ranges F_2 und ein Isomorphismus $\alpha : (F_1)_g \xrightarrow{\sim} (F_2)_f$ von R_{fg}-Moduln, so erhält man durch Verkleben von F_1 und F_2 wie in III.5.5 einen projektiven R-Modul P, denn P ist endlich präsentierbar nach 1.14 und lokal frei, also projektiv nach 3.6.

Wir wenden uns jetzt den projektiven Moduln über einem Polynomring R[X] in einer Variablen X über R zu.

Satz 3.11 (Horrocks [40]): $(R, \mathfrak{m})$ sei ein lokaler Ring, M ein endlich erzeugter projektiver R[X]-Modul. Es gebe ein normiertes Polynom $f \in R[X]$, so daß M_f ein freier $R[X]_f$-Modul ist. Dann ist M freier R[X]-Modul.

Beweis: Man wähle eine Basis des $R[X]_f$-Moduls M_f, bestehend aus Elementen von M und bezeichne den davon aufgespannten Untermodul von M mit F. Für $P := M/F$ gilt dann $P_f = \langle 0 \rangle$, es gibt daher ein $n \in \mathbb{N}$ mit $f^n P = 0$ und man hat $P \cong M/F/f^n(M/F) \cong M/f^n M/F + f^n M/f^n M$. Dabei ist $M/f^n M$ ein endlich erzeugter projektiver Modul über $S := R[X]/(f^n)$. Da f normiert ist, ist S ein freier R-Modul endlichen

Ranges, folglich ist M/f^nM ebenfalls ein freier R-Modul endlichen Ranges. Da $F + f^nM/f^nM$ ebenfalls als R-Modul endlich erzeugbar ist, ergibt sich, daß P als R-Modul endlich präsentierbar ist.

Ist $\overline{f}$ das Bild von f in $R/\mathfrak{m}[X]$, so ist $(F/\mathfrak{m}F)_{\overline{f}} = (M/\mathfrak{m}M)_{\overline{f}}$, folglich ist die kanonische Abbildung $F/\mathfrak{m}F \to M/\mathfrak{m}M$ injektiv. Da M auch als R-Modul projektiv ist (denn $R[X]$ ist ein freier R-Modul), können wir 3.4 auf die exakte Folge $0 \to F \to M \to P \to 0$ anwenden. Wir erhalten, daß P ein freier R-Modul ist und $M \cong P \oplus F$ als R-Modul.

Im folgenden wird mit Hilfe elementarer Umformungen gezeigt, „daß F zu Lasten von P solange vergrößert werden kann, bis von P nichts mehr übrig bleibt":

$p_1, \dots, p_s \in M$ seien Repräsentanten für eine Basis des R-Moduls P und $\{p_{s+1}, \dots, p_t\}$ sei eine $R[X]$-Basis von F. Ist $s = 0$, so ist nichts zu zeigen. Im weiteren sei daher $s > 0$. Man hat dann für $k = 1, \dots, s$ Gleichungen

$$-Xp_k = \sum_{i=1}^{s} \alpha_{ki} p_i + \sum_{j=s+1}^{t} b_{kj} p_j \quad (\alpha_{ki} \in R,\ b_{kj} \in R[X]). \tag{1}$$

Eine beliebige Relation $\sum_{i=1}^{s} a_i p_i + \sum_{j=s+1}^{t} b_j p_j = 0$ ($a_i, b_j \in R[X]$) läßt sich mit Hilfe der Gleichungen (1) zu einer Relation $\sum_{i=1}^{s} \alpha_i p_i + \sum_{j=s+1}^{t} \widetilde{b}_j p_j = 0$ ($\alpha_i \in R$, $\widetilde{b}_j \in R[X]$) reduzieren. Da $M \cong P \oplus F$ folgt $\alpha_i = \widetilde{b}_j = 0$ ($i = 1, \dots, s$, $j = s+1, \dots, t$).

Der $R[X]$-Modul M besitzt daher bzgl. des Erzeugendensystems $\{p_1, \dots, p_t\}$ eine Relationenmatrix der Form

$$(A + XE \mid B) \qquad A = (\alpha_{ki}),\ B = (b_{kj}), \tag{2}$$

wobei E die s-reihige Einheitsmatrix ist.

Lemma 3.12: Es existieren Matrizen $B_0 \in M(s \times (t-s); R)$ und $\widetilde{B} \in M(s \times (t-s); R[X])$, so daß $B = B_0 + (A + XE)\widetilde{B}$.

Dies folgt, wenn man B durch das „lineare Polynom" $A + XE$ wie in Polynomringen üblich „mit Rest dividiert".

Nach dem Lemma lassen sich die Relationen (1) in der Form

$$(A + XE) \cdot \left[\begin{pmatrix} p_1 \\ \vdots \\ p_s \end{pmatrix} + \widetilde{B} \begin{pmatrix} p_{s+1} \\ \vdots \\ p_t \end{pmatrix}\right] + B_0 \begin{pmatrix} p_{s+1} \\ \vdots \\ p_t \end{pmatrix} = 0$$

schreiben. Wenn man also die p_i ($i = 1, \dots, s$) um geeignete Linearkombinationen der p_j ($j = s+1, \dots, t$) abändert, erreicht man, daß in (2) auch die Matrix B lauter Koeffizienten aus R besitzt. Dies werde im folgenden vorausgesetzt.

Lemma 3.13: Das von den $s \times s$-Minoren von $(A + XE \mid B)$ in $R[X]$ erzeugte Ideal stimmt mit $R[X]$ überein (vgl. § 2, Aufgabe 7).

Es genügt, dies lokal für alle $\mathfrak{M} \in \mathrm{Max}(R[X])$ zu zeigen. $M_{\mathfrak{M}}$ ist nach 3.6 ein freier $R[X]_{\mathfrak{M}}$-Modul und aus $(M_{\mathfrak{M}})_f = (F_{\mathfrak{M}})_f$ folgt, daß $M_{\mathfrak{M}}$ denselben Rang wie $F_{\mathfrak{M}}$ besitzt, nämlich $t - s$. Die exakte Folge

$$0 \to K \to R[X]^t_{\mathfrak{M}} \to M_{\mathfrak{M}} \to 0,$$

in der K der von den Zeilen der Matrix $(A + XE \mid B)$ aufgespannte $R[X]_{\mathfrak{M}}$-Untermodul von $R[X]^t_{\mathfrak{M}}$ ist, zerfällt. K ist daher ein freier $R[X]_{\mathfrak{M}}$-Modul vom Rang s. Da die Zeilen der Matrix zu einer Basis von $R[X]^t_{\mathfrak{M}}$ ergänzt werden können, muß mindestens ein $s \times s$-Minor eine Einheit in $R[X]_{\mathfrak{M}}$ sein.

Aus 3.13 folgt $R[X] = R[X] \cdot g + R[X] \cdot I$, wobei $g := \det(A + XE)$ und I das von den Koeffizienten von B in R erzeugte Ideal ist. Der Ring $T := R[X]/(g)$ ist als R-Modul frei, da g normiertes Polynom ist. Aus $T = T \cdot I$ folgt $I = R$. Da R lokal ist, ergibt sich, daß mindestens ein Koeffizient von B eine Einheit in R ist.

Indem man zuerst elementare Spaltenumformungen und dann Zeilenumformungen vornimmt, führt man (2) über in eine Matrix folgender Form

$$\begin{pmatrix} \begin{array}{c|c} A' + XE' \mid B' & \begin{matrix} 0 \\ \vdots \\ 0 \end{matrix} \\ \hline 0 \ldots\ldots 0 & 1 \end{array} \end{pmatrix}$$

wobei A' und B' Koeffizienten in R besitzen und E' die $(s-1)$-reihige Einheitsmatrix ist.

Da nur elementare Umformungen vorgenommen wurden, gilt die Aussage von 3.13 auch für die neue Matrix (vgl. in diesem Zusammenhang § 1, Aufgabe 9). Auf $(A' + XE' \mid B')$ kann man dieselben Schlüsse wie auf die Matrix (2) anwenden. Man führt die Matrix schließlich in die Form

$$(0 \mid E)$$

über mit der s-reihigen Einheitsmatrix E. Dies bedeutet aber, daß M ein freier $R[X]$-Modul ist (vom Rang $t - s$), q.e.d.

Satz 3.14 (Quillen-Suslin): Die Aussage von 3.11 gilt für einen beliebigen Grundring R: Ist M ein endlich erzeugter projektiver $R[X]$-Modul, $f \in R[X]$ ein normiertes Polynom, so daß M_f freier $R[X]_f$-Modul ist, dann ist M freier $R[X]$-Modul.

Beweis:

a) M ist erweitert.

Für $\mathfrak{m} \in \mathrm{Max}(R)$ sei $M_{\mathfrak{m}}$ der Quotientenmodul des $R[X]$-Moduls M bzgl. $R \setminus \mathfrak{m}$. $M_{\mathfrak{m}}$ ist ein endlich erzeugter projektiver $R_{\mathfrak{m}}[X]$-Modul, für den $(M_{\mathfrak{m}})_f$ frei ist. Nach 3.11 ist $M_{\mathfrak{m}}$ ein freier $R_{\mathfrak{m}}[X]$-Modul, also sicher ein erweiterter Modul. Aus 1.20 ergibt sich nun, daß

M auch global erweitert ist: $M \cong N[X]$ mit einem R-Modul N. Dabei ist $N \cong M/XM$ und auch $N[X]/(X-1)N[X] \cong N$ als R-Modul. Es genügt daher zu zeigen, daß $M/(X-1)M$ ein freier R-Modul ist. Dies haben die folgenden Ausführungen zum Ziel.

b) Fortsetzung von M „ins Projektive".

Wir betrachten einen weiteren Polynomring $R[X^{-1}]$ in einer Unbestimmten X^{-1} und identifizieren die Quotientenringe $R[X]_X$ und $R[X^{-1}]_{X^{-1}}$ mit Hilfe des R-Isomorphismus, der X^{-1} auf $\frac{1}{X}$ abbildet. Wir schreiben dann $R[X, X^{-1}]$ für diesen Ring. (Die offene Menge $D(X) \subset \operatorname{Spec}(R[X])$ wird mit der offenen Menge $D(X^{-1}) \subset \operatorname{Spec}(R[X^{-1}])$ identifiziert. Den durch Identifizieren von $D(X)$ mit $D(X^{-1})$ aus $\operatorname{Spec}(R[X])$ und $\operatorname{Spec}(R[X^{-1}])$ entstehenden Raum nennt man die „projektive Gerade" $\mathbb{P}^1_R$ über R.)

Sei $f = X^n + a_1X^{n-1} + \ldots + a_n$ und $g := 1 + a_1X^{-1} + \ldots + a_nX^{-n}$ $(a_i \in R)$. Da $g = X^{-n}f$ und da X^{-n} Einheit von $R[X, X^{-1}]$ ist, ist $R[X, X^{-1}]_f \cong R[X, X^{-1}]_g$ und $(M_X)_f \cong (M_X)_g$ ist ein freier $R[X, X^{-1}]_g$-Modul, da M_f nach Voraussetzung ein freier $R[X]_f$-Modul ist.

Da X^{-1} und g in $R[X^{-1}]$ das Einheitsideal erzeugen, ist $\operatorname{Spec}(R[X^{-1}]) = D(X^{-1}) \cup D(g)$ Es gibt nach III.5.5 einen $R[X^{-1}]$-Modul M', für den M'_g ein freier $R[X^{-1}]_g$-Modul vom selben Rang wie $(M_X)_g$ ist und für den $M'_{X^{-1}} \cong M_X$ als $R[X, X^{-1}]$-Modul (Verkleben von M_X mit einem freien $R[X^{-1}]_g$-Modul über $D(gX^{-1})$). M' ist endlich präsentierbar nach 1.14 (man sagt, M' setze M ins Projektive fort).

c) M ist frei.

Für $\mathfrak{m} \in \operatorname{Max}(R)$ ist $(M'_\mathfrak{m})_{X^{-1}} \cong (M_\mathfrak{m})_X$ ein freier Modul über $R_\mathfrak{m}[X, X^{-1}]$. Da X^{-1} normiertes Polynom von $R[X^{-1}]$ ist, ist $M'_\mathfrak{m}$ nach 3.11 ein freier $R_\mathfrak{m}[X^{-1}]$-Modul. M' ist endlich präsentierbar und lokal erweitert, folglich ist M' nach 1.20 erweitert: $M' = N'[X^{-1}]$ mit einem R-Modul N', wobei $N' \cong M'/X^{-1}M' \cong M'/(X^{-1}-1)M'$.

Da M'_g ein freier $R[X^{-1}]_g$-Modul ist und $g \equiv 1 \bmod (X^{-1})$, ist $M'_g/X^{-1}M'_g \cong M'/X^{-1}M'$ ein freier R-Modul, folglich ist auch $M'/(X^{-1}-1)M'$ ein freier R-Modul. Es ist aber $M/(X-1)M \cong M_X/(X-1)M_X \cong M'_{X^{-1}}/(X^{-1}-1)M'_{X^{-1}} \cong M'/(X^{-1}-1)M'$ und daher ist auch $M/(X-1)M$ ein freier R-Modul, q.e.d.

Man kann jetzt beweisen

Theorem 3.15 (Serre's Vermutung): Ist K (nullteilerfreier) Hauptidealring, so sind alle endlich erzeugten projektiven $K[X_1, \ldots, X_n]$-Moduln frei.

Beweis: Für $n = 0$ ist die Behauptung richtig, da (allgemeiner) Untermoduln eines freien Moduls endlichen Ranges über einem nullteilerfreien Hauptidealring frei sind (I.2.18).

Es sei daher $n > 0$ und die Aussage sei für Polynomringe in $n-1$ Variablen schon bewiesen. Ist M ein endlich erzeugter projektiver Modul über $K[X_1, \ldots, X_n]$ und S das multiplikativ abgeschlossene System aller normierten Polynome aus $K[X_1]$, so ist M_S ein projektiver Modul über $K[X_1, \ldots, X_n]_S = K[X_1]_S[X_2, \ldots, X_n]$.

Es genügt zu zeigen, daß $K[X_1]_S$ Hauptidealring ist, denn dann ist M_S freier $K[X_1, \ldots, X_n]_S$-Modul nach Induktionsvoraussetzung. Ähnlich wie im Beweis von 3.10 erhält man ein $f \in S$, so daß M_f ein freier $K[X_1, \ldots, X_n]_f$-Modul ist. Nach 3.14 ist dann M ein freier $K[X_1, \ldots, X_n]$-Modul.

Lemma 3.16: $K[X_1]_S$ ist ein Hauptidealring.

$R := K[X_1]_S$ ist als Quotientenring eines faktoriellen Rings selbst faktoriell (III.4.12e)). Für $\mathfrak{p} \in \mathrm{Spec}(R)$ mit $\mathfrak{p} \cap K = (0)$ ist $R_\mathfrak{p}$ Quotientenring von $Q(K)[X_1]$. Somit ist $h(\mathfrak{p}) \leqslant 1$ und $\mathfrak{p}$ ein Hauptideal. Ist dagegen $\mathfrak{p} \cap K = (p)$ mit einem Primelement p von K, so ist $R/pR \cong K/(p)(X_1)$ ein Körper, also $\mathfrak{p} = pR$. Jedes $\mathfrak{p} \in \mathrm{Spec}(R)$, $\mathfrak{p} \neq (0)$, wird somit von einem Primelement π von R erzeugt.

Hieraus folgt, daß R Hauptidealring ist: Für $a_1, a_2 \in R \setminus \{0\}$ sei c ein größter gemeinsamer Teiler von a_1, a_2. Ist $\mathfrak{p} = (\pi)$ ein Primideal von R und tritt π in der Faktorzerlegung von a_i in der ν_i-ten Potenz auf $(i = 1, 2)$, so tritt es in c in der $\mathrm{Min}\{\nu_1, \nu_2\}$-ten Potenz auf. Es ergibt sich $(a_1, a_2)R_\mathfrak{p} = cR_\mathfrak{p}$ für alle $\mathfrak{p} \in \mathrm{Spec}(R)$ und hieraus $(a_1, a_2) = (c)$ nach 1.1. Dann ist aber R ein Hauptidealring, q.e.d.

Wenn ein projektiver Modul nicht frei ist, so kann man immerhin versuchen, einen freien Modul möglichst großen Ranges von ihm als direkten Summanden abzuspalten. Mit diesem Problem beschäftigt sich der *Serresche Abspaltungssatz*, dem wir uns jetzt zuwenden.

Im folgenden sei $R \neq \{0\}$ wieder ein beliebiger Ring, P und P_0 seien endlich erzeugte projektive R-Moduln. Dabei sei P_0 vom Rang 1 (ein „Geradenbündel").

Lemma 3.17:

a) $P^* := \mathrm{Hom}_R(P, P_0)$ ist ein endlich erzeugter projektiver R-Modul mit $\mu_\mathfrak{p}(P^*) = \mu_\mathfrak{p}(P)$ für alle $\mathfrak{p} \in \mathrm{Spec}(R)$.

b) Die kanonische R-lineare Abbildung

$$\alpha : P \to \mathrm{Hom}_R(\mathrm{Hom}_R(P, P_0), P_0)$$

(die $m \in P$ abbildet auf die lineare Abbildung, die jedes $\ell \in \mathrm{Hom}_R(P, P_0)$ in $\ell(m)$ überführt) ist ein Isomorphismus.

Beweis:

a) P^* ist endlich präsentierbar, denn ist $P_0 \oplus P_0' \cong R^r$ mit einem geeigneten R-Modul P_0', so ist $\mathrm{Hom}_R(P, R^r) \cong \mathrm{Hom}_R(P, P_0) \oplus \mathrm{Hom}_R(P, P_0')$. Hierbei ist $\mathrm{Hom}_R(P, R^r)$ isomorph zur direkten Summe von r Exemplaren von P, folglich endlich präsentierbar. Da $\mathrm{Hom}_R(P, P_0')$ endlich erzeugt ist, ergibt sich nach 1.13, daß auch $\mathrm{Hom}_R(P, P_0)$ endlich präsentierbar ist.

P^* ist auch lokal frei, denn für alle $\mathfrak{p} \in \mathrm{Spec}(R)$ ist $P_\mathfrak{p}^* \cong \mathrm{Hom}_{R_\mathfrak{p}}(P_\mathfrak{p}, (P_0)_\mathfrak{p})$, dabei ist $P_\mathfrak{p}$ freier $R_\mathfrak{p}$-Modul und $(P_0)_\mathfrak{p} \cong R_\mathfrak{p}$, da P_0 vom Rang 1. Es folgt, daß $P_\mathfrak{p}^*$ frei ist und $\mu_\mathfrak{p}(P^*) = \mu_\mathfrak{p}(P)$. Nach 3.6 ist P^* projektiv.

b) Die kanonische Abbildung α ist nach 1.10 mit Lokalisation verträglich, weil alle beteiligten Moduln endlich präsentierbar sind. Für alle $\mathfrak{m} \in \mathrm{Max}(R)$ ist die entsprechende lokale Abbildung $\alpha_\mathfrak{m}$ bijektiv, da $P_\mathfrak{m}$ frei und $(P_0)_\mathfrak{m} \cong R_\mathfrak{m}$ ist, denn die kanonische Abbildung eines freien Moduls endlichen Ranges in seinen Bidualmodul ist bijektiv. Nach 1.6 folgt, daß α bijektiv ist.

Das Folgende ist ein weiterer Fundamentalsatz über projektive Moduln:

Satz 3.18 (Serre's Abspaltungssatz): X sei das J-Spektrum eines Rings R. X sei noethersch und von endlicher Dimension. P_0 sei ein endlich erzeugter projektiver R-Modul vom Rang 1 und P ein endlich erzeugter projektiver R-Modul mit

$$\mu_{\mathfrak{p}}(P) > \dim X$$

für alle $\mathfrak{p} \in X$. Dann ist $P \cong P_0 \oplus P'$ mit einem weiteren (projektiven) R-Modul P' (P spaltet P_0 als direkten Summanden ab).

Wir führen den Beweis auf einen *Existenzsatz für global basische Elemente* in einem nicht notwendig projektiven Modul zurück:

Satz 3.19 (Eisenbud-Evans [19]): X sei das Spektrum oder J-Spektrum eines Rings R. X sei noethersch, M ein endlich erzeugter R-Modul. Es gebe Elemente $m_1, \dots, m_t \in M$, so daß für alle $\mathfrak{p} \in X$ gilt:

$$\mu_{\mathfrak{p}}(M) - \mu_{\mathfrak{p}}(M/\langle m_1, \dots, m_t\rangle) \geqslant \operatorname{Min}\{t, \dim \mathfrak{V}(\mathfrak{p}) + 1\}.$$

Dann gibt es Elemente $a_2, \dots, a_t \in R$, so daß $m_1 + a_2 m_2 + \dots + a_t m_t$ basisch für alle $\mathfrak{p} \in X$ ist.

Wir beweisen zunächst den Abspaltungssatz mit Hilfe des Satzes von Eisenbud-Evans: In der Situation von 3.18 sei $d := \dim X$.

a) Ist $\{m_1, \dots, m_t\}$ ein Erzeugendensystem von P, so ist $t \geqslant d + 1$. Es gibt einen endlich erzeugten R-Modul P', so daß $F := P \oplus P'$ ein freier R-Modul ist.
   Aus $\mu_{\mathfrak{p}}(F) - \mu_{\mathfrak{p}}(F/\langle m_1, \dots, m_t\rangle) = \mu_{\mathfrak{p}}(F) - \mu_{\mathfrak{p}}(P') = \mu_{\mathfrak{p}}(P) \geqslant d + 1$ folgt nach 3.19, daß ein Element $m := m_1 + a_2 m_2 + \dots + a_t m_t$ ($a_i \in R$) existiert, das basisch für alle $\mathfrak{p} \in X$ ist, insbesondere für die $\mathfrak{m} \in \operatorname{Max}(R)$. Nach 1.13 erzeugt es einen freien direkten Summanden $\neq \langle 0\rangle$ von F. Dann ist $F/\langle m\rangle \cong P/\langle m\rangle \oplus P'$ projektiv, folglich ist auch $P/\langle m\rangle$ projektiv und $\langle m\rangle$ direkter Summand von P. Wir haben damit den Abspaltungssatz für $P_0 = R$ bewiesen.
b) Im allgemeinen Fall folgt nach 3.17 und Teil a), daß $P^* := \operatorname{Hom}_R(P, P_0) \cong R \oplus Q$ mit einem R-Modul Q. Es ist dann $P \cong P^{**} \cong \operatorname{Hom}_R(R, P_0) \oplus \operatorname{Hom}_R(Q, P_0)$. Da $\operatorname{Hom}_R(R, P_0) \cong P_0$ ist, spaltet P somit P_0 als direkten Summanden ab, q.e.d.

Im Beweis von 3.19 wird das folgende Lemma benutzt:

Lemma 3.20: X sei das Spektrum oder das J-Spektrum von R und X sei noethersch. Für Elemente $m_1, \dots, m_t \in M$ und alle $\mathfrak{p} \in X$ gelte

$$\mu_{\mathfrak{p}}(M) - \mu_{\mathfrak{p}}(M/\langle m_1, \dots, m_t\rangle) \geqslant \operatorname{Min}\{t, \dim \mathfrak{V}(\mathfrak{p}) + 1\}.$$

Dann gibt es nur endlich viele $\mathfrak{p} \in X$, für die gleichzeitig $\dim \mathfrak{V}(\mathfrak{p}) + 1 < t$ und $\mu_{\mathfrak{p}}(M) - \mu_{\mathfrak{p}}(M/\langle m_1, \dots, m_t\rangle) = \dim \mathfrak{V}(\mathfrak{p}) + 1$.

Beweis: Wir setzen $U := \langle m_1, \dots, m_t \rangle$, $\overline{M} := M/U$. Es sei ein $\mathfrak{p} \in X$ mit $\dim \mathfrak{B}(\mathfrak{p}) + 1 < t$ und $\mu_\mathfrak{p}(M) - \mu_\mathfrak{p}(M/U) = \dim \mathfrak{B}(\mathfrak{p}) + 1$ gegeben. Ist $r := \mu_\mathfrak{p}(\overline{M})$, so genügt es zu zeigen, daß $\mathfrak{p}$ minimal in der Menge $A_r(\overline{M})$ aller $\mathfrak{q} \in X$ mit $\mu_\mathfrak{q}(\overline{M}) \geqslant r$ ist, denn diese Menge ist nach 2.6 abgeschlossen und besitzt daher nur endlich viele minimale Elemente, da X noethersch ist. Da es nur endlich viele verschiedene $A_r(\overline{M})$ gibt, folgt dann die Behauptung.

Angenommen, es gäbe ein $\mathfrak{q} \in A_r(\overline{M})$ mit $\mathfrak{q} \underset{\neq}{\subset} \mathfrak{p}$. Dann ist $\dim \mathfrak{B}(\mathfrak{q}) > \dim \mathfrak{B}(\mathfrak{p})$, $\mu_\mathfrak{q}(\overline{M}) = r = \mu_\mathfrak{p}(\overline{M})$ und $\mu_\mathfrak{q}(M) \leqslant \mu_\mathfrak{p}(M)$. Aus $t > \dim \mathfrak{B}(\mathfrak{p}) + 1 = \mu_\mathfrak{p}(M) - \mu_\mathfrak{p}(\overline{M}) \geqslant \mu_\mathfrak{q}(M) - \mu_\mathfrak{q}(\overline{M}) \geqslant \operatorname{Min}\{t, \dim \mathfrak{B}(\mathfrak{q}) + 1\} > \dim \mathfrak{B}(\mathfrak{p}) + 1$ erhält man einen Widerspruch. $\mathfrak{p}$ ist somit minimal in $A_r(\overline{M})$, q.e.d.

Beweis von 3.19:

Unter den Voraussetzungen des Satzes werden wir für jedes $s \in \mathbb{N}$ mit $1 \leqslant s \leqslant t$ (von t aus absteigend) Elemente $m_1^{(s)}, \dots, m_s^{(s)} \in M$ der Form

$$m_i^{(s)} = m_i + \sum_{j=s+1}^{t} a_{ij} m_j \qquad (i = 1, \dots, s;\ a_{ij} \in R)$$

konstruieren, so daß für alle $\mathfrak{p} \in X$ gilt

$$\mu_\mathfrak{p}(M) - \mu_\mathfrak{p}(M/\langle m_1^{(s)}, \dots, m_s^{(s)} \rangle) \geqslant \operatorname{Min}\{s, \dim \mathfrak{B}(\mathfrak{p}) + 1\}.$$

Für $s = 1$ erhalten wir dann ein Element der Form $m = m_1 + \sum_{j=2}^{t} a_j m_j$ $(a_j \in R)$ mit $\mu_\mathfrak{p}(M) - \mu_\mathfrak{p}(M/\langle m \rangle) \geqslant 1$ für alle $\mathfrak{p} \in X$, d.h. ein für alle $\mathfrak{p} \in X$ basisches Element.

Für $s = t$ nehmen wir die gegebenen Elemente $m_1, \dots, m_t$. Sind für ein s mit $1 < s \leqslant t$ die Elemente $m_1^{(s)}, \dots, m_s^{(s)}$ schon in der gewünschten Weise konstruiert, dann ist nach 3.20 die Menge der $\mathfrak{p} \in X$ mit $\dim \mathfrak{B}(\mathfrak{p}) + 1 < s$ und $\mu_\mathfrak{p}(M) - \mu_\mathfrak{p}(M/\langle m_1^{(s)}, \dots, m_s^{(s)} \rangle) = \dim \mathfrak{B}(\mathfrak{p}) + 1$ endlich. $\mathfrak{p}_1, \dots, \mathfrak{p}_r$ seien die Elemente dieser Menge.

Setzt man $m_i^{(s-1)} := m_i^{(s)} + a_i m_s^{(s)}$ $(i = 1, \dots, s-1)$, so kann man nach 2.12 die a_i in R so wählen, daß auch

$$\mu_{\mathfrak{p}_i}(M) - \mu_{\mathfrak{p}_i}(M/\langle m_1^{(s-1)}, \dots, m_{s-1}^{(s-1)} \rangle) = \dim \mathfrak{B}(\mathfrak{p}_i) + 1 \ (i = 1, \dots, r).$$

Für die $\mathfrak{p} \in X \setminus \{\mathfrak{p}_1, \dots, \mathfrak{p}_r\}$ ist aber

$$\begin{aligned}\mu_\mathfrak{p}(M) - \mu_\mathfrak{p}(M/\langle m_1^{(s-1)}, \dots, m_{s-1}^{(s-1)} \rangle) &\geqslant \mu_\mathfrak{p}(M) - \mu_\mathfrak{p}(M/\langle m_1^{(s)}, \dots, m_s^{(s)} \rangle) - 1 \\ &\geqslant \operatorname{Min}\{s-1, \dim \mathfrak{B}(\mathfrak{p}) + 1\}.\end{aligned}$$

Die Elemente $m_1^{(s-1)}, \dots, m_{s-1}^{(s-1)}$ haben dann für alle $\mathfrak{p}$ die gewünschte Eigenschaft, q.e.d.

Die Hauptsätze dieses Kapitels, der Satz von Forster-Swan, das Theorem von Quillen-Suslin und der Serresche Abspaltungssatz werden später angewandt, um Fragen über die Erzeugendenzahlen von Idealen algebraischer Varietäten zu beantworten.

Aufgaben:

1. R sei ein Ring. $(r_1, \dots, r_n) \in R^n$ heißt eine *unimodulare Zeile*, wenn das von $r_1, \dots, r_n$ in R erzeugte Ideal gleich R ist.

   a) Für jede unimodulare Zeile $(r_1, \dots, r_n) \in R^n$ ist $P := \{(f_1, \dots, f_n) \in R^n \mid \sum_{i=1}^{n} f_i r_i = 0\}$ ein projektiver R-Modul vom Rang $n - 1$.

   b) Es sei $R := K[X_1, \dots, X_m]$ mit einem nullteilerfreien Hauptidealring $K (m \geq 0)$. Genau dann ist $(r_1, \dots, r_n) \in R^n$ eine unimodulare Zeile, wenn es eine Matrix $A \in M(n \times n; R)$ mit der ersten Zeile $(r_1, \dots, r_n)$ gibt, so daß $\det(A)$ Einheit in R ist.

2. Für einen endlich erzeugten Modul M über einem Ring R sind folgende Aussagen äquivalent:

   a) M ist projektiv vom Rang r.

   b) Für die Fittingideale $F_i(M)$ (vgl. § 1, Aufgabe 9) gilt

   $$F_0(M) = \dots = F_{r-1}(M) = 0, \quad F_r(M) = R.$$

3. M sei ein endlich präsentierbarer Modul über einem reduzierten Ring R. Ist $\mu_p(M)$ konstant auf Spec(R), dann ist M projektiv.

4. Ein Ideal $I \neq (0)$ eines noetherschen Rings R mit zusammenhängendem Spektrum ist genau dann als R-Modul projektiv, wenn für alle $\mathfrak{m} \in \operatorname{Max}(R)$ das Ideal $I_\mathfrak{m} \subset R_\mathfrak{m}$ von einem Nichtnullteiler von $R_\mathfrak{m}$ erzeugt wird. Zwei solche Ideale I_1, I_2 sind genau dann als R-Moduln isomorph, wenn es Nichtnullteiler $r_1, r_2 \in R$ gibt, so daß $r_1 I_1 = r_2 I_2$.

5. Jeder endlich erzeugte projektive Modul P vom Rang 1 über einem noetherschen Ring R ist isomorph zu einem Ideal $I \subset R$, das lokal Hauptideal ist, erzeugt von einem Nichtnullteiler. Anleitung: Ist S die Menge aller Nichtnullteiler von R, so ist $P_S \cong R_S$ als R_S-Modul. Ist $J \subset R_S$ das Bild von P bei diesem Isomorphismus, so gibt es ein $s \in S$ mit $sJ \subset R$.

6. R sei ein Ring, K sein voller Quotientenring. Ein R-Modul $J \subset K$, für den es einen Nichtnullteiler s von R gibt mit $sJ \subset R$ heißt *gebrochenes R-Ideal*. Ein gebrochenes R-Ideal J heißt *invertierbar*, wenn es ein weiteres gebrochenes R-Ideal J' gibt, so daß $J \cdot J' = R$ ist. Dabei ist $J \cdot J'$ die Menge aller endlichen Summen $\Sigma x_i y_i$ $(x_i \in J, y_i \in J')$ (Idealmultiplikation).

   a) Die gebrochenen Hauptideale $J = xR$, wobei $x \in K$ Einheit ist, sind invertierbar.

   b) Die invertierbaren R-Ideale bilden (bzgl. der Idealmultiplikation) eine Gruppe I(R), die in a) betrachteten gebrochenen Hauptideale eine Untergruppe $\mathscr{H}(R)$. (Die Faktorgruppe $I(R)/\mathscr{H}(R)$ heißt *Picard-Gruppe* von R, sie ist eine wichtige Invariante von R.)

7. Mit den Bezeichnungen von Aufgabe 6 sei R ein lokaler Ring. Dann ist $I(R) = \mathscr{H}(R)$. Anleitung: Um zu zeigen, daß jedes $J \in I(R)$ gebrochenes Hauptideal ist, gehe man aus von einer Gleichung $\sum_{i=1}^{n} a_i b_i = 1$ mit $a_i \in J$ und $b_i \in J'$ $(i = 1, \dots, n)$, wenn $J \cdot J' = R$ ist.

8. Für einen noetherschen Ring R ist I(R) die Menge der gebrochenen R-Ideale, die als R-Moduln projektiv sind.
9. Ein endlich erzeugter Modul über einem Dedekindring (vgl. 2.16) ist genau dann projektiv, wenn er torsionsfrei ist. Für einen Dedekindring R bilden die gebrochenen R-Ideale $\neq (0)$ bzgl. der Idealmultiplikation eine Gruppe.
10. P sei ein endlich erzeugter projektiver Modul vom Rang r über einem noetherschen Ring R der Dimension 1. Dann ist $P \cong I \oplus R^{r-1}$ mit einem Ideal $I \neq (0)$ von R, das bis auf R-Isomorphie eindeutig durch P bestimmt ist.

Literaturhinweise

Das Lokal-Global-Prinzip ist eines der wichtigsten Beweishilfsmittel der kommutativen Algebra. Es trat in ähnlicher Form zuerst in der Zahlentheorie auf nach der Entdeckung der p-adischen Zahlen durch Hensel. Krull [46], der als Erster die lokalen Ringe systematisch untersuchte, verwendete das Prinzip häufig in der Form wie es im Text vorkam.

Das Vorgehen in § 1 zum Beweis der Lokal-Global-Aussage Quillens für erweiterte Moduln folgt einem (unveröffentlichten) Vorschlag Hochsters. Für den Satz von Forster-Swan wurde von Eisenbud-Evans [20] die folgende Verschärfung vermutet: Ist $R = P[X]$ ein Polynomring über einem noetherschen Ring P und M ein endlich erzeugter R-Modul, so gilt

$$\mu(M) \leqslant \operatorname{Max}\{\mu_{\mathfrak{p}}(M) + \dim R/\mathfrak{p} \mid \mathfrak{p} \in \operatorname{Spec}(R),\ \dim R/\mathfrak{p} < \dim R\}.$$

Diese wurde nach Vorarbeiten von Sathaye [71] inzwischen bestätigt durch Mohan Kumar [56]. Der Beweis benutzt die Ergebnisse von Quillen [66] und Suslin [75] im Zusammenhang mit der Lösung des Serreschen Problems, die in § 3 dargestellt wurden.

Über die zwanzigjährige Geschichte der Lösung dieses Problems berichten die Übersichtsvorträge von Bass [8] (kurz vor der Lösung) und Ferrand [23] (nach der Lösung) im Séminaire Bourbaki, siehe auch Swan [77] und die umfassende Darstellung von Lam [50]. Der im Text vorgestellte Beweis des Satzes von Horrocks geht auf Lindel [52] zurück. Ein ähnlicher Beweis wurde auch von Swan gegeben (siehe [77]). Gegenwärtig bemüht man sich, für allgemeinere Ringe R die Freiheit der endlich erzeugten projektiven $R[X_1, \dots, X_n]$-Moduln nachzuweisen (siehe Ferrand [23], Lam [50], Lindel [53]).

Viele Sätze aus § 3 sind Analoga zu Tatsachen aus der Theorie der Vektorraumbündel über topologischen Räumen. Im algebraischen Fall sind die Beweise i.a. gänzlich anders zu führen als im topologischen, jedoch erweist sich die Topologie hier als eine reiche Quelle für möglicherweise richtige algebraische Resultate.

Kaptitel V

Über die Anzahl der Gleichungen, die zur Beschreibung einer algebraischen Varietät nötig sind

Man weiß, daß eine nichtleere lineare Varietät im n-dimensionalen Raum, die durch ein lineares Gleichungssystem vom Rang r beschrieben wird, die Dimension $n - r$ besitzt und daß sich jede lineare Varietät der Dimension d auch immer durch $n - d$ Gleichungen beschreiben läßt. Für zwei sich schneidende lineare Varietäten L_1, L_2 gilt ferner die Dimensionsformel $\dim(L_1 \cap L_2) = \dim L_1 + \dim L_2 - \dim(L_1 + L_2)$, wobei $L_1 + L_2$ den Verbindungsraum bedeutet.

Für algebraische Varietäten – die Lösungsmengen algebraischer Gleichungssysteme – sind die entsprechenden Tatsachen wesentlich schwieriger zu beweisen und man erhält an Stelle von Gleichungen i.a. nur Abschätzungen. Dieses Kapitel ist Verallgemeinerungen der obigen Ergebnisse der linearen Algebra gewidmet. Wie üblich, sind die Probleme aufs engste verknüpft mit idealtheoretischen Fragestellungen, z.B. dem Problem, genauere Angaben über Erzeugendenzahlen von Idealen zu machen.

Wir beginnen mit einer oberen Abschätzung für die Anzahl der zur Beschreibung einer Varietät nötigen Gleichungen:

§ 1. Jede Varietät im n-dimensionalen Raum ist Durchschnitt von n Hyperflächen

Diese Tatsache wurde trotz der Einfachheit ihrer Herleitung erst vor einigen Jahren gezeigt. Kronecker [42] hat schon 1882 bemerkt, daß man immer mit $n + 1$ Hyperflächen auskommt (Kap. I. § 5, Aufgabe 1, vgl. auch die nachfolgenden Aufgaben 1 und 2). Der Beweis des in der Überschrift angegebenen Satzes benutzt nur wenige Tatsachen aus den Kapiteln I–III und einige ringtheoretische Aussagen, die jetzt hergeleitet werden sollen.

Lemma 1.1: $R = R_1 \times \ldots \times R_n$ sei ein direktes Produkt von Ringen. Genau dann ist R Hauptidealring, wenn jedes R_j ($j = 1, \ldots, n$) Hauptidealring ist.

Da R_j homomorphes Bild von R ist, ist mit R auch R_j ein Hauptidealring. Jedes Ideal I von R ist von der Form $I = I_1 \times \ldots \times I_n$, wobei I_j das Bild von I in R_j ist. Wird I_j von r_j erzeugt ($j = 1, \ldots, n$), so wird I von $(r_1, \ldots, r_n)$ erzeugt.

Lemma 1.2: $R \neq \{0\}$ sei ein reduzierter Ring mit nur endlich vielen minimalen Primidealen, K sein voller Quotientenring. Dann ist der Polynomring $K[X]$ Hauptidealring.

Nach III.4.23 ist $K = K_1 \times \ldots \times K_n$ mit Körpern K_j und daher $K[X] \cong K_1[X] \times \ldots \times K_n[X]$. Die Behauptung ergibt sich nun nach 1.1.

Man hat ein analoges Lemma im graduierten Fall. Ist R ein positiv graduierter Ring, so betrachten wir den Polynomring R[X] auf folgende Weise als graduierten Ring: Es ist ein $\alpha \in \mathbb{N}_+$ gegeben. Ein Polynom $\Sigma r_i X^i$ ist homogen vom Grad d, wenn $r_i \in R$ homogen vom Grad $d - i\alpha$ ist für alle $i \in \mathbb{N}$. Insbesondere ist die Variable X vom Grad α.

Lemma 1.3: R sei reduziert und besitze nur endlich viele minimale Primideale. Die Menge S aller homogenen Nichtnullteiler von R enthalte ein Element positiven Grades. Dann ist der Ring $R[X]_{(S)}$ aller Quotienten $\frac{f}{s}$, wobei $f \in R[X]$ und $s \in S$ homogen vom gleichen Grad sind, ein Hauptidealring.

Beweis: $\mathfrak{p}_1, \ldots, \mathfrak{p}_n$ seien die minimalen Primideale von R. Nach III.4.24 hat man einen Isomorphismus graduierter Ringe $R_S \cong (R_1)_{S_1} \times \ldots \times (R_n)_{S_n}$, wobei $R_j := R/\mathfrak{p}_j$ und S_j die Menge der homogenen Elemente $\neq 0$ von R_j ist $(j = 1, \ldots, n)$. Daher hat man auch einen Isomorphismus graduierter Ringe

$$R[X]_S = R_S[X] \cong (R_1)_{S_1}[X] \times \ldots \times (R_n)_{S_n}[X]$$

und einen Isomorphismus

$$R[X]_{(S)} \cong R_1[X]_{(S_1)} \times \ldots \times R_n[X]_{(S_n)}$$

der Unterringe, die aus den Elementen 0-ten Grades bestehen. Nach 1.1 genügt es zu zeigen, daß die $R_j[X]_{(S_j)}$ Hauptidealringe sind, d.h. wir dürfen annehmen, daß R Integritätsring ist.

Ist in diesem Fall $I \subset R[X]_{(S)}$ ein Ideal $\neq (0)$, so betrachten wir ein Element $\frac{f}{s} \in I \setminus \{0\}$, für das $f = r_0 X^n + r_1 X^{n-1} + \ldots + r_n$ von kleinstmöglichem Grad n ist (hier wird nun auch der übliche Grad eines Polynoms betrachtet). Ist $n = 0$, so ist $\frac{f}{s}$ Einheit und es ist nichts zu zeigen. Sei daher $n > 0$. Ist $\frac{g}{s'} \in I$ ein weiteres Element von I, so läßt sich $r_0^m g$ für geeignetes $m \in \mathbb{N}$ durch f mit Rest dividieren:

$$r_0^m g = q \cdot f + r \qquad (q, r \in R[X], \operatorname{Grad}_X r < n).$$

Dabei sind q und r homogene Elemente von R[X] bei der angegebenen Graduierung von R[X], denn r_0, f, g sind homogen. Aus der Gleichung

$$\frac{r}{r_0^m s'} = \frac{g}{s'} - \frac{sq}{r_0^m s'} \cdot \frac{f}{s}$$

ergibt sich $\frac{r}{r_0^m s'} \in I$ und folglich $r = 0$, weil f in X minimalen Grad besaß. Somit ist jedes Element von I Vielfaches von $\frac{f}{s}$.

Satz 1.4: (Storch [79], Eisenbud-Evans [17].)

a) Ist R ein d-dimensionaler noetherscher Ring $(d < \infty)$ und $I \subset R[X]$ ein Ideal, so gibt es Elemente $f_1, \ldots, f_{d+1} \in I$ mit

$$\operatorname{Rad}(I) = \operatorname{Rad}(f_1, \ldots, f_{d+1})$$

b) $R = \bigoplus_{i \in \mathbb{N}} R_i$ sei ein positiv graduierter noetherscher Ring, wobei $R_0 =: K$ ein Körper ist. Es sei g-dim $R =: d < \infty$. $R[X]$ werde als graduierter Ring betrachtet, wobei X homogen vom Grad $\alpha \in \mathbb{N}_+$ sei. $I \subset R[X]$ sei ein homogenes Ideal mit $I \subset M \cdot R[X]$, wobei $M := \bigoplus_{i > 0} R_i$. Dann gibt es homogene Elemente $f_1, \ldots, f_{d+1} \in I$ mit

$$\operatorname{Rad}(I) = \operatorname{Rad}(f_1, \ldots, f_{d+1}).$$

Beweis: Wir dürfen annehmen, daß R reduziert ist. Ist nämlich $\mathfrak{n}$ das Ideal aller nilpotenten Elemente von R (ein homogenes Ideal im graduierten Fall) und ist der Satz für $R_{red} := R/\mathfrak{n}$ schon bewiesen, so gibt es im Bild $\overline{I}$ von I in $R_{red}[X]$ (homogene) Elemente $\overline{f}_1, \ldots, \overline{f}_{d+1}$ mit

$$\operatorname{Rad}(\overline{I}) = \operatorname{Rad}(\overline{f}_1, \ldots, \overline{f}_{d+1}).$$

Man beachte, daß R_{red} dieselbe Dimension (g-Dimension) besitzt wie R. Wählen wir für jedes $\overline{f}_i$ einen (homogenen) Repräsentanten $f_i \in I$, so ist auch

$$\operatorname{Rad}(I) = \operatorname{Rad}(f_1, \ldots, f_{d+1}).$$

Es sei jetzt R reduziert und $d := \dim R$ ($d :=$ g-dim R im graduierten Fall). Ist $d = -1$ im Fall a), so ist die Aussage des Satzes trivial. Ist im graduierten Fall $d = -1$, so ist M minimales Primideal von R und somit $M = (0)$, folglich auch $I = (0)$. Die Aussage des Satzes ist somit auch jetzt richtig.

Es sei nun $d \geq 0$ und S die Menge der (homogenen) Nichtnullteiler von R. Im graduierten Fall enthält S Elemente positiven Grades, da $d \geq 0$. Es ist I_S (das Ideal $I_{(S)}$ aller Quotienten $\frac{f}{s}$ mit $f \in I$, $s \in S$, Grad f = Grad s) nach 1.2 (1.3) ein Hauptideal, erzeugt von einem Element $f_1 \in I$ (einem $\frac{f_1}{s}$, $f_1 \in I$, $s \in S$ homogen vom selben Grad). Ist $g_1, \ldots, g_t$ irgendein Erzeugendensystem von I (bestehend aus homogenen Elementen im graduierten Fall), so hat man Gleichungen

$$r g_j^{\rho_j} = h_j f_1$$

mit einem (homogenen) Nichtnullteiler $r \in R$, (homogenen) Elementen $h_j \in R[X]$ und Zahlen $\rho_j \in \mathbb{N}_+$ ($j = 1, \ldots, t$). Es ist dann

$$r I^\sigma \subset f_1 R[X] \subset I \text{ für genügend großes } \sigma \in \mathbb{N}_+$$

und

$$\mathfrak{V}(I) \subset \mathfrak{V}(f_1) \subset \mathfrak{V}(rI) = \mathfrak{V}(r) \cup \mathfrak{V}(I), \tag{1}$$

wobei $\mathfrak{V}$ die Nullstellenmenge in Spec(R[X]) oder Proj(R[X]) ist*). Ist r Einheit in R, so sind wir bereits fertig. Andernfalls ist $\overline{R} := R/(r)$ ein (positiv graduierter) Ring kleinerer Dimension (g-Dimension) als R, da r in keinem der minimalen Primideale von R enthalten ist. Ist $\overline{I}$ das Bild von I in $\overline{R}[X]$, so gibt es nach Induktionsvoraussetzung, und weil man ohne weiteres zu $\overline{R}_{red}$ übergehen kann, (homogene) Elemente $\overline{f}_2, \ldots, \overline{f}_{d+1} \in \overline{I}$ mit

$$\operatorname{Rad}(\overline{f}_2, \ldots, \overline{f}_{d+1}) = \operatorname{Rad}(\overline{I}).$$

*) Im projektiven Fall ist $\mathfrak{V}(I)$ die Menge aller *relevanten* Primideale von R[X], die I umfassen.

Wir wählen für jedes $\overline{f}_i$ einen (homogenen) Repräsentanten $f_i \in I$ ($i = 2, \dots, d+1$). Dann ist

$$\mathrm{Rad}(r, f_2, \dots, f_{d+1}) = \mathrm{Rad}(R[X]r + I)$$

und folglich

$$\mathfrak{V}(r) \cap \mathfrak{V}(I) = \mathfrak{V}(R[X]Rr + I) = \mathfrak{V}(r, f_2, \dots, f_{d+1}). \tag{2}$$

Aus (1) und (2) erhält man nun

$$\begin{aligned}\mathfrak{V}(f_1, \dots, f_{d+1}) &= \mathfrak{V}(f_1) \cap \mathfrak{V}(f_2, \dots, f_{d+1}) \subset (\mathfrak{V}(r) \cup \mathfrak{V}(I)) \cap \mathfrak{V}(f_2, \dots, f_{d+1}) \\ &= \mathfrak{V}(r, f_2, \dots, f_{d+1}) \cup \mathfrak{V}(I) = \mathfrak{V}(I).\end{aligned}$$

Da ohnehin $\mathfrak{V}(I) \subset \mathfrak{V}(f_1, \dots, f_{d+1})$, folgt die Gleichheit und damit $\mathrm{Rad}(I) = \mathrm{Rad}(f_1, \dots, f_{d+1})$, q.e.d.

Korollar 1.5: I sei ein Ideal des Polynomrings $K[X_1, \dots, X_n]$ über einem Körper K. Dann gibt es Polynome $f_1, \dots, f_n \in I$ mit

$$\mathrm{Rad}(I) = \mathrm{Rad}(f_1, \dots, f_n).$$

Ist $V \subset \mathbb{A}^n(L)$ eine nichtleere K-Varietät, so ist V Durchschnitt von n K-Hyperflächen.

Beweis: Man setze $R := K[X_1, \dots, X_{n-1}]$, $X := X_n$ und wende 1.4a) an.

Korollar 1.6: $\alpha_0, \dots, \alpha_n$ seien positive ganze Zahlen. Der Polynomring $R = K[X_0, \dots, X_n]$ über dem Körper K trage die Graduierung, bei der $\mathrm{Grad}(X_i) = \alpha_i$ ($i = 0, \dots, n$). I sei ein homogenes Ideal mit folgender Eigenschaft: Es gibt homogene Elemente $Y_0, \dots, Y_n$, die R als K-Algebra erzeugen, so daß $I \subset (Y_0, \dots, Y_{n-1})R$. Dann gibt es homogene Polynome $f_1, \dots, f_n \in I$ mit

$$\mathrm{Rad}(I) = \mathrm{Rad}(f_1, \dots, f_n).$$

Dies folgt aus 1.4b), wenn man berücksichtigt, daß $\text{g-dim}(K[Y_0, \dots, Y_{n-1}]) = n - 1$ ist. In der Tat ist $(0) \subset (Y_0) \subset \dots \subset (Y_0, \dots, Y_{n-2})$ eine Kette relevanter Primideale der Länge $n - 1$ und es kann keine längere Kette geben.

Korollar 1.7: Ist $V \subset \mathbb{P}^n(L)$ eine projektive K-Varietät, die einen K-rationalen Punkt besitzt (d.h. einen Punkt $\langle x_0, x_1, \dots, x_n \rangle$ mit $x_i \in K$ ($i = 0, \dots, n$)), so ist V Durchschnitt von n projektiven K-Hyperflächen.

Beweis: Nach einer projektiven Koordinatentransformation mit Koeffizienten aus K kann man annehmen, daß der K-rationale Punkt die Koordinaten $\langle 0, \dots, 0, 1 \rangle$ besitzt. Das Ideal von V in $K[X_0, \dots, X_n]$ ist dann in $(X_0, \dots, X_{n-1})$ enthalten und 1.6 kann angewandt werden.

Die Existenz eines K-rationalen Punkts von V ist natürlich gesichert, wenn K selbst schon algebraisch abgeschlossen ist (Hilbertscher Nullstellensatz).

Bemerkung: Satz 1.4b) ist i.a. nicht richtig unter der schwächeren Voraussetzung, daß Rad (I) vom irrelevanten maximalen Ideal von R[X] verschieden sein soll (Aufgaben 3 und 4). Es scheint nicht bekannt zu sein, ob man in 1.7 ohne die Existenz eines K-rationalen Punkts auskommen kann. Für einen Spezialfall, in dem dies bewiesen ist, vgl. [67], Anhang.

Aufgaben:

1. G sei ein positiv graduierter Ring, wobei $G_0 = K$ ein Körper mit unendlich vielen Elementen ist und G als K-Algebra endlich erzeugt ist. Ist $\dim G =: n$, so gibt es für jedes homogene Ideal $I \subset G$ homogene Elemente $F_1, \ldots, F_n \in I$ mit $\mathrm{Rad}(I) = \mathrm{Rad}(F_1, \ldots, F_n)$. (Anleitung: I. § 5, Aufgabe 1 und II.3.7.)
2. Unter den Voraussetzungen von 1.4b) sei $I \subset R[X]$ irgendein homogenes Ideal (nicht notwendig $I \subset MR[X]$). Dann gibt es homogene Elemente $f_1, \ldots, f_{d+2} \in I$ mit $\mathrm{Rad}(I) = \mathrm{Rad}(f_1, \ldots, f_{d+2})$. (*Hinweis:* Ist $I \not\subset MR[X]$, so ist $I = (f) + I'$ mit einem in X normierten homogenen $f \in I$ und einem homogenen Ideal $I' \subset MR[X]$).
3. Im Polynomring K[T] über einem Körper K der Charakteristik 0 betrachte man die graduierte K-Unteralgebra $R := K[T^2, T^3]$. $I \subset R[X]$ sei das von $X^2 - T^2$ und $X^3 - T^3$ erzeugte Ideal. Es sei Grad (X) = 1.

   a) I ist ein homogenes Primideal der Höhe 1.

   b) Es gibt kein homogenes Element $F \in I$ mit $I = \mathrm{Rad}(F)$.

   (Ist dagegen K ein Körper der Charakteristik $p > 0$, so ist $I = \mathrm{Rad}(X^p - T^p)$.)
4. Man gebe ein analoges Beispiel zu dem in Aufgabe 3, wobei R als K-Algebra von homogenen Elementen 1. Grades erzeugt wird.

§ 2. Ringe und Moduln endlicher Länge

Dieser Paragraph dient hier hauptsächlich dazu, eine Tatsache bereitzustellen, die im Beweis des Krullschen Hauptidealsatzes in § 3 verwendet werden soll. Die Länge eines Moduls M ist (neben der in IV. § 2 diskutierten Zahl $\mu(M)$) eine weitere Verallgemeinerung des Begriffs der Vektorraumdimension, die häufig benutzt wird.

Eine *Normalreihe* in M ist eine Kette

$$M = M_0 \supset M_1 \supset \ldots \supset M_\ell = \langle 0 \rangle \qquad (1)$$

von Untermoduln M_i von M mit $M_i \neq M_{i+1}$ $(i = 0, \ldots, \ell - 1)$. ℓ heißt die *Länge* der Normalreihe. Eine Normalreihe (1) heißt *Kompositionsreihe*, wenn M_i/M_{i+1} $(i = 0, \ldots, \ell - 1)$ ein *einfacher Modul* ist, d.h. ein Modul, dessen einziger echter Untermodul der Nullmodul ist. Eine Kompositionsreihe läßt sich somit nicht durch Einschieben weiterer Untermoduln „verfeinern".

Lemma 2.1: Ein Modul $M \neq \langle 0 \rangle$ über einem Ring R ist genau dann einfach, wenn es ein $\mathfrak{m} \in \mathrm{Max}(R)$ gibt, so daß $M \cong R/\mathfrak{m}$.

Beweis: Es ist klar, daß $R/\mathfrak{m}$ ein einfacher R-Modul für jedes $\mathfrak{m} \in \mathrm{Max}(R)$ ist. Ist $M \neq \langle 0 \rangle$ ein einfacher R-Modul, so sei $m \in M$, $m \neq 0$ gewählt. Es ist dann $M = Rm$ und man hat einen Epimorphismus $R \to M$ $(r \mapsto rm)$. Ist $\mathfrak{m}$ sein Kern, so ist $M \cong R/\mathfrak{m}$. $\mathfrak{m}$ ist maximales Ideal, denn sonst enthielte M einen echten Untermodul $\neq \langle 0 \rangle$.

Definition 2.2: M heißt *artinscher Modul*, wenn jede absteigende Kette von Untermoduln

$$M = M_0 \supset M_1 \supset \dots$$

stationär wird. M heißt *von endlicher Länge*, wenn es eine Schranke für die Längen aller Normalreihen (1) von M gibt. Das Maximum der Längen der Normalreihen heißt dann *die Länge* $\ell(M)$ von M. Ein Ring R heißt *artinsch* (*von endlicher Länge*), wenn er – als R-Modul aufgefaßt – artinsch (von endlicher Länge) ist.

Jeder Modul endlicher Länge ist speziell artinsch und noethersch. Jede Normalreihe eines solchen Moduls kann zu einer Kompositionsreihe verfeinert werden. Es gilt:

Satz 2.3: (Jordan-Hölder). Ein Modul, der eine Kompositionsreihe besitzt, hat endliche Länge und alle Kompositionsreihen des Moduls haben die gleiche Länge.

Beweis: $M = M_0 \supset M_1 \supset \dots \supset M_\ell = \langle 0 \rangle$ sei eine beliebige Kompositionsreihe des Moduls M. Wir zeigen durch Induktion nach ℓ, daß *jede* Normalreihe von M eine Länge $\leqslant \ell$ besitzt. Dies gilt dann auch für Kompositionsreihen und – weil wir von einer beliebigen Kompositionsreihe ausgingen – ergibt sich, daß alle die Länge ℓ besitzen.

Für $\ell = 0$ oder $\ell = 1$ ist der Satz trivial. Sei also $\ell > 1$ und die Behauptung sei schon bewiesen für Moduln, die eine Kompositionsreihe geringerer Länge besitzen. $M = N_0 \supset N_1 \supset \dots \supset N_\lambda = \langle 0 \rangle$ sei eine Normalreihe von M. Ist $N_1 \subset M_1$, dann ergibt sich nach Induktionsvoraussetzung – angewandt auf M_1 –, daß $\lambda - 1 \leqslant \ell - 1$ ist. Ist $N_1 \not\subset M_1$, so ist $N_1 + M_1 = M$, da M/M_1 einfach ist. Aus $M/M_1 = N_1 + M_1/M_1 \cong N_1/M_1 \cap N_1$ ergibt sich, daß auch $N_1/M_1 \cap N_1$ einfach ist.

Da M_1 eine Kompositionsreihe der Länge $\ell - 1$ besitzt, ergibt sich aus der Induktionsvoraussetzung, daß in dem echten Untermodul $M_1 \cap N_1$ von M_1 alle Normalreihen eine Länge $\leqslant \ell - 2$ besitzen. Da $N_1/M_1 \cap N_1$ einfach ist, folgt, daß N_1 eine Kompositionsreihe der Länge $\leqslant \ell - 1$ besitzt. Es ist dann $\lambda - 1 \leqslant \ell - 1$, q.e.d.

Korollar 2.4: (Additivität der Länge). In M sei eine Normalreihe (1) gegeben. Genau dann ist M von endlicher Länge, wenn M_i/M_{i+1} von endlicher Länge ist für $i = 0, \dots, \ell - 1$. Es gilt dann

$$\ell(M) = \sum_{i=0}^{\ell-1} \ell(M_i/M_{i+1}).$$

Beweis: Es genügt, die Behauptung für $\ell = 2$ zu beweisen, der allgemeine Fall folgt dann leicht durch Induktion. Sei M von endlicher Länge und $M \supset M_1 \supset M_2 = \langle 0 \rangle$ eine Normalreihe. Wir verfeinern sie zu einer Kompositionsreihe. Die zwischen M und M_1 liegenden

Moduln der Kompositionsreihe liefern dann eine Kompositionsreihe von M/M_1, die zwischen M_1 und M_0 liegenden eine von M_1. Es folgt $\ell(M) = \ell(M/M_1) + \ell(M_1)$.

Sind M/M_1 und M_1 von endlicher Länge, so erhält man eine Kompositionsreihe von M, indem man eine Kompositionsreihe von M_1 verlängert mit den Urbildern in M der Moduln aus einer Kompositionsreihe von M/M_1.

Nach 2.4 ist jeder Untermodul und jedes homomorphe Bild eines Moduls endlicher Länge wieder von endlicher Länge. Eine direkte Summe von endlich vielen Moduln endlicher Länge ist ebenfalls von endlicher Länge und die Länge der Summe ist gleich der Summe der Längen der Summanden.

Satz 2.5: Ein Ring $R \neq \{0\}$ ist genau dann von endlicher Länge, wenn er noethersch und $\dim R = 0$ ist.

Beweis: Wenn R von endlicher Länge ist, dann ist R auch noethersch und artinsch. Für alle $\mathfrak{p} \in \operatorname{Spec}(R)$ ist auch $R/\mathfrak{p}$ von endlicher Länge. Für $a \in R/\mathfrak{p}$, $a \neq 0$ wird die Idealkette $(a) \supset (a^2) \supset \dots \supset (a^n) \supset \dots$ stationär: $(a^n) = (a^{n+1})$ für alle genügend großen $n \in \mathbb{N}$.

Es ist $a^n = ba^{n+1}$ mit einem $b \in R/\mathfrak{p}$ und somit $a^n(1-ab) = 0$ und aus $a \neq 0$ folgt $ab = 1$, da $R/\mathfrak{p}$ Integritätsring ist. Es ergibt sich, daß $R/\mathfrak{p}$ ein Körper, also jedes $\mathfrak{p} \in \operatorname{Spec}(R)$ maximales Ideal ist, und somit $\dim R = 0$.

Ist umgekehrt R ein noetherscher Ring der Dimension 0, dann besteht $\operatorname{Spec}(R)$ nur aus endlich vielen maximalen Idealen $\mathfrak{m}_1, \dots, \mathfrak{m}_s$ und $I := \mathfrak{m}_1 \cap \dots \cap \mathfrak{m}_s$ ist ein nilpotentes Ideal: $I^\rho = (0)$ für ein $\rho \in \mathbb{N}$. Es genügt zu zeigen, daß R/I von endlicher Länge ist, denn dann sind auch die R-Moduln $I^\alpha/I^{\alpha+1}$ von endlicher Länge, denn sie sind homomorphe Bilder einer endlichen direkten Summe von Exemplaren R/I. Aus 2.4 ergibt sich dann, daß auch R von endlicher Länge ist.

R/I ist ein 0-dimensionaler reduzierter noetherscher Ring und daher nach II.1.5 ein endliches direktes Produkt von Körpern. Seine Länge ist dann gleich der Anzahl der auftretenden Körper.

Korollar 2.6: Für ein Ideal $I \neq R$ eines noetherschen Rings R ist R/I genau dann von endlicher Länge als R-Modul (oder als Ring, was dasselbe ist), wenn $\mathfrak{V}(I) \subset \operatorname{Spec}(R)$ nur maximale Ideale enthält.

Wir können jetzt auch noch die Moduln endlicher Länge über noetherschen Ringen kennzeichnen:

Satz 2.7: M sei ein endlich erzeugter Modul über einem noetherschen Ring R. Folgende Aussagen sind äquivalent:

a) M ist von endlicher Länge.
b) $\operatorname{Supp}(M) \subset \operatorname{Max}(R)$.
c) $R/\operatorname{Ann}(M)$ ist von endlicher Länge.

Beweis:

a) $\to$ b) Sei $M = M_0 \supset \dots \supset M_\ell = \langle 0 \rangle$ eine Kompositionsreihe von M. Nach 2.1 ist $M_i/M_{i+1} \cong R/\mathfrak{m}_i$ mit $\mathfrak{m}_i \in \operatorname{Max}(R)$ $(i = 0, \dots, \ell-1)$. Ist nun $\mathfrak{p} \in \operatorname{Spec}(R) \setminus \operatorname{Max}(R)$, so ist $(M_i/M_{i+1})_\mathfrak{p} \cong (R/\mathfrak{m}_i)_\mathfrak{p} \cong R_\mathfrak{p}/\mathfrak{m}_i R_\mathfrak{p} = \langle 0\rangle$ und es ergibt sich $M_\mathfrak{p} = \langle 0\rangle$. Somit ist $\mathrm{Supp}(M) \subset \mathrm{Max}(R)$.

b) → c) Da $\mathrm{Supp}(M) = \mathfrak{V}(\mathrm{Ann}(M))$ nach III.4.6 ergibt sich aus 2.5, daß $R/\mathrm{Ann}(M)$ von endlicher Länge ist.

c) → a) Ist $R/\mathrm{Ann}(M) =: R'$ von endlicher Länge, dann auch M, denn M ist ein homomorphes Bild einer endlichen direkten Summe von Exemplaren des R-Moduls R'.

Aufgaben:

1 M sei ein Modul über einem Ring R, $N \subset M$ ein Untermodul, für den M/N von endlicher Länge ist. Für ein Element $x \in R$ sei $\mu_x : M \to M$ injektiv und $M/(x)M$ von endlicher Länge. Dann gilt

$$\ell(M/(x)M) = \ell(N/(x)N).$$

2. Ein Elementesystem $\{a_1, \dots, a_m\}$ $(m \geqslant 0)$ aus einem Ring R heiße *frei*, wenn $I := (a_1, \dots, a_m) \neq R$ und wenn $\{a_1 + I^2, \dots, a_m + I^2\}$ eine Basis des R/I-Moduls I/I^2 ist.

   a) Ist $I \neq R$ und $m > 0$, so ist $\{a_1, \dots, a_m\}$ genau dann frei, wenn gilt:

   $$\text{Aus } \sum_{i=1}^{m} r_i a_i = 0 \; (r_i \in R) \text{ folgt stets } r_i \in I \; (i = 1, \dots, m).$$

   b) Ist $\{a_1, \dots, a_m\}$ frei und $a_m = b \cdot c$ mit $(a_1, \dots, a_{m-1}, b) \neq R$, so ist auch $\{a_1, \dots, a_{m-1}, b\}$ frei.

   c) Ist unter den Voraussetzungen von b) R/I von endlicher Länge, so gilt

   $$\ell(R/I) = \ell(R/(a_1, \dots, a_{m-1}, b)) + \ell(R/(a_1, \dots, a_{m-1}, c)).$$

3. Für ein Ideal $I = (a_1, \dots, a_m)$ eines Rings R sei R/I von endlicher Länge. Für $J := (a_1^{\nu_1}, \dots, a_m^{\nu_m})$ mit $\nu_i \in \mathbb{N}_+$ $(i = 1, \dots, m)$ ist dann auch R/J von endlicher Länge und

   $$\ell(R/J) \leqslant \ell(R/I) \cdot \prod_{i=1}^{m} \nu_i.$$

   Ist $\{a_1^{\nu_1}, \dots, a_m^{\nu_m}\}$ frei, so gilt in dieser Beziehung das Gleichheitszeichen.

4. I_k $(k = 1, \dots, m)$ seien Ideale eines Rings R, wobei $I_a + I_b = R$ für $a, b = 1, \dots, m$, $a \neq b$. Ist $I := \bigcap_{k=1}^{m} I_k$ und R/I von endlicher Länge, so ist $\ell(R/I) = \sum_{k=1}^{m} \ell(R/I_k)$.

§ 3. Der Krullsche Hauptidealsatz. Dimension des Durchschnitts zweier Varietäten

Der Hauptidealsatz wird eine untere Abschätzung liefern für die Anzahl der Erzeugenden eines Ideals in einem noetherschen Ring und die Zahl der Gleichungen, die man zur Beschreibung einer algebraischen Varietät benötigt.

Satz 3.1: R sei ein noetherscher Ring und $(a) \neq R$ ein Hauptideal von R. Dann gilt $h(\mathfrak{p}) \leqslant 1$ für jeden minimalen Primteiler $\mathfrak{p}$ von (a) und $h(\mathfrak{p}) = 1$, falls a kein Nullteiler von R ist.

Beweis: Die zweite Aussage ergibt sich aus der ersten, da minimale Primideale von R nach I.4.10 aus lauter Nullteilern bestehen.

Um die erste Aussage zu zeigen, betrachten wir einen minimalen Primteiler $\mathfrak{p}$ von (a). Es ist $h(\mathfrak{p}) = \dim R_{\mathfrak{p}}$ nach III.4.13 und $\mathfrak{p}R_{\mathfrak{p}}$ ist minimaler Primteiler von $aR_{\mathfrak{p}}$. Man kann daher annehmen, daß R ein lokaler Ring ist, dessen maximales Ideal $\mathfrak{m}$ minimaler Primteiler von (a) ist. Für jedes $\mathfrak{q} \in \operatorname{Spec}(R)$ mit $\mathfrak{q} \neq \mathfrak{m}$ ist dann $h(\mathfrak{q}) = 0$ zu zeigen.

Wir bezeichnen mit $\mathfrak{q}^{(i)}$ das Urbild von $\mathfrak{q}^i R_{\mathfrak{q}}$ in R (i-te „symbolische Potenz" von $\mathfrak{q}$) und bilden die Idealkette

$$(a) + \mathfrak{q}^{(1)} \supset (a) + \mathfrak{q}^{(2)} \supset \dots .$$

Da $\operatorname{Spec}(R/(a))$ nur ein Element besitzt, nämlich $\mathfrak{m}/(a)$, ist $R/(a)$ nach 2.5 von endlicher Länge. Es gibt daher ein $n \in \mathbb{N}$ mit

$$(a) + \mathfrak{q}^{(n)} = (a) + \mathfrak{q}^{(n+1)}.$$

Schreibt man $q \in \mathfrak{q}^{(n)}$ in der Form $q = ra + q'$ mit $r \in R$, $q' \in \mathfrak{q}^{(n+1)}$, so ergibt sich aus $ra \in \mathfrak{q}^{(n)}$, $a \notin \mathfrak{q}$ nach Definition von $\mathfrak{q}^{(n)}$, daß $r \in \mathfrak{q}^{(n)}$. Wir erhalten

$$\mathfrak{q}^{(n)} = a\,\mathfrak{q}^{(n)} + \mathfrak{q}^{(n+1)}$$

und daher $\mathfrak{q}^{(n)} = \mathfrak{q}^{(n+1)}$ nach dem Lemma von Nakayama, da $a \in \mathfrak{m}$. In $R_{\mathfrak{q}}$ ist dann $\mathfrak{q}^n R_{\mathfrak{q}} = \mathfrak{q}^{n+1} R_{\mathfrak{q}}$ und somit $\mathfrak{q}^n R_{\mathfrak{q}} = (0)$, wieder nach Nakayama. Da das maximale Ideal von $R_{\mathfrak{q}}$ nilpotent ist, folgt $h(\mathfrak{q}) = \dim R_{\mathfrak{q}} = 0$, q.e.d.

Korollar 3.2: Im n-dimensionalen affinen oder projektiven Raum sei eine irreduzible, d-dimensionale algebraische Varietät V und eine Hyperfläche H gegeben. Ist $V \cap H \neq \emptyset$ und $V \not\subset H$, so haben alle irreduziblen Komponenten von $V \cap H$ die Dimension $d - 1$.

Beweis: Da man den projektiven Raum durch affine Räume überdecken kann, genügt es die Aussage im Affinen zu zeigen. Zur Hyperfläche H gehört im affinen Koordinatenring K[V] von V ein Hauptideal (a), wobei $(a) \neq K[V]$, weil $V \cap H \neq \emptyset$ und $a \neq 0$, da $V \not\subset H$. Ferner ist $K[V \cap H] \cong (K[V]/(a))_{red}$. Nach dem Hauptidealsatz haben alle minimalen Primteiler von (a) die Höhe 1 und somit nach II.3.6b) die Dimension $d - 1$. Deshalb besitzen auch alle minimalen Primideale von $K[V \cap H]$ die Dimension $d - 1$, woraus die Behauptung folgt.

Das Korollar zeigt insbesondere: Schneiden sich zwei Hyperflächen im n-dimensionalen Raum und haben sie keine irreduzible Komponente gemeinsam, so haben alle Komponenten des Durchschnitts die Dimension $n-2$. Dies gilt i.a. nicht, wenn der Koordinatenkörper nicht algebraisch abgeschlossen ist, wie etwa zwei Flächen in $\mathbb{R}^3$ zeigen, die sich nur in einem Punkt berühren.

Korollar 3.3: R sei ein noetherscher Integritätsring. Für $\mathfrak{p}, \mathfrak{p}', \mathfrak{q}_1, \dots, \mathfrak{q}_s \in \operatorname{Spec}(R)$ gelte $\mathfrak{p} \not\subset \mathfrak{q}_i$ $(i = 1, \dots, s)$ und $\mathfrak{p}' \subset \mathfrak{p}$. Es existiere ferner ein $\mathfrak{q}' \in \operatorname{Spec}(R)$ mit $\mathfrak{p}' \underset{\neq}{\subset} \mathfrak{q}' \underset{\neq}{\subset} \mathfrak{p}$. Dann gibt es auch ein $\mathfrak{q} \in \operatorname{Spec}(R)$ mit $\mathfrak{p}' \underset{\neq}{\subset} \mathfrak{q} \underset{\neq}{\subset} \mathfrak{p}$ und $\mathfrak{q} \not\subset \mathfrak{q}_i$ $(i = 1, \dots, s)$.

Beweis: Nach III.1.6 gibt es ein $x \in \mathfrak{p}$ mit $x \notin \mathfrak{q}_i$ $(i = 1, \dots, s)$, $x \notin \mathfrak{p}'$. Ein minimaler Primteiler von $xR_\mathfrak{p} + \mathfrak{p}'R_\mathfrak{p}$ in $R_\mathfrak{p}$ ist von der Form $\mathfrak{q}R_\mathfrak{p}$ mit einem $\mathfrak{q} \in \operatorname{Spec}(R)$, $\mathfrak{p}' \subset \mathfrak{q} \subset \mathfrak{p}$. Da $h(\mathfrak{q}/\mathfrak{p}') = 1$ nach 3.1 und $\dim R_\mathfrak{p}/\mathfrak{p}'R_\mathfrak{p} \geqslant 2$ nach Voraussetzung, ist $\mathfrak{q} \neq \mathfrak{p}$. Ferner ist $\mathfrak{q} \not\subset \mathfrak{q}_i$ $(i = 1, \dots, s)$ und $\mathfrak{p}' \neq \mathfrak{q}$, da $x \in \mathfrak{q}$, $x \notin \mathfrak{q}_i$ $(i = 1, \dots, s)$, $x \notin \mathfrak{p}'$.

Das Korollar wird verwendet im Beweis von

Theorem 3.4: (Verallgemeinerter Krullscher Hauptidealsatz.) R sei ein noetherscher Ring, $I \neq R$ ein Ideal, das von m Elementen erzeugt wird. Für jeden minimalen Primteiler $\mathfrak{p}$ von I gilt dann $h(\mathfrak{p}) \leqslant m$.

Beweis (durch Induktion nach m): Nach 3.1 können wir annehmen, daß $m > 1$ ist und daß der Satz für Ideale schon bewiesen ist, die sich mit weniger als m Elementen erzeugen lassen.

Es sei $I = (a_1, \dots, a_m)$ und $\mathfrak{q}_1, \dots, \mathfrak{q}_s$ seien die minimalen Primteiler von $(a_1, \dots, a_{m-1})$. Es ist dann $h(\mathfrak{q}_i) \leqslant m-1$ $(i = 1, \dots, s)$. $\mathfrak{p}$ sei ein minimaler Primteiler von I und

$$\mathfrak{p} = \mathfrak{p}_0 \supset \mathfrak{p}_1 \supset \dots \supset \mathfrak{p}_l \tag{1}$$

eine Primidealkette der Länge $l \geqslant 2$ (sollte es keine solche Kette geben, sind wir bereits fertig). Wir dürfen annehmen, daß $\mathfrak{p} \not\subset \bigcup_{i=1}^{s} \mathfrak{q}_i$, denn andernfalls ist $\mathfrak{p} \subset \mathfrak{q}_i$ für ein $i \in [1, s]$, somit $h(\mathfrak{p}) \leqslant m-1$ und wir sind wieder fertig.

Durch wiederholte Anwendung von 3.3 zeigt man sofort, daß es auch eine Primidealkette (1) gibt, in der $\mathfrak{p}_{l-1} \not\subset \bigcup_{i=1}^{s} \mathfrak{q}_i$. Wir setzen nun $\overline{R} := R/(a_1, \dots, a_{m-1})$ und bezeichnen die Bilder von Elementen und Idealen aus R in $\overline{R}$ ebenfalls mit einem Querstrich. $\overline{\mathfrak{p}}$ ist ein minimaler Primteiler von $(\overline{a}_m)$ und folglich $h(\overline{\mathfrak{p}}) \leqslant 1$ nach 3.1.

Es ist $\overline{\mathfrak{p}}_{l-1} \not\subset \overline{\mathfrak{q}}_i$, da $\mathfrak{p}_{l-1} \not\subset \mathfrak{q}_i$ und $(a_1, \dots, a_{m-1}) \subset \mathfrak{q}_i$ $(i = 1, \dots, s)$. Somit ist $\overline{\mathfrak{p}}$ minimaler Primteiler von $\overline{\mathfrak{p}}_{l-1}$ und $\mathfrak{p}$ minimaler Primteiler von $\mathfrak{p}_{l-1} + (a_1, \dots, a_{m-1})$. In $R/\mathfrak{p}_{l-1}$ ist dann $\mathfrak{p}/\mathfrak{p}_{l-1}$ minimaler Primteiler eines von $m-1$ Elementen erzeugten Ideals, also $l-1 \leqslant h(\mathfrak{p}/\mathfrak{p}_{l-1}) \leqslant m-1$ und somit $l \leqslant m$. Es folgt $h(\mathfrak{p}) \leqslant m$, q.e.d.

Es sollen jetzt einige Anwendungen des verallgemeinerten Hauptidealsatzes in der algebraischen Geometrie gegeben werden.

Korollar 3.5: V sei eine irreduzible affine oder projektive algebraische Varietät. $f_1, \dots, f_m \in K[V]$ seien (homogene) Elemente des (homogenen) Koordinatenrings von V, deren Nullstellenmenge $W := \mathfrak{V}_V(f_1, \dots, f_m)$ auf V nicht leer sei. Dann gilt für jede irreduzible Komponente Z von W

$$\dim Z \geqslant \dim V - m.$$

Beweis: Wir betrachten nur den affinen Fall, der projektive ergibt sich analog. Ist $\mathfrak{p}$ minimaler Primteiler von $(f_1, \dots, f_m)$, so ist nach 3.4 und II.3.6

$$\dim K[V]/\mathfrak{p} = \dim K[V] - h(\mathfrak{p}) \geqslant \dim V - m.$$

Da die $K[V]/\mathfrak{p}$ die Koordinatenringe der irreduziblen Komponenten von W sind, folgt die Behauptung.

Man kann 3.5 auch aus 3.2 durch Induktion herleiten.

Korollar 3.6:

a) Die Lösungsmenge in $\mathbb{A}^n(L)$ eines Gleichungssystems

$$F_i(X_1, \dots, X_n) = 0 \qquad (F_i \in K[X_1, \dots, X_n],\ i = 1, \dots, m)$$

ist entweder leer oder eine K-Varietät, für die jede irreduzible Komponente die Dimension $\geqslant n - m$ besitzt.

b) Die gleiche Aussage gilt auch für die Lösungsmenge in $\mathbb{P}^n(L)$ eines Systems

$$F_i(Y_0, \dots, Y_n) = 0 \qquad (i = 1, \dots, m)$$

mit lauter homogenen Polynomen $F_i \in K[Y_0, \dots, Y_n]$.

Korollar 3.7: Zur Beschreibung einer algebraischen Varietät V im n-dimensionalen affinen oder projektiven Raum benötigt man mindestens $n - \delta(V)$ Gleichungen, wobei $\delta(V)$ das Minimum der Dimensionen der irreduziblen Komponenten von V ist ($\delta(V) \leqslant \dim V$). Insbesondere läßt sich das Ideal einer solchen Varietät im Polynomring nicht mit weniger als $n - \delta(V)$ Polynomen erzeugen.

Wir verallgemeinern jetzt 3.2:

Satz 3.8: V und W seien irreduzible K-Varietäten in $\mathbb{A}^n(L)$ mit $V \cap W \neq \emptyset$. Dann gilt für jede irreduzible Komponente Z von $V \cap W$

$$\dim Z \geqslant \dim V + \dim W - n.$$

Beweis: Nach II.3.11 e) besitzt jede irreduzible Komponente von $V \times W$ die Dimension $\dim V + \dim W$. Äquivalent damit ist, daß $\dim(K[V] \underset{K}{\otimes} K[W]/\mathfrak{P}_0) = \dim V + \dim W$ für jedes minimale Primideal $\mathfrak{P}_0$ von $K[V] \underset{K}{\otimes} K[W]$. Es ist

$$\begin{aligned} K[V] \underset{K}{\otimes} K[W] &\cong K[X_1, \dots, X_n]/\mathfrak{J}(V) \underset{K}{\otimes} K[Y_1, \dots, Y_n]/\mathfrak{J}(W) \\ &\cong K[X_1, \dots, X_n, Y_1, \dots, Y_n]/(\mathfrak{J}(V), \mathfrak{J}(W)). \end{aligned}$$

Wir bezeichnen mit Δ das von den Elementen $X_i - Y_i$ $(i = 1, \dots, n)$ in $K[X_1, \dots, X_n, Y_1, \dots, Y_n]$ erzeugte Ideal und mit $\mathfrak{d}$ sein Bild in $K[V] \underset{K}{\otimes} K[W]$. Es ist dann

$$K[V] \underset{K}{\otimes} K[W]/\mathfrak{d} \cong K[X_1, \dots, X_n, Y_1, \dots, Y_n]/(\mathfrak{J}(V), \mathfrak{J}(W)) + \Delta$$
$$\cong K[X_1, \dots, X_n]/\mathfrak{J}(V) + \mathfrak{J}(W),$$

wenn wir mit $\mathfrak{J}(W)$ jetzt auch das Ideal von W in $K[X_1, \dots, X_n]$ bezeichnen (Ersetzen von Y_i durch X_i). Es ergibt sich

$$(K[V] \underset{K}{\otimes} K[W]/\mathfrak{d})_{red} \cong (K[X_1, \dots, X_n]/\mathfrak{J}(V) + \mathfrak{J}(W))_{red} \cong K[V \cap W].$$

Die minimalen Primideale von $K[V \cap W]$ entsprechen eineindeutig den minimalen Primteilern $\mathfrak{P}$ von $\mathfrak{d}$ in $K[V] \underset{K}{\otimes} K[W]$, wobei einander entsprechende Primideale die gleiche Dimension besitzen. Da $\mathfrak{d}$ von n Elementen erzeugt wird, ist $h(\mathfrak{P}) \leqslant n$ nach 3.4 und daher nach II.3.6b) $\dim(K[V] \underset{K}{\otimes} K[W]/\mathfrak{P}) = \dim V + \dim W - h(\mathfrak{P}) \geqslant \dim V + \dim W - n$, q.e.d.

Im Projektiven ist die Voraussetzung $V \cap W \neq \emptyset$ überflüssig:

Satz 3.9: V und W seien zwei irreduzible K-Varietäten in $\mathbb{P}^n(L)$. Dann gilt

$$\dim Z \geqslant \dim V + \dim W - n$$

für jede irreduzible Komponente Z von $V \cap W$ (man beachte, daß der leeren Varietät die Dimension -1 zugeordnet ist).

Beweis: $\widetilde{V}$ und $\widetilde{W}$ seien die zu V und W gehörigen Kegel in $\mathbb{A}^{n+1}(L)$. $\widetilde{V} \cap \widetilde{W}$ ist dann der Kegel von $V \cap W$ und $\widetilde{V} \cap \widetilde{W}$ enthält den Ursprung von $\mathbb{A}^{n+1}(L)$. (Der Kegel der leeren Varietät ist der Ursprung.) Ist Z eine irreduzible Komponente von $V \cap W$, dann ist $\widetilde{Z}$ eine Komponente von $\widetilde{V} \cap \widetilde{W}$. Nach II.4.4b) und 3.8 folgt nun

$$\dim Z = \dim \widetilde{Z} - 1 \geqslant \dim \widetilde{V} + \dim \widetilde{W} - (n+1) - 1 = \dim V + \dim W - n.$$

Korollar 3.10: Sind $V, W \subset \mathbb{P}^n(L)$ beliebige Varietäten mit $\dim V + \dim W \geqslant n$, so ist $V \cap W \neq \emptyset$.

Dies verallgemeinert I.5.2 und auch die wohlbekannte Tatsache der projektiven Geometrie, daß sich lineare Varietäten komplementärer Dimension stets schneiden. Man beachte, daß sich aus 3.8 und 3.9 auch sofort die dort angegebenen Aussagen folgern lassen, wenn V und W Varietäten sind, deren irreduzible Komponenten konstante Dimension besitzen („ungemischte" Varietäten).

Da die Höhe eines Ideals $I \neq (1)$ definiert ist als das Infimum der Höhen der Primteiler von I, folgt aus dem verallgemeinerten Hauptidealsatz, daß ein Ideal $I \neq (1)$ in einem noetherschen Ring immer endliche Höhe besitzt:

$$h(I) \leqslant \mu(I).$$

Im Hinblick auf geometrische Anwendungen führt man folgende Bezeichnungen ein:

Definition 3.11: $I \neq R$ sei ein Ideal in einem noetherschen Ring R.

a) I heißt *vollständiger Durchschnitt*, wenn $h(I) = \mu(I)$.

b) I heißt *mengentheoretisch vollständiger Durchschnitt*, wenn es Elemente $a_1, \ldots, a_m \in I$ gibt mit $\text{Rad}(I) = \text{Rad}(a_1, \ldots, a_m)$, wobei $m = h(I)$.

c) I heißt *lokal vollständiger Durchschnitt*, wenn $I_{\mathfrak{m}}$ vollständiger Durchschnitt in $R_{\mathfrak{m}}$ ist für jedes $\mathfrak{m} \in \text{Max}(R)$ mit $I \subset \mathfrak{m}$.

Im Fall c) ist auch $I_{\mathfrak{p}}$ vollständiger Durchschnitt in $R_{\mathfrak{p}}$ für alle $\mathfrak{p} \in \text{Spec}(R)$ mit $I \subset \mathfrak{p}$, denn ist $\mathfrak{p} \subset \mathfrak{m}$, $\mathfrak{m} \in \text{Max}(R)$, so ist (vgl. III.4.12) $h(I_{\mathfrak{m}}) \leqslant h(I_{\mathfrak{p}}) \leqslant \mu(I_{\mathfrak{p}}) \leqslant \mu(I_{\mathfrak{m}})$ und aus $h(I_{\mathfrak{m}}) = \mu(I_{\mathfrak{m}})$ folgt $h(I_{\mathfrak{p}}) = \mu(I_{\mathfrak{p}})$.

Ist I vollständiger Durchschnitt, dann natürlich auch mengentheoretisch und auch lokal, denn $h(I_{\mathfrak{p}}) \geqslant h(I)$ für alle $\mathfrak{p} \in \mathfrak{V}(I)$. In den Fällen a) und b) der Definition 3.11 ergibt sich auch unmittelbar aus dem verallgemeinerten Hauptidealsatz, daß *alle* minimalen Primteiler von I die Höhe m besitzen.

Definition 3.12: V sei eine d-dimensionale K-Varietät im n-dimensionalen affinen oder projektiven Raum über L.

a) V heißt *idealtheoretisch vollständiger Durchschnitt*, wenn ihr Verschwindungsideal im Polynomring über K durch $n - d$ Polynome erzeugt werden kann.

b) V heißt *mengentheoretisch vollständiger Durchschnitt*, wenn V Durchschnitt von $n - d$ K-Hyperflächen ist.

c) V heißt *lokal (idealtheoretisch) vollständiger Durchschnitt*, wenn für jedes $x \in V$ das Ideal von V in dem (über K definierten) lokalen Ring $\mathcal{O}_x$ des umgebenden affinen oder projektiven Raumes (vgl. III.4.14d)) ein vollständiger Durchschnitt ist. (Gilt dies für ein $x \in V$, so sagt man, V sei *in* x *vollständiger Durchschnitt*.)

Es ist leicht zu sehen, daß V genau dann eine der Eigenschaften a) oder b) aus 3.12 besitzt, wenn das Ideal von V im Polynomring über K der entsprechenden Bedingung in 3.11 genügt (wobei im projektiven Fall die a_i homogen zu wählen sind). Wie dort gilt: In den Fällen a) und b) aus 3.12 haben *alle* irreduziblen Komponenten von V die Dimension d. Ist V in einem Punkt x lokal vollständiger Durchschnitt, so haben alle x enthaltenden irreduziblen Komponenten von V die gleiche Dimension. Im affinen Fall ist V genau dann lokal vollständiger Durchschnitt, wenn das Ideal von V im Polynomring lokal vollständiger Durchschnitt ist.

Es ist klar, daß lineare Varietäten in affinen oder projektiven Raum idealtheoretisch vollständige Durchschnitte sind. Wir wollen jetzt weitere Beispiele für die obigen Begriffe betrachten. Bei dieser Gelegenheit wird auch auf einige Sätze hingewiesen, die in den nächsten beiden Kapiteln behandelt werden sollen.

Beispiele 3.13:

a) Affine K-Varietäten der Dimension 0 sind mengentheoretisch vollständige Durchschnitte nach 1.5. Eine projektive K-Varietät der Dimension 0 ist sicher dann mengentheoretisch vollständiger Durchschnitt, wenn sie einen K-rationalen Punkt besitzt (1.7).

b) Affine K-Varietäten der Dimension 0 sind sogar idealtheoretisch vollständige Durchschnitte. Dies läßt sich leicht direkt beweisen, ergibt sich aber auch als einfacher Spezialfall des späteren Satzes 5.21 und der Tatsache, daß 0-dimensionale Varietäten regulär sind (Kap. VI).

c) Es gibt projektive Varietäten der Dimension 0, die *nicht* idealtheoretisch vollständige Durchschnitte sind: In der Tat, es gibt für jedes $r \in \mathbb{N}_+$ eine endliche Punktmenge V in $\mathbb{P}^2(L)$, deren Ideal $\mathfrak{J}(V) \subset L[Y_0, Y_1, Y_2]$ nicht mit r Elementen erzeugt werden kann:

Ein homogenes Polynom $\sum\limits_{\nu_0+\nu_1+\nu_2=r-1} a_{\nu_0\nu_1\nu_2} Y_0^{\nu_0} Y_1^{\nu_1} Y_2^{\nu_2}$ vom Grad $r-1$ besitzt $s := \binom{r+1}{2}$ Koeffizienten $a_{\nu_0\nu_1\nu_2}$. Man kann s Punkte $P_i = \langle y_{0i}, y_{1i}, y_{2i}\rangle \in \mathbb{P}^2(L)$ finden $(i = 1, \dots, s)$, so daß *kein* homogenes Polynom vom Grad $r-1$ auf $V := \{P_1, \dots, P_s\}$ verschwindet. Dazu hat man die Punkte so zu wählen, daß die Determinante, deren Zeilen aus den s Potenzprodukten $y_{0i}^{\nu_0} y_{1i}^{\nu_1} y_{2i}^{\nu_2}$ besteht, nicht verschwindet. Man erreicht dies, indem man etwa $y_{0i} = t_i^r$, $y_{1i} = t_i$, $y_{2i} = 1$ setzt mit paarweise verschiedenen Elementen $t_i \in L$ $(i = 1, \dots, s)$. Wie für die van der Mondesche Determinante zeigt man dann, daß die entstehende Determinante nicht verschwindet.

Ein homogenes Polynom F aus $L[Y_0, Y_1, Y_2]$ vom Grad r hat $\binom{r+2}{2} = s + r + 1$ Koeffizienten. Ist V wie oben gewählt, so sieht man, daß die homogenen Polynome vom Grad r, die auf V verschwinden, einen L-Vektorraum der Dimension $r + 1$ bilden, denn durch $F(P_i) = 0$ $(i = 1, \dots, s)$ werden s linear unabhängige Bedingungen an die Koeffizienten von F gegeben.

Für die homogenen Komponenten von $\mathfrak{J}(V)$ ergibt sich: $\mathfrak{J}(V)_n = \langle 0\rangle$ für $n = 0, \dots, r-1$, $\dim_L(\mathfrak{J}(V)_r) = r + 1$. Somit läßt sich $\mathfrak{J}(V)$ sicher nicht mit weniger als $r + 1$ Polynomen erzeugen.

d) Es wird vermutet, daß affine algebraische Kurven stets mengentheoretisch vollständige Durchschnitte sind. Dies ist bewiesen

α) für Kurven, die lokal vollständige Durchschnitte sind. Für Kurven im 3-dimensionalen Raum wurde das zuerst von Szpiro [78] gezeigt. Sein Beweis wird in Kap. VII behandelt. Das Ergebnis wurde durch Mohan Kumar [56] auf Kurven in Räumen beliebiger Dimension ausgedehnt.

β) Für beliebige Kurven, wenn der Koordinatenkörper Primzahlcharakteristik besitzt (Cowšik-Nori [11]). Der Beweis benutzt die Ergebnisse von Szpiro und Mohan Kumar.

e) Es ist leicht, affine Kurven anzugeben, die nicht lokal vollständige Durchschnitte sind (und damit auch nicht idealtheoretisch). In einem klassischen Beispiel hat Macaulay [55] sogar gezeigt, daß es zu jedem $r \in \mathbb{N}_+$ eine irreduzible Raumkurve gibt, deren Ideal mehr als r Erzeugende benötigt. (Für eine moderne Behandlung dieses Beispiels siehe Abhyankar [3] und Geyer [25]). Es gibt auch *glatte* Raumkurven (Definition in Kap. VI), die nicht idealtheoretisch vollständige Durchschnitte sind (Abhyankar [2], Murthy [57], siehe auch Kap. VII, § 3, Aufgaben 4 und 5.)

f) Wir behandeln jetzt ein von Herzog [34] untersuchtes Beispiel, in dem sich auf explizite Weise bestimmen läßt, welche aus einer gewissen Klasse von affinen Raumkurven vollständige Durchschnitte sind.

n_1, n_2, n_3 seien natürliche Zahlen mit $\mathrm{ggT}(n_1, n_2, n_3) = 1$. Der Kern I des K-Homomorphismus $\varphi : K[X_1, X_2, X_3] \to K[T]$ mit $\varphi(X_i) = T^{n_i}$ $(i = 1, 2, 3)$ ist das Verschwindungsideal der Kurve in $\mathbb{A}^3(L)$ mit der Parameterdarstellung

$$x_1 = t^{n_1},\ x_2 = t^{n_2},\ x_3 = t^{n_3} \qquad (t \in L).$$

Wir versehen $K[X_1, X_2, X_3]$ mit der Graduierung, bei der $\mathrm{Grad}(X_i) = n_i$ $(i = 1, 2, 3)$. $K[T]$ trage die übliche Graduierung $(\mathrm{Grad}(T) = 1)$. I ist dann ein homogenes Primideal, $h(I) = 2$.

α) *Bestimmung eines minimalen Erzeugendensystems von I*

Ist $F = \Sigma a_{\nu_1\nu_2\nu_3} X_1^{\nu_1} X_2^{\nu_2} X_3^{\nu_3} \in I$ homogen vom Grad d, so ist $F(T^{n_1}, T^{n_2}, T^{n_3}) = (\Sigma a_{\nu_1\nu_2\nu_3}) T^d = 0$ und somit $\Sigma a_{\nu_1\nu_2\nu_3} = 0$. Es folgt $F = \Sigma a_{\nu_1\nu_2\nu_3}(X_1^{\nu_1} X_2^{\nu_2} X_3^{\nu_3} - X_1^{\overline{\nu}_1} X_2^{\overline{\nu}_2} X_3^{\overline{\nu}_3})$, wobei $X_1^{\overline{\nu}_1} X_2^{\overline{\nu}_2} X_3^{\overline{\nu}_3}$ irgendein Monom vom Grad d ist $(\Sigma \overline{\nu}_i n_i = d)$. Verwendet man, daß I Primideal ist und $X_i \notin I$ $(i = 1, 2, 3)$, so erhält man:

(*) F ist Linearkombination mit Koeffizienten aus $K[X_1, X_2, X_3]$ von (homogenen) Polynomen aus I der Form

$$\phi_1 = X_1^{c_1'} - X_2^{r_{12}'} X_3^{r_{13}'},\quad \phi_2 = X_2^{c_2'} - X_1^{r_{21}'} X_3^{r_{23}'},\quad \phi_3 = X_3^{c_3'} - X_1^{r_{31}'} X_2^{r_{32}'}.$$

Tritt dabei eine der Variablen X_i in F höchstens in der α_i-ten Potenz auf $(\alpha_i \in \mathbb{N})$, so kann man annehmen, daß auch die in der Linearkombination vorkommenden ϕ_j diese Eigenschaft haben.

Es sei jetzt $c_1 \in \mathbb{N}_+$ die kleinste Zahl mit $c_1 n_1 \in \mathbb{N}n_2 + \mathbb{N}n_3$, entsprechend seien c_2 und c_3 definiert. Unter den Polynomen der Form ϕ_i gibt es eines vom kleinsten Grad. Nach eventueller Umnumerierung der Variablen können wir annehmen, daß dieses von der Form $F_1 = X_1^{c_1} - X_2^{r_{12}} X_3^{r_{13}}$ ist. Dabei ist der Exponent von X_1 die obige Zahl c_1, denn sonst gäbe es ein Polynom kleineren Grades. Aus dem gleichen Grund ist $r_{12} \leqslant c_2$, $r_{13} \leqslant c_3$ und $r_{13} = c_3$ ist mit $r_{12} = 0$ äquivalent, $r_{12} = c_2$ mit $r_{13} = 0$. Wenn wir im letzten Fall X_2 noch in X_3 umbenennen, so gibt es nur die beiden folgenden Möglichkeiten für F_1:

a) $F_1 = X_1^{c_1} - X_3^{c_3}$,

b) $F_1 = X_1^{c_1} - X_2^{r_{12}} X_3^{r_{13}}$ $\quad (0 < r_{12} < c_2,\ 0 < r_{13} < c_3)$.

Da F_1 in X_1 normiert ist, können wir jedes homogene $F \in I$ durch F_1 mit Rest R dividieren. Dabei ist R ebenfalls homogen, $\mathrm{Grad}(R) = \mathrm{Grad}(F)$, und X_1 tritt in R höchstens in der $(c_1 - 1)$-ten Potenz auf. Da $R \in I$, läßt sich R nach (*) als Linearkombination von Polynomen des Typs ϕ_2, ϕ_3 darstellen, wobei X_1 in diesen gleichfalls höchstens in der $(c_1 - 1)$-ten Potenz auftritt. Es gibt solche Polynome, da I (nach Krull) kein Hauptideal ist. F_2 sei eines vom kleinsten Grad.

Ist im *Fall a)* $F_2 = X_3^{c'_3} - X_1^{r'_{31}} X_2^{r'_{32}}$, so ist $F_2 + X_3^{c'_3 - c_3} F_1 = X_3^{c'_3 - c_3} X_1^{c_1} - X_1^{r'_{31}} X_2^{r'_{32}} \in I$, vom gleichen Grad wie F_2 und nicht durch F_1 teilbar. Notwendigerweise muß dann $r'_{31} = 0$ sein. Wir können daher annehmen, daß F_2 die Gestalt $F_2 = X_2^{c'_2} - X_1^{r'_{21}} X_3^{r'_{23}}$ $(r'_{21} < c_1)$ besitzt. Dabei muß $c'_2 = c_2$ sein, denn sonst wäre F_2 nicht von minimalem Grad. Wir zeigen $I = (F_1, F_2)$.

Gäbe es ein $F \in I \backslash (F_1, F_2)$, so gäbe es auch ein solches vom Typ ϕ_3, etwa $F_3 = X_3^{c'_3} - X_1^{r'_{31}} X_2^{r'_{32}}$ mit $r'_{3i} < c_i$ $(i = 1, 2)$, $c'_3 \geqslant c_3$, denn modulo (F_1, F_2) läßt sich jedes homogene $F \in I$ nach (*) zu einem Polynom reduzieren, das Linearkombination von Polynomen des Typs ϕ_3 mit $r'_{3i} < c_i$ $(i = 1, 2)$ ist. Es ist dann $X_3^{c'_3 - c_3} F_1 + F_3 = X_1^{c_1} X_3^{c'_3 - c_3} - X_1^{r'_{31}} X_2^{r'_{32}} \in I$, also $X_1^{c_1 - r'_{31}} X_3^{c'_3 - c_3} - X_2^{r'_{32}} \in I$, im Widerspruch zu $r'_{32} < c_2$.

Im *Fall b)* können wir (nach eventueller Umnumerierung von X_2 und X_3) annehmen, daß $F_2 = X_2^{c_2} - X_1^{r_{21}} X_3^{r_{23}}$ ist $(r_{21} < c_1)$. Dabei muß $r_{23} \leqslant c_3$ sein und $r_{23} = c_3$ ist mit $r_{21} = 0$ äquivalent. Ist $r_{21} = 0$, so ergibt sich $I = (F_1, F_2)$ wie im Fall a). Wir brauchen jetzt I nur noch zu untersuchen, wenn

$$F_2 = X_2^{c_2} - X_1^{r_{21}} X_3^{r_{23}} \qquad (0 < r_{21} < c_1,\ 0 < r_{23} < c_3).$$

Da kein Polynom vom Typ ϕ_3 in (F_1, F_2) enthalten ist (setze $X_1 = X_2 = 0$), gibt es ein Polynom $F_3 = X_3^{c_3} - X_1^{r_{31}} X_2^{r_{32}} \in I$ mit $r_{31} < c_1$, $r_{32} < c_2$. Notwendigerweise ist auch $0 < r_{3i}$ $(i = 1, 2)$. Jedes Polynom F vom Typ ϕ_i $(i \in \{1, 2, 3\})$ läßt sich modulo F_i zu einem Vielfachen eines Polynoms vom Typ ϕ_j $(j \in \{1, 2, 3\})$ reduzieren, das kleineren Grad als F hat. Durch Induktion nach dem Grad ergibt sich daher $I = (F_1, F_2, F_3)$. Betrachtet man I modulo $(X_1^{c_1}, X_2^{c_2}, X_3^{c_3})$, so sieht man auch leicht, daß I im Fall b) nicht mit 2 Elementen erzeugt werden kann.

Als Ergebnis der obigen Diskussion erhalten wir, daß (bei geeigneter Numerierung der Unbestimmten) nur die beiden folgenden Fälle eintreten können:

a) I besitzt ein minimales Erzeugendensystem aus 2 Polynomen

$$F_1 = X_1^{c_1} - X_3^{c_3}, \quad F_2 = X_2^{c_2} - X_1^{r_{21}} X_3^{r_{23}} \qquad (0 \leqslant r_{21} < c_1).$$

b) I besitzt ein minimales Erzeugendensystem aus 3 Polynomen

$$F_1 = X_1^{c_1} - X_2^{r_{12}} X_3^{r_{13}}, \quad F_2 = X_2^{c_2} - X_1^{r_{21}} X_3^{r_{23}},$$

$$F_3 = X_3^{c_3} - X_1^{r_{31}} X_2^{r_{32}} \quad \text{wobei } 0 < r_{ji} < c_i \qquad (i = 1, 2, 3,\ j \neq i).$$

Welcher der beiden Fälle vorliegt, läßt sich rechnerisch leicht entscheiden, indem man die Zahlen c_1, c_2, c_3 bestimmt:

Für $\{n_1, n_2, n_3\} = \{3, 4, 5\}$ ist

$3n_1 = n_2 + n_3, \qquad 2n_2 = n_1 + n_3, \qquad 2n_3 = 2n_1 + n_2,$

$F_1 = X_1^3 - X_2 X_3, \qquad F_2 = X_2^2 - X_1 X_3, \qquad F_3 = X_3^2 - X_1^2 X_2.$

Die Kurve (t^3, t^4, t^5) ist idealtheoretisch kein vollständiger Durchschnitt.

Für $\{n_1, n_2, n_3\} = \{4, 5, 6\}$ ist

$3n_1 = 2n_3, 2n_2 = n_1 + n_3$ und

$I = (X_1^3 - X_3^2, X_2^2 - X_1 X_3)$ ist vollständiger Durchschnitt.

Man kann allgemein zeigen, daß I genau dann vollständiger Durchschnitt ist, wenn die von n_1, n_2, n_3 erzeugte Unterhalbgruppe von $(\mathbb{N}, +)$ „symmetrisch" ist (Aufgaben 3–5).

β) *I ist stets mengentheoretisch vollständiger Durchschnitt*

Es ist nur Fall b) zu betrachten. Wir setzen $v_1 = (-c_1, r_{12}, r_{13}), v_2 = (r_{21}, -c_2, r_{23})$, $v_3 = (r_{31}, r_{32}, -c_3)$ und $v = v_1 + v_2 + v_3 =: (a_1, a_2, a_3)$. Dann ist $a_1 n_1 + a_2 n_2 + a_3 n_3 = 0$. Wir können annehmen, daß etwa a_2 und a_3 das gleiche Vorzeichen besitzen. Dann ist $a_1 = 0$ oder $|a_1| = |-c_1 + r_{21} + r_{31}| \geqslant c_1$ nach Definition von c_1. Da $0 < r_{j1} < c_1$ $(j = 2, 3)$ ist das zweite nicht möglich. Somit ist $a_1 = 0$ und daher auch $a_2 = a_3 = 0$. Wir erhalten im Fall b) als zusätzliche Information, daß

$$c_1 = r_{21} + r_{31},\quad c_2 = r_{12} + r_{32},\quad c_3 = r_{13} + r_{23},$$

woraus sich sofort die folgende Formel ergibt:

$$X_2^{r_{32}} F_1 + X_3^{r_{13}} F_2 + X_1^{r_{21}} F_3 = 0. \tag{1}$$

$R := K[X_1, X_2, X_3]/(F_3)$ ist Integritätsring, da F_3 irreduzibel ist. Ist ξ die Restklasse von X_3 in R, so können wir schreiben

$$R = K[X_1, X_2] \oplus K[X_1, X_2]\xi \oplus \ldots \oplus K[X_1, X_2]\xi^{c_3 - 1},\qquad \xi^{c_3} = X_1^{r_{31}} X_2^{r_{32}}. \tag{2}$$

Aus (1) ergibt sich

$$X_2^{r_{32} c_3} F_1^{c_3} \equiv (-1)^{c_3} X_3^{r_{13} c_3} F_2^{c_3} \bmod (F_3)$$

also $X_2^{r_{32}(r_{13}+r_{23})} F_1^{c_3} \equiv (-1)^{c_3} X_1^{r_{31} r_{13}} X_2^{r_{32} r_{13}} F_2^{c_3} \bmod (F_3)$ und nach Kürzen durch $X_2^{r_{32} r_{13}} \notin (F_3)$

$$X_2^{r_{32} r_{23}} F_1^{c_3} \equiv (-1)^{c_3} X_1^{r_{31} r_{13}} F_2^{c_3} \bmod (F_3).$$

Verwendet man (2) und die Tatsache, daß $K[X_1, X_2]$ faktorieller Ring ist, so folgt

$$F_1^{c_3} \equiv (-1)^{c_3} X_1^{r_{31} r_{13}} P \bmod (F_3),\qquad F_2^{c_3} \equiv X_2^{r_{32} r_{23}} P \bmod (F_3)$$

mit einem $P \in K[X_1, X_2, X_3]$. Dabei ist $P \in I$, da $X_1, X_2 \notin I$. Es ergibt sich $I = \operatorname{Rad}(P, F_3)$.

Die Kurven $(t^{n_1}, t^{n_2}, t^{n_3})$ sind somit stets Durchschnitte von zwei Flächen mit (quasi-)homogenen Gleichungen, wobei man als eine Gleichung immer eine beliebige aus dem oben angegebenen minimalen Erzeugendensystem von I wählen kann.

Für $\{n_1, n_2, n_3\} = \{3, 4, 5\}$ hat man $I = \operatorname{Rad}(X_1^4 - 2X_1 X_2 X_3 + X_2^3, X_3^2 - X_1 X_2)$.

g) Es gibt projektive Kurven im 3-dimensionalen Raum, die *nicht* mengentheoretisch vollständige Durchschnitte sind. Das einfachste Beispiel wird durch zwei windschiefe Geraden in $\mathbb{P}^3$ gegeben (Kap. VI.4.4). Es ist ein offenes Problem, ob zusammenhängende Kurven in $\mathbb{P}^3$ stets mengentheoretisch vollständige Durchschnitte sind. *)

*) Für ein Ergebnis in dieser Richtung s. D. Ferrand. Set Theoretical Complete Intersections in Characteristic $p > 0$. In: Algebraic Geometry. Copenhagen 1978. Springer Lecture Notes in Math. (erscheint).

h) Es gibt affine Flächen, die nicht mengentheoretisch vollständige Durchschnitte sind (Hartshorne [31]). Für Flächen in $\mathbb{A}^4(L)$, wobei L der algebraische Abschluß eines endlichen Körpers ist, hat Murthy [58] analog zu dem Ergebnis von Szpiro gezeigt, daß sie mengentheoretisch vollständige Durchschnitte sind, sofern sie lokal vollständige Durchschnitte sind.

i) Varietäten in $\mathbb{A}^n$ oder $\mathbb{P}^n$, deren sämtliche irreduzible Komponenten die Dimension $n-1$ besitzen, sind idealtheoretisch vollständige Durchschnitte, denn sie sind gerade die Hyperflächen (II.3.11g) und II.4.4f)).

Aufgaben:

1. Interpretiere 3.3 geometrisch.
2. Ist eine K-Varietät $V \subset \mathbb{A}^n(L)$ lokal vollständiger Durchschnitt, so wird ihr Ideal in $K[X_1, \ldots, X_n]$ von $n+1$ Elementen erzeugt. (Diese Folgerung aus dem Satz von Forster-Swan wird in § 5 verschärft werden.)
3. Eine *numerische Halbgruppe* H ist eine Unterhalbgruppe von $(\mathbb{N}, +)$ mit $0 \in H$ und $c + \mathbb{N} \subset H$ für ein $c \in \mathbb{N}$. H heißt *symmetrisch*, wenn es ein $m \in \mathbb{Z}$ gibt, so daß für alle $z \in \mathbb{Z}$ gilt: Genau dann ist $z \in H$, wenn $m - z \notin H$.
   a) Genau dann ist H symmetrisch, wenn die Menge der $z \in \mathbb{Z}\backslash H$ mit $z + h \in H$ für alle $h \in H\backslash\{0\}$ aus genau einem Element besteht.
   b) Sind $n_1, n_2 > 1$ teilerfremde ganze Zahlen, so ist $H := \mathbb{N}n_1 + \mathbb{N}n_2$ eine symmetrische numerische Halbgruppe.
4. In dieser Aufgabe verwenden wir die Bezeichnungen von Beispiel 3.13f). Es sei $H := \mathbb{N}n_1 + \mathbb{N}n_2 + \mathbb{N}n_3$. Durch $\varphi: K[X_1, X_2, X_3] \to K[T]$ wird eine Surjektion (!) $K[X_1, X_2, X_3]_{X_3} \to K[T]_T$ mit dem Kern I_{X_3} induziert. Ist ξ_i die Restklasse von $X_i \bmod I_{X_3}$ $(i = 1, 2)$, so ist im Fall a) des Beispiels

   $$K[T]_T \cong \bigoplus_{\substack{\nu_1 = 0, \ldots, c_1 - 1 \\ \nu_2 = 0, \ldots, c_2 - 1}} K[X_3]_{X_3}\, \xi_1^{\nu_1} \xi_2^{\nu_2}.$$

   Folgere:
   a) Jedes $z \in \mathbb{Z}$ besitzt eine eindeutige Darstellung

   $$z = a_1 n_1 + a_2 n_2 + a_3 n_3 \qquad (0 \leqslant a_1 < c_1,\ 0 \leqslant a_2 < c_2,\ a_3 \in \mathbb{Z}).$$

   b) Genau dann ist $z \in H$, wenn $a_3 \geqslant 0$.
   c) H ist symmetrisch (mit $m := (c_1 - 1)n_1 + (c_2 - 1)n_2 - n_3$).
5. Wir betrachten jetzt den Fall b) aus Beispiel 3.13f). Mit den dortigen Bezeichnungen sei

   $$\mu_1 := c_1 n_1 + c_2 n_2 - n_1 - n_2 - n_3 - r_{12} n_2,$$
   $$\mu_2 := c_1 n_1 + c_2 n_2 - n_1 - n_2 - n_3 - r_{21} n_1.$$

   Man zeige:
   a) Es ist $\mu_1 \neq \mu_2$ und $\mu_i + h \in H$ für alle $h \in H\backslash\{0\}$ $(i = 1, 2)$.
   b) $\mu_i \notin H$ $(i = 1, 2)$.
   c) H ist nicht symmetrisch.

§ 4. Anwendungen des Hauptidealsatzes in noetherschen Ringen

Satz 4.1: Jeder noethersche semilokale Ring besitzt endliche Krulldimension.

Diese ist das Maximum der (nach 3.4 endlichen) Höhen der (endlich vielen) maximalen Ideale.

Die folgenden Betrachtungen werden in eine neue Charakterisierung der Dimension noetherscher lokaler Ringe münden.

Definition 4.2: Ein Ideal $\mathfrak{q}$ eines Rings R heißt *primär* (*Primärideal*), wenn jeder Nullteiler von $R/\mathfrak{q}$ nilpotent ist.

Äquivalent mit dieser Bedingung ist die folgende: Sind $a, b \in R$ mit $a \cdot b \in \mathfrak{q}$ und $a \notin \mathfrak{q}$ gegeben, so existiert ein $\rho \in \mathbb{N}$ mit $b^\rho \in \mathfrak{q}$.

Bemerkung 4.3: Das Radikal eines Primärideals ist ein Primideal.

Ist $\mathfrak{q}$ ein Primärideal und $\mathfrak{p} := \mathrm{Rad}(\mathfrak{q})$, so folgt aus $a \cdot b \in \mathfrak{p}$, daß $a^\rho \cdot b^\rho \in \mathfrak{q}$ für ein $\rho \in \mathbb{N}$. Ist $a^\rho \notin \mathfrak{q}$, so gibt es ein $\sigma \in \mathbb{N}$ mit $(b^\rho)^\sigma \in \mathfrak{q}$, also $b \in \mathfrak{p}$.

Ist $\mathfrak{q}$ primär und $\mathfrak{p} = \mathrm{Rad}(\mathfrak{q})$, so sagt man auch, $\mathfrak{q}$ sei $\mathfrak{p}$*-primär*.

Lemma 4.4: $\mathfrak{m}$ sei ein maximales Ideal, $\mathfrak{q}$ ein beliebiges Ideal eines Rings R. Dann sind folgende Aussagen äquivalent:

a) $\mathfrak{q}$ ist $\mathfrak{m}$-primär.

b) $\mathrm{Rad}(\mathfrak{q}) = \mathfrak{m}$.

c) $\mathfrak{m}$ ist der einzige minimale Primteiler von $\mathfrak{q}$.

Beweis: Es genügt, die Implikation c) → a) zu zeigen. Aus c) folgt, daß $\mathrm{Spec}(R/\mathfrak{q})$ nur ein Element besitzt, nämlich $\mathfrak{m}/\mathfrak{q}$. Die Elemente von $\mathfrak{m}/\mathfrak{q}$ sind nilpotent,die außerhalb $\mathfrak{m}/\mathfrak{q}$ Einheiten. Die Bedingung in 4.2 ist daher sicher erfüllt.

Insbesondere sind die Potenzen $\mathfrak{m}^\rho$ eines maximalen Ideals $\mathfrak{m}$ stets $\mathfrak{m}$-primär. Ist $\mathfrak{m}$ endlich erzeugt, so ist ein Ideal $\mathfrak{q}$ genau dann $\mathfrak{m}$-primär, wenn $\mathfrak{m}^\rho \subset \mathfrak{q} \subset \mathfrak{m}$ für geeignetes $\rho \in \mathbb{N}$.

Der Begriff des Primärideals kann als Verallgemeinerung des Begriffs der Primzahlpotenz betrachtet werden. Jedoch braucht eine Potenz eines beliebigen Primideals $\mathfrak{p}$ *nicht immer* $\mathfrak{p}$-primär zu sein (Aufgabe 2). Die symbolischen Potenzen von $\mathfrak{p}$ sind jedoch stets $\mathfrak{p}$-primär (Aufgabe 4).

Bemerkung 4.5: $(R, \mathfrak{m})$ sei ein noetherscher lokaler Ring, $\mathfrak{q}$ ein $\mathfrak{m}$-primäres Ideal. Dann ist $\mu(\mathfrak{q}) \geqslant \dim R$. Speziell ist $\mu(\mathfrak{m}) \geqslant \dim R$.

Da $\mathfrak{m}$ der einzige minimale Primteiler von $\mathfrak{q}$ ist, gilt nach 3.4

$$\mu(\mathfrak{q}) \geqslant h(\mathfrak{m}) = \dim R.$$

Definition 4.6: Ist $(R,\mathfrak{m})$ ein noetherscher lokaler Ring, so heißt $\mu(\mathfrak{m})$ die *Einbettungsdimension* (edim R) von R.

Wie gerade gezeigt, gilt stets

edim R $\geqslant$ dim R.

Das folgende III.1.6 verschärfende Lemma über das Vermeiden von Primidealen spielt in mehreren späteren Sätzen eine wichtige Rolle:

Lemma 4.7: R sei ein noetherscher Ring. $J \subset I$ seien zwei Ideale von R mit $\mathfrak{V}(I) = \mathfrak{V}(J)$ und es sei $\mu(I/J) =: m$. Ferner seien $\mathfrak{p}_1, \ldots, \mathfrak{p}_s \in \operatorname{Spec}(R)$ mit $I \not\subset \bigcup_{j=1}^{s} \mathfrak{p}_j$ gegeben. Dann kann man Elemente $a_1, \ldots, a_m \in I$ finden, so daß gilt:

a) $I = (a_1, \ldots, a_m) + J$.

b) $a_i \notin \bigcup_{j=1}^{s} \mathfrak{p}_j \quad (i = 1, \ldots, m)$.

c) Ist $\mathfrak{p} \in \mathfrak{V}(a_1, \ldots, a_m)$, $\mathfrak{p} \notin \mathfrak{V}(I)$, so ist $h(\mathfrak{p}) \geqslant m$.

Beweis: Wir konstruieren induktiv Elemente $a_1, \ldots, a_r \in I \setminus \bigcup_{j=1}^{s} \mathfrak{p}_j$, deren Bilder $\bar{a}_1, \ldots, \bar{a}_r$ in I/J Teil eines minimalen Erzeugendensystems dieses Ideals sind und für die gilt: Ist $\mathfrak{p} \in \mathfrak{V}(a_1, \ldots, a_r)$, $\mathfrak{p} \notin \mathfrak{V}(I)$, so ist $h(\mathfrak{p}) \geqslant r$.

Für $r = 0$ ist nichts zu zeigen. Sind $a_1, \ldots, a_r$ für ein r mit $0 \leqslant r < m$ schon in der gewünschten Weise konstruiert, so wählen wir zunächst ein beliebiges $a \in I$, so daß auch $\{\bar{a}_1, \ldots, \bar{a}_r, \bar{a}\}$ Teil eines minimalen Erzeugendensystems von I/J ist.

$\mathfrak{q}_1, \ldots, \mathfrak{q}_t$ seien die minimalen Primteiler von $(a_1, \ldots, a_r)$, die nicht zu $\mathfrak{V}(I)$ gehören und X sei die Menge der maximalen Elemente (bzgl. Inklusion) von $\{\mathfrak{q}_1, \ldots, \mathfrak{q}_t, \mathfrak{p}_1, \ldots, \mathfrak{p}_s\}$. Es ist dann $X = X_1 \cup X_2$, wobei X_1 aus den $\mathfrak{p} \in X$ mit $a \in \mathfrak{p}$ und X_2 aus den $\mathfrak{p} \in X$ mit $a \notin \mathfrak{p}$ besteht.

Da $\mathfrak{V}(J) = \mathfrak{V}(I)$, ist $J \not\subset \bigcup_{\mathfrak{p} \in X} \mathfrak{p}$, es gibt daher ein $b \in J$, so daß $b \notin \mathfrak{p}$ für alle $\mathfrak{p} \in X$. Ferner gibt es nach III.1.6 ein $\lambda \in \bigcap_{\mathfrak{p} \in X_2} \mathfrak{p}$ mit $\lambda \notin \bigcup_{\mathfrak{p} \in X_1} \mathfrak{p}$. Setzt man nun $a_{r+1} := a + \lambda b$, so ist $a_{r+1} \notin \mathfrak{p}$ für alle $\mathfrak{p} \in X$, also insbesondere $a_{r+1} \notin \mathfrak{p}_j$ $(j = 1, \ldots, s)$. Da $a_{r+1} \equiv a \bmod J$, sind die Bilder von $a_1, \ldots, a_{r+1}$ in I/J Teil eines minimalen Erzeugendensystems dieses Ideals.

Ist $\mathfrak{p} \in \mathfrak{V}(a_1, \ldots, a_{r+1}) \setminus \mathfrak{V}(I)$, so ist $h(\mathfrak{p}) \geqslant r + 1$, denn $\mathfrak{p}$ umfaßt eines der $\mathfrak{q}_i$ $(i = 1, \ldots, t)$ und nach Voraussetzung ist $h(\mathfrak{q}_i) \geqslant r$, aber $a_{r+1} \notin \mathfrak{q}_i$ $(i = 1, \ldots, t)$. Das Lemma ist damit bewiesen.

Als erste Anwendung ergibt sich eine *Umkehrung des verallgemeinerten Hauptidealsatzes*:

Satz 4.8: R sei ein noetherscher Ring. Besitzt $\mathfrak{p} \in \operatorname{Spec}(R)$ die Höhe m, so gibt es Elemente $a_1, \dots, a_m \in \mathfrak{p}$, so daß $\mathfrak{p}$ minimaler Primteiler von $(a_1, \dots, a_m)$ ist.

Beweis: Wir setzen $I := \mathfrak{p}$ und $J := \mathfrak{p}^2$. Da $\mu(\mathfrak{p}/\mathfrak{p}^2) \geqslant \mu_{\mathfrak{p}}(\mathfrak{p}/\mathfrak{p}^2) = \operatorname{edim} R_{\mathfrak{p}} \geqslant \dim R_{\mathfrak{p}} = h(\mathfrak{p}) = m$ ist, gibt es – wie im Beweis von 4.7 gezeigt – Elemente $a_1, \dots, a_m \in \mathfrak{p}$, so daß $h(\mathfrak{p}') \geqslant m$ für alle $\mathfrak{p}' \in \operatorname{Spec}(R)$ mit $(a_1, \dots, a_m) \subset \mathfrak{p}'$, $\mathfrak{p} \not\subset \mathfrak{p}'$. Sicher ist dann $\mathfrak{p}$ minimaler Primteiler von $(a_1, \dots, a_m)$.

Für die Krulldimension noetherscher lokaler Ringe erhalten wir die folgende Beschreibung:

Korollar 4.9: In jedem noetherschen lokalen Ring $(R, \mathfrak{m})$ gibt es ein $\mathfrak{m}$-primäres Ideal $\mathfrak{q}$, welches ein vollständiger Durchschnitt ist: $\mu(\mathfrak{q}) = \dim R$. Es ist

$$\dim R = \operatorname{Min}\{\mu(\mathfrak{q}) \mid \mathfrak{q}\ \mathfrak{m}\text{-primär}\}.$$

Beweis: Sei $m := \dim R$. Nach 4.8 gibt es Elemente $a_1, \dots, a_m \in \mathfrak{m}$, so daß $\mathfrak{m}$ der einzige minimale Primteiler von $\mathfrak{q} := (a_1, \dots, a_m)$ ist. Nach 4.4 ist $\mathfrak{q}$ $\mathfrak{m}$-primär und daher auch vollständiger Durchschnitt. Da $\mu(\mathfrak{q}') \geqslant \dim R$ für jedes $\mathfrak{m}$-primäre Ideal $\mathfrak{q}'$ gilt (4.5), ergibt sich auch die Dimensionsformel.

Definition 4.10: Ein System $\{a_1, \dots, a_d\}$ von Elementen eines d-dimensionalen noetherschen lokalen Rings $(R, \mathfrak{m})$ heißt ein *Parametersystem von* R, wenn es ein $\mathfrak{m}$-primäres Ideal erzeugt.

Nach 4.9 gibt es immer ein solches.

Satz 4.11: $(R, \mathfrak{m})$ sei ein noetherscher lokaler Ring, $\{a_1, \dots, a_m\}$ ein System von Elementen aus $\mathfrak{m}$.

a) Es ist $\dim R \geqslant \dim R/(a_1, \dots, a_m) \geqslant \dim R - m$.
b) Genau dann ist $\dim R/(a_1, \dots, a_m) = \dim R - m$, wenn $\{a_1, \dots, a_m\}$ zu einem Parametersystem von R ergänzt werden kann.

Beweis:

a) Es sei $\delta := \dim R/(a_1, \dots, a_m)$ und $\{b_1, \dots, b_\delta\}$ sei ein System von Elementen aus $\mathfrak{m}$, deren Bilder in $R/(a_1, \dots, a_m)$ ein Parametersystem dieses Rings bilden. Dann ist $(a_1, \dots, a_m, b_1, \dots, b_\delta)$ ein $\mathfrak{m}$-primäres Ideal, folglich $m + \delta \geqslant \dim R$ nach 4.5.
b) Gilt $m + \delta = \dim R$, so ist $\{a_1, \dots, a_m, b_1, \dots, b_\delta\}$ ein Parametersystem von R. Umgekehrt: Läßt sich $\{a_1, \dots, a_m\}$ durch Hinzunahme von Elementen $b_1, \dots, b_t \in \mathfrak{m}$ zu einem Parametersystem von R ergänzen, so ist $m + t = \dim R$ und die Restklassen von $b_1, \dots, b_t$ in $R/(a_1, \dots, a_m)$ erzeugen ein Primärideal zum maximalen Ideal dieses Rings.

   Es ist dann $t \geqslant \dim R/(a_1, \dots, a_m) \geqslant \dim R - m = t$ und somit $\dim R/(a_1, \dots, a_m) = \dim R - m$.

Korollar 4.12: Das Ideal $I \subset \mathfrak{m}$ sei ein vollständiger Durchschnitt: $I = (a_1, \dots, a_m)$ mit $h(I) = m$. Dann ist $\{a_1, \dots, a_m\}$ Teilsystem eines Parametersystems von R, folglich $\dim R/I = \dim R - m$. Ist speziell $a \in \mathfrak{m}$ ein Nichtnullteiler von R, so gilt $\dim R/(a) = \dim R - 1$.

Beweis: Für jeden minimalen Primteiler $\mathfrak{p}$ von I ist $h(\mathfrak{p}) = m$. Sei $\mathfrak{p}$ so gewählt, daß $\dim R/I = \dim R/\mathfrak{p}$. Nach 4.11 a) gilt $\dim R - m \leqslant \dim R/I = \dim R/\mathfrak{p} \leqslant \dim R - h(\mathfrak{p}) = \dim R - m$ und somit $\dim R/(a_1, \dots, a_m) = \dim R - m$. Nach 4.11 b) ist $\{a_1, \dots, a_m\}$ Teilsystem eines Parametersystems von R. Ist $a \in \mathfrak{m}$ Nichtnullteiler, so ist $h(a) = 1$ nach 3.1. Somit ist (a) vollständiger Durchschnitt und $\dim R/(a) = \dim R - 1$.

Als nächstes soll nun auch eine Charakterisierung der vollständigen Durchschnitte in globalen noetherschen Ringen hergeleitet werden.

Definition 4.13: Ein Elementesystem $\{a_1, \dots, a_m\}$ $(m \geqslant 0)$ eines Rings R heiße *unabhängig*, wenn gilt:

a) $(a_1, \dots, a_m) \neq R$.
b) Ist $F \in R[X_1, \dots, X_m]$ ein homogenes Polynom *) mit $F(a_1, \dots, a_m) = 0$, dann sind alle Koeffizienten von F in $\operatorname{Rad}(a_1, \dots, a_m)$ enthalten.

Äquivalent mit b) ist die folgende, manchmal handlichere Aussage: Ist $F \in R[X_1, \dots, X_m]$ homogen vom Grad d und $b := F(a_1, \dots, a_m) \in (a_1, \dots, a_m)^{d+1}$, dann gehören alle Koeffizienten von F zu $\operatorname{Rad}(a_1, \dots, a_m)$.

In der Tat: $b \in (a_1, \dots, a_m)^{d+1}$ läßt sich in der Form $b = G(a_1, \dots, a_m)$ schreiben, wobei G homogen vom Grad d ist mit lauter Koeffizienten aus $(a_1, \dots, a_m)$. Man wende jetzt 4.13b) auf $F - G$ an.

Satz 4.14: In einem noetherschen Ring sei ein Ideal $I = (a_1, \dots, a_m) \neq R$ gegeben. Genau dann ist $h(I) = m$ (also I vollständiger Durchschnitt), wenn $\{a_1, \dots, a_m\}$ unabhängig ist.

Der Beweis des Satzes erfolgt mit einer auf E. Davis ([12], [13]) zurückgehenden Technik. Wir treffen zunächst einige Vorbereitungen von selbständigem Interesse.

Lemma 4.15: $R[X]$ sei der Polynomring über einem noetherschen Ring R. Für jedes Ideal I von R mit $I \neq R$ gilt

$$h(IR[X]) = h(I), \quad h((I, X)R[X]) = h(I) + 1.$$

Ist $\dim R < \infty$, so ist

$$\dim R[X] = \dim R + 1$$

---

*) Wenn im folgenden von homogenen Polynomen gesprochen wird, so wird immer vorausgesetzt, daß der Polynomring mit der kanonischen Graduierung versehen ist.

Beweis: Für jedes $\mathfrak{p} \in \mathrm{Spec}(R)$ ist $\mathfrak{p}R[X]$ ein Primideal von $R[X]$, denn $R[X]/\mathfrak{p}R[X] \cong R/\mathfrak{p}\,[X]$. Ferner ist auch $\mathfrak{P} := (\mathfrak{p}, X)\,R[X] \in \mathrm{Spec}(R[X])$ und es gilt $\mathfrak{p}R[X] \cap R = \mathfrak{p}$, $\mathfrak{P} \cap R = \mathfrak{p}$.

Ist $\mathfrak{p}$ minimaler Primteiler von I, so ist $\mathfrak{p}R[X]$ minimaler Primteiler von $IR[X]$ und $\mathfrak{P}$ minimaler Primteiler von $(I, X)\,R[X]$. Ist umgekehrt $\mathfrak{Q}$ minimaler Primteiler von $IR[X]$ (von $(I, X)\,R[X]$) und $\mathfrak{q} := \mathfrak{Q} \cap R$, so ist $\mathfrak{q}$ minimaler Primteiler von I und $\mathfrak{Q} = \mathfrak{q}R[X]$ (bzw. $\mathfrak{Q} = (\mathfrak{q}, X)\,R[X]$). Es genügt daher, die Höhenformeln für Primideale $I = \mathfrak{p}$ zu zeigen.

Für jede Primidealkette $\mathfrak{p}_0 \subset \ldots \subset \mathfrak{p}_t = \mathfrak{p}$ in R ist

$$\mathfrak{p}_0 R[X] \subset \ldots \subset \mathfrak{p}_t R[X] = \mathfrak{p}R[X]$$

eine Primidealkette in $R[X]$ und somit $h(\mathfrak{p}R[X]) \geqslant h(\mathfrak{p})$. Ferner ist $\mathfrak{p}R[X] \subsetneqq \mathfrak{P} = (\mathfrak{p}, X)\,R[X]$. Da X kein Nullteiler von $R[X]_{\mathfrak{P}}$ ist, ergibt sich nach 4.12, daß

$$h(\mathfrak{P}) = \dim R[X]_{\mathfrak{P}} = \dim (R[X]_{\mathfrak{P}}/(X)) + 1 = \dim R_{\mathfrak{p}} + 1 = h(\mathfrak{p}) + 1.$$

Hieraus folgt $h(\mathfrak{p}R[X]) \leqslant h(\mathfrak{p})$, dann aber auch $h(\mathfrak{p}R[X]) = h(\mathfrak{p})$.

Es ist jetzt auch schon gezeigt, daß $\dim R[X] \geqslant \dim R + 1$. Sei nun $\mathfrak{P} \in \mathrm{Spec}(R[X])$ gegeben und $\mathfrak{p} := \mathfrak{P} \cap R$. Dann ist $R[X]_{\mathfrak{P}}/\mathfrak{p}R[X]_{\mathfrak{P}} \cong (R_{\mathfrak{p}}/\mathfrak{p}R_{\mathfrak{p}})\,[X]_{\mathfrak{P}^*}$ mit einem $\mathfrak{P}^* \in \mathrm{Spec}(R_{\mathfrak{p}}/\mathfrak{p}R_{\mathfrak{p}}[X])$. Da dieser Ring Hauptidealring ist, gibt es ein $f \in \mathfrak{P}$, so daß $\mathfrak{P}R_{\mathfrak{p}}[X]_{\mathfrak{P}} = (\mathfrak{p}, f)\,R_{\mathfrak{p}}[X]_{\mathfrak{P}}$ ist. Sei $\dim R_{\mathfrak{p}} =: d$ und sei $\{a_1, \ldots, a_d\}$ ein Parametersystem von $R_{\mathfrak{p}}$. Dann ist $\mathfrak{p}R_{\mathfrak{p}} = \mathrm{Rad}((a_1, \ldots, a_d)\,R_{\mathfrak{p}})$ und es folgt $\mathfrak{P}R_{\mathfrak{p}}[X]_{\mathfrak{P}} = \mathrm{Rad}(a_1, \ldots, a_d, f)$. Somit ergibt sich

$$h(\mathfrak{P}) = \dim R_{\mathfrak{p}}[X]_{\mathfrak{P}} \leqslant d + 1 \leqslant \dim R + 1.$$

Da dies für alle $\mathfrak{P} \in \mathrm{Spec}(R[X])$ richtig ist, folgt $\dim R[X] \leqslant \dim R + 1$ und damit auch die Gleichheit.

Lemma 4.16: $R[X]$ sei der Polynomring über einem noetherschen Ring R, $\{a_1, \ldots, a_m\}$ ein Elementesystem von R mit $(a_1, \ldots, a_m) \neq R$. Genau dann ist $\{a_1, \ldots, a_m\}$ unabhängig in R, wenn $\{a_1, \ldots, a_m, X\}$ unabhängig in $R[X]$ ist.

Beweis: Wenn $\{a_1, \ldots, a_m, X\}$ unabhängig in $R[X]$ ist, dann ist $\{a_1, \ldots, a_m\}$ unabhängig in R, denn $\mathrm{Rad}((a_1, \ldots, a_m, X) \cdot R[X]) \cap R = \mathrm{Rad}(a_1, \ldots, a_m)$.

Umgekehrt sei $\{a_1, \ldots, a_m\}$ unabhängig in R und $F \in R[X]\,[X_1, \ldots, X_m, T]$ ein homogenes Polynom (in den Variablen $X_1, \ldots, X_m, T$) mit $F(a_1, \ldots, a_m, X) = 0$. Wir schreiben

$$F = \sum_{\nu_1 + \ldots + \nu_m + \nu = d} \rho_{\nu_1 \ldots \nu_m \nu} X_1^{\nu_1} \ldots X_m^{\nu_m} T^{\nu} \quad (d := \mathrm{Grad}\, F,\ \rho_{\nu_1 \ldots \nu_m \nu} \in R[X])$$

und setzen $I := (a_1, \ldots, a_m)$, $J := (I, X)\,R[X]$. Es ist dann

$$\sum_{\nu_1 + \ldots + \nu_m + \nu = d} \rho_{\nu_1 \ldots \nu_m \nu}(0)\, a_1^{\nu_1} \ldots a_m^{\nu_m} X^{\nu} \in J^{d+1} = I^{d+1} + I^d X + \ldots + I X^d + X^{d+1} R[X]$$

und Koeffizientenvergleich liefert, daß

$$\sum_{\nu_1 + \ldots + \nu_m = d - \nu} \rho_{\nu_1 \ldots \nu_m \nu}(0)\, a_1^{\nu_1} \ldots a_m^{\nu_m} \in I^{d-\nu+1} \qquad (\nu = 0, \ldots, d).$$

Da $\{a_1, \ldots, a_m\}$ unabhängig ist, ist $\rho_{\nu_1 \ldots \nu_m \nu}(0) \in \operatorname{Rad}(I)$ für alle $(\nu_1, \ldots, \nu_m, \nu)$ und somit auch $\rho_{\nu_1 \ldots \nu_m \nu} \in \operatorname{Rad}(J)$, q.e.d.

Wir betrachten jetzt ein Elementesystem $\{a_1, \ldots, a_m\}$ eines Rings R, wobei $(a_1, \ldots, a_m) \neq R$ und a_1 kein Nullteiler von R sein soll. Im vollen Quotientenring von R können wir dann den Unterring

$$R' := R\left[\frac{a_2}{a_1}, \ldots, \frac{a_m}{a_1}\right]$$

bilden. Der Übergang von R zu R′ ist ein Beispiel einer „monoidalen Transformation". Wir werden diesen Begriff nicht systematisch untersuchen, aber von einigen seiner Eigenschaften Gebrauch machen.

$$\alpha : R[Y_2, \ldots, Y_m] \to R\left[\frac{a_2}{a_1}, \ldots, \frac{a_m}{a_1}\right]$$

sei der R-Epimorphismus mit $\alpha(Y_i) = \frac{a_i}{a_1}$ $(i = 2, \ldots, m)$. Sein Kern $\mathfrak{a}$ umfaßt $\mathfrak{a}^* := (a_1 Y_2 - a_2, \ldots, a_1 Y_m - a_m)$ und für jedes $F \in \mathfrak{a}$ gibt es ein $\rho \in \mathbb{N}$ mit $a_1^\rho F \in \mathfrak{a}^*$, wie man etwa sieht, indem man zum Quotientenring R_{a_1} übergeht. Für ein homogenes Polynom $F \in R[X_1, \ldots, X_m]$ gilt $F(a_1, \ldots, a_m) = 0$ genau dann, wenn $F(1, Y_2, \ldots, Y_m) \in \mathfrak{a}$. Dies liefert uns sofort ein Kriterium für die Unabhängigkeit von $\{a_1, \ldots, a_m\}$:

Lemma 4.17: Genau dann ist $\{a_1, \ldots, a_m\}$ unabhängig, wenn für jedes $\mathfrak{p} \in \operatorname{Spec}(R)$ mit $(a_1, \ldots, a_m) \subset \mathfrak{p}$ gilt:

$$\mathfrak{a} \subset \mathfrak{p} R[Y_2, \ldots, Y_m].$$

Beweis: $\{a_1, \ldots, a_m\}$ sei unabhängig und $\varphi \in \mathfrak{a}$ gegeben. Ferner sei $F \in R[X_1, \ldots, X_n]$ die Homogenisierung von φ. Es ist dann $F(a_1, \ldots, a_m) = 0$, folglich liegen alle Koeffizienten von F und daher auch die von φ in $\operatorname{Rad}(a_1, \ldots, a_m)$, also in jedem $\mathfrak{p} \in \operatorname{Spec}(R)$ mit $(a_1, \ldots, a_m) \subset \mathfrak{p}$.

Wenn umgekehrt $\mathfrak{a} \subset \mathfrak{p} R[Y_2, \ldots, Y_m]$ für jedes solche $\mathfrak{p}$ gilt und $F(a_1, \ldots, a_m) = 0$ für ein homogenes Polynom $F \in R[X_1, \ldots, X_m]$, so ergibt sich, daß alle Koeffizienten von F zu $\operatorname{Rad}(a_1, \ldots, a_m)$ gehören, also die Unabhängigkeit von $\{a_1, \ldots, a_m\}$.

Korollar 4.18: Ist $\{a_1, \ldots, a_m\}$ unabhängig in R und $m \geqslant 2$, dann ist $\{a_1, a_3, \ldots, a_m\}$ unabhängig in $R_1 := R[\frac{a_2}{a_1}]$.

Beweis: Der Kern $\mathfrak{b}$ des R_1-Epimorphismus $\beta : R_1[Y_3, \ldots, Y_m] \to R'$ $(\beta(Y_i) = \frac{a_i}{a_1})$ ist das Bild von $\mathfrak{a}$ in $R_1[Y_3, \ldots, Y_m]$. Ist $(a_1, a_3, \ldots, a_m) \subset \mathfrak{P}$ für ein $\mathfrak{P} \in \operatorname{Spec}(R_1)$ und $\mathfrak{p} := \mathfrak{P} \cap R$, so ist auch $(a_1, a_2, \ldots, a_m) \subset \mathfrak{p}$, da $a_2 = a_1 \cdot \frac{a_2}{a_1}$. Nach 4.17 ist $\mathfrak{a} \subset \mathfrak{p} R[Y_2, \ldots, Y_m]$ und daher $\mathfrak{b} \subset \mathfrak{p} R_1[Y_3, \ldots, Y_m] \subset \mathfrak{P} R_1[Y_3, \ldots, Y_m]$. Wieder nach 4.17 folgt, daß $\{a_1, a_3, \ldots, a_m\}$ unabhängig in R_1 ist.

Beweis von 4.14:

Sei $I = (a_1, \dots, a_m)$. Für $J := (I, X) \cdot R[X]$ gilt $h(J) = h(I) + 1$ nach 4.15 und $\{a_1, \dots, a_m\}$ ist nach 4.16 genau dann unabhängig in R, wenn $\{a_1, \dots, a_m, X\}$ unabhängig in $R[X]$ ist. Wir dürfen daher von vornherein annehmen, daß a_1 kein Nullteiler in R ist, da wir notfalls zu $R[X]$ übergehen und X zum Elementesystem hinzunehmen können.

a) Sei $h(I) = m$ und $\mathfrak{a}^* = (a_1 Y_2 - a_2, \dots, a_1 Y_m - a_m)$. Für jeden minimalen Primteiler $\mathfrak{p}$ von I ist $\mathfrak{a}^* \subset \mathfrak{p}R[Y_2, \dots, Y_m]$. Da $\mathfrak{a}^*$ von $m - 1$ Elementen erzeugt wird, gilt $h(\mathfrak{P}) \leqslant m - 1$ für jeden minimalen Primteiler $\mathfrak{P}$ von $\mathfrak{a}^*$ mit $\mathfrak{P} \subset \mathfrak{p}R[Y_2, \dots, Y_m]$. Es ist $a_1 \notin \mathfrak{P}$, denn sonst wäre $IR[Y_2, \dots, Y_m] \subset \mathfrak{P}$, was aber wegen $h(IR[Y_2, \dots, Y_m]) = h(I) = m$ (4.15) nicht möglich ist. Da $a_1^\rho \mathfrak{a} \subset \mathfrak{a}^* \subset \mathfrak{P}$ für ein $\rho \in \mathbb{N}$, ergibt sich $\mathfrak{a} \subset \mathfrak{P} \subset \mathfrak{p}R[Y_2, \dots, Y_m]$. Nach 4.17 ist $\{a_1, \dots, a_m\}$ unabhängig in R.

b) $\{a_1, \dots, a_m\}$ sei unabhängig in R. Für jeden minimalen Primteiler $\mathfrak{p}$ von I ist $h(\mathfrak{p}) \leqslant m$. Es genügt daher zu beweisen, daß $h(\mathfrak{p}) \geqslant m$ ist. Für $m = 1$ ist sicher $h(\mathfrak{p}) = 1$, da a_1 kein Nullteiler von R ist. Wir nehmen daher an, daß $m > 1$ ist und daß die Aussage für $m - 1$ unabhängige Elemente schon gezeigt ist.

$\mathfrak{p}R[Y_2]$ ist ein minimaler Primteiler von $IR[Y_2]$ und nach 4.17 umfaßt $\mathfrak{p}R[Y_2]$ den Kern von $\beta : R[Y_2] \to R_1(Y_2 \mapsto \frac{a_2}{a_1})$. Daher ist $\mathfrak{p}R_1$ minimaler Primteiler von $IR_1 = (a_1, a_3, \dots, a_m)R_1$. Nach 4.18 ist $\{a_1, a_3, \dots, a_m\}$ unabhängig in R_1 und daher $h(\mathfrak{p}R_1) \geqslant m - 1$.

Es ist $a_1 Y_2 - a_2 \in \operatorname{Kern} \beta$ und $a_1 Y_2 - a_2$ ist kein Nullteiler von $R[Y_2]$, da a_1 kein Nullteiler in R ist. Es folgt $h(\mathfrak{p}) = h(\mathfrak{p}R[Y_2]) > h(\mathfrak{p}R_1) \geqslant m - 1$, q.e.d.

Korollar 4.19: $a_1, \dots, a_d$ seien Elemente aus dem maximalen Ideal eines noetherschen lokalen Rings $(R, \mathfrak{m})$ der Dimension d. Genau dann ist $\{a_1, \dots, a_d\}$ Parametersystem von R, wenn $\{a_1, \dots, a_d\}$ unabhängig ist. Dies bedeutet hier: Ist $F(a_1, \dots, a_d) = 0$ mit einem homogenen Polynom $F \in R[X_1, \dots, X_d]$, so ist $F \in \mathfrak{m}R[X_1, \dots, X_d]$.

Aufgaben:

1. In einem noetherschen lokalen Ring $(R, \mathfrak{m})$ ist ein Ideal $\mathfrak{q} \neq R$ genau dann $\mathfrak{m}$-primär, wenn $R/\mathfrak{q}$ von endlicher Länge ist.
2. Im Polynomring $K[X_1, X_2, X_3]$ über einem Körper ist

   $$\mathfrak{p} := (X_1^3 - X_2 X_3,\ X_2^2 - X_1 X_3,\ X_3^2 - X_1^2 X_2)$$

   ein Primideal, für das alle $\mathfrak{p}^\nu$ $(\nu \geqslant 2)$ *nicht* primär sind. (Man kann zeigen, daß für $\mathfrak{p} \in \operatorname{Spec}(K[X_1, X_2, X_3])$ genau dann $\mathfrak{p}^2$ primär ist, wenn $\mathfrak{p}$ lokal vollständiger Durchschnitt ist [35].)
3. Für ein Primideal eines Rings R sind folgende Aussagen äquivalent:
   a) $\mathfrak{p}^n$ ist $\mathfrak{p}$-primär für $n = 1, \dots, m$.
   b) Die $R/\mathfrak{p}$-Moduln $\mathfrak{p}^n/\mathfrak{p}^{n+1}$ sind torsionsfrei für $n = 1, \dots, m - 1$.

4. S sei eine multiplikativ abgeschlossene Teilmenge eines Rings R und $i: R \to R_S$ die kanonische Abbildung in den Quotientenring.
   a) Ein Ideal J aus R_S ist genau dann primär, wenn $I := i^{-1}(J)$ ein Primärideal von R ist.
   b) Ist $S = R \setminus \mathfrak{p}$ mit einem $\mathfrak{p} \in \mathrm{Spec}(R)$ und $\mathfrak{p}^{(n)} := S(\mathfrak{p}^n)$ die S-Komponente von $\mathfrak{p}^n$, so ist $\mathfrak{p}^{(n)}$ $\mathfrak{p}$-primär.
5. $(R,\mathfrak{m})$ und $(S,\mathfrak{n})$ seien lokale Ringe, $\varphi: R \to S$ ein lokaler Homomorphismus (d.h. $\varphi(\mathfrak{m}) \subset \mathfrak{n}$). Sind R und S noethersch, so gilt für einen solchen Homomorphismus

   $$\dim S \leqslant \dim R + \dim S/\varphi(\mathfrak{m})S.$$

   (*Anleitung:* Verwende Parametersysteme von R und $S/\varphi(\mathfrak{m})S$.)
6. V und W seien irreduzible affine algebraische Varietäten und $\phi: V \to W$ ein dominanter Morphismus (III. § 2, Aufgabe 6). Z' sei eine irreduzible Untervarietät von W und Z eine irreduzible Komponente von $\phi^{-1}(Z')$, deren Bild in Z' dicht ist. Dann gilt

   $$\dim \phi^{-1}(Z') \geqslant \dim Z \geqslant \dim V - \dim W + \dim Z'.$$

   (*Hinweis:* Man verwende Ergebnisse aus den Aufgaben zu Kap. III. § 2 und die vorstehende Aufgabe 5.)
7. R sei ein Ring. Für $f = r_0 + r_1 X + \ldots + r_m X^m \in R[X]$ mit $r_m \neq 0$ werde $\lambda(f) := r_m$ gesetzt, ferner sei $\lambda(0) := 0$. Für ein Ideal I aus $R[X]$ sei $\lambda(I) := \{\lambda(f) \mid f \in I\}$.
   a) $\lambda(I)$ ist ein Ideal in R und es gilt $\lambda(I) \subset \lambda(\mathrm{Rad}(I)) \subset \mathrm{Rad}(\lambda(I))$, $I \cap R \subset \lambda(I)$.
   b) Ist $I \cap R = (0)$, so gilt: Genau dann ist $\lambda(I) = R$, wenn $R[X]/I$ ganz über R ist.
   c) Sind I_1, I_2 zwei Ideale aus $R[X]$, so ist $\lambda(I_1) \cdot \lambda(I_2) \subset \lambda(I_1 \cdot I_2)$.
   d) Ist R noethersch und $\lambda(I) \neq R$, so ist $h(\lambda(I)) \geqslant h(I)$. (Man zeige dies mit Hilfe von 4.15 zuerst, wenn I Primideal ist, und führe den allgemeinen Fall mittels a) und c) hierauf zurück.)
8. e sei ein idempotentes Element eines Rings R. Zeige: In $R[X]$ ist $(e, X) \cdot R[X]$ ein Hauptideal.

§ 5. Der graduierte Ring und der Konormalenmodul eines Ideals

Für ein Ideal I eines Rings R heißt der R/I-Modul I/I^2 der *Konormalenmodul* von I. Es ist $\mu(I) \geqslant \mu(I/I^2)$. Aus dem Studium des Konormalenmoduls kann man sich Aussagen über I selbst erhoffen, insbesondere über $\mu(I)$.

Allgemeiner kann man für alle $n \in \mathbb{N}$ die Quotienten $\mathrm{gr}_I^n(R) := I^n/I^{n+1}$ betrachten ($\mathrm{gr}_I^0(R) := R/I$). Man setzt $\mathrm{gr}_I(R) := \bigoplus_{n \in \mathbb{N}} \mathrm{gr}_I^n(R)$ (direkte Summe von R/I-Moduln) und macht $\mathrm{gr}_I(R)$ auf folgende Weise zu einem graduierten Ring:

Ist $x = a + I^{m+1} \in gr_I^m(R)$ und $y = b + I^{n+1} \in gr_I^n(R)$, wobei $a \in I^m$, $b \in I^n$, so soll gelten:

$$x \cdot y := ab + I^{m+n+1} \in gr_I^{n+m}(R).$$

Das Ergebnis ist offensichtlich unabhängig von der Wahl der Repräsentanten a, b von x, y. Damit ist das Produkt homogener Elemente aus $gr_I(R)$ definiert. Für beliebige Elemente definiert man das Produkt so, daß das Distributivgesetz erfüllt ist.

Definition 5.1: $gr_I(R)$ heißt der *graduierte Ring* (oder *Formenring*) von I. Ist $a \in I^n$, $a \notin I^{n+1}$, so heißt

$$L_I(a) := a + I^{n+1} \in gr_I^n(R)$$

die *Leitform von* a *bzgl.* I. Für $a \in \bigcap_{n \in \mathbb{N}} I^n$ wird $L_I(a) := 0$ gesetzt. Der Grad $\nu_I(a)$ von $L_I(a)$ heißt auch der *Grad von* a *bzgl.* I.

Beispiel: Ist $R = P[X_1, \dots, X_n]$ der Polynomring über einem Ring P und $I := (X_1, \dots, X_n)$, so ergibt sich leicht, daß $gr_I(R) \cong R$ (als graduierter Ring). Für $F \in R \setminus \{0\}$ ist $L_I(F)$ die homogene Komponente niedrigsten Grades von F und der Grad von F bzgl. I ist der Grad dieser Komponente.

Der graduierte Ring eines Ideals I in einem Ring R wurde von Krull [46] unter anderem dazu eingeführt, um mit Hilfe von I in R Gradbetrachtungen und Koeffizientenvergleiche ähnlich wie in Polynomringen durchführen zu können. Über die geometrische Bedeutung des Formenrings wird in Kap. VI einiges zu sagen sein (vgl. VI.1.1).

Im folgenden sei R ein beliebiger Ring, I ein Ideal von R.

Lemma 5.2:

a) Für $a, b \in R$ ist

$$L_I(a) \cdot L_I(b) = L_I(a \cdot b) \text{ oder } L_I(a) \cdot L_I(b) = 0.$$

b) Ist $I = (a_1, \dots, a_m)$ und $x_i := a_i + I^2$ $(i = 1, \dots, m)$, so ist

$$gr_I(R) = R/I[x_1, \dots, x_m].$$

Beweis:

a) Ist $a \in I^m \setminus I^{m+1}$, $b \in I^n \setminus I^{n+1}$, so ist $L_I(a) \cdot L_I(b) = ab + I^{m+n+1}$. Ist $ab \notin I^{m+n+1}$, so ergibt sich $L_I(a) \cdot L_I(b) = L_I(a \cdot b)$, andernfalls ist $L_I(a) \cdot L_I(b) = 0$.

b) ergibt sich aus der Definition von $gr_I(R)$, da I^ρ von den Potenzprodukten $a_1^{\nu_1} \cdot \ldots \cdot a_m^{\nu_m}$ mit $\sum_{i=1}^{m} \nu_i = \rho$ erzeugt wird.

Es sei jetzt noch ein weiterer Ring S, ein Ideal $J \subset S$ und ein Ringhomomorphismus $h: R \to S$ mit $h(I) \subset J$ gegeben. h induziert einen Ringhomomorphismus

$$\mathrm{gr}(h): \mathrm{gr}_I(R) \to \mathrm{gr}_J(S)$$

auf folgende Weise: Ist $x = a + I^{m+1} \in \mathrm{gr}_I^m(R)$ gegeben, so soll $\mathrm{gr}(h)(x) = h(a) + J^{m+1} \in \mathrm{gr}_J^m(S)$ sein. Wegen $h(I^\rho) \subset J^\rho$ ist dies unabhängig von der Wahl des Repräsentanten a von x. Durch lineare Fortsetzung wird diese Zuordnung auf alle Elemente von $\mathrm{gr}_I(R)$ ausgedehnt. Gemäß der Definition hat man für alle $a \in R$ die Formel

$$\mathrm{gr}(h)(L_I(a)) = \begin{cases} L_J(h(a)), & \text{falls } \nu_J(h(a)) = \nu_I(a) \\ 0, & \text{sonst.} \end{cases} \tag{1}$$

gr (h) ist ein *homogener Homomorphismus*, d.h. homogene Elemente aus $\mathrm{gr}_I(R)$ werden auf homogene Elemente gleichen Grades in $\mathrm{gr}_J(S)$ abgebildet.

Lemma 5.3: h sei surjektiv und $h(I) = J$. Ist $\mathfrak{a} := \mathrm{Kern}(h)$, so ist

$$\mathrm{Kern}(\mathrm{gr}(h)) = \mathrm{gr}_I(\mathfrak{a}) := (\{L_I(a)\}_{a \in \mathfrak{a}}),$$

das von allen Leitformen der $a \in \mathfrak{a}$ erzeugte Ideal in $\mathrm{gr}_I(R)$. Insbesondere hat man einen kanonischen Isomorphismus graduierter Ringe

$$\mathrm{gr}_J(S) \cong \mathrm{gr}_I(R)/\mathrm{gr}_I(\mathfrak{a}).$$

Beweis: Nach (1) ist $\mathrm{gr}_I(\mathfrak{a}) \subset \mathrm{Kern}(\mathrm{gr}(h))$ und ferner ist Kern (gr (h)) ein homogenes Ideal. Ist $x = L_I(a)$ für ein $a \in I^m \backslash I^{m+1}$ und $\mathrm{gr}(h)(x) = 0$, dann ist $h(a) \in J^{m+1} = h(I^{m+1})$. Es gibt dann ein $b \in I^{m+1}$ mit $h(b) = h(a)$. $a^* := a - b$ gehört zu $\mathfrak{a}$ und es ist $x = a^* + I^{m+1} = L_I(a^*)$.

Warnung: Ist $\mathfrak{a} = (a_1, \ldots, a_m)$, so braucht $\mathrm{gr}_I(\mathfrak{a})$ nicht von $L_I(a_1), \ldots, L_I(a_m)$ erzeugt zu werden. Jedoch gilt unter ziemlich allgemeinen Voraussetzungen das Umgekehrte (Aufgabe 1).

Lemma 5.4: Ist unter den Voraussetzungen von 5.3 $\mathfrak{a} = (a)$ ein Hauptideal und $L_I(a)$ kein Nullteiler von $\mathrm{gr}_I(R)$, so ist $\mathrm{gr}_I((a)) = (L_I(a))$ das von der Leitform von a erzeugte Hauptideal.

Nach 5.2a) gilt $L_I(ra) = L_I(r) \cdot L_I(a)$ für alle $r \in R$, weil $L_I(a)$ kein Nullteiler von $\mathrm{gr}_I(R)$ ist.

Es interessiert die Frage, wann für jedes $a \in R \backslash \{0\}$ auch $L_I(a) \neq 0$ ist. Hierüber erhalten wir eine Auskunft aus

Satz 5.5 (Krullscher Durchschnittssatz): R sei ein noetherscher Ring, I ein Ideal von R, M ein endlich erzeugter R-Modul und $\widetilde{M} := \bigcap_{n \in \mathbb{N}} I^n M$. Dann gilt

$$\widetilde{M} = I \cdot \widetilde{M}.$$

Der Beweis wird geführt mit Hilfe des

Lemma 5.6 (von Artin-Rees): Unter den Voraussetzungen von 5.5 sei $U \subset M$ ein Untermodul. Dann gibt es ein $k \in \mathbb{N}$, so daß für alle $n \in \mathbb{N}$ gilt

$$I^{n+k}M \cap U = I^n \cdot (I^k M \cap U).$$

Man bildet zum Beweis den graduierten Ring $\mathfrak{R}_I(R) = \bigoplus_{n \in \mathbb{N}} I^n$ (mit der offensichtlichen Multiplikation), den man auch den *Rees-Ring* von R bzgl. I nennt. Ferner betrachtet man den $\mathfrak{R}_I(R)$-Modul $\mathfrak{R}_I(M) := \bigoplus_{n \in \mathbb{N}} I^n M$. Dieser ist ein „graduierter Modul über dem graduierten Ring $\mathfrak{R}_I(R)$": Die Elemente aus $\mathfrak{R}_I^n(M) = I^n M$ heißen die homogenen Elemente n-ten Grades von $\mathfrak{R}_I(M)$. Multipliziert man ein solches mit einem homogenen Element vom Grad m aus $\mathfrak{R}_I(R)$, so erhält man ein Element $(m+n)$-ten Grades aus $\mathfrak{R}_I(M)$.

Da I und M endlich erzeugt sind, ist $\mathfrak{R}_I(R)$ als Algebra über $I^0 = R$ endlich erzeugt, folglich noethersch, und $\mathfrak{R}_I(M)$ ein endlich erzeugter $\mathfrak{R}_I(R)$-Modul. Setzt man $U_n := I^n M \cap U$ und $\bar{U} := \bigoplus_{n \in \mathbb{N}} U_n$, so ist $\bar{U}$ ein Untermodul des $\mathfrak{R}_I(R)$-Moduls $\mathfrak{R}_I(M)$. Nach dem Hilbertschen Basissatz für Moduln wird $\bar{U}$ von endlichen vielen Elementen $v_1, \dots, v_s$ erzeugt. Da für jedes $u \in \bar{U}$ auch alle homogenen Komponenten von u zu $\bar{U}$ gehören, kann man die v_i als homogene Elemente wählen. Ist dann $m_i := \text{Grad}(v_i)$ $(i = 1, \dots, s)$ und $k := \max_{i=1\dots s} \{m_i\}$, so ergibt sich $U_{n+k} = I^n U_k$ für alle $n \in \mathbb{N}$. In der Tat: Es ist offensichtlich $I^n U_k \subset U_{n+k}$; ist umgekehrt $u \in U_{n+k}$ gegeben, so gibt es eine Darstellung $u = \sum_{i=1}^{s} \rho_i v_i$, wobei $\rho_i \in \mathfrak{R}_I(R)$ homogen von Grad $n + k - m_i$ ist, also $\rho_i \in I^{n+k-m_i}$ $(i = 1, \dots, s)$ und es folgt $u \in I^n U_k$.

Der Krullsche Durchschnittssatz folgt, wenn man 5.6 auf den Untermodul $U = \widetilde{M}$ von M anwendet: Es ist ja $I^n M \cap \widetilde{M} = \widetilde{M}$ für alle $n \in \mathbb{N}$.

Korollar 5.7: Unter den Voraussetzungen von 5.5 sei I im Durchschnitt aller maximalen Ideale von R enthalten. Für jeden Untermodul U von M gilt dann

$$\bigcap_{n \in \mathbb{N}} (U + I^n M) = U.$$

Speziell ist $\bigcap_{n \in \mathbb{N}} I^n M = \langle 0 \rangle$.

Beweis: Setzt man $M' := M/U$, so ergibt sich aus 5.5 und dem Lemma von Nakayama, daß $\bigcap_{n \in \mathbb{N}} I^n M' = \langle 0 \rangle$. Betrachtet man Urbilder in M, so folgt die Behauptung.

Typische Anwendungen des Korollars sind die folgenden: Ist $(R,\mathfrak{m})$ ein noetherscher lokaler Ring und sind $\mathfrak{a}$, I Ideale von R, wobei $I \subset \mathfrak{m}$, so ist

$$\bigcap_{n \in \mathbb{N}} (\mathfrak{a} + I^n) = \mathfrak{a}.$$

Ist R ein beliebiger noetherscher Ring, $I \subset R$ ein Ideal und gibt es ein $\mathfrak{p} \in \operatorname{Spec}(R)$ mit $I \subset \mathfrak{p}$, so daß die kanonische Abbildung $R \to R_\mathfrak{p}$ injektiv ist, so ist $\bigcap_{n \in \mathbb{N}} I^n = (0)$.

Wir kommen jetzt auf die Charakterisierung vollständiger Durchschnitte zurück. Ist $I = (a_1, \dots, a_m)$ ein Ideal eines Rings R, so gibt es einen Epimorphismus graduierter R/I-Algebren

$$\alpha : R/I[X_1, \dots, X_m] \to \operatorname{gr}_I(R) \qquad (\alpha(X_i) = a_i + I^2).$$

Bemerkung 5.8: Genau dann ist $\{a_1, \dots, a_m\}$ unabhängig, wenn $I \neq R$ ist und $\operatorname{Kern}(\alpha) \subset \operatorname{Rad}(I) \cdot R/I[X_1, \dots, X_m]$.

Dies ergibt sich unmittelbar aus der auf die Definition 4.13 folgende Bemerkung. Ist $\operatorname{Rad}(I) = I$, so ist die Unabhängigkeit von $\{a_1, \dots, a_m\}$ gleichbedeutend damit, daß $I \neq R$ und α ein Isomorphismus ist. Mit der letzten Bedingung, die von besonderem Interesse ist, wollen wir uns jetzt befassen. Sie hängt mit dem Begriff der regulären Folge zusammen:

Definition 5.9: M sei ein R-Modul. $a \in R$ heißt *M-reguläres Element* (oder *Nichtnullteiler von* M), wenn aus $ax = 0$ für ein $x \in M$ stets $x = 0$ folgt. Eine Folge $\{a_1, \dots, a_m\}$ $(m \geq 0)$ von Elementen aus R heißt *M-reguläre Folge*, wenn gilt

a) $M \neq (a_1, \dots, a_m) \cdot M$.
b) Für $i = 0, \dots, m-1$ ist a_{i+1} Nichtnullteiler von $M/(a_1, \dots, a_i)M$.

Setzt man $M_i := M/(a_1, \dots, a_i)M$, so ist b) äquivalent damit, daß die Multiplikationsabbildung

$$\mu_{a_{i+1}} : M_i \to M_i \qquad (m \mapsto a_{i+1}m)$$

injektiv ist für $i = 0, \dots, n-1$. Speziell ist a_1 kein Nullteiler von $M_0 = M$.

Ist $\{a_1, \dots, a_m\}$ eine M-reguläre Folge und ist M endlich erzeugt, so ist sie auch eine $M_\mathfrak{p}$-reguläre Folge für alle $\mathfrak{p} \in \operatorname{Supp}(M) \cap \mathfrak{V}(I)$, weil für diese $\mathfrak{p}$ auch $M_\mathfrak{p} \neq IM_\mathfrak{p}$ ist und $(\mu_{a_{i+1}})_\mathfrak{p}$ injektiv für alle $i = 0, \dots, n-1$. Ferner ist für eine M-reguläre Folge $\{a_1, \dots, a_m\}$ auch $\{a_1^{\nu_1}, \dots, a_m^{\nu_m}\}$ M-regulär für beliebige $\nu_i \in \mathbb{N}_+$ und $\{a_{i+1}, \dots, a_m\}$ ist eine M_i-reguläre Folge $(i = 0, \dots, m-1)$.

Ein einfaches Beispiel für eine R-reguläre Folge ist $\{X_1, \dots, X_m\}$, wenn $R = P[X_1, \dots, X_m]$ ein Polynomring über einem Ring P ist.

Satz 5.10: R sei ein Ring, $\{a_0, \dots, a_m\}$ $(m \geqslant 0)$ eine R-reguläre Folge und $I := (a_0, \dots, a_m)$. Dann gilt:

a) Der R/I-Epimorphismus

$$\alpha : R/I\,[X_0, \dots, X_m] \to gr_I(R) \qquad (X_i \mapsto a_i + I^2)$$

ist ein Isomorphismus (insbesondere ist $\{a_0, \dots, a_m\}$ unabhängig).

b) Der R-Epimorphismus

$$\beta : R[Y_1, \dots, Y_m] \to R\left[\frac{a_1}{a_0}, \dots, \frac{a_m}{a_0}\right] \qquad \left(Y_i \mapsto \frac{a_i}{a_0}\right)$$

besitzt den Kern $(a_0Y_1 - a_1, \dots, a_0Y_m - a_m)$. (Die $\frac{a_i}{a_0}$ sind dabei als Elemente von Q(R) zu betrachten.)

Beweis (nach Davis [12]):

a) Die Aussage a) ist äquivalent mit der folgenden: Für jedes homogene Polynom $F \in R[X_0, \dots, X_m]$ vom Grad d mit $F(a_0, \dots, a_m) \in I^{d+1}$ ist $F \in IR[X_0, \dots, X_m]$. Dies wiederum ist äquivalent damit, daß für jedes homogene Polynom F mit $F(a_0, \dots, a_m) = 0$ gilt: $F \in IR[X_0, \dots, X_m]$. Ist ein solches F mit Grad F =: d gegeben, so ist

$$F\left(1, \frac{a_1}{a_0}, \dots, \frac{a_m}{a_0}\right) = \frac{1}{a_0^d} F(a_0, \dots, a_m) = 0$$

und somit $F(1, Y_1, \dots, Y_m) \in \operatorname{Kern}\beta$. Wenn b) gezeigt ist, ergibt sich in der Tat, daß alle Koeffizienten von F in I liegen, weil die $a_0Y_i - a_i$ diese Eigenschaft haben.

b) Es ist klar, daß $a_0Y_i - a_i \in J := \operatorname{Kern}(\beta)$ für $i = 1, \dots, m$. Wir betrachten zuerst den Fall $m = 1$. Für $F(Y_1) \in J$ sieht man durch Division mit Rest, daß ein $d \in \mathbb{N}$ existiert, ein $\varphi(Y_1) \in R[Y_1]$ und ein $r \in R$, so daß

$$a_0^d F(Y_1) = \varphi(Y_1)(a_0Y_1 - a_1) + r$$

Aus $F(\frac{a_1}{a_0}) = 0$ folgt $r = 0$. Betrachtet man jetzt die Gleichung modulo a_0^d, so ergibt sich leicht, weil auch $\{a_0^d, a_1\}$ eine R-reguläre Folge ist, daß alle Koeffizienten von φ durch a_0^d teilbar sind. Dann ist aber $F \in (a_0Y_1 - a_1)$.

Im Fall $m > 1$ ist β die Zusammensetzung

$$R[Y_1, \dots, Y_m] \xrightarrow{\beta_1} R\left[\frac{a_1}{a_0}\right][Y_2, \dots, Y_m] \xrightarrow{\beta_2} R\left[\frac{a_1}{a_0}, \dots, \frac{a_m}{a_0}\right],$$

wobei – wie schon gezeigt – $\operatorname{Kern}(\beta_1) = (a_0Y_1 - a_1) \cdot R[Y_1, \dots, Y_m]$ ist. Setzt man $R' := R[\frac{a_1}{a_0}]$, so ist $R'/a_0R' = R'/(a_0, a_1)R' \cong R/(a_0, a_1)[Y_1]$ und man sieht hieraus, daß $\{a_0, a_2, \dots, a_m\}$ auch eine R'-reguläre Folge ist, da $\{a_2, \dots, a_m\}$ eine $R/(a_0, a_1)$-reguläre Folge ist. Nach Induktionsvoraussetzung ist daher $\operatorname{Kern}(\beta_2) = (a_0Y_2 - a_2, \dots, a_0Y_m - a_m)$ und die Behauptung b) folgt.

Korollar 5.11: Wird ein Ideal I eines Rings R von einer regulären Folge erzeugt, dann sind die R/I-Moduln $\mathrm{gr}_I^m(R) = I^m/I^{m+1}$ für alle $m \in \mathbb{N}$ frei. Ist R noethersch, so ist I vollständiger Durchschnitt in R.

Der folgende Satz enthält eine teilweise Umkehrung von 5.10a).

Satz 5.12: $\{a_1, \dots, a_m\}$ sei Erzeugendensystem eines Ideals I in einem Ring R. Es sei $R/I \neq \{0\}$ und für $R_i := R/(a_1, \dots, a_i)$ gelte $\bigcap_{n \in \mathbb{N}} I^n R_i = (0)$ $(i = 0, \dots, m)$.

a) Ist der Epimorphismus

$$\alpha : R/I\,[X_1, \dots, X_m] \to \mathrm{gr}_I(R) \qquad (\alpha(X_i) = a_i + I^2)$$

ein Isomorphismus, dann ist $\{a_1, \dots, a_m\}$ eine R-reguläre Folge.

b) Ist überdies R noethersch und I ein Primideal, so ist R Integritätsring und R_I ganz abgeschlossen in seinem Quotientenkörper.

Beweis: Für $m = 0$ sind die Aussagen des Satzes trivial, sei daher $m > 0$.

a) a_1 ist kein Nullteiler in R. Angenommen, es wäre $ra_1 = 0$ für ein $r \in R\backslash(0)$. Dann gibt es ein $n \in \mathbb{N}$ mit $r \in I^n \backslash I^{n+1}$, also $L_I(r) \neq 0$. Da $L_I(a_1) = a_1 + I^2$ kein Nullteiler in $\mathrm{gr}_I(R)$ ist, folgt $L_I(ra_1) = L_I(r) \cdot L_I(a_1) \neq 0$, im Widerspruch zu $ra_1 = 0$.

Setzt man $I_1 := I/(a_1)$, so ergibt 5.4, daß $\mathrm{gr}_{I_1}(R_1) \cong \mathrm{gr}_I(R)/(L_I(a_1)) \cong R_1/I_1[X_2, \dots, X_m]$ ist. Durch Induktion kann man annehmen, daß $\{a_2, \dots, a_m\}$ eine R_1-reguläre Folge ist. Es ist dann $\{a_1, \dots, a_m\}$ eine R-reguläre Folge.

b) Für $r, s \in R\backslash(0)$ ist $L_I(r) \cdot L_I(s) \neq 0$, denn $\mathrm{gr}_I(R)$ ist Integritätsring, und daher ist nach 5.2 auch $L_I(rs) \neq 0$, also $rs \neq 0$. Wir setzen nun $S := R_I$, $M = IR_I$. Dann ist $\mathrm{gr}_M(S) \cong \mathrm{gr}_I(R)_I \cong S/M\,[X_1, \dots, X_m]$ Polynomring über dem Körper S/M. $x \in Q(R)$ sei ganz über S, $x = \frac{r}{s}$ mit $r, s \in S$. Dann gibt es ein $n \in \mathbb{N}$, so daß $S[x] = S + Sx + \dots + Sx^{n-1}$ und folglich $s^{n-1}x^m \in S$ für alle $m \in \mathbb{N}$. Für $m \geqslant n$ ergibt sich $r^m \in s^{m-n+1}S$ und damit $L_M(r)^m \in L_M(s)^{m-n+1}\mathrm{gr}_M(S)$. Da $\mathrm{gr}_M(S)$ faktorieller Ring ist, muß $L_M(s)$ somit Teiler von $L_M(r)$ sein. Es gibt dann ein $r_0 \in S$ mit

$$\nu_M(r - r_0 s) > \nu_M(r).$$

$x_1 := \frac{r - r_0 s}{s} = x - r_0$ ist ebenfalls ganz über S. Es gibt daher auch ein $r_1 \in S$ mit $\nu_M(r - r_1 s) > \nu_M(r - r_0 s)$ usw. Es ergibt sich $r \in \bigcap_{n \in \mathbb{N}} ((s) + M^n) = (s)$ und damit $x = \frac{r}{s} \in S$, q.e.d.

Die Durchschnittsbedingungen in 5.12 sind z.B. erfüllt, wenn R noethersch ist und I im Durchschnitt aller maximalen Ideale von R enthalten ist, speziell also für Ideale $I \neq R$ eines noetherschen lokalen Rings.

Korollar 5.13: $(R, \mathfrak{m})$ sei ein noetherscher lokaler Ring, $\{a_1, \dots, a_m\}$ $(m \geqslant 0)$ eine Folge von Elementen aus $\mathfrak{m}$, $I := (a_1, \dots, a_m)$. Dann sind folgende Aussagen äquivalent:

a) $\{a_1, \dots, a_m\}$ ist eine R-reguläre Folge.

b) $\alpha : R/I\,[X_1, \dots, X_m] \to gr_I(R)$ $(\alpha(X_i) = a_i + I^2)$ ist ein Isomorphismus.
Ist $\mathrm{Rad}(I) = I$, so sind a) und b) auch äquivalent mit

c) $\{a_1, \dots, a_m\}$ ist unabhängig in R, d.h. I ist ein vollständiger Durchschnitt.

Zum Beweis des letzten Teils des Korollars verwendet man 5.8 und 4.14.

Korollar 5.14: Ist unter den Voraussetzungen von 5.13 $\{a_1, \dots, a_m\}$ eine R-reguläre Folge, dann auch $\{a_{\pi(1)}, \dots, a_{\pi(m)}\}$ für jede Permutation π von $\{1, \dots, m\}$.

In beliebigen noetherschen Ringen ist dies nicht immer richtig (Aufgabe 4).

Korollar 5.15: $(R, \mathfrak{m})$ sei ein noetherscher lokaler Ring, $\mathfrak{p} \in \mathrm{Spec}(R)$ ein vollständiger Durchschnitt: $\mathfrak{p} = (a_1, \dots, a_m)$ mit $m = h(\mathfrak{p})$. Dann gilt:

a) R ist Integritätsring und $R_\mathfrak{p}$ ganzabgeschlossen in Q(R).

b) Für jede Teilmenge $\{i_1, \dots, i_t\}$ von $\{1, \dots, m\}$ ist $(a_{i_1}, \dots, a_{i_t})$ ein Primideal und vollständiger Durchschnitt.

c) $\{a_1, \dots, a_m\}$ ist eine R-reguläre Folge.

Beweis: Nach 4.14 ist $\{a_1, \dots, a_m\}$ unabhängig in R. Da $\mathrm{Rad}(\mathfrak{p}) = \mathfrak{p}$ ist, bedeutet dies, daß $\alpha : R/\mathfrak{p}\,[X_1, \dots, X_m] \to gr_\mathfrak{p}(R)$ ein Isomorphismus ist. Nach 5.13 ist $\{a_1, \dots, a_m\}$ eine R-reguläre Folge, nach 5.12b) ist R Integritätsbereich und $R_\mathfrak{p}$ ganzabgeschlossen in Q(R).

In $R/(a_1)$ ist $\mathfrak{p}/(a_1)$ ein Primideal der Höhe $m - 1$, das von $m - 1$ Elementen erzeugt wird, also ein vollständiger Durchschnitt. Dann ist auch $R/(a_1)$ Integritätsring und daher (a_1) ein Primideal von R. Durch Induktion ergibt sich nun auch Aussage b) des Korollars, wenn man noch 5.14 verwendet.

Man kann 5.15b) folgendermaßen geometrisch interpretieren: Ist $V \subset \mathbb{A}^n$ eine irreduzible d-dimensionale Varietät, die lokal in $x \in V$ vollständiger Dnrchschnitt ist, so gibt es $n - d$ irreduzible Hyperflächen, so daß V in der Umgebung von x Durchschnitt dieser Hyperflächen ist und der Durchschnitt von je $\delta \leqslant n - d$ von ihnen ebenfalls in der Umgebung von x irreduzibel ist, d.h. daß x nur auf einer Komponente dieses Durchschnitts liegt.

Wir wollen jetzt diskutieren, welcher Zusammenhang zwischen der minimalen Erzeugendenzahl eines Ideals und der seines Konormalenmoduls besteht.

Lemma 5.16: Für ein Ideal I eines noetherschen Rings R sind folgende Aussagen äquivalent:

a) $I = I^n$ für alle $n \geqslant 1$.

b) $gr_I^n(R) = \langle 0 \rangle$ für alle $n \geqslant 1$.

c) I ist ein Hauptideal, erzeugt von einem idempotenten Element von R.

Beweis: Es ist klar, daß a) und b) äquivalent sind und daß a) aus c) folgt. Um c) aus a) herzuleiten, wählen wir ein Erzeugendensystem $a_1, \dots, a_m$ von I und schreiben

$$a_i = \sum_{k=1}^{m} r_{ik} a_k \qquad (i = 1, \dots, m;\ r_{ik} \in I),$$

was wegen $I = I^2$ möglich ist. Es ist dann

$$\det(E - (r_{ik})) \cdot a_k = 0 \qquad (k = 1, \dots, m), \tag{2}$$

wobei E die m-reihige Einheitsmatrix ist. Durch Entwickeln der Determinante ergibt sich $\det(E - (r_{ik})) = 1 - a$ mit einem $a \in I$. Da a Linearkombination der a_k ist, folgt aus (2) $(1 - a)a = 0$, also $a^2 = a$. Aus $(1 - a)a_k = 0$ erhält man $a_k = a_k \cdot a$ $(k = 1, \dots, m)$ und damit $I = (a)$.

Satz 5.17: Für ein Ideal I eines noetherschen Rings R gilt stets

$$h(I) \leqslant \mu(I/I^2) \leqslant \mu(I) \leqslant \mu(I/I^2) + 1.$$

Ist $\mu(I/I^2) > \dim R$, so ist $\mu(I) = \mu(I/I^2)$.

Beweis: Da $\mu(I_\mathfrak{p}/I_\mathfrak{p}^2) = \mu(I_\mathfrak{p})$ für alle $\mathfrak{p} \in \mathfrak{V}(I)$ nach Nakayama und $h(I_\mathfrak{p}) \leqslant \mu(I_\mathfrak{p})$ nach Krull, ergibt sich $h(I) \leqslant \mu(I/I^2)$. Um zu zeigen, daß $\mu(I) \leqslant \mu(I/I^2) + 1$, betrachten wir Elemente $a_1, \dots, a_m \in I$, deren Restklassen in I/I^2 ein minimales Erzeugendensystem dieses R/I-Moduls bilden. Setzt man $\overline{R} := R/(a_1, \dots, a_m)$ und $\overline{I} := I/(a_1, \dots, a_m)$, so gilt $\overline{I} = \overline{I}^2$. Da $\overline{I}$ nach 5.16 ein Hauptideal ist, wird I von m + 1 Elementen erzeugt.

Es sei jetzt $m := \mu(I/I^2) > \dim R$. Nach 4.7 kann man Elemente $a_1, \dots, a_m \in I$ so wählen, daß jedes $\mathfrak{p} \in \mathfrak{V}(a_1, \dots, a_m)$ mit $\mathfrak{p} \notin \mathfrak{V}(I)$ eine Höhe $\geqslant m$ besitzt. In unserem Fall ist dann $\mathfrak{V}(a_1, \dots, a_m) \setminus \mathfrak{V}(I) = \emptyset$, d.h. $\overline{I} := I/(a_1, \dots, a_m)$ ist ein nilpotentes Ideal von $\overline{R} := R/(a_1, \dots, a_m)$. Da es auch von einem idempotenten Element erzeugt wird, ist notwendigerweise $\overline{I} = (0)$ und $\mu(I) = \mu(I/I^2)$.

Für Ideale in Polynomringen kann man eine Verschärfung von 5.17 angeben. Im Beweis werden die Resultate von Quillen und Suslin über projektive Moduln benutzt:

Satz 5.18: (Mohan Kumar [56].) $R = P[X]$ sei der Polynomring über einem noetherschen Ring P endlicher Krulldimension. Das Ideal I aus R enthalte ein normiertes Polynom und es sei $m := \mu(I/I^2) \geqslant \dim R/I + 2$. Dann gibt es einen endlich erzeugten projektiven P-Modul M vom Rang m, so daß I homomorphes Bild des Erweiterungsmoduls $M[X]$ ist. Sind insbesondere alle endlich erzeugten projektiven P-Moduln frei, so ist

$$\mu(I) = \mu(I/I^2).$$

Beweis:

1. In einem ersten Schritt zeigt man, daß es Elemente $f, g \in P$ gibt mit $D(f) \cup D(g) = \mathrm{Spec}(R)$, so daß I_f als R_f-Modul von m Elementen erzeugt wird und $I_g = R_g$ ist.

   $a_1 \in I$ sei ein Element, dessen Restklasse in I/I^2 in ein minimales Erzeugendensystem dieses R/I-Moduls aufgenommen werden kann. Wir können und wollen annehmen, daß

a_1 ein normiertes Polynom ist, denn notfalls können wir eine genügend hohe Potenz eines normierten Polynoms aus I zu a_1 addieren und so ein Element der gewünschten Form erhalten.

Es ist dann $S := R/(a_1)$ ein endlich erzeugter P-Modul. Ist $J := I \cap P$ und I^* das Bild von I in S, so ist auch $I^* \cap P = J = JS \cap P$ und S/I^* sowie S/JS sind ganze Ringerweiterungen von P/J, folglich ist $\dim R/I = \dim S/I^* = \dim P/J = \dim S/JS = \dim S/J^2S$ (II.2.13). Ist $\bar{I}$ das Bild von I in S/J^2S, so ist

$$\mu(\bar{I}/\bar{I}^2) = \mu(I/I^2) - 1 > \dim R/I = \dim S/J^2S;$$

nach 5.17 wird somit das Ideal $\bar{I}$ von $m - 1$ Elementen erzeugt. Es gibt dann auch Elemente $a_2^*, \dots, a_m^* \in I^*$ mit

$$I^* = (a_2^*, \dots, a_m^*) + JS. \tag{3}$$

Wir lokalisieren nun S nach $N := 1 + J$, um das Lemma von Nakayama anwenden zu können. Um zu zeigen, daß JS_N in allen maximalen Idealen von S_N enthalten ist, genügt es zu beweisen, daß JP_N in allen maximalen Idealen von P_N liegt (II.2.10), denn S_N ist ganz über P_N. $1 + JP_N$ besteht – wie man sofort nachprüft – aus lauter Einheiten von P_N. Gäbe es nun für ein $\mathfrak{m} \in \operatorname{Max}(P_N)$ ein $x \in JP_N$, $x \notin \mathfrak{m}$, so hätte man eine Gleichung $1 = \rho_1 x + \rho_2$ mit $\rho_1 \in P_N$, $\rho_2 \in \mathfrak{m}$ und es wäre $\rho_2 = 1 - \rho_1 x \in \mathfrak{m} \cap (1 + JP_N)$ ein Widerspruch.

Aus (3) ergibt sich nun mit Hilfe des Lemmas von Nakayama, daß $I_N^* = (a_2^*, \dots, a_m^*) S_N$. Sind $a_2, \dots, a_m \in I$ Repräsentanten der a_i^*, so folgt $I_N = (a_1, \dots, a_m) R_N$. Es gibt dann auch ein $f \in N$ mit

$$I_f = (a_1, \dots, a_m) R_f.$$

Setzt man $g := 1 - f$, so ist $g \in J$ und daher $I_g = R_g$. Ferner ist $D(f) \cup D(g) = \operatorname{Spec}(R)$, da $1 = f + g$.

2. Um nun den gesuchten projektiven P-Modul M zu konstruieren, betrachten wir die zu $\{a_1, \dots, a_m\}$ gehörige Präsentation des R_f-Moduls I_f:

$$0 \to K \to R_f^m \to I_f \to 0. \tag{4}$$

Da I_g ein freier R_g-Modul ist, ergibt die Lokalisation nach g, daß K_g ein projektiver Modul über $R_{fg} = P_{fg}[X]$ ist, denn nach der Lokalisation zerfällt (4).

Aus der exakten Folge

$$0 \to (K_g)_{a_1} \to (R_{fg})_{a_1}^m \to (I_{fg})_{a_1} \to 0$$

sieht man, weil $(I_{fg})_{a_1} = (R_{fg})_{a_1} \cdot a_1$ ist, daß $(K_g)_{a_1}$ sogar ein freier Modul über $(R_{fg})_{a_1} = P_{fg}[X]_{a_1}$ ist. Da a_1 normiert ist, ergibt der Satz von Quillen und Suslin (IV.3.14), daß K_g sogar ein freier R_{fg}-Modul ist.

Es sind somit die Voraussetzungen erfüllt, um das folgende Lemma anwenden zu können.

Lemma 5.19: I sei ein endlich erzeugter Modul über einem Ring R. Es seien eine Zahl $m \in \mathbb{N}_+$ und Elemente $f, g \in R$ gegeben, so daß gilt:

a) $D(f) \cup D(g) = \operatorname{Spec}(R)$.

b) I_g ist ein freier R_g-Modul vom Rang $\leqslant m$.

c) Es existiert eine exakte Folge von R_f-Moduln

$$0 \to K \to R_f^m \xrightarrow{\beta_1} I_f \to 0,$$

wobei K_g als R_{fg}-Modul frei ist. Dann ist I homomorphes Bild eines projektiven R-Moduls vom Rang m.

Beweis: Sei $F_1 := R_f^m$, $F_2 := R_g^m$. Nach b) gibt es einen Epimorphismus $\beta_2 : F_2 \to I_g$ mit freiem Kern. Da auch K_g ein freier R_{fg}-Modul ist, gibt es einen Isomorphismus $\alpha : (F_1)_g \xrightarrow{\sim} (F_2)_f$ von R_{fg}-Moduln, so daß das Diagramm

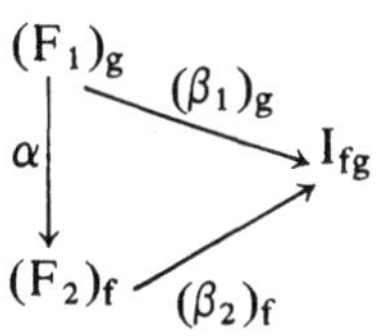

kommutativ ist.

Es sei nun F das Faserprodukt von F_1 und F_2 über $(F_2)_f$ bzgl. $F_1 \to (F_1)_g \xrightarrow{\alpha} (F_2)_f$ und $F_2 \to (F_2)_f$. Da I das Faserprodukt von I_f und I_g über I_{fg} ist (IV.1.7), wird auf Grund der universellen Eigenschaft eine lineare Abbildung $\ell : F \to I$ induziert, so daß das Diagramm

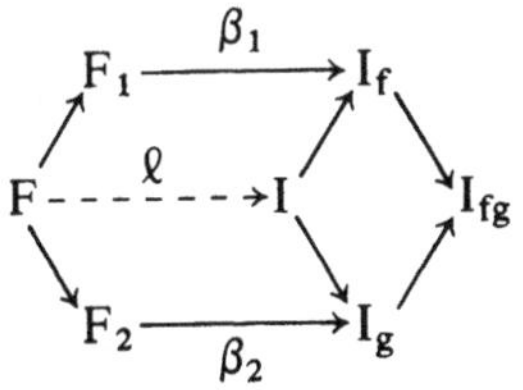

kommutativ ist. Nach IV.1.6 ist ℓ surjektiv, denn ℓ_f kann mit β_1 und ℓ_g mit β_2 identifiziert werden; diese Abbildungen sind nach Voraussetzung surjektiv und es ist $\operatorname{Spec}(R) = D(f) \cup D(g)$.

Da $F_f \cong F_1$ und $F_g \cong F_2$, ist F nach IV.1.14 endlich präsentierbar. Da F auch lokal frei vom Rang m ist, ist F somit ein endlich erzeugter projektiver R-Modul vom Rang m, q.e.d.

Wendet man nun die obige Konstruktion von F in der Situation von Satz 5.18 an, so sieht man darüber hinaus, weil $f, g \in P$ gewählt waren, daß F lokal erweitert ist. Nach dem Satz von Quillen (IV.1.20) ist dann F auch global erweitert: $F \cong M[X]$ mit $M \cong F/XF$. Da F ein projektiver R-Modul vom Rang m ist, ist M ein projektiver P-Modul vom Rang m. Da I homomorphes Bild von $M[X]$ ist, ist Satz 5.18 somit bewiesen.

Korollar 5.20: K sei ein Körper und I ein Ideal von $K[X_1, \dots, X_n]$ mit $\mu(I/I^2) \geqslant \dim K[X_1, \dots, X_n]/I + 2$. Dann ist

$$\mu(I) = \mu(I/I^2).$$

Beweis: Da $I \neq (0)$ ist, kann man – eventuell nach einer Variablentransformation – annehmen, daß I ein in X_n normiertes Polynom mit Koeffizienten aus $P := K[X_1, \dots, X_{n-1}]$ enthält (II.3.2). Die Behauptung folgt dann nach 5.18, da über P alle endlich erzeugten projektiven Moduln frei sind.

Das Korollar gilt auch allgemeiner, wenn K nullteilerfreier Hauptidealring ist (vgl. Aufgabe 9). Die in seinem Beweis verwendete Methode, zur Bestimmung von $\mu(I)$ zunächst einen projektiven Modul auf I abzubilden und dann zu benutzen, daß dieser frei ist, wird auch später noch einmal angewandt werden.

Satz 5.21: Ist eine affine algebraische Varietät im n-dimensionalen Raum lokal vollständiger Durchschnitt, so wird ihr Ideal im Polynomring von n Elementen erzeugt.

Beweis: $R = K[X_1, \dots, X_n]$ sei der Polynomring in n Variablen über einem Körper K und $I \neq (0)$ ein Ideal von R, für das $I_\mathfrak{p}$ vollständiger Durchschnitt in $R_\mathfrak{p}$ ist für alle $\mathfrak{p} \in \mathfrak{V}(I)$. Für alle diese $\mathfrak{p}$ wird der $R_\mathfrak{p}/I_\mathfrak{p}$-Modul $I_\mathfrak{p}/I_\mathfrak{p}^2$ von $h(I_\mathfrak{p}) \leqslant h(\mathfrak{p})$ Elementen erzeugt und es ist daher $\mu_\mathfrak{p}(I/I^2) + \dim R/\mathfrak{p} \leqslant n$. Da $\mathfrak{V}(I) = \mathrm{Supp}(I/I^2)$, folgt nach dem Satz von Forster-Swan (IV.2.14), daß $\mu(I/I^2) \leqslant n$.

Sei $d := \dim R/I$. Ist $d \leqslant n-2$ und $\mu(I/I^2) \leqslant d+1$, so ist $\mu(I) \leqslant d+2 \leqslant n$ nach 5.17; ist dagegen $\mu(I/I^2) \geqslant d+2$, so ist 5.20 anwendbar und es folgt $\mu(I) = \mu(I/I^2) \leqslant n$. Da für $d = n$ ohnehin $I = (0)$ ist, bleibt nur noch der Fall $d = n-1$ zu betrachten. (Bisher haben wir noch keinen Gebrauch davon gemacht, daß $I = \mathrm{Rad}(I)$ ist, d.h., daß I das Ideal einer Varietät ist.)

Ist nun $d = n-1$ und I das Ideal einer Varietät V, so ist V disjunkte Vereinigung einer Hyperfläche H und einer Varietät V' mit $\dim V' < n-1$, denn alle Komponenten von V die durch einen Punkt $x \in V$ gehen, haben die gleiche Dimension. Das Ideal von H ist ein Hauptideal (F). Ist I' das Ideal von V', so gilt $I' + (F) = R$, da $V' \cap H = \emptyset$ und $I = I' \cap (F)$, da $V = V' \cup H$. Aus $I' + (F) = R$ folgt aber $I' \cap (F) = I' \cdot (F)$. Hieraus sieht man einerseits, daß auch V' lokal vollständiger Durchschnitt ist, andererseits – weil $\dim V' < n-1$ ist – daß I' und damit auch I von n Elementen erzeugt wird, q.e.d.

Bemerkungen 5.22:

a) Satz 5.21 ist insbesondere gültig für singularitätenfreie Varietäten, da diese lokal vollständige Durchschnitte sind, wie im nächsten Kapitel gezeigt wird (VI.1.11). Er wurde in diesem Fall von Forster [24] vermutet.

b) Die Aussage von 5.21 gilt allgemeiner für beliebige Ideale $I \subset K[X_1, \dots, X_n]$, die lokal vollständige Durchschnitte sind. Dazu ist nur noch der Fall $\dim K[X_1, \dots, X_n]/I = n-1$ zu betrachten. In diesem kann man ebenfalls zeigen, daß $I = (F) \cdot I'$ ist mit einem Ideal I' der Dimension $\leqslant n-2$ (VI. § 3, Aufgabe 3) das lokal vollständiger Durchschnitt ist, woraus die Behauptung folgt.

Aufgaben:

1. a) I und J seien Ideale eines Rings R mit $\bigcap_{n \in \mathbb{N}} I^n = (0)$. Es gebe Elemente $a_1, \ldots, a_m \in J$ mit $gr_I(J) = (L_I(a_1), \ldots, L_I(a_m))$ und $\bigcap_{n \in \mathbb{N}} (I^n + J') = J'$, wobei $J' := (a_1, \ldots, a_m)$. Dann ist $J = J'$.

   b) Man beweise mit derselben Methode den *Hilbertschen Basissatz für Potenzreihenringe:* Ist R noetherscher Ring, so auch $R[|X_1, \ldots, X_n|]$, der Ring der formalen Potenzreihen in $X_1, \ldots, X_n$ über R. (*Hinweis:* Setze $I := (X_1, \ldots, X_n)$ und verfahre wie in a).)

2. R sei ein noetherscher Ring. Für $\mathfrak{p} \in \operatorname{Spec}(R)$ sind folgende Aussagen äquivalent:

   a) $gr_\mathfrak{p}(R)$ ist Integritätsring.

   b) $gr_{\mathfrak{p}R_\mathfrak{p}}(R_\mathfrak{p})$ ist Integritätsring und die kanonische Abbildung $gr_\mathfrak{p}(R) \to gr_{\mathfrak{p}R_\mathfrak{p}}(R_\mathfrak{p})$ injektiv.

   c) $gr_{\mathfrak{p}R_\mathfrak{p}}(R_\mathfrak{p})$ ist Integritätsring und $\mathfrak{p}^n = \mathfrak{p}^{(n)}$ für alle $n \in \mathbb{N}_+$.

3. I sei ein Primideal eines noetherschen Rings R. Für jedes $\mathfrak{P} \in \mathfrak{B}(I)$ werde $I_\mathfrak{P}$ von einer $R_\mathfrak{P}$-regulären Folge erzeugt. Dann ist I^n I-primär für alle $n \in \mathbb{N}_+$.

4. Im Polynomring $K[X, Y, Z]$ über einem Körper K ist $\{X(X-1), XY-1, XZ\}$ eine reguläre Folge, aber nicht $\{X(X-1), XZ, XY-1\}$. Die Folgen erzeugen ein maximales Ideal.

5. R sei ein noetherscher Ring, $I \supset J$ seien zwei Ideale. Folgende Aussagen sind äquivalent:

   a) $\mathfrak{R}_I(R) = \bigoplus_{n \in \mathbb{N}} I^n$ ist als $\mathfrak{R}_J(R)$-Modul endlich erzeugt.

   b) Es gibt ein $n \in \mathbb{N}$ mit $JI^n = I^{n+1}$.

   Es ist dann $\operatorname{Rad}(I) = \operatorname{Rad}(J)$.

6. R sei ein positiv graduierter noetherscher Ring, wobei $R_0 =: K$ ein Körper ist. $I \supset J$ seien homogene Ideale von R und $\mathfrak{m} := \bigoplus_{i>0} R_i$. Die Aussagen a), b) aus Aufgabe 5 sind dann auch äquivalent mit c) $gr_I(R)/\mathfrak{m}gr_I(R) \cong \mathfrak{R}_I(R)/\mathfrak{m}\mathfrak{R}_I(R)$ ist endlich erzeugter Modul über der K-Unteralgebra, die von den Elementen $x + \mathfrak{m}I \in I/\mathfrak{m}I$ mit $x \in J$ erzeugt wird. (Für Ideale $I \supset J$ aus dem maximalen Ideal $\mathfrak{m}$ eines noetherschen lokalen Rings R kann man dies ebenfalls zeigen.)

7. Unter den Voraussetzungen von Aufgabe 6 heißt J (nach Northcott-Rees [61]) eine *Reduktion von* I, wenn eine der Bedingungen a)–c) aus Aufgabe 6 erfüllt ist.

   a) Für jede Reduktion J von I ist

   $\mu(J) \geqslant \dim gr_I(R)/\mathfrak{m}gr_I(R)$.

   b) Ist K ein unendlicher Körper, so zeige man mit Hilfe des Noetherschen Normalisierungssatzes, daß jedes (homogene) Ideal I eine Reduktion J mit

   $\mu(J) = \dim gr_I(R)/\mathfrak{m}gr_I(R)$

besitzt. (In diesem Fall ist $\dim \mathrm{gr}_I(R)/\mathfrak{m}\,\mathrm{gr}_I(R)$ eine obere Abschätzung für die Minimalzahl m, für die es (homogene) Elemente $a_1, \dots, a_m \in R$ mit $\mathrm{Rad}(I) = \mathrm{Rad}(a_1, \dots, a_m)$ gibt.)

8. $(R,\mathfrak{m})$ sei ein noetherscher lokaler Ring, $I \subset \mathfrak{m}$ ein Ideal, das von n Elementen erzeugt wird und einen minimalen Primteiler der Höhe n besitzt. Dann ist $\mathrm{gr}_I(R)/\mathfrak{m}\,\mathrm{gr}_I(R)$ isomorph zum Polynomring in n Variablen über $R/\mathfrak{m}$.

9. R sei ein noetherscher Ring der Dimension d, $I \subset R[X_1, \dots, X_n]$ ein Ideal mit $h(I) > d$. Dann gibt es Elemente $Y_1, \dots, Y_n \in R[X_1, \dots, X_n]$ mit $R[X_1, \dots, X_n] = R[Y_1, \dots, Y_n]$, so daß I ein in Y_n normiertes Polynom enthält. (Man setze $S := R[X_1, \dots, X_{n-1}]$, $X := X_n$. Dann kann man annehmen, daß $Y_1, \dots, Y_{n-1}$ schon gefunden sind, so daß das Ideal $\lambda(I)$ aus § 4, Aufgabe 7 ein in Y_{n-1} normiertes Polynom enthält. *Suslins Variablentausch-Trick:* $Z_{n-1} := X - Y_{n-1}^{\rho}$, $Z_n := Y_{n-1}$, $Z_i := Y_i$ $(i = 1, \dots, n-2)$ mit genügend großem $\rho \in \mathbb{N}$ führt dann zum Ziel.)

10. R sei ein Ring. $\mathfrak{m} \in \mathrm{Max}(R[X])$ enthält genau dann ein normiertes Polynom, wenn $\mathfrak{m} \cap R \in \mathrm{Max}(R)$.

11. R sei der Unterring des formalen Potenzreihenrings $K[|T|]$ über einem Körper K, der aus allen Reihen $\Sigma a_\nu T^\nu$ mit $a_1 = 0$ besteht.
    a) Der R-Homomorphismus $R[X] \to Q(R)$ mit $X \mapsto \frac{1}{T}$ ist surjektiv, sein Kern daher ein maximales Ideal.
    b) Es ist $\mu(\mathfrak{m}) = 2$ und $\mu(\mathfrak{m}/\mathfrak{m}^2) = 1$.

12. I sei ein homogenes Ideal eines noetherschen positiv graduierten Rings R, für den R_0 ein Körper ist. Dann ist $\mu(I) = \mu(I/I^2)$.

13. Eine affine Algebra A über einem Körper K besitze zwei Darstellungen

$$A = K[X_1, \dots, X_n]/I = K[Y_1, \dots, Y_m]/J$$

als homomorphe Bilder der Polynomringe $R := K[X_1, \dots, X_n]$ und $S := K[Y_1, \dots, Y_m]$. Dann gibt es einen Isomorphismus graduierter A-Algebren

$$\mathrm{gr}_I(R)\,[Y_1, \dots, Y_m] \cong \mathrm{gr}_J(S)\,[X_1, \dots, X_n],$$

wobei die X_i und Y_j jeweils vom Grad 1 sind. Insbesondere hat man einen A-Modul-Isomorphismus

$$I/I^2 \oplus A^m \cong J/J^2 \oplus A^n.$$

(*Anleitung:* Es genügt, für $S = K[X_1, \dots, X_n, Y_1, \dots, Y_m]$ und $J = IS + (Y_1, \dots, Y_m)S$ zu zeigen, daß $\mathrm{gr}_J(S) \cong \mathrm{gr}_I(R)\,[Y_1, \dots, Y_m]$.)

14. In der Situation von Aufgabe 13 folgere man:
    a) Ist $I \in \mathrm{Spec}(R)$ und I^ν primär für $\nu = 1, \dots, r$, so ist auch J^ν primär für $\nu = 1, \dots, r$.
    b) Für ein $\mathfrak{m} \in \mathrm{Max}(R)$, $\mathfrak{m} \supset I$ sei $\mathfrak{n} \in \mathrm{Max}(S)$ das Urbild von $\mathfrak{m}/I$. Ist $I_\mathfrak{m}$ vollständiger Durchschnitt in $R_\mathfrak{m}$, so ist auch $J_\mathfrak{n}$ vollständiger Durchschnitt in $S_\mathfrak{n}$.
    c) Ist $\dim A = 1$ und I/I^2 ein freier A-Modul, so ist auch J/J^2 ein freier A-Modul. (Man verwende IV. § 3, Aufgabe 10.)

Literaturhinweise

Der für den Inhalt des ganzen Kapitels grundlegende Hauptidealsatz wurde von Krull in [44] bewiesen. Es gibt viele Verallgemeinerungen des Hauptidealsatzes, die sich auf die Höhe von *Determinantenidealen* in noetherschen Ringen beziehen (vgl. z. B. Eagon-Northcott [16], Eisenbud-Evans [18]).

Der in § 1 behandelte Satz von Storch und Eisenbud-Evans wurde für den 3-dimensionalen Raum zuerst von M. Kneser [41] gezeigt. Ähnlich gab Abhyankar [2] für Satz 5.21 zuerst einen geometrischen Beweis im Fall singularitätenfreier Kurven in $\mathbb{A}^3$ (s. auch Abhyankar-Sathaye [4]), dem später Murthy [57] einen kurzen homologischen Beweis für lokale vollständige Durchschnitte in $\mathbb{A}^3$ zur Seite stellte. Sathaye [71] gelang dann der Beweis für Varietäten beliebiger Dimension über unendlichem Grundkörper, bevor Mohan Kumar [56] den allgemeinen Fall erledigte.

Mit der Erzeugung maximaler Ideale in Polynomringen $R[X]$ über einem noetherschen Ring R beschäftigen sich Davis-Geramita [15]. Ihre Ergebnisse sind nun teilweise in denen Mohan Kumars enthalten. Davis [14] beweist in Spezialfällen, daß ein Ideal eines noetherschen Rings, das Primideal und vollständiger Durchschnitt ist, von einer regulären Folge erzeugt wird, für die auch jede Teilmenge ein Primideal erzeugt (dies verallgemeinert 5.15). Jedoch hat Heitmann [33] auch ein Beispiel angegeben, in dem diese Aussage nicht richtig ist.

Kapitel VI
Reguläre und singuläre Punkte algebraischer Varietäten

Die Punkte algebraischer Varietäten lassen sich einteilen in solche, in denen die Varietät „glatt" ist, und in die „Singularitäten" der Varietät. Dieses Kapitel beschäftigt sich mit verschiedenen Charakterisierungen dieser Begriffe, vor allem durch Eigenschaften der lokalen Ringe in den Punkten der Varietät. Es wird gezeigt, wie durch die Untersuchung der Idealtheorie lokaler Ringe Rückschlüsse auf die Natur der Singularitätenmenge gezogen werden können. Das in Kapitel V begonnene Studium der regulären Folgen wird fortgeführt. Wir erhalten weitere Invarianten noetherscher lokaler Ringe und eine Klasseneinteilung dieser Ringe (vollständige Durchschnitte, Gorensteinringe, Cohen-Macaulay-Ringe). Dieser entspricht eine (grobe) Klasseneinteilung der Singularitäten. Unser besonderes Interesse gilt auch in diesem Kapitel wieder denjenigen Aussagen, die Anwendungen auf vollständige Durchschnitte besitzen.

§ 1. Reguläre Punkte algebraischer Varietäten. Reguläre lokale Ringe

Die algebraische Definition regulärer und singulärer Punkte algebraischer Varietäten läßt sich am besten veranschaulichen am Beispiel affiner Hyperflächen. L sei ein algebraisch abgeschlossener Körper, $H \subset \mathbb{A}^n(L)$ eine Hyperfläche. Um H in einem ihrer Punkte x zu untersuchen, können wir nach einer Translation annehmen, daß $x = (0, \dots, 0)$ der Ursprung ist. Das Ideal von H in $L[X_1, \dots, X_n]$ werde von F erzeugt, wobei $F = F_m + F_{m+1} + \dots + F_d$, F_i homogen vom Grad i, $F_m \neq 0$, $F_d \neq 0$, $m \leqslant d$. Es ist dann $0 < m$, da $F(0, \dots, 0) = 0$.

Für jede Gerade $g = \{t(\xi_1, \dots, \xi_n) \mid t \in L\}$ mit einem $(\xi_1, \dots, \xi_n) \in L^n \setminus \{0\}$ erhält man die Punkte von $g \cap H$ durch Auflösung der Gleichung

$$F(t\xi_1, \dots, t\xi_n) = t^m(F_m(\xi_1, \dots, \xi_n) + \dots + t^{d-m} F_d(\xi_1, \dots, \xi_n)) = 0$$

nach t. Für $t = 0$ ergibt sich x selbst und zwar als „mindestens m-facher" Schnittpunkt von g und H. x ist „genau m-facher" Schnittpunkt, wenn $F_m(\xi_1, \dots, \xi_n) \neq 0$ ist.

Die Zahl m ist somit das Minimum der „Schnittmultiplizitäten" von H mit einer beliebigen Gerade durch x. Man nennt m die „Multiplizität" von x auf H. Eine Gerade, die H in x mit einer Vielfachheit $> m$ schneidet, heißt *Tangente an* H *in* x. Die Richtungsvektoren $(\xi_1, \dots, \xi_n)$ der Tangenten werden durch die Gleichung $F_m(\xi_1, \dots, \xi_n) = 0$ gegeben. Die Vereinigung aller Tangenten an H in x ist der Kegel mit der Gleichung $L(F) = 0$, wobei $L(F) = F_m$ die Leitform von F ist. Dieser heißt der *geometrische Tangentialkegel* an H in x. x heißt *regulärer* oder *einfacher Punkt* von H, wenn $m = 1$ ist, sonst *singulärer Punkt oder Singularität*. In einem einfachen Punkt ist der Tangentialkegel die Hyperebene mit der Gleichung $\sum_{i=1}^{n} a_i X_i = 0$, $a_i := \frac{\partial F}{\partial X_i}(0)$, die dann *Tangentialhyperebene* von H in x heißt.

Es sei jetzt eine beliebige Varietät $V \subset \mathbb{A}^n(L)$ gegeben, die wir zunächst immer als L-Varietät betrachten wollen, d.h. alle im folgenden auftretenden Begriffe beziehen sich auf den Grundkörper $K = L$.

Für $x \in V$ ist der lokale Ring $\mathcal{O}_x(V)$ mit dem maximalen Ideal $\mathfrak{m}_x(V)$ definiert (III. § 2).

Definition 1.1: $\operatorname{Spec}(\operatorname{gr}_{\mathfrak{m}_x(V)}(\mathcal{O}_x(V)))$ heißt der *Tangentialkegel von* V *in* x.

In welchem Sinne dies eine Verallgemeinerung des oben betrachteten Begriffs eines Tangentialkegels ist, wird die folgende Diskussion ergeben. Nach einer Translation können wir wieder annehmen, daß $x = (0, \dots, 0)$ ist. $R := L[X_1, \dots, X_n]_{(X_1, \dots, X_n)}$ ist dann der lokale Ring von x in $\mathbb{A}^n(L)$ und nach III.4.18 ist daher

$$\mathcal{O}_x(V) \cong R/\mathfrak{J}(V)R,$$

wenn $\mathfrak{J}(V)$ das Ideal von V in $L[X_1, \dots, X_n]$ ist. Bezeichnen wir das maximale Ideal von R mit $\mathfrak{m}$, so gilt nach V.5.3

$$\operatorname{gr}_{\mathfrak{m}_x(V)}(\mathcal{O}_x(V)) \cong \operatorname{gr}_{\mathfrak{m}}(R)/\operatorname{gr}_{\mathfrak{m}}(\mathfrak{J}(V)R). \tag{1}$$

Da $\mathfrak{m} = (X_1, \dots, X_n)$ und $\{X_1, \dots, X_n\}$ eine R-reguläre Folge ist, ist der kanonische Epimorphismus von L-Algebren

$$L[X_1, \dots, X_n] \to \operatorname{gr}_{\mathfrak{m}}(R) \qquad (X_i \mapsto X_i + \mathfrak{m}^2)$$

nach V.5.10 ein Isomorphismus. Identifiziert man diese beiden Ringe, so geht $\operatorname{gr}_{\mathfrak{m}}(\mathfrak{J}(V)R)$ über in das von den $L(F)$, $F \in \mathfrak{J}(V)$ erzeugte Ideal. In der Tat: Für $\frac{F}{G} \in R$ ($F, G \in L[X_1, \dots, X_n]$, $G(0, \dots, 0) \neq 0$) gilt

$$L_{\mathfrak{m}}\left(\frac{F}{G}\right) = \frac{L(F)}{G(0, \dots, 0)}$$

mit der üblichen Leitform $L(F)$ des Polynoms F, denn es ist $L_{\mathfrak{m}}(F) = L_{\mathfrak{m}}(G \cdot \frac{F}{G}) = L_{\mathfrak{m}}(G) \cdot L_{\mathfrak{m}}(\frac{F}{G})$ nach V.5.2 und $L_{\mathfrak{m}}(F) = L(F)$, $L_{\mathfrak{m}}(G) = G(0, \dots, 0)$.

Fig. 14

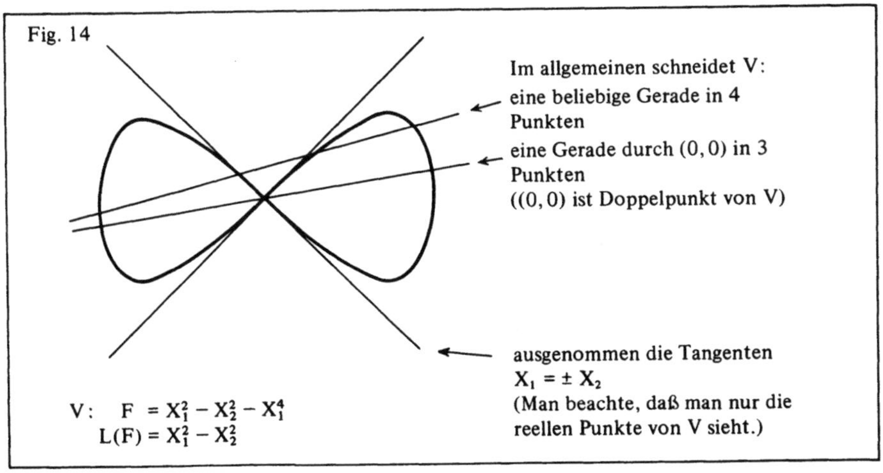
Im allgemeinen schneidet V:
eine beliebige Gerade in 4 Punkten
eine Gerade durch (0, 0) in 3 Punkten
((0, 0) ist Doppelpunkt von V)
ausgenommen die Tangenten
$X_1 = \pm X_2$
(Man beachte, daß man nur die reellen Punkte von V sieht.)
V: $F = X_1^2 - X_2^2 - X_1^4$
$L(F) = X_1^2 - X_2^2$

Wir erhalten somit

Satz 1.2: Man hat einen Isomorphismus graduierter L-Algebren

$$\mathrm{gr}_{\mathfrak{m}_x(V)}(\mathcal{O}_x(V)) \cong L[X_1, \dots, X_n]/(\{L(F)\}_{F \in \mathfrak{J}(V)}).$$

Die Nullstellenmenge $\mathfrak{V}(\{L(F)\}_{F \in \mathfrak{J}(V)})$ in $\mathbb{A}^n(L)$ heißt der *geometrische Tangentialkegel* von V in x. Die Geraden durch x, die zum geometrischen Tangentialkegel gehören, sind gerade diejenigen, die Tangenten in x an alle V umfassenden Hyperflächen sind.

Beispiel: Ist V eine Hyperfläche mit $\mathfrak{J}(V) = (F)$, so gilt nach V.5.4

$$\mathrm{gr}_{\mathfrak{m}_x}(\mathcal{O}_x) \cong L[X_1, \dots, X_n]/(L(F)).$$

Der Tangentialkegel enthält i.a. mehr Information als der geometrische Tangentialkegel. Ist etwa $V \subset \mathbb{A}^3(L)$ durch $X_2^2 - X_1^2 X_3 = 0$ (Fig. 15) gegeben, so ist $\mathrm{gr}_{\mathfrak{m}_x}(\mathcal{O}_x) \cong L[X_1, X_2, X_3]/(X_2^2)$ die „doppelt zu zählende" Ebene $X_2 = 0$, der geometrische Tangentialkegel die Ebene $X_2 = 0$ (Fig. 16). In jedem anderen Punkt der X_3-Achse ist der Tangentialkegel ein Ebenenpaar.

Fig. 15

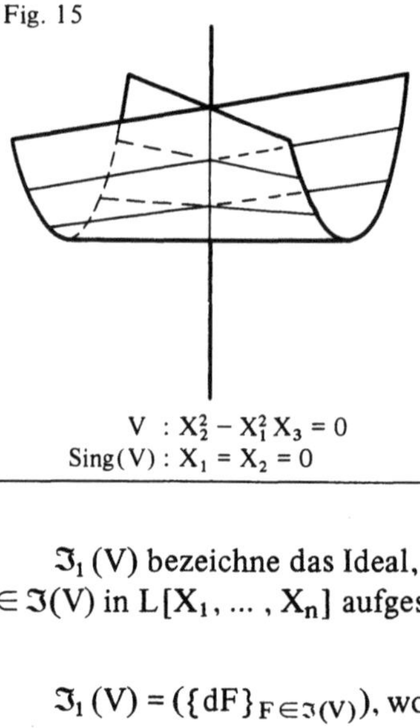

V : $X_2^2 - X_1^2 X_3 = 0$
Sing(V) : $X_1 = X_2 = 0$

Fig. 16

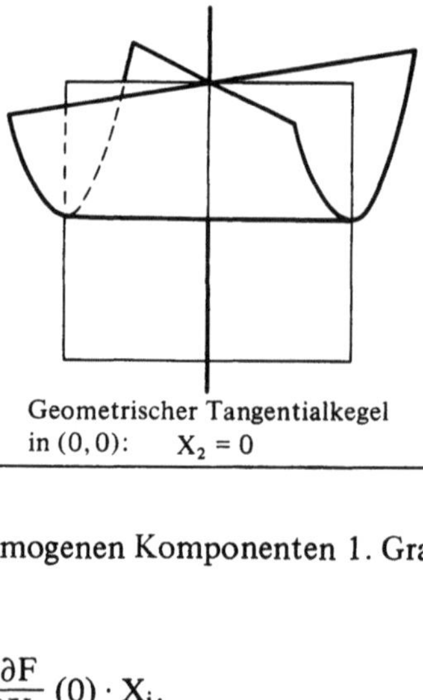

Geometrischer Tangentialkegel
in (0, 0): $X_2 = 0$

$\mathfrak{J}_1(V)$ bezeichne das Ideal, das von den homogenen Komponenten 1. Grades der $F \in \mathfrak{J}(V)$ in $L[X_1, \dots, X_n]$ aufgespannt wird:

$$\mathfrak{J}_1(V) = (\{dF\}_{F \in \mathfrak{J}(V)}), \text{ wobei } dF := \sum_{i=1}^{n} \frac{\partial F}{\partial X_i}(0) \cdot X_i.$$

Aus (1) erhält man durch Einschränkung auf die homogenen Komponenten 1. Grades sofort eine exakte Folge von L-Vektorräumen

$$0 \to \mathfrak{J}_1(V)/\mathfrak{J}_1(V) \cap \mathfrak{m}^2 \to \mathfrak{m}/\mathfrak{m}^2 \to \mathfrak{m}_x(V)/\mathfrak{m}_x(V)^2 \to 0, \tag{2}$$

wobei $\mathfrak{J}_1(V)/\mathfrak{J}_1(V) \cap \mathfrak{m}^2$ isomorph ist zu dem von den Linearformen dF ($F \in \mathfrak{J}(V)$) aufgespannten L-Vektorraum.

Definition 1.3: $T_x(V) := \mathfrak{B}(\mathfrak{J}_1(V))$ heißt der *Tangentialraum* an V in x.

$T_x(V)$ ist eine lineare Varietät in $\mathbb{A}^n(L)$, welche den geometrischen Tangentialkegel von V in x umfaßt, da $\mathfrak{J}_1(V) \subset (\{L(F)\}_{F \in \mathfrak{J}(V)})$. Es ist

$$\dim T_x(V) = n - \dim_L(\mathfrak{J}_1(V)/\mathfrak{J}_1(V) \cap \mathfrak{m}^2) = \dim_L \mathfrak{m}_x(V)/\mathfrak{m}_x(V)^2 = \operatorname{edim} \mathcal{O}_x(V).$$

Wie leicht zu sehen, ist $T_x(V)$ koordinatenunabhängig für jedes $x \in V$ definiert. Im projektiven Fall kann man $T_x(V)$ als projektive Abschließung des affinen Tangentialraums einführen.

Definition 1.4: Für eine affine oder projektive Varietät V heißt $x \in V$ ein *regulärer (oder einfacher) Punkt* (oder auch V *regulär* oder *glatt* in x), wenn

$$\operatorname{edim} \mathcal{O}_x(V) = \dim \mathcal{O}_x(V).$$

Ist V nicht glatt in x, so heißt x *Singularität* von V. Eine Varietät, die keine Singularitäten besitzt, heißt *singularitätenfrei* oder *glatt*.

Da $\dim \mathcal{O}_x(V) =: \dim_x V$ das Maximum der Dimensionen der x enthaltenden irreduziblen Komponenten von V ist (III.4.14d), ist V genau dann glatt in x, wenn $\dim T_x(V) = \dim_x V$.

Der folgende Satz kann zur Berechnung der Singularitäten von Varietäten verwendet werden:

Satz 1.5: V sei eine affine Varietät mit dem Ideal $\mathfrak{J}(V) \subset L[X_1, \ldots, X_n]$.

1. Für $x = (a_1, \ldots, a_n) \in V$ und $F_1, \ldots, F_m \in \mathfrak{J}(V)$ gilt stets

$$\operatorname{Rang} \frac{\partial(F_1, \ldots, F_m)}{\partial(a_1, \ldots, a_n)} \leqslant n - \dim_x V = n - \dim \mathcal{O}_x(V). \qquad (3)$$

2. Folgende Aussagen sind äquivalent:
   a) V ist glatt in x.
   b) Ist $\mathfrak{J}(V) = (F_1, \ldots, F_m)$, so gilt in (3) das Gleichheitszeichen.
   c) Es gibt Polynome $F_1, \ldots, F_m \in \mathfrak{J}(V)$, so daß (3) mit dem Gleichheitszeichen gilt.

$\left(\frac{\partial(F_1, \ldots, F_m)}{\partial(a_1, \ldots, a_n)}\right.$ ist natürlich die Jacobische Matrix, die man aus den formalen partiellen Ableitungen $\frac{\partial F_i}{\partial X_k}$ durch Einsetzen von $(a_1, \ldots, a_n)$ für $(X_1, \ldots, X_n)$ erhält$\left.\right)$.

Der Beweis ergibt sich unmittelbar aus der Tatsache, daß $T_x(V)$ durch das lineare Gleichungssystem

$$\sum_{k=1}^{n} \frac{\partial F_i}{\partial X_k}(a_1, \ldots, a_n)(X_k - a_k) = 0 \qquad (\mathfrak{J}(V) = (F_1, \ldots, F_m))$$

beschrieben wird und stets $\dim T_x(V) = \operatorname{edim} \mathcal{O}_x(V) \geqslant \dim \mathcal{O}_x(V) = \dim_x V$ gilt.

Definition 1.6: Ein noetherscher lokaler Ring R heißt *regulär*, wenn edim R = dim R gilt (mit anderen Worten: wenn das maximale Ideal von R von dim R Elementen erzeugt wird).

In dieser Terminologie ist x genau dann regulär auf V, wenn $\mathcal{O}_x(V)$ ein regulärer lokaler Ring ist. Ist V definiert über einem Teilkörper $K \subset L$ und $\mathcal{O}_x(V)$ der bzgl. K gebildete lokale Ring von V in x, so nennt man x einen *K-regulären Punkt*, wenn $\mathcal{O}_x(V)$ regulärer lokaler Ring ist. Dieser Begriff hängt jedoch i.a. von der Wahl des Definitionskörpers K ab (Aufgabe 10). Die regulären Punkte von V i.S. von Definition 1.4 heißen in der klassischen Terminologie auch „absolut regulär".

Beispiele für reguläre lokale Ringe sind die Körper, ferner die lokalen Ringe $R_{(\pi)}$, wenn R ein faktorieller Ring ist und π ein Primelement von R, denn es ist $\dim R_{(\pi)} = 1$ und das maximale Ideal von $R_{(\pi)}$ wird von π erzeugt. Speziell sind die lokalen Ringe $\mathbb{Z}_{(p)}$ (p Primzahl) regulär.

Weitere Beispiele werden geliefert durch

Satz 1.7: Ist $(R, \mathfrak{m})$ ein regulärer lokaler Ring, so auch $R[X]_{\mathfrak{P}}$ für jedes $\mathfrak{P} \in \operatorname{Spec}(R[X])$ mit $\mathfrak{P} \cap R = \mathfrak{m}$.

Beweis: Da $\mathfrak{m}R[X] \subset \mathfrak{P}$, gilt nach V.4.15 die Formel $\dim R = h(\mathfrak{m}) = h(\mathfrak{m}R[X]) \leqslant h(\mathfrak{P}) = \dim R[X]_{\mathfrak{P}}$. Ist $\mathfrak{m}R[X] = \mathfrak{P}$, so ist sogar $\dim R = \dim R[X]_{\mathfrak{P}}$ und $\mathfrak{P}$ wird von dim R Elementen erzeugt, also ist $R[X]_{\mathfrak{P}}$ regulär. Ist $\mathfrak{m}R[X] \neq \mathfrak{P}$, so ist $\dim R[X]_{\mathfrak{P}} \geqslant \dim R + 1$. Da $R[X]/\mathfrak{m}R[X] \cong R/\mathfrak{m}[X]$ ein Hauptidealring ist, wird das Bild von $\mathfrak{P}$ in diesem Ring von einem Element erzeugt, $\mathfrak{P}$ selbst also von dim R + 1 Elementen. Es folgt $\operatorname{edim} R[X]_{\mathfrak{P}} \leqslant \dim R + 1 \leqslant \dim R[X]_{\mathfrak{P}}$ und da stets $\operatorname{edim} R[X]_{\mathfrak{P}} \geqslant \dim R[X]_{\mathfrak{P}}$ gilt, ist $R[X]_{\mathfrak{P}}$ regulär.

Korollar 1.8: Ist K ein nullteilerfreier Hauptidealring, so ist $K[X_1, \dots, X_n]_{\mathfrak{P}}$ regulär für jedes $\mathfrak{P} \in \operatorname{Spec}(K[X_1, \dots, X_n])$.

Beweis: Ist $\mathfrak{p} := \mathfrak{P} \cap K[X_1, \dots, X_{n-1}]$, so ist $K[X_1, \dots, X_n]_{\mathfrak{P}} \cong K[X_1, \dots, X_{n-1}]_{\mathfrak{p}}[X_n]_{\mathfrak{P}}$ und das maximale Ideal von $K[X_1, \dots, X_n]_{\mathfrak{P}}$ liegt über dem von $K[X_1, \dots, X_{n-1}]_{\mathfrak{p}}$. Die Behauptung folgt nun aus 1.7 durch Induktion nach n, wenn man (im Induktionsbeginn) benutzt, daß $K_{\mathfrak{p}}$ regulär ist für jedes $\mathfrak{p} \in \operatorname{Spec}(K)$.

Da die über K definierten lokalen Ringe der Punkte des affinen oder projektiven Raums von der in 1.8 angegebenen Form sind, sind alle solchen Punkte K-regulär. Das Gleiche gilt auch für die Punkte 0-dimensionaler Varietäten, da deren lokale Ringe Körper sind.

Im folgenden studieren wir Eigenschaften der regulären lokalen Ringe. Aus den Eigenschaften der Ringe $\mathcal{O}_x(V)$ werden sich dann insbesondere Aussagen über reguläre und singuläre Punkte ergeben.

Ein noetherscher lokaler Ring $(R, \mathfrak{m})$ ist definitionsgemäß genau dann regulär, wenn $\mathfrak{m}$ ein vollständiger Durchschnitt in R ist. Die Sätze aus V.§ 5 liefern daher unmittelbar folgende Aussagen über reguläre lokale Ringe:

1. Ist $\dim R = d$, so ist R genau dann regulär, wenn $gr_{\mathfrak{m}}(R)$ als graduierte $R/\mathfrak{m}$-Algebra isomorph ist zur Polynomalgebra in d Variablen über $R/\mathfrak{m}$ (V.5.13). (Hieraus folgt insbesondere, daß der geometrische Tangentialkegel in einem regulären Punkt einer affinen Varietät mit dem Tangentialraum übereinstimmt.)
2. Reguläre lokale Ringe sind Integritätsringe und ganzabgeschlossen im Quotientenkörper (V.5.15a)).
3. Ist $(R, \mathfrak{m})$ regulär, so ist jedes minimale Erzeugendensystem $\{a_1, \dots, a_d\}$ von $\mathfrak{m}$ ein Parametersystem von R und eine R-reguläre Folge. Jedes Teilsystem $\{a_{i_1}, \dots, a_{i_\delta}\}$ erzeugt ein Primideal von R (V.5.15b) und c)).

Definition 1.9: Ist $(R, \mathfrak{m})$ ein regulärer lokaler Ring, so heißt jedes minimale Erzeugendensystem von $\mathfrak{m}$ ein *reguläres Parametersystem von R.*

Die obige Aussage 3 wird ergänzt durch

Satz 1.10: $(R, \mathfrak{m})$ sei ein regulärer lokaler Ring, $I \subset \mathfrak{m}$ ein Ideal. Dann sind folgende Aussagen äquivalent:
a) R/I ist ebenfalls ein regulärer lokaler Ring.
b) I wird von einem Teilsystem eines regulären Parametersystems von R erzeugt.

Beweis:

b) $\to$ a). $\{a_1, \dots, a_d\}$ sei ein reguläres Parametersystem von R und I werde etwa durch $\{a_{\delta+1}, \dots, a_d\}$ mit einem $\delta \in [0, d]$ erzeugt. Dann ist $\dim R/I = \delta$ nach V.4.11 und das maximale Ideal von R/I wird von den Bildern von $a_1, \dots, a_\delta$ erzeugt. Somit ist R/I regulär.

a) $\to$ b). R/I sei regulär von der Dimension δ und $a_1, \dots, a_\delta \in \mathfrak{m}$ ein Repräsentantensystem eines regulären Parametersystems von R/I. Dann ist $\mathfrak{m} = (a_1, \dots, a_\delta) + I$. Ist $\overline{\mathfrak{m}}$ das maximale Ideal von R/I, so hat man eine exakte Folge von $R/\mathfrak{m}$-Vektorräumen $0 \to I/I \cap \mathfrak{m}^2 \to \mathfrak{m}/\mathfrak{m}^2 \to \overline{\mathfrak{m}}/\overline{\mathfrak{m}}^2 \to 0$. Aus dem Lemma von Nakayama ergibt sich, daß man $\{a_1, \dots, a_\delta\}$ durch Hinzunahme von Elementen $a_{\delta+1}, \dots, a_d \in I$ zu einem minimalen Erzeugendensystem von $\mathfrak{m}$ ergänzen kann. Ist $I' := (a_{\delta+1}, \dots, a_d)$, so ist R/I' (wie oben gezeigt) ein regulärer lokaler Ring der Dimension δ und R/I ist homomorphes Bild von R/I'. Da R/I' Integritätsring ist und $\dim R/I' = \dim R/I$, muß $R/I' = R/I$ sein und somit $I = (a_{\delta+1}, \dots, a_d)$, q.e.d.

Korollar 1.11: Eine K-Varietät ist lokal in jedem K-regulären Punkt ein vollständiger Durchschnitt.

Dies ergibt sich aus 1.8 und 1.10, da die lokalen Ringe der Varietät von der Form $K[X_1, \dots, X_n]_{\mathfrak{p}}/I$ sind. Z

Um einige geometrische Aussagen herzuleiten, betrachten wir jetzt wieder eine L-Varietät $V \subset \mathbb{A}^n(L)$, und nehmen an, daß $x \in V$ der Ursprung ist, $\mathcal{O}_x(V) = R/\mathfrak{I}(V)R$ mit $R = L[X_1, \dots, X_n]_{(X_1, \dots, X_n)}$. Ein System $\{F_1, \dots, F_n\}$ aus $L[X_1, \dots, X_n]$ ist genau dann ein reguläres Parametersystem von R, wenn die Leitformen $L(F_i)$ vom Grad 1 $(i = 1, \dots, n)$ und linear unabhängig über L sind.

Denn genau dann ist $\mathfrak{m} = (F_1, \dots, F_n)R$, wenn die Restklassen $F_i + \mathfrak{m}^2 \in \mathfrak{m}/\mathfrak{m}^2$ $(i = 1, \dots, n)$ den $R/\mathfrak{m}$-Vektorraum $\mathfrak{m}/\mathfrak{m}^2$ aufspannen, was mit der obigen Aussage äquivalent ist. Andererseits ist die Aussage auch damit äquivalent, daß die Hyperflächen $H_i := \mathfrak{V}(F_i)$ in x glatt sind $(i = 1, \dots, n)$ und die Tangentialhyperebenen $T_x(H_i) = \mathfrak{V}(L(F_i))$ linear unabhängig sind (d.h. daß die $L(F_i)$ linear unabhängig über L sind).

Ist ein reguläres Parametersystem $\{F_1, \dots, F_n\}$ von R gegeben mit $F_i \in L[X_1, \dots, X_n]$ $(i = 1, \dots, n)$, so sind die $H_i := \mathfrak{V}(F_i)$ so etwas wie die „Koordinatenhyperflächen" eines lokalen Koordinatensystems von $\mathbb{A}^n(L)$ in x. Daß V in x glatt ist, ist nach 1.10 äquivalent damit, daß ein reguläres Parametersystem $\{F_1, \dots, F_n\}$ von R existiert, so daß $\mathfrak{J}(V)R = (F_{d+1}, \dots, F_n)$, wobei d die Dimension von V in x ist. Dabei kann o.B.d.A angenommen werden, daß $F_1, \dots, F_n \in L[X_1, \dots, X_n]$. In der Umgebung von x ist V gleich dem Durchschnitt $H_{d+1} \cap \dots \cap H_n$ von $n - d$ Koordinatenhyperflächen. Die übrigen d Hyperflächen $H_1, \dots, H_d$ entsprechen einem regulären Parametersystem $\{\varphi_1, \dots, \varphi_d\}$ von $\mathcal{O}_x(V)$, $\varphi_i := F_i + \mathfrak{J}(V)R$ $(i = 1, \dots, d)$. Sie definieren ein „lokales Koordinatensystem" auf V in x.

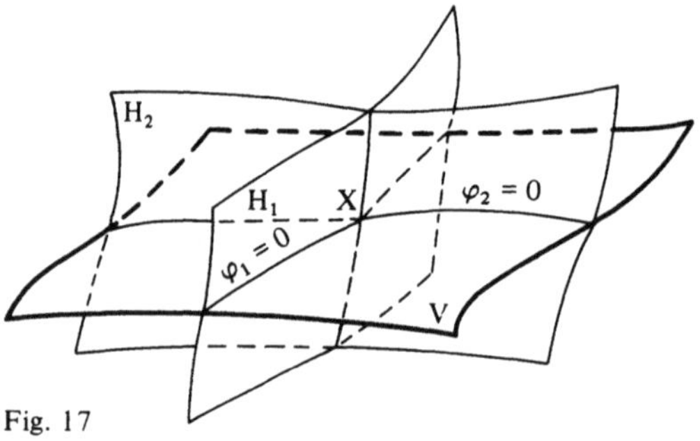

Fig. 17

Wir können jetzt auch sagen, was es geometrisch bedeutet, daß eine glatte affine Varietät *idealtheoretisch* vollständiger Durchschnitt ist:

Satz 1.12: $V \subset \mathbb{A}^n(L)$ sei eine singularitätenfreie L-Varietät der Dimension d. Genau dann ist V idealtheoretisch vollständiger Durchschnitt, wenn es $n - d$ L-Hyperflächen $H_1, \dots, H_{n-d} \subset \mathbb{A}^n(L)$ gibt, so daß gilt:

1. $V = H_1 \cap \dots \cap H_{n-d}$.
2. Für alle $x \in V$ sind die H_i glatt in x $(i = 1, \dots, n - d)$.
3. Die Tangentialhyperebenen $T_x(H_i)$ $(i = 1, \dots, n - d)$ sind für alle $x \in V$ linear unabhängig.

Beweis: Es ist nur noch zu zeigen, daß die Bedingungen hinreichend sind. Sind Hyperflächen $H_1, \dots, H_{n-d}$ gegeben, die 1–3 erfüllen und ist $\mathfrak{J}(H_i) = (F_i)$, so ist $\mathfrak{J}(V) = \text{Rad}(F_1, \dots, F_{n-d})$ und es genügt nachzuweisen, daß $\mathfrak{J}(V)_\mathfrak{m} = (F_1, \dots, F_{n-d})_\mathfrak{m}$ für jedes maximale Ideal $\mathfrak{m} \supset \mathfrak{J}(V)$. Nach einer Koordinatentransformation können wir annehmen, daß $\mathfrak{m} = (X_1, \dots, X_n)$ das Ideal des Ursprungs ist. Da $F_1, \dots, F_{n-d} \in \mathfrak{J}(V)$ und da die Leitformen der F_i vom Grad 1 und linear unabhängig über L sind, zeigt die obige lokale Diskussion, daß $\mathfrak{J}(V)_{\mathfrak{m}}$ in der Tat von $F_1, \dots, F_{n-d}$ erzeugt wird.

Bemerkung: Ist V nicht glatt, so ist es schwieriger, eine geometrische Kennzeichnung dafür zu geben, daß V idealtheoretisch vollständiger Durchschnitt ist. Dies kann im Rahmen der Theorie der Schnittmultiplizität algebraischer Varietäten geschehen. Statt 2. und 3. hat man zu fordern, daß sich die Hyperflächen „längs V mit der Multiplizität 1 schneiden".

Für einen noetherschen Ring R heißt

$$\operatorname{Reg}(R) := \{\mathfrak{p} \in \operatorname{Spec}(R) \mid R_{\mathfrak{p}} \text{ ist regulärer lokaler Ring}\}$$

der *reguläre Ort* von R und $\operatorname{Sing}(R) := \operatorname{Spec}(R) \setminus \operatorname{Reg}(R)$ der *singuläre Ort*. Entsprechend heißt für eine affine oder projektive Varietät V die Menge Reg(V) der Punkte x, in denen V glatt ist, der *reguläre Ort von* V und $\operatorname{Sing}(V) := V \setminus \operatorname{Reg}(V)$ *singulärer Ort* von V.

Satz 1.13: $R \neq \{0\}$ sei ein reduzierter noetherscher Ring, $\{\mathfrak{p}_1, \dots, \mathfrak{p}_s\}$ die Menge der minimalen Primideale von R und $R_i := R/\mathfrak{p}_i$ $(i = 1, \dots, s)$. Dann gilt

$$\operatorname{Sing}(R) = \bigcup_{i=1}^{s} \operatorname{Sing}(R_i) \cup \bigcup_{i \neq j} \mathfrak{V}(\mathfrak{p}_i) \cap \mathfrak{V}(\mathfrak{p}_j).$$

(Dabei sind Primideale von R_i mit ihren Bildern bei der Injektion $\operatorname{Spec}(R_i) \to \operatorname{Spec}(R)$ zu identifizieren.) Entsprechend gilt für eine affine oder projektive Varietät mit den irreduziblen Komponenten $V_1, \dots, V_s$

$$\operatorname{Sing}(V) = \bigcup_{i=1}^{s} \operatorname{Sing}(V_i) \cup \bigcup_{i \neq j} V_i \cap V_j.$$

Beweis: Für $\mathfrak{p} \in \mathfrak{V}(\mathfrak{p}_i) \cap \mathfrak{V}(\mathfrak{p}_j)$ $(i \neq j)$ hat $R_{\mathfrak{p}}$ zwei verschiedene minimale Primideale, ist also kein Integritätsring und damit nicht regulär. Umfaßt $\mathfrak{p}$ dagegen genau eines der $\mathfrak{p}_i$, so ist $\mathfrak{p}_i R_{\mathfrak{p}} = (0)$, da R reduziert ist. Ferner ist $R_{\mathfrak{p}} = R_{\mathfrak{p}}/\mathfrak{p}_i R_{\mathfrak{p}} \cong (R/\mathfrak{p}_i)_{\mathfrak{p}} = (R_i)_{\mathfrak{p}}$. Genau dann ist $\mathfrak{p} \in \operatorname{Reg}(R)$, wenn sein Bild in R_i in $\operatorname{Reg}(R_i)$ liegt.

Für affine und projektive Varietäten verläuft der Beweis völlig analog.

Korollar 1.14: Singularitätenfreie Hyperflächen in $\mathbb{P}^n(L)$ $(n \geqslant 2)$ sind irreduzibel.

Da die irreduziblen Komponenten von Hyperflächen selbst Hyperflächen sind und da sich zwei Hyperflächen in $\mathbb{P}^n (n \geqslant 2)$ stets schneiden (I.5.2) ergibt sich 1.14 aus 1.13.

1.14 beinhaltet ein hinreichendes *Irreduzibilitätskriterium* für Polynome in $n \geqslant 2$ Variablen. Für ein solches Polynom $F \in K[X_1, \dots, X_n]$ (K ein Körper) betrachte man die zur Homogenisierung $F^* \in K[Y_0, \dots, Y_n]$ gehörige Hyperfläche H in $\mathbb{P}^n(L)$, wobei L etwa die algebraische Abschließung von K ist. Ist H singularitätenfrei, dann ist F bis auf eine Einheit Potenz eines irreduziblen Polynoms. Weiß man noch, daß F keine mehrfachen Faktoren haben kann, so ist F irreduzibel.

Beispiel: Das Polynom $F = a_1 X_1^m + a_2 X_2^m + \dots + a_n X_n^m + a_{n+1}$ $(a_i \neq 0)$ ist irreduzibel über jedem Körper K, dessen Charakteristik m nicht teilt. Es ist nämlich $\frac{\partial F}{\partial X_i} = m a_i X_i^{m-1}$ $(i = 1, \dots, n)$. Hätte F einen mehrfachen Faktor, so müßten F und eine der partiellen Ableitungen einen Teiler gemeinsam haben, was ersichtlich nicht der Fall ist. Die affine Hyperfläche H in $\mathbb{A}^n$, die durch F definiert wird, ist nach 1.5 glatt, da die Jacobische Matrix $\left(\frac{\partial F}{\partial X_1}(x), \dots, \frac{\partial F}{\partial X_n}(x)\right)$ in jedem Punkt $x \in H$ den Rang 1 besitzt. Entsprechendes gilt für die projektive Abschließung von H, denn homogenisiert man erst F und dehomogenisiert man bzgl. einer der Variablen $Y_1, \dots, Y_n$ wieder, so erhält man ein analoges Polynom wie F zurück.

Der nächste Satz wird den früheren Satz 1.5 verallgemeinern. Es sei $A = K[X_1, \dots, X_n]/I$ eine affine Algebra über einem Körper K und $I = (F_1, \dots, F_m)$. Für $\mathfrak{p} \in \operatorname{Spec}(A)$ ist dann $A_\mathfrak{p}/\mathfrak{p}A_\mathfrak{p} = Q(A/\mathfrak{p}) = K(\xi_1, \dots, \xi_n)$, wobei ξ_i das Bild von X_i in $A_\mathfrak{p}/\mathfrak{p}A_\mathfrak{p}$ ist. Ist t der Transzendenzgrad von $K(\xi_1, \dots, \xi_n)$ über K, so ist $t = \dim A/\mathfrak{p}$ nach II.3.6a).

$$J(\mathfrak{p}) := \frac{\partial(F_1, \dots, F_m)}{\partial(\xi_1, \dots, \xi_n)} = \left(\frac{\partial F_i}{\partial X_k}(\xi_1, \dots, \xi_n)\right)_{i=1,\dots,m,\,k=1,\dots,n}$$

heißt *Jacobische Matrix an der Stelle* $\mathfrak{p}$ (bzgl. der gegebenen Präsentation von A).

Satz 1.15: (Jacobisches Kriterium für reguläre lokale Ringe.) K sei ein vollkommener Körper und A ein Integritätsring mit $\dim A =: d$. Dann ist

$$\operatorname{Rang}(J(\mathfrak{p})) = n - d - (\operatorname{edim} A_\mathfrak{p} - \dim A_\mathfrak{p}).$$

Genau dann ist $\mathfrak{p} \in \operatorname{Reg}(A)$, wenn $\operatorname{Rang}(J(\mathfrak{p})) = n - d$.

Beweis: Es sei $L := K(\xi_1, \dots, \xi_n)$. Wir verwenden folgenden Satz der Körpertheorie: Da K vollkommen ist, kann man aus $\{\xi_1, \dots, \xi_n\}$ eine Transzendenzbasis von L/K auswählen – etwa $\{\xi_1, \dots, \xi_t\}$ bei geeigneter Numerierung – so daß L *separabel* algebraisch über $K(\xi_1, \dots, \xi_t)$ ist.

Ist $\mathfrak{P}$ das Urbild von $\mathfrak{p}$ in $R := K[X_1, \dots, X_n]$, so ist $\mathfrak{P} \cap K[X_1, \dots, X_t] = (0)$, da $\{\xi_1, \dots, \xi_t\}$ algebraisch unabhängig über K ist. Es ist daher $K(X_1, \dots, X_t) \subset R_\mathfrak{P}$ und $R_\mathfrak{P} = S_\mathfrak{M}$ mit $S := K(X_1, \dots, X_t)[X_{t+1}, \dots, X_n]$, $\mathfrak{M} := \mathfrak{P}S$. Nach 1.8 ist $S_\mathfrak{M}$ ein regulärer lokaler Ring und $\dim S_\mathfrak{M} = \dim R_\mathfrak{P} = n - \dim R/\mathfrak{P} = n - \dim A/\mathfrak{p} = n - t$. Ferner ist $A_\mathfrak{p} \cong S_\mathfrak{M}/IS_\mathfrak{M}$. Man hat daher eine exakte Folge von L-Vektorräumen

$$0 \to \Lambda \to \operatorname{gr}^1_{\mathfrak{M}S_\mathfrak{M}}(S_\mathfrak{M}) \to \operatorname{gr}^1_{\mathfrak{p}A_\mathfrak{p}}(A_\mathfrak{p}) \to 0,$$

wobei Λ aufgespannt wird von den Elementen $F_i + \mathfrak{M}^2 S_\mathfrak{M} \in \operatorname{gr}^1_{\mathfrak{M}S_\mathfrak{M}}(S_\mathfrak{M})$ $(i = 1, \dots, m)$.

Dabei ist $\dim_L(\Lambda) = n - t - \operatorname{edim} A_\mathfrak{p} = n - d - (\operatorname{edim} A_\mathfrak{p} - \dim A_\mathfrak{p})$, da $d = \dim A_\mathfrak{p} + t$ (II.3.6). Es kommt somit darauf an, nachzuweisen, daß $\dim_L(\Lambda)$ mit dem Rang von $J(\mathfrak{p})$ übereinstimmt.

Wir verschaffen uns hierzu zunächst ein minimales Erzeugendensystem von $\mathfrak{M}$. Da $L \cong S/\mathfrak{M}$ über $K(\xi_1, \dots, \xi_t) \cong K(X_1, \dots, X_t)$ algebraisch ist, können wir auf folgende Weise ein Erzeugendensystem von $\mathfrak{M}$ erhalten: Für $i = 1, \dots, n-t$ bezeichne $g_i(X)$ das Minimalpolynom von ξ_{t+i} über $K(\xi_1, \dots, \xi_t)[\xi_{t+1}, \dots, \xi_{t+i-1}]$. $G_i(X_1, \dots, X_{t+i}) \in K(X_1, \dots, X_t)[X_{t+1}, \dots, X_{t+i}]$ sei ein Polynom, das man aus $g_i(X)$ erhält, indem man für die Koeffizienten $\neq 0$ von $g_i(X)$ Repräsentanten in $K(X_1, \dots, X_t)[X_{t+1}, \dots, X_{t+i-1}]$ wählt und X durch X_{t+i} ersetzt. Es ist klar, daß $(G_1, \dots, G_{n-t}) \subset \mathfrak{M}$. Ferner hat $S/(G_1, \dots, G_{n-t})$ als $K(X_1, \dots, X_t)$-Vektorraum die Dimension $\prod_{i=1}^{n-t} d_i$, wenn d_i der Grad von $g_i(X)$ ist $(i = 1, \dots, n-t)$. Da auch $[L : K(X_1, \dots, X_t)] = \prod_{i=1}^{n-t} d_i$ ist, muß $(G_1, \dots, G_{n-t}) = \mathfrak{M}$ sein. Insbesondere ist dann $\{G_1, \dots, G_{n-t}\}$ ein reguläres Parametersystem von $S_\mathfrak{M}$ und $L_{\mathfrak{M}S_\mathfrak{M}}(G_i)$ $(i = 1, \dots, n-t)$ eine Basis von $\operatorname{gr}^1_{\mathfrak{M}S_\mathfrak{M}}(S_\mathfrak{M})$.

Wegen der Separabilität von $L/K(\xi_1, \dots, \xi_t)$ ist $\dfrac{\partial G_i}{\partial X_{t+i}}(\xi_1, \dots, \xi_n) = g_i'(\xi_{t+i}) \neq 0$ $(i = 1, \dots, n-t)$ und da in G_i nur die Unbestimmten $X_1, \dots, X_{t+i}$ auftreten, hat die Matrix $\dfrac{\partial(G_1, \dots, G_{n-t})}{\partial(\xi_1, \dots, \xi_n)}$ den Rang $n-t$. Wir schreiben nun

$$F_i = \sum_{k=1}^{n-t} \sigma_{ik} G_k \qquad (i = 1, \dots, m;\ \sigma_{ik} \in S_\mathfrak{M})$$

und erhalten nach der Produktregel für die Differentiation

$$\frac{\partial(F_1, \dots, F_m)}{\partial(\xi_1, \dots, \xi_n)} = (\sigma_{ik}(\xi_1, \dots, \xi_n)) \cdot \frac{\partial(G_1, \dots, G_{n-t})}{\partial(\xi_1, \dots, \xi_n)}, \tag{4}$$

wobei $\sigma_{ik}(\xi_1, \dots, \xi_n)$ das Bild von σ_{ik} in L ist. Andererseits ist

$$F_i + \mathfrak{M}^2 S_\mathfrak{M} = \sum_{k=1}^{n-t} \sigma_{ik}(\xi_1, \dots, \xi_n) \cdot L_{\mathfrak{M}S_\mathfrak{M}}(G_k).$$

Da die $L_{\mathfrak{M}S_\mathfrak{M}}(G_k)$ eine Basis von $\operatorname{gr}^1_{\mathfrak{M}S_\mathfrak{M}}(S_\mathfrak{M})$ bilden und die $F_i + \mathfrak{M}^2 S_\mathfrak{M}$ den L-Vektorraum Λ aufspannen, ist $\dim_L(\Lambda) = \operatorname{Rang}(\sigma_{ik}(\xi_1, \dots, \xi_n))$. Da $\dfrac{\partial(G_1, \dots, G_{n-t})}{\partial(\xi_1, \dots, \xi_n)}$ den (Maximal)-Rang $n-t$ besitzt, ergibt sich aus (4), daß auch $\operatorname{Rang} \dfrac{\partial(F_1, \dots, F_m)}{\partial(\xi_1, \dots, \xi_n)} = \dim_L(\Lambda)$, q.e.d.

Korollar 1.16: Für jede reduzierte affine Algebra $A \neq \{0\}$ über einem vollkommenen Körper K ist $\operatorname{Reg}(A)$ offen in $\operatorname{Spec}(A)$ und $\operatorname{Reg}(A) \cap \operatorname{Max}(A) \neq \emptyset$.

Beweis: Nach 1.13 genügt es, den Fall zu betrachten, daß A Integritätsring ist: $A = K[X_1, \dots, X_n]/(F_1, \dots, F_m)$. Es bezeichne x_k das Bild von X_k in A und $\frac{\partial F_i}{\partial x_k}$ das der partiellen Ableitung $\frac{\partial F_i}{\partial X_k}$. $\mathfrak{d}(A)$ sei das von allen $(n-d)$-reihigen Minoren der Jacobischen Matrix $\frac{\partial(F_1, \dots, F_m)}{\partial(x_1, \dots, x_n)}$ in A erzeugte Ideal, wobei $d := \dim A$. Für $\mathfrak{p} \in \operatorname{Spec}(A)$ gilt $\mathfrak{p} \in \operatorname{Sing}(A)$ genau dann, wenn $\mathfrak{d}(A) \subset \mathfrak{p}$, denn diese Bedingung ist gleichbedeutend damit, daß alle $(n-d)$-reihigen Minoren von $J(\mathfrak{p}) = \frac{\partial(F_1, \dots, F_m)}{\partial(\xi_1, \dots, \xi_n)}$ verschwinden, wobei ξ_k das Bild von X_k in $A_\mathfrak{p}/\mathfrak{p}A_\mathfrak{p}$ ist. Da stets $\operatorname{Rang}(J(\mathfrak{p})) \leqslant n-d$ ist nach 1.15, ist diese Bedingung gleichwertig damit, daß $\operatorname{Rang}(J(\mathfrak{p})) < n-d$ ist, also daß $\mathfrak{p} \in \operatorname{Sing}(A)$.

Es ist somit $\operatorname{Sing}(A) = \mathfrak{V}(\mathfrak{d}(A))$ eine abgeschlossene Menge von $\operatorname{Spec}(A)$ und daher $\operatorname{Reg}(A)$ offen. Da das Nullideal zu $\operatorname{Reg}(A)$ gehört, ist $\operatorname{Reg}(A) \neq \emptyset$. Es gibt dann auch ein $f \in A \setminus \{0\}$ mit $D(f) \subset \operatorname{Reg}(A)$. Da der Durchschnitt aller maximalen Ideale von A das Nullideal ist, gibt es mindestens ein $\mathfrak{m} \in \operatorname{Max}(R)$ mit $f \notin \mathfrak{m}$. Somit ist sogar $\operatorname{Reg}(A) \cap \operatorname{Max}(A) \neq \emptyset$.

Bemerkung: Man kann allgemeiner zeigen, daß 1.16 auch für beliebige Körper K gilt, doch ist der Beweis komplizierter. Dagegen gibt es noethersche Ringe R, für die Reg (R) *nicht* offen in Spec(R) ist. Man kann auch zeigen, daß das Ideal $\mathfrak{d}(A)$ aus dem Beweis von 1.16 eine Invariante von A ist, d.h. unabhängig von der Darstellung $A = K[X_1, \dots, X_n]/(F_1, \dots, F_m)$ (Jacobisches Ideal von A).

Korollar 1.17: Der reguläre Ort jeder nichtleeren affinen oder projektiven Varietät ist offen und nicht leer. Algebraische Kurven besitzen nur endlich viele Singularitäten.

Beweis: Es genügt, dies im Affinen zu zeigen. Ist A der Koordinatenring einer affinen Varietät V, so ist $\operatorname{Reg}(V) \neq \emptyset$ und offen, da $\operatorname{Reg}(A) \cap \operatorname{Max}(A) \neq \emptyset$ ist und Reg (A) offen in Spec (A).

Ist V eine Kurve, so enthält Sing (V) nach 1.13 keine irreduzible Komponente von V und ist daher 0-dimensional, folglich eine endliche Punktmenge.

Man beachte, daß es im obigen Beweis für $\operatorname{Reg}(V) \neq \emptyset$ zweckmäßig war, zuerst den entsprechenden Satz für Spec (A) zu beweisen, also nicht nur die maximalen Ideale von A ins Auge zu fassen. Es zeigt sich hier einer der Vorteile des Arbeitens mit dem Spektrum an Stelle von Varietäten.

Korollar 1.18: Unter den Voraussetzungen von 1.16 sei $\mathfrak{p} \in \operatorname{Reg}(A)$. Dann gibt es ein $\mathfrak{m} \in \operatorname{Max}(A) \cap \operatorname{Reg}(A)$ mit $\mathfrak{p} \subset \mathfrak{m}$. Ferner ist $\operatorname{Spec}(A_\mathfrak{p}) = \operatorname{Reg}(A_\mathfrak{p})$, d.h. $(A_\mathfrak{p})_\mathfrak{P}$ ist regulärer lokaler Ring für jedes $\mathfrak{P} \in \operatorname{Spec}(A_\mathfrak{p})$.

Beweis: Wir wählen ein $f \in A$ mit $\mathfrak{p} \in D(f) \subset \operatorname{Reg}(A)$. Da $\mathfrak{p}$ der Durchschnitt aller $\mathfrak{p}$ umfassenden maximalen Ideale von A ist, gibt es ein $\mathfrak{m} \in \operatorname{Max}(A)$ mit $\mathfrak{p} \subset \mathfrak{m}$ und $f \notin \mathfrak{m}$, also $\mathfrak{m} \in D(f) \subset \operatorname{Reg}(A)$. Dies zeigt die erste Behauptung.

Jedes $\mathfrak{P} \in \mathrm{Spec}(A_\mathfrak{p})$ ist von der Form $\mathfrak{P} = \mathfrak{q}A_\mathfrak{p}$ mit $\mathfrak{q} \in \mathrm{Spec}(A)$, $\mathfrak{q} \subset \mathfrak{p}$ und es ist $(A_\mathfrak{p})_\mathfrak{P} \cong A_\mathfrak{q}$. Wäre $\mathfrak{q} \in \mathrm{Sing}(A)$, so wäre auch $\mathfrak{p} \in \mathrm{Sing}(A)$ wegen der Abgeschlossenheit von Sing(A). Somit ist $(A_\mathfrak{p})_\mathfrak{P}$ regulär.

In Kap. VII wird allgemeiner gezeigt werden, daß für *jeden* regulären lokalen Ring R und jedes $\mathfrak{P} \in \mathrm{Spec}(R)$ auch $R_\mathfrak{P}$ ein regulärer lokaler Ring ist (VII.2.6).

Eine irreduzible Untervarietät W einer affinen oder projektiven Varietät V heißt *regulär auf* V, wenn der lokale Ring $\mathcal{O}_W(V)$ regulär ist. Die geometrische Bedeutung dieses Begriffs ergibt sich aus

Korollar 1.19: Genau dann ist $\mathcal{O}_W(V)$ ein regulärer lokaler Ring, wenn W einen regulären Punkt von V enthält (also nicht ganz in Sing(V) enthalten ist).

Fig. 18

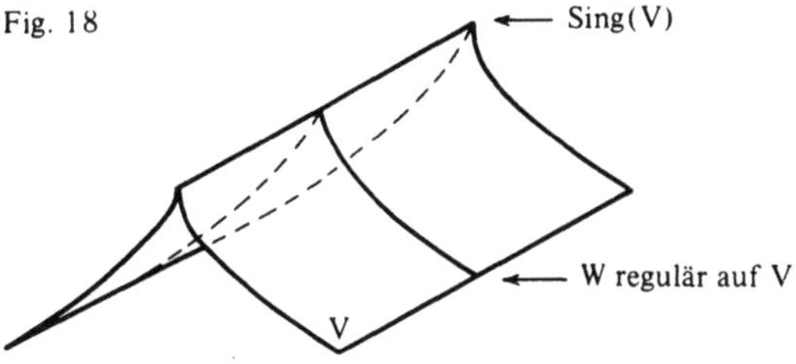

Beweis: Es genügt, die Aussage im Affinen zu zeigen. A sei der Koordinatenring von V und $\mathfrak{p}$ das Primideal von W in A. Dann ist $\mathcal{O}_W(V) \cong A_\mathfrak{p}$. Für jedes $\mathfrak{m} \in \mathrm{Max}(A)$ mit $\mathfrak{p} \subset \mathfrak{m}$ ist $A_\mathfrak{p}$ eine Lokalisation von $A_\mathfrak{m}$. Nach 1.18 ist $A_\mathfrak{p}$ genau dann regulär, wenn sich ein solches $\mathfrak{m}$ in Reg(A) finden läßt. Dies ist genau dann der Fall, wenn $\mathrm{Reg}(V) \cap W \neq \emptyset$.

Definition 1.20: Ein noetherscher Ring R heißt *regulär*, wenn $\mathrm{Max}(R) \subset \mathrm{Reg}(R)$. (Es ist dann Reg(R) = Spec(R), wie in VII.2.6 gezeigt werden wird.)

Beispiele noetherscher regulärer Ringe kennen wir schon in großer Zahl: Alle Körper, alle Dedekindringe, alle Polynomringe über nullteilerfreien Hauptidealringen, alle regulären *lokalen* Ringe und alle Koordinatenringe glatter affiner Varietäten. Ein direktes Produkt von endlich vielen regulären noetherschen Ringen ist wieder ein solcher. Reguläre Ringe können somit (im Gegensatz zu den regulären *lokalen* Ringen) Nullteiler besitzen.

Aufgaben:

1. Man bestimme die Singularitäten und die Tangentialkegel in den singulären Punkten der Flächen mit den in I.§ 1, Aufgabe 2 gegebenen Gleichungen.
2. Der Ring $K[|X_1, \dots, X_n|]$ der formalen Potenzreihen über einem Körper ist ein regulärer lokaler Ring.

3. In einem regulären lokalen Ring $(R, \mathfrak{m})$ der Dimension 1 gibt es für jedes Ideal $I \neq (0)$ genau ein $n \in \mathbb{N}$ mit $I = \mathfrak{m}^n$.

4. Eine *diskrete Bewertung* v auf einem Körper K ist eine Abbildung $v : K \to \mathbb{Z} \cup \{\infty\}$ mit folgenden Eigenschaften: Für alle $a, b \in K$ ist

   a) $v(a \cdot b) = v(a) + v(b)$,

   b) $v(a + b) \geqslant \operatorname{Min}\{v(a), v(b)\}$,

   c) $v(a) = \infty$ gilt genau dann, wenn $a = 0$.

   Der zu v gehörige *Bewertungsring* ist die Menge aller $a \in K$ mit $v(a) \geqslant 0$. v heißt *trivial*, wenn $v(a) = 0$ für alle $a \neq 0$. Man zeige: Der Bewertungsring einer nichttrivialen diskreten Bewertung ist ein regulärer lokaler Ring der Dimension 1 und jeder solche Ring ist der Bewertungsring einer diskreten Bewertung seines Quotientenkörpers.

5. $(R, \mathfrak{m})$ sei ein noetherscher lokaler Integritätsring.

   a) Ist $\mathfrak{m}$ ein invertierbares Ideal (Kap. IV. § 3, Aufgabe 6), so ist R regulär und $\dim R = 1$.

   b) Ist $\dim R = 1$, so gibt es für jedes $x \in R \setminus \{0\}$ ein $y \notin (x)$ mit $\mathfrak{m} y \subset (x)$. (Hinweis: $R/(x)$ ist von endlicher Länge.) Ferner ist $\mathfrak{m}^{-1} := \{a \in Q(R) \mid \mathfrak{m} a \subset R\} \neq R$.

   c) Ist R ganzabgeschlossen in Q(R), so folgt aus $\mathfrak{m} \cdot \mathfrak{m}^{-1} = \mathfrak{m}$, daß $\mathfrak{m}^{-1} = R$. (Anleitung: Für $x \in \mathfrak{m}^{-1}$ ist $\mathfrak{m} R[x] \subset \mathfrak{m}$. Man folgere, daß $R[x]$ als R-Modul endlich erzeugt ist.)

   Mit Hilfe von a)–c) zeige man: Ein noetherscher lokaler Integritätsring der Dimension 1 ist genau dann regulär, wenn er ganzabgeschlossen in seinem Quotientenkörper ist.

In den Aufgaben 6 bis 9 betrachten wir nur Varietäten, bei denen der Definitionskörper gleich dem Koordinatenkörper ist.

6. Eine algebraische Varietät V heißt *regulär in Kodimension* 1, wenn für jede irreduzible Untervarietät $W \subset V$ der Kodimension 1 der lokale Ring $\mathcal{O}_W(V)$ regulär ist. Diese Bedingung ist äquivalent mit der folgenden: Sing(V) besitzt mindestens die Kodimension 2 in V.

7. Eine Varietät V heißt *normal*, wenn $\mathcal{O}_x(V)$ für jedes $x \in V$ ein ganzabgeschlossener Integritätsring ist.

   a) Normale Varietäten sind regulär in Kodimension 1.

   b) Eine algebraische Kurve ist genau dann normal, wenn sie glatt ist.

8. $r \neq 0$ sei eine rationale Funktion auf einer irreduziblen normalen Varietät V. Man zeige: Die Nullstellenmenge und die Polmenge von r sind jeweils endliche Vereinigungen von irreduziblen Untervarietäten W der Kodimension 1 in V. (Ist v_W die zu $\mathcal{O}_W(V)$ gehörige diskrete Bewertung (Aufgabe 4), so heißt $v_W(r)$ die *Ordnung* von r in W (Nullstellen- bzw. Polordnung) und die durch $W \mapsto v_W(r)$ gegebene Abbildung der Menge der irreduziblen Untervarietäten der Kodimension 1 in $\mathbb{Z}$ der *Divisor* der Funktion r.)

9. $V \subset \mathbb{P}^n(L)$ sei eine algebraische Varietät. Nach dem Dualitätsprinzip der projektiven Geometrie entsprechen die Hyperebenen $H_{\langle a_0, \dots, a_n \rangle}$(mit der Gleichung $\sum_{i=0}^{n} a_i X_i = 0$) eineindeutig den Punkten $\langle a_0, \dots, a_n \rangle \in \mathbb{P}^n(L)$, die Hyperebenen durch einen Punkt $x \in \mathbb{P}^n(L)$ entsprechen dabei eineindeutig den Punkten einer Hyperebene $H_x \subset \mathbb{P}^n(L)$. Man zeige: Ist x ein regulärer Punkt von V, so ist die Menge der $\langle a_0, \dots, a_n \rangle \subset \mathbb{P}^n(L)$, so daß x auch regulär auf $V \cap H_{\langle a_0, \dots, a_n \rangle}$ ist, eine offene nichtleere Teilmenge von H_x.

10. Für eine Primzahl $p > 2$ sei $K := \mathbb{F}_p(u)$ der Körper der rationalen Funktionen in einer Unbestimmten u über dem Körper mit p Elementen und L der algebraische Abschluß von K. $u' \in L$ sei das Element mit $u'^p = u$.
    a) $K[X, Y]/(X^2 + Y^p - u)$ ist ein in seinem Quotientenkörper ganzabgeschlossener Integritätsring (und daher ein regulärer Ring).
    b) $L[X, Y]/(X^2 + Y^p - u)$ ist Integritätsring, aber nicht ganzabgeschlossen in seinem Quotientenkörper.
    c) Für den Punkt $(0, u')$ der Kurve mit der Gleichung $X^2 + Y^p - u = 0$ ist der lokale Ring über K regulär, nicht aber der über L.

11. p sei eine Primzahl, R ein Ring, der einen Körper der Charakteristik p enthält und R^p der Unterring aller p-ten Potenzen in R. Ein Elementesystem $\{x_1, \dots, x_n\}$ aus R heißt (endliche) *p-Basis* von R, wenn $R = R^p[x_1, \dots, x_n]$ und wenn die Potenzprodukte $x_1^{\alpha_1} \cdot \dots \cdot x_n^{\alpha_n}$ $(0 \leq \alpha_i \leq p - 1)$ linear unabhängig über R^p sind.
    a) Jeder Körper der Charakteristik p mit $[K : K^p] < \infty$ besitzt eine p-Basis. Eine solche läßt sich aus jedem Ringerzeugendensystem von K über K^p auswählen.
    b) Besitzt R eine p-Basis, dann auch jeder Quotientenring R_S und jeder Polynomring $R[X_1, \dots, X_m]$.
    c) Ist $\{x_1, \dots, x_n\}$ eine p-Basis von R und x_1 keine Einheit, so besitzt $R/(x_1)$ die p-Basis $\{\overline{x_2}, \dots, \overline{x_n}\}$, wobei $\overline{x_i}$ das Bild von x_i in $R/(x_1)$ ist.
    d) Besitzt R eine p-Basis mit n Elementen und ist $R = R^p[y_1, \dots, y_n]$, so ist auch $\{y_1, \dots, y_n\}$ eine p-Basis.
    e) Wenn R eine p-Basis besitzt, so gibt es für jedes $\mathfrak{m} \in \operatorname{Max}(R)$ auch eine p-Basis $\{x_1, \dots, x_d, y_1, \dots, y_n\}$, wobei die y_i eine p-Basis von $R/\mathfrak{m}$ repräsentieren und $x_1, \dots, x_d \in \mathfrak{m}$.
    f) Wenn ein noetherscher Ring eine p-Basis besitzt, dann ist er regulär.
    g) Ist R ein regulärer lokaler Ring, der als R^p-Modul endlich erzeugt ist, dann besitzt R eine p-Basis. (Für Verallgemeinerungen s. [48].)

§ 2. Die Nullteiler eines Rings oder Moduls. Primärzerlegung

Wie sich schon an vielen Stellen gezeigt hat, ist das Studium der Nullteiler eines Rings für viele Fragen der Ringtheorie unerläßlich. Wir sammeln in diesem Paragraphen weitere Informationen über die Nullteiler eines Rings oder Moduls und stellen die Verbindung zur Primärzerlegung von Idealen und Moduln her, die eine weitgehende Verallgemeinerung der Primelementzerlegung in faktoriellen Ringen darstellt.

M sei ein Modul über einem Ring R.

Definition 2.1: $\mathfrak{p} \in \operatorname{Spec}(R)$ heißt *assoziiert zu M*, wenn es ein $m \in M$ gibt, so daß $\mathfrak{p} = \operatorname{Ann}(m)$ ist.

Die Menge der assoziierten Primideale von M wird mit Ass(M) bezeichnet. Ist $\mathfrak{p} = \operatorname{Ann}(m)$ für $m \in M$, so ist $Rm \cong R/\mathfrak{p}$. Ass(M) ist daher auch die Menge der $\mathfrak{p} \in \operatorname{Spec}(R)$ für die es einen zu $R/\mathfrak{p}$ isomorphen Untermodul von M gibt. Es ist $\operatorname{Ann}(M) \subset \mathfrak{p}$ für jedes $\mathfrak{p} \in \operatorname{Ass}(M)$.

Lemma 2.2: Für jedes $\mathfrak{p} \in \operatorname{Spec}(R)$ ist $\operatorname{Ass}(R/\mathfrak{p}) = \{\mathfrak{p}\}$ und $\mathfrak{p}$ ist der Annullator jedes $x \neq 0$ aus $R/\mathfrak{p}$.

Ist nämlich $x = r + \mathfrak{p}$ mit $r \in R \setminus \mathfrak{p}$, so gilt $r' \cdot (r + \mathfrak{p}) = 0$ für ein $r' \in R$ genau dann, wenn $r' \in \mathfrak{p}$.

Lemma 2.3: Für jeden Untermodul $U \subset M$ gilt

$$\operatorname{Ass}(U) \subset \operatorname{Ass}(M) \subset \operatorname{Ass}(U) \cup \operatorname{Ass}(M/U).$$

Beweis: Es ist klar, daß $\operatorname{Ass}(U) \subset \operatorname{Ass}(M)$. Ist $\mathfrak{p} \in \operatorname{Ass}(M) \setminus \operatorname{Ass}(U)$ und ist $\mathfrak{p} = \operatorname{Ann}(m)$ für $m \in M$, dann ist $Rm \cong R/\mathfrak{p}$ und $Rm \cap U = \langle 0 \rangle$, da andernfalls nach 2.2 auch $\mathfrak{p} \in \operatorname{Ass}(U)$ wäre. Beim kanonischen Epimorphismus $M \to M/U$ wird Rm isomorph auf einen zu $R/\mathfrak{p}$ isomorphen Untermodul von M/U abgebildet, d.h. es ist $\mathfrak{p} \in \operatorname{Ass}(M/U)$.

Satz 2.4: Ist R noethersch und $M \neq \langle 0 \rangle$, so ist $\operatorname{Ass}(M) \neq \emptyset$.

Beweis: Die Menge der Ideale, die als Annullatoren von Elementen $m \neq 0$ aus M auftreten, ist nicht leer und enthält daher ein maximales Element $\mathfrak{p}$, weil R noethersch ist. Wir zeigen, daß $\mathfrak{p}$ Primideal ist:

Es sei $\mathfrak{p} = \operatorname{Ann}(m)$. Ferner seien $a, b \in R$ mit $ab \in \mathfrak{p}$, $b \notin \mathfrak{p}$ gegeben. Es ist dann $bm \neq 0$. Ferner ist $\mathfrak{p} \subset \operatorname{Ann}(bm)$ und wegen der Maximalität von $\mathfrak{p}$ ist $\mathfrak{p} = \operatorname{Ann}(bm)$. Aus $abm = 0$ folgt $a \in \mathfrak{p}$.

Satz 2.5: Ist R noethersch, so ist $\bigcup_{\mathfrak{p} \in \operatorname{Ass}(M)} \mathfrak{p}$ die Menge aller Nullteiler von M.

Beweis: Die Elemente der $\mathfrak{p} \in \operatorname{Ass}(M)$ sind natürlich Nullteiler von M. Gilt umgekehrt $rm = 0$ für ein $r \in R$, $m \in M$, $m \neq 0$, so ist $\operatorname{Ass}(Rm) \neq \emptyset$ nach 2.4 und es gibt somit ein $\mathfrak{p} \in \operatorname{Spec}(R)$ und ein $r' \in R$ mit $\mathfrak{p} = \operatorname{Ann}(r'm)$. Da $rr'm = 0$ ist, folgt $r \in \mathfrak{p}$.

Speziell ergibt sich die wichtige Tatsache, daß die Menge der Nullteiler eines noetherschen Rings die Vereinigung der assoziierten Primideale des Rings ist. (Man vergleiche auch

Satz 2.6: M sei ein endlich erzeugter Modul über einem noetherschen Ring R. Dann gibt es eine Kette von Untermoduln

$$M = M_0 \supset M_1 \supset \dots \supset M_n = \langle 0 \rangle,$$

so daß $M_i/M_{i+1} \cong R/\mathfrak{p}_i$ für ein $\mathfrak{p}_i \in \operatorname{Spec}(R)$ $(i = 0, \dots, n-1)$.

Beweis: Sei $M \neq \langle 0 \rangle$. Die Menge $\mathfrak{A}$ der Untermoduln $\neq \langle 0 \rangle$ von M, für die der Satz richtig ist, ist nicht leer, da M nach 2.4 einen zu $R/\mathfrak{p}$ isomorphen Untermodul für ein $\mathfrak{p} \in \operatorname{Spec}(R)$ enthält. Da M ein noetherscher Modul ist, existiert in $\mathfrak{A}$ ein maximales Element N.

Wäre $M \neq N$, so gäbe es in M/N einen zu $R/\mathfrak{q}$ mit $\mathfrak{q} \in \operatorname{Spec}(R)$ isomorphen Untermodul. Ist N' das vollständige Urbild dieses Untermoduls beim kanonischen Epimorphismus $M \to M/N$, so ist $N'/N \cong R/\mathfrak{q}$ im Widerspruch zur Maximaleigenschaft von N. Es folgt $N = M$ und der Satz ist bewiesen.

Korollar 2.7: Für einen endlich erzeugten Modul M über einem noetherschen Ring R ist Ass(M) eine endliche Menge. Speziell ist Ass(R) endlich.

Beweis: Aus 2.2 und 2.3 ergibt sich, daß $\operatorname{Ass}(M) \subset \{\mathfrak{p}_0, \dots, \mathfrak{p}_{n-1}\}$, wenn die $\mathfrak{p}_i$ die Primideale aus 2.6 sind.

Korollar 2.8: M sei ein endlich erzeugter Modul über einem noetherschen Ring R. Besteht ein Ideal I von R aus lauter Nullteilern von M, dann gibt es ein $m \in M$, $m \neq 0$, so daß $Im = \langle 0 \rangle$ ist.

Beweis: Aus $I \subset \bigcup_{\mathfrak{p} \in \operatorname{Ass}(M)} \mathfrak{p}$ folgt, weil Ass(M) endlich ist, daß $I \subset \mathfrak{p}$ für ein $\mathfrak{p} \in \operatorname{Ass}(M)$ und daraus ergibt sich die Behauptung.

Zwischen den assoziierten Primidealen und dem Träger eines Moduls besteht folgender Zusammenhang:

Satz 2.9: R sei ein noetherscher Ring, $M \neq \langle 0 \rangle$ ein endlich erzeugter R-Modul. Supp(M) ist die Menge aller $\mathfrak{p} \in \operatorname{Spec}(R)$, die ein zu M assoziiertes Primideal enthalten. Insbesondere gehören die minimalen Primideale eines noetherschen Rings $R \neq \{0\}$ zu Ass(R).

Beweis: Ist $\mathfrak{p} \in \operatorname{Ass}(M)$, so gilt $\mathfrak{p} \supset \operatorname{Ann}(M)$ und damit nach III.4.6 $\mathfrak{p} \in \operatorname{Supp}(M)$. Alle $\mathfrak{p}$ enthaltenden Elemente von Spec(R) gehören somit ebenfalls zu Supp(M).

Umgekehrt sei $\mathfrak{p} \in \operatorname{Supp}(M)$, also $M_\mathfrak{p} \neq \langle 0 \rangle$. Es gibt nach 2.4 ein zu $M_\mathfrak{p}$ assoziiertes Primideal $\mathfrak{q}R_\mathfrak{p}$, $\mathfrak{q} \in \operatorname{Spec}(R)$, $\mathfrak{q} \subset \mathfrak{p}$. Es genügt zu zeigen, daß $\mathfrak{q} \in \operatorname{Ass}(M)$ ist. Dies folgt aus

Lemma 2.10: M sei ein Modul über einem noetherschen Ring R, $S \subset R$ eine multiplikativ abgeschlossene Teilmenge. Dann ist

$$\operatorname{Ass}(M_S) = \{\mathfrak{p}_S \mid \mathfrak{p} \in \operatorname{Ass}(M), \mathfrak{p} \cap S = \emptyset\}.$$

Beweis: Für $\mathfrak{p} \in \operatorname{Ass}(M)$ mit $\mathfrak{p} \cap S = \emptyset$ gibt es ein $m \in M$, so daß $\mathfrak{p} = \operatorname{Ann}(m)$ ist. Es ist dann $\mathfrak{p}_S = \operatorname{Ann}(\frac{m}{1})$, also $\mathfrak{p}_S \in \operatorname{Ass}(M_S)$.

Umgekehrt sei $\mathfrak{p}_S \in \mathrm{Ass}(M_S)$, $\mathfrak{p}_S = \mathrm{Ann}(\frac{m}{s})$. $\{r_1, \dots, r_n\}$ sei ein Erzeugendensystem von $\mathfrak{p}$. Aus $\frac{r_i}{1} \frac{m}{s} = 0$ $(i = 1, \dots, n)$ folgt, daß es Elemente $s_i \in S$ gibt mit $s_i r_i m = 0$ $(i = 1, \dots, n)$. Mit $s' := \prod_{i=1}^{n} s_i$ und $m' := s'm$ ergibt sich zunächst, daß $\mathfrak{p} \subset \mathrm{Ann}(m')$. Gilt $rm' = 0$ für $r \in R$, so folgt $\frac{rs'm}{s} = 0$ und somit $\frac{rs'}{1} \in \mathrm{Ann}(\frac{m}{s}) = \mathfrak{p}_S$, also $r \in \mathfrak{p}$, da $s' \notin \mathfrak{p}$. Somit ist $\mathfrak{p} = \mathrm{Ann}(m')$ und folglich $\mathfrak{p} \in \mathrm{Ass}(M)$.

Wir kommen jetzt auf den Zusammenhang zwischen assoziierten Primidealen und Primärzerlegung in Ringen und Moduln zu sprechen, der historisch der Ausgangspunkt der ganzen Theorie war (Lasker [51]).

Ein Element $r \in R$ heißt *nilpotent für M*, wenn es ein $\rho \in \mathbb{N}$ mit $r^\rho M = \langle 0 \rangle$ gibt. Äquivalent damit ist (falls M endlich erzeugt ist), daß

$$r \in \mathrm{Rad}(\mathrm{Ann}(M)) = \bigcap_{\mathfrak{p} \in \mathrm{Supp}(M)} \mathfrak{p}.$$

Definition 2.11: Ein Untermodul $P \subset M$ heißt *primär*, wenn $\mathrm{Ass}(M/P)$ aus genau einem Element besteht. Ist $\mathfrak{p}$ dieses Primideal, so heißt P auch *$\mathfrak{p}$-primär*.

Diese Definition verallgemeinert die frühere Definition eines Primärideals (V.4.2).

Lemma 2.12: R sei noethersch, M endlich erzeugt und $P \subset M$ ein Untermodul. Dann sind äquivalent:

a) P ist primär.

b) Jeder Nullteiler von M/P ist nilpotent für M/P.

Beweis: Ist P $\mathfrak{p}$-primär, so ist $\mathfrak{p}$ die Menge aller Nullteiler von M/P. Andererseits ist auch $\mathrm{Rad}(\mathrm{Ann}(M/P)) = \mathfrak{p}$. Hieraus folgt b).

Umgekehrt ergibt sich aus b) nach 2.5 und 2.9, daß $\bigcup_{\mathfrak{p} \in \mathrm{Ass}(M/P)} \mathfrak{p} = \bigcap_{\mathfrak{p} \in \mathrm{Ass}(M/P)} \mathfrak{p}$. Dies kann aber nur sein, wenn $\mathrm{Ass}(M/P)$ nur aus einem Element besteht.

Lemma 2.13: R sei noethersch. Der Durchschnitt endlich vieler $\mathfrak{p}$-primärer Untermoduln von M ist $\mathfrak{p}$-primär.

Beweis: Es genügt, dies für zwei $\mathfrak{p}$-primäre Moduln $P_1, P_2 \subset M$ zu zeigen. Man hat eine exakte Folge

$$0 \to P_1/P_1 \cap P_2 \to M/P_1 \cap P_2 \to M/P_1 \to 0,$$

wobei $P_1/P_1 \cap P_2 \cong P_1 + P_2/P_2$. Nach 2.3 und 2.4 ist $\mathrm{Ass}(M/P_1 \cap P_2) \neq \emptyset$ und $\mathrm{Ass}(M/P_1 \cap P_2) \subset \mathrm{Ass}(M/P_1) \cup \mathrm{Ass}(P_1 + P_2/P_2) \subset \mathrm{Ass}(M/P_1) \cup \mathrm{Ass}(M/P_2) = \{\mathfrak{p}\}$ und somit $\mathrm{Ass}(M/P_1 \cap P_2) = \{\mathfrak{p}\}$.

Definition 2.14: Ein Untermodul $Q \subset M$ heißt *irreduzibel* (in M), wenn gilt: Ist $Q = U_1 \cap U_2$ mit zwei Untermoduln $U_i \subset M$ $(i = 1, 2)$, so ist $Q = U_1$ oder $Q = U_2$.

Insbesondere ist damit auch der Begriff eines irreduziblen Ideals in einem Ring definiert.

Man sieht sofort, daß $Q \subset M$ genau dann irreduzibel ist, wenn in M/Q der Nullmodul irreduzibel ist.

Satz 2.15: R sei noethersch, $Q \neq M$ ein irreduzibler Untermodul. Dann ist Q primär.

Beweis: Gäbe es in $\text{Ass}(M/Q)$ zwei verschiedene Primideale $\mathfrak{p}_1$ und $\mathfrak{p}_2$, so gäbe es in M/Q Untermoduln $U_i \cong R/\mathfrak{p}_i$ $(i = 1, 2)$ und es wäre $U_1 \cap U_2 = \langle 0 \rangle$, da $x \in U_i$, $x \neq 0$ den Annullator $\mathfrak{p}_i$ besitzt $(i = 1, 2)$. Da in M/Q der Nullmodul irreduzibel ist, folgt $U_1 = \langle 0 \rangle$ oder $U_2 = \langle 0 \rangle$, ein Widerspruch. Andererseits ist $\text{Ass}(M/Q) \neq \emptyset$ nach 2.4. Daher besteht $\text{Ass}(M/Q)$ aus genau einem Primideal.

Definition 2.16: Ein Untermodul $U \subset M$ besitzt eine *Primärzerlegung*, wenn es primäre Untermoduln $P_1, \dots, P_s$ $(s \geq 1)$ von M gibt, so daß

$$U = P_1 \cap \dots \cap P_s. \tag{1}$$

Die Primärzerlegung (1) heißt *reduziert*, wenn gilt:

a) Ist P_i $\mathfrak{p}_i$-primär $(i = 1, \dots, s)$, so ist $\mathfrak{p}_i \neq \mathfrak{p}_j$ für $i \neq j$ $(i, j = 1, \dots, s)$.

b) Es ist $\bigcap\limits_{j \neq i} P_j \not\subset P_i$ für $i = 1, \dots, s$.

Die in einer reduzierten Primärzerlegung auftretenden P_i heißen auch *Primärkomponenten* von U.

Ist R noethersch und besitzt U eine Primärzerlegung, dann auch eine reduzierte, denn nach 2.13 kann man die Primärmoduln zum selben Primideal zusammenfassen und b) erreicht man, indem man überflüssige Moduln wegläßt.

Satz 2.17: (Existenz einer Primärzerlegung.) R sei ein noetherscher Ring, M endlich erzeugter R-Modul. Jeder Untermodul $U \neq M$ besitzt eine reduzierte Primärzerlegung.

Beweis: Nach 2.15 genügt es zu zeigen, daß U Durchschnitt von endlich vielen irreduziblen Untermoduln von M ist. Wäre dies nicht so, so gäbe es nach der Maximalbedingung einen größten Untermodul $U \neq M$ von M, für den diese Aussage falsch ist. U wäre nicht irreduzibel, folglich gäbe es Untermoduln $U_i \neq U$ von M $(i = 1, 2)$ mit $U = U_1 \cap U_2$. Da die U_i den Modul U echt umfassen, sind sie als Durchschnitt von endlich vielen irreduziblen Untermoduln von M darstellbar, also auch U, ein Widerspruch. Der Satz ist also wahr.

Insbesondere besitzt jedes Ideal I in einem noetherschen Ring eine Primärzerlegung. Dieser Satz ist eine Verallgemeinerung des Satzes von der Faktorzerlegung in $\mathbb{Z}$, in den er – wie man leicht sieht – durch Spezialisierung übergeht (vgl. auch Aufgabe 1). Wie dort stellt sich jetzt die Frage nach der Eindeutigkeit der Primärzerlegung.

Satz 2.18: (1. Eindeutigkeitssatz). R sei ein noetherscher Ring, $U \subset M$ ein Untermodul mit einer reduzierten Primärzerlegung $U = P_1 \cap \dots \cap P_s$, wobei P_i $\mathfrak{p}_i$-primär sei $(i = 1, \dots, s)$.

Dann ist $\{\mathfrak{p}_1, \dots, \mathfrak{p}_s\} = \mathrm{Ass}(M/U)$. Die in einer reduzierten Primärzerlegung von U auftretenden Primideale sind somit durch M und U eindeutig festgelegt.

Beweis: Sei $U_i := \bigcap_{j \neq i} P_j$, also $U = U_i \cap P_i$, $U \neq U_i$ $(i = 1, \dots, s)$. Aus $U_i/U \cong U_i + P_i/P_i \subset M/P_i$ folgt $\emptyset \neq \mathrm{Ass}(U_i/U) \subset \mathrm{Ass}(M/P_i) = \{\mathfrak{p}_i\}$ und aus $\mathrm{Ass}(U_i/U) \subset \mathrm{Ass}(M/U)$ ergibt sich $\{\mathfrak{p}_1, \dots, \mathfrak{p}_s\} \subset \mathrm{Ass}(M/U)$.

Die umgekehrte Inklusion folgt durch Induktion nach s. Für $s = 1$ ist nichts zu zeigen. Sei also $s > 1$ und der Satz sei für Primärzerlegungen mit $s - 1$ Primärkomponenten schon bewiesen. $U_i = \bigcap_{j \neq i} P_j$ ist eine reduzierte Primärzerlegung, folglich ist $\mathrm{Ass}(M/U_i) = \{\mathfrak{p}_j \mid j \neq i\}$. Aus $M/U_i \cong M/U/U_i/U$ ergibt sich nach 2.3

$$\mathrm{Ass}(M/U) \subset \mathrm{Ass}(U_i/U) \cup \mathrm{Ass}(M/U_i) \subset \{\mathfrak{p}_1, \dots, \mathfrak{p}_s\}, \text{ q.e.d.}$$

Bevor wir einen weiteren Eindeutigkeitssatz beweisen, untersuchen wir das Verhalten einer Primärzerlegung bei Lokalisation:

Satz 2.19: $S \subset R$ sei multiplikativ abgeschlossen.

a) Ist $P \subset M$ ein $\mathfrak{p}$-primärer Untermodul von M und $\mathfrak{p} \cap S = \emptyset$, so ist P_S ein $\mathfrak{p}_S$-primärer Untermodul von M_S und $S(P) = P$. Ist $\mathfrak{p} \cap S \neq \emptyset$, so ist $P_S = M_S$. (S(P) bedeutet die S-Komponente von P (III.4.9).)

b) Ist $U = \bigcap_{i=1}^{s} P_i$ eine reduzierte Primärzerlegung eines Untermoduls $U \subset M$, wobei P_i $\mathfrak{p}_i$-primär ist $(i = 1, \dots, s)$, dann ist

$$U_S = \bigcap_{\mathfrak{p}_i \cap S = \emptyset} (P_i)_S$$

eine reduzierte Primärzerlegung von U_S.

Beweis: Die erste Aussage in a) folgt aus 2.10 und der Definition eines Primärmoduls. Definitionsgemäß ist $S(P) = \{m \in M \mid \exists_{s \in S}\ sm \in P\}$. Da $\mathfrak{p}$ die Menge aller Nullteiler von M/P ist und $\mathfrak{p} \cap S = \emptyset$, ergibt sich $S(P) = P$. Ist dagegen $\mathfrak{p} \cap S \neq \emptyset$, dann ist $S(P) = M$ und $P_S = M_S$. b) ergibt sich aus a), weil Lokalisation und Durchschnittsbildung vertauschbare Operationen sind (bei endlichen Durchschnitten).

Satz 2.20: (2. Eindeutigkeitssatz). $U \subset M$ sei ein Untermodul mit einer reduzierten Primärzerlegung $U = P_1 \cap \dots \cap P_s$, wobei P_i $\mathfrak{p}_i$-primär ist $(i = 1, \dots, s)$. Ist $\mathfrak{p}_i$ ein minimales Element der Menge $\{\mathfrak{p}_1, \dots, \mathfrak{p}_s\}$ und $S_i := R \setminus \mathfrak{p}_i$, dann gilt

$$P_i = S_i(U).$$

Die Primärkomponenten von U, welche zu den minimalen Elementen aus Ass(M/U) gehören, sind also durch M und U eindeutig festgelegt.

Beweis: Da $S_i \cap \mathfrak{p}_j \neq \emptyset$ für $j \neq i$ ist, ergibt sich aus 2.19, daß $U_{S_i} = (P_i)_{S_i}$ und $S_i(U) = S_i(P_i) = P_i$ ist, q.e.d.

Insbesondere ist die Primärzerlegung von U sicher dann eindeutig, wenn in Ass(M/U) kein Primideal in einem anderen enthalten ist.

Ist P_i eine Primärkomponente von U zu einem Primideal $\mathfrak{p}_i$, das nicht minimal in Ass(M/U) ist, so heißt P_i eine *eingebettete Primärkomponente* von U. Die eingebetteten Primärkomponenten sind i.a. nicht eindeutig:

Beispiel 2.21: Im Polynomring K[X, Y] über einem Körper K ist

$$(X^2, XY) = (X) \cap (X^2, Y).$$

Dabei ist (X) ein Primideal und (X^2, Y) ein Primärideal zum maximalen Ideal (X, Y). Es handelt sich somit um eine reduzierte Primärzerlegung. Andererseits gilt aber auch

$$(X^2, XY) = (X) \cap (X^2, X + Y),$$

wobei auch $(X^2, X + Y)$ primär zu (X, Y) ist, aber verschieden von (X^2, Y).

Ist $I = \mathfrak{q}_1 \cap \ldots \cap \mathfrak{q}_s$ eine Primärzerlegung eines Ideals I in einem noetherschen Ring R, wobei $\mathfrak{q}_i$ ein $\mathfrak{p}_i$-primäres Ideal sei, so ist

$$\text{Rad}(I) = \mathfrak{p}_1 \cap \ldots \cap \mathfrak{p}_\sigma, \tag{2}$$

wenn $\mathfrak{p}_1, \ldots, \mathfrak{p}_\sigma$ die minimalen Elemente der Menge $\{\mathfrak{p}_1, \ldots, \mathfrak{p}_s\}$ sind. Dies ergibt sich, weil nach 2.9 genau dann $I \subset \mathfrak{p}$ gilt, wenn $\mathfrak{p}_i \subset \mathfrak{p}$ für ein $\mathfrak{p}_i \in \text{Ass}(R/I)$. $\mathfrak{p}_1, \ldots, \mathfrak{p}_\sigma$ sind dann gerade die minimalen Primteiler von I. (2) ist natürlich die Primärzerlegung von Rad(I).

Daß ein noetherscher Ring R reduziert ist, ist äquivalent damit, daß in der Primärzerlegung seines Nullideals nur Primideale als Primärkomponenten auftreten, nämlich die minimalen Primideale von R.

Aufgaben:

1. R sei ein Dedekindring.
   a) Für jedes $\mathfrak{p} \in \text{Spec}(R)$, $\mathfrak{p} \neq (0)$ sind die $\mathfrak{p}$-primären Ideale gerade die Potenzen von $\mathfrak{p}$.
   b) Jedes Ideal I von R, $I \neq (0)$, $I \neq R$, besitzt eine eindeutige Darstellung als Potenzprodukt von Primidealen.
2. R sei ein 0-dimensionaler noetherscher Ring und $(0) = \mathfrak{q}_1 \cap \ldots \cap \mathfrak{q}_s$ die reduzierte Primärzerlegung des Nullideals von R. Dann gilt die Längenformel
$$\ell(R) = \sum_{i=1}^{s} \ell(R/\mathfrak{q}_i).$$
3. S/R sei eine Ringerweiterung, wobei R noethersch und S als R-Modul endlich erzeugt ist. $\mu_R(S)$ sei die Länge eines kürzesten Erzeugendensystems des R-Moduls S.

a) Für $\mathfrak{p} \in \mathrm{Spec}(R)$ besitzt $\mathfrak{p} S_{\mathfrak{p}}$ als Ideal von $S_{\mathfrak{p}}$ keine eingebetteten Primärkomponenten. ($S_{\mathfrak{p}}$ ist der Quotientenring von S nach $R \setminus \mathfrak{p}$.)

b) Sind $\mathfrak{P}_1, \dots, \mathfrak{P}_s$ die über $\mathfrak{p}$ liegenden Primideale von S, so gilt die *Gradformel*

$$\mu_R(S) \geqslant \sum_{i=1}^{s} [S_{\mathfrak{P}_i}/\mathfrak{P}_i S_{\mathfrak{P}_i} : R_{\mathfrak{p}}/\mathfrak{p} R_{\mathfrak{p}}] \cdot \ell_{S_{\mathfrak{P}_i}}(S_{\mathfrak{P}_i}/\mathfrak{p} S_{\mathfrak{P}_i}),$$

wobei $\ell_{S_{\mathfrak{P}_i}}$ die Länge eines $S_{\mathfrak{P}_i}$-Moduls bedeutet. Ist S freier R-Modul, so gilt in der Formel das Gleichheitszeichen.

4. Ein Morphismus $\phi : V \to W$ affiner Varietäten heißt *endlich*, wenn er dominant und $K[V]$ als $K[W]$-Modul endlich erzeugt ist. $\mu_{V/W}$ sei die Länge eines kürzesten Erzeugendensystems dieses Moduls. Für jede irreduzible Untervarietät Z von W besitzt $\phi^{-1}(Z)$ höchstens $\mu_{V/W}$ irreduzible Komponenten.

§ 3. Reguläre Folgen. Cohen-Macaulay-Moduln und -Ringe

Nachdem wir im vorigen Paragraphen zu weiteren Erkenntnissen über die Nullteiler eines Rings oder Moduls gelangt sind, führen wir jetzt das Studium der regulären Folgen fort, mit dem in V.§ 5 begonnen wurde.

M sei ein endlich erzeugter Modul über einem noetherschen Ring R, I ein Ideal von R mit $IM \neq M$. Für jede M-reguläre Folge $\{a_1, \dots, a_m\}$ ist $(a_1, \dots, a_i)M \neq (a_1, \dots, a_{i+1})M$ für $i = 0, \dots, m-1$. Hieraus ergibt sich sofort, da M ein noetherscher Modul ist, daß jede M-reguläre Folge $\{a_1, \dots, a_m\}$ mit Elementen $a_i \in I$ zu einer maximalen solchen Folge verlängert werden kann, d.h. zu einer M-regulären Folge $\{a_1, \dots, a_n\} \subset I$ $(n \geqslant m)$, so daß jedes $a \in I$ Nullteiler für $M/(a_1, \dots, a_n)M$ ist. Es gilt der nicht offensichtliche

Satz 3.1: Je zwei maximale M-reguläre Folgen aus I besitzen die gleiche Elementenzahl.

Der Beweis erfolgt (nach Northcott-Rees [62]) mit einem Austauschverfahren für reguläre Folgen. Man zeigt zunächst:

Lemma 3.2: Ist $\{a, b\}$ eine M-reguläre Folge und b kein Nullteiler von M, so ist auch $\{b, a\}$ eine M-reguläre Folge.

Beweis: Wäre a Nullteiler von M/bM, so gäbe es ein $m \in M$, $m \notin bM$ mit $am = bm'$ $(m' \in M)$. Da $\{a, b\}$ eine M-reguläre Folge ist, müßte $m' \in aM$ gelten: $m' = am''$ mit $m'' \in M$ und es würde $m = bm''$ folgen, da a kein Nullteiler von M ist. Dies ist aber ein Widerspruch zu $m \notin bM$.

Beweis von 3.1:

Unter allen maximalen M-regulären Folgen aus I gibt es eine mit kleinster Elementezahl n. Wir schließen durch Induktion nach n. Ist $n = 0$, so besteht I aus lauter Nullteilern von M und es ist nichts zu zeigen. Es sei daher $n > 0$, $\{a_1, \dots, a_n\}$ eine maximale M-reguläre Folge aus I und $\{b_1, \dots, b_n\}$ eine weitere M-reguläre Folge aus I. Es ist zu zeigen, daß I aus lauter Nullteilern von $M/(b_1, \dots, b_n)M$ besteht.

Ist $n = 1$, so besteht I aus lauter Nullteilern von M/a_1M. Nach 2.8 gibt es daher ein $m \in M$, $m \notin a_1M$ mit $Im \subset a_1M$. Speziell ist $b_1m = a_1m'$ mit einem $m' \in M$. Wäre $m' \in b_1M$, so wäre $m \in a_1M$, folglich ist $m' \notin b_1M$. Aus $a_1Im' = Ib_1m \subset a_1b_1M$ ergibt sich $Im' \subset b_1M$ und somit besteht I aus lauter Nullteilern von M/b_1M.

Ist $n > 1$, so setze man $M_i := M/(a_1, \dots, a_i)M$, $M_i' := M/(b_1, \dots, b_i)M$ für $i = 0, \dots, n-1$ und wähle ein $c \in I$, welches kein Nullteiler für M_i und M_i' für alle $i = 0, \dots, n-1$ ist. Dies ist möglich, da die Nullteilermengen der M_i und M_i' endliche Vereinigungen von Primidealen sind (2.5 und 2.7) und I in keiner dieser Mengen enthalten ist.

Durch wiederholte Anwendung von 3.2 folgt, daß $\{c, a_1, \dots, a_{n-1}\}$ und $\{c, b_1, \dots, b_{n-1}\}$ M-reguläre Folgen aus I sind, wobei $\{c, a_1, \dots, a_{n-1}\}$ maximal ist, denn $\{a_1, \dots, a_{n-1}, c\}$ ist maximal auf Grund des schon behandelten Falles $n = 1$ (angewandt auf M_{n-1}). Es sind dann $\{a_1, \dots, a_{n-1}\}$ und $\{b_1, \dots, b_{n-1}\}$ M/cM-reguläre Folgen aus I, wobei die erste maximal ist, folglich nach Induktionsvoraussetzung auch die zweite. Wenn aber $\{b_1, \dots, b_{n-1}, c\}$ eine maximale M-reguläre Folge ist, dann ist es auch $\{b_1, \dots, b_n\}$, wieder nach dem Fall $n = 1$. Damit ist Satz 3.1 bewiesen.

Definition 3.3: Unter den Voraussetzungen von 3.1 heißt die Elementezahl einer maximalen M-regulären Folge aus I die *I-Tiefe von M* (geschrieben $t(I, M)$) oder auch der *Grad von M bzgl. I*. Ist R lokal und I das maximale Ideal von R, so nennt man $t(I, M)$ auch einfach *Tiefe von M* und schreibt $t(M)$. Speziell ist damit auch $t(R)$ definiert.

$t(I, M) = 0$ ist gleichbedeutend damit, daß I aus lauter Nullteilern von M besteht. Ist $(R, \mathfrak{m})$ ein noetherscher lokaler Ring, so ist $t(M) = 0$ mit $\mathfrak{m} \in \mathrm{Ass}(M)$ gleichbedeutend. Aus 3.1 folgt auch unmittelbar

Korollar 3.4: Ist $\{a_1, \dots, a_m\}$ eine beliebige M-reguläre Folge aus I, so ist

$$t(I, M/(a_1, \dots, a_m)M) = t(I, M) - m.$$

Über den Zusammenhang zwischen Tiefe und Erzeugendenzahl eines Ideals hat man folgende Aussage:

Satz 3.5: Unter den Voraussetzungen von 3.1 werde das Ideal I von n Elementen erzeugt und es sei $t(I, M) =: m$. Dann ist $m \leq n$ und es gibt ein Erzeugendensystem $\{a_1, \dots, a_n\}$ von I, für das $\{a_1, \dots, a_m\}$ eine M-reguläre Folge ist.

Beweis: Sei $\{a_1, \dots, a_n\}$ irgendein Erzeugendensystem von I und sei $(a_1, \dots, a_k) \subset \bigcup_{\mathfrak{p} \in \mathrm{Ass}(M)} \mathfrak{p}$, $(a_1, \dots, a_{k+1}) \not\subset \bigcup_{\mathfrak{p} \in \mathrm{Ass}(M)} \mathfrak{p}$ für ein $k \in [0, n]$. Ist $k = n$, so ist $t(I, M) = 0$ und es ist nichts zu zeigen. Ist $k < n$, so werden wir zeigen, daß es einen Nichtnullteiler b für M gibt, so daß $(a_1, \dots, a_{k+1}) = (b, a_1, \dots, a_k)$ ist. Geht man dann zu M/bM und I/(b) über, so ergibt sich die Behauptung des Satzes durch Induktion.

$\{\mathfrak{p}_1, \dots, \mathfrak{p}_s\}$ sei die Menge der maximalen Elemente von Ass(M) (bzgl. Inklusion). Nach Voraussetzung gibt es ein Element der Form $a + ra_{k+1}$ mit $a \in (a_1, \dots, a_k)$, $r \in R$, welches nicht in $\mathfrak{p}_1 \cup \dots \cup \mathfrak{p}_s$ enthalten ist. Ist $a_{k+1} \in \mathfrak{p}_i$ für $i = 1, \dots, \sigma$ und $a_{k+1} \notin \mathfrak{p}_j$ für $j = \sigma + 1, \dots, s$, so wählen wir nun ein $t \in \bigcup_{j=\sigma+1}^{s} \mathfrak{p}_j$, $t \notin \bigcup_{i=1}^{\sigma} \mathfrak{p}_i$ und setzen $b := ta + a_{k+1}$. Dann ist $b \notin \mathfrak{p}_i$ $(i = 1, \dots, s)$, d.h. b ist kein Nullteiler von M. Ferner ist $(a_1, \dots, a_{k+1}) = (b, a_1, \dots, a_k)$, q.e.d.

Wir können jetzt auch V.5.12a) verschärfen.

Satz 3.6: R sei ein noetherscher Ring, $I \neq R$ ein Ideal, das von Elementen $a_1, \dots, a_n$ erzeugt wird, für die

$$\alpha : R/I\,[X_1, \dots, X_n] \to gr_I(R) \qquad (\alpha(X_i) = a_i + I^2)$$

ein Isomorphismus ist. Dann wird I auch von einer R-regulären Folge der Länge n erzeugt.

Beweis: Wir zeigen: Ist $n > 0$, so ist in I ein Nichtnullteiler von R enthalten. Wäre dies nicht der Fall, so gäbe es nach 2.8 ein $r \in R \setminus \{0\}$ mit $Ir = (0)$. Aus $ra_1 = 0$ folgt $L_I(r) = 0$ mit Hilfe von V.5.2, also $r \in \bigcap_{\nu \in \mathbb{N}} I^\nu =: \tilde{I}$. Nach dem Krullschen Durchschnittssatz gilt $\tilde{I} = I \cdot \tilde{I}$. Ist $(b_1, \dots, b_s)$ ein Erzeugendensystem von $\tilde{I}$, so hat man Gleichungen $b_i = \sum_{k=1}^{s} r_{ik} b_k$ $(i = 1, \dots, s)$ mit $r_{ik} \in I$ für alle i, k und man erhält nach der Cramerschen Regel ein Element der Form $1 + i$ $(i \in I)$ mit $(1 + i)\tilde{I} = (0)$ (man vgl. mit dem Beweis von V.5.16). Es ist dann $r = -ri = 0$, da $I \cdot r = (0)$, im Widerspruch zu $r \neq 0$.

I enthält somit einen Nichtnullteiler c und wir können nach 3.5 annehmen, daß $I = (c, a_2, \dots, a_n)$. Mit α ist auch

$$R/I\,[X_1, \dots, X_n] \to gr_I(R),\ X_1 \mapsto c + I^2,\ X_i \mapsto a_i + I^2\ (i = 2, \dots, n)$$

ein Isomorphismus. Setzt man $R' := R/(c)$, $a_i' := a_i + (c)$, $I' := I/(c)$, so ist nach V.5.3 und 5.4 auch

$$\alpha' : R'/I'\,[X_2, \dots, X_n] \to gr_{I'}(R') \qquad (X_i \mapsto a_i' + I'^2)$$

ein Isomorphismus und die Behauptung des Satzes folgt durch Induktion.

Aus den Betrachtungen aus Kap. V. § 4 und § 5 ergibt sich nun auch das folgende Kriterium für vollständige Durchschnitte:

Korollar 3.7: R sei ein noetherscher Ring, $I \neq R$ ein Ideal mit $\text{Rad}(I) = I$. Genau dann ist I vollständiger Durchschnitt in R, wenn I von einer R-regulären Folge erzeugt wird. Insbesondere ist eine affine Varietät genau dann idealtheoretisch vollständiger Durchschnitt, wenn ihr Ideal im Polynomring von einer regulären Folge erzeugt wird.

Als nächstes wollen wir den Zusammenhang zwischen Tiefe und Krulldimension diskutieren.

Definition 3.8: Die *Dimension eines Moduls* M über einem Ring R ist die Krulldimension von R/Ann(M).

Für M = R erhalten wir natürlich nichts Neues. Ist M endlich erzeugter Modul über einem noetherschen Ring R, so sind die minimalen Primteiler von Ann(M) nach 2.9 auch die minimalen Elemente von Ass(M) und von Supp(M). Man hat daher die Formel

$$\dim M = \operatorname*{Max}_{\mathfrak{p}\in \mathrm{Ass}(M)} \{\dim R/\mathfrak{p}\} = \operatorname*{Max}_{\mathfrak{p}\in \mathrm{Supp}(M)} \{\dim R/\mathfrak{p}\}. \tag{1}$$

Satz 3.9: $(R,\mathfrak{m})$ sei ein noetherscher lokaler Ring, M ein endlich erzeugter R-Modul. Dann gilt

$$t(M) \leqslant \operatorname*{Min}_{\mathfrak{p}\in \mathrm{Ass}(M)} \{\dim R/\mathfrak{p}\} \leqslant \dim M.$$

Beweis: Es ist nur die linke Ungleichung zu beweisen. Dies geschieht durch Induktion nach $n := t(M)$. Da für $n = 0$ nichts zu zeigen ist, nehmen wir an, daß $\mathfrak{m}$ einen Nichtnullteiler a von M enthält und daß der Satz für Moduln der Tiefe $n - 1$ schon bestätigt ist.

Da $t(M/aM) = t(M) - 1$ ist nach 3.4, gilt dann $t(M/aM) \leqslant \operatorname*{Min}_{\mathfrak{p}\in \mathrm{Ass}(M/aM)} \{\dim R/\mathfrak{p}\}$.
Es genügt daher zu zeigen, daß zu jedem $\mathfrak{p}\in \mathrm{Ass}(M)$ ein $\mathfrak{p}' \in \mathrm{Ass}(M/aM)$ existiert mit $\mathfrak{p} \subset \mathfrak{p}', \mathfrak{p} \neq \mathfrak{p}'$, denn dann ist

$$\operatorname*{Min}_{\mathfrak{p}'\in \mathrm{Ass}(M/aM)} \{\dim R/\mathfrak{p}'\} < \operatorname*{Min}_{\mathfrak{p}\in \mathrm{Ass}(M)} \{\dim R/\mathfrak{p}\}$$

und die Behauptung folgt.

Für $\mathfrak{p}\in \mathrm{Ass}(M)$ ist $a \notin \mathfrak{p}$. Wir zeigen, daß M/aM einen Untermodul $U \neq \langle 0\rangle$ mit $\mathfrak{p}U = \langle 0\rangle$ besitzt. Ist dann $\mathfrak{p}' \in \mathrm{Ass}(U)$, so ist $\mathfrak{p} \subset \mathfrak{p}'$ und $\mathfrak{p}' \neq \mathfrak{p}$, da $a \in \mathfrak{p}'$. Ferner ist $\mathfrak{p}' \in \mathrm{Ass}(M/aM)$ und der Satz ist dann bewiesen.

Da $\mathfrak{p}\in \mathrm{Ass}(M)$, ist $N' := \{m \mid \mathfrak{p}m = \langle 0\rangle\}$ ein Untermodul $\neq \langle 0\rangle$ von M. Ferner ist $N' \subset N := \{m \mid \mathfrak{p}m \in aM\}$. Wäre $N = aM$, so hätte man für jedes $n' \in N'$ eine Darstellung $n' = am$ mit $m \in M$ und aus $\mathfrak{p}n' = \langle 0\rangle$ würde $m \in N'$ folgen, da a Nichtnullteiler von M ist. Es wäre dann $N' = aN'$ und nach dem Lemma von Nakayama $N' = \langle 0\rangle$. Somit ist $N \neq aM$ und $U := N/aM$ ist der gesuchte Untermodul $\neq \langle 0\rangle$ von M mit $\mathfrak{p}U = \langle 0\rangle$.

Gilt unter den Voraussetzungen von 3.9 die Gleichung $t(M) = \dim M$, so hat dies für die Eigenschaften von M weitreichende Konsequenzen. Dies wird im folgenden angedeutet.

Definition 3.10: Ein endlich erzeugter Modul über einem noetherschen Ring R heißt *Cohen-Macaulay-Modul*, wenn für alle $\mathfrak{m}\in \mathrm{Max}(R)$

$$t(M_{\mathfrak{m}}) = \dim M_{\mathfrak{m}}$$

gilt (wobei $M_{\mathfrak{m}}$ natürlich als $R_{\mathfrak{m}}$-Modul aufzufassen ist). R heißt *Cohen-Macaulay-Ring*, wenn R als R-Modul ein Cohen-Macaulay-Modul ist.

Korollar 3.11: Ist $(R, \mathfrak{m})$ ein noetherscher lokaler Ring, M ein endlich erzeugter R-Modul und $\{a_1, \dots, a_m\}$ eine M-reguläre Folge aus $\mathfrak{m}$, so ist M genau dann Cohen-Macaulay-Modul, wenn $M/(a_1, \dots, a_m)M$ als $R/(a_1, \dots, a_m)$-Modul ein Cohen-Macaulay-Modul ist. Speziell gilt: Ist $\{a_1, \dots, a_m\} \subset \mathfrak{m}$ eine R-reguläre Folge, so ist R genau dann Cohen-Macaulay-Ring, wenn $R/(a_1, \dots, a_m)$ einer ist.

Beweis: Es genügt, die Aussage für Moduln zu zeigen und man hat auch nur den Fall $m = 1$ zu betrachten. Da $t(M/a_1M) = t(M) - 1$ ist, braucht man nur $\dim M/a_1M = \dim M - 1$ zu zeigen. Dabei ist es nach der Definition der Tiefe und Dimension eines Moduls gleichgültig, ob man M/a_1M als R-Modul oder als $R/(a_1)$-Modul betrachtet.

Nach (1) ist $\dim M/a_1M = \underset{\mathfrak{p} \in \mathrm{Supp}(M/a_1M)}{\mathrm{Max}} \{\dim R/\mathfrak{p}\}$. Ferner ist $\mathrm{Supp}(M/a_1M) = \mathrm{Supp}(M) \cap \mathfrak{V}(a_1)$. Da $a_1 \notin \mathfrak{p}$ für alle $\mathfrak{p} \in \mathrm{Ass}(M)$ und da $\dim M = \underset{\mathfrak{p} \in \mathrm{Ass}(M)}{\mathrm{Max}} \{\dim R/\mathfrak{p}\}$ nach (1), ergibt sich zunächst $\dim M/a_1M < \dim M$. Wir wählen nun ein $\mathfrak{p} \in \mathrm{Ass}(M)$ mit $\dim M = \dim R/\mathfrak{p}$ und einen Primteiler $\mathfrak{P}$ von $\mathfrak{p} + (a_1)$ mit $\dim R/\mathfrak{P} = \dim R/\mathfrak{p} + (a_1)$. Dann ist $\mathfrak{P} \in \mathrm{Ass}(M/a_1M)$ und nach V.4.12 ist $\dim R/\mathfrak{P} = \dim R/\mathfrak{p} - 1$. Es folgt $\dim M/a_1M \geqslant \dim M - 1$ und damit $\dim M/a_1M = \dim M - 1$, q.e.d.

Korollar 3.12: Unter den Voraussetzungen von 3.11 sei M ein Cohen-Macaulay-Modul. Dann gilt

$$\dim R/\mathfrak{p} = \dim M - m \quad \text{für jedes } \mathfrak{p} \in \mathrm{Ass}(M/(a_1, \dots, a_m)M).$$

Insbesondere besitzt $(a_1, \dots, a_m)M$ und speziell der Nullmodul von M keine eingebetteten Primärkomponenten.

Beweis: Nach 3.9 ist

$$t(M) - m = t(M/(a_1, \dots, a_m)M) \leqslant \underset{\mathfrak{p} \in \mathrm{Ass}(M/(a_1, \dots, a_m)M)}{\mathrm{Min}} \{\dim R/\mathfrak{p}\}$$

$$\leqslant \underset{\mathfrak{p} \in \mathrm{Ass}(M/(a_1, \dots, a_m)M)}{\mathrm{Max}} \{\dim R/\mathfrak{p}\} = \dim M/(a_1, \dots, a_m)M = \dim M - m$$

und aus $t(M) = \dim M$ folgt, daß überall das Gleichheitszeichen gilt. Hieraus ergibt sich die Behauptung.

Korollar 3.13: $(R, \mathfrak{m})$ sei ein lokaler Cohen-Macaulay-Ring und $\{a_1, \dots, a_m\}$ ein Elementesystem aus $\mathfrak{m}$. Genau dann ist $\{a_1, \dots, a_m\}$ eine R-reguläre Folge, wenn $\{a_1, \dots, a_m\}$ zu einem Parametersystem von R ergänzt werden kann. Insbesondere sind die Parametersysteme von R nichts anderes als die maximalen R-regulären Folgen aus $\mathfrak{m}$.

Beweis: Da $\mathrm{Ass}(R)$ nach 3.12 aus lauter minimalen Primidealen von R besteht, gilt für $a \in \mathfrak{m}$ genau dann $\dim R/(a) = \dim R - 1$, wenn a kein Nullteiler von R ist. Da $R/(a)$ dann wieder Cohen-Macaulay-Ring ist, ergibt sich nun die Behauptung aus der Charakterisierung V.4.12 der Parametersysteme durch Induktion nach m.

Beispiele:

1. Jeder endlich erzeugte Modul der Dimension 0 über einem noetherschen Ring ist Cohen-Macaulay-Modul, insbesondere ist jeder 0-dimensionale noethersche Ring ein Cohen-Macaulay-Ring.
2. Jeder reduzierte noethersche Ring der Dimension 1 ist Cohen-Macaulay-Ring. Für jedes $\mathfrak{m} \in \operatorname{Max}(R)$ ist $R_\mathfrak{m}$ ein Körper oder $\dim R_\mathfrak{m} = 1$. Im zweiten Fall ist $\mathfrak{m}R_\mathfrak{m} \notin \operatorname{Ass}(R_\mathfrak{m})$, denn in einem reduzierten Ring sind nur die minimalen Primideale assoziiert. $\mathfrak{m}R_\mathfrak{m}$ enthält daher einen Nichtnullteiler, also ist auch $t(R_\mathfrak{m}) = 1$.
3. Jeder reguläre noethersche Ring ist Cohen-Macaulay-Ring. Für jedes $\mathfrak{m} \in \operatorname{Max}(R)$ wird nämlich $\mathfrak{m}R_\mathfrak{m}$ von einer $R_\mathfrak{m}$-regulären Folge der Länge $\dim R_\mathfrak{m}$ erzeugt, folglich ist $t(R_\mathfrak{m}) = \dim R_\mathfrak{m}$.
4. Ist K ein Körper, so ist $R = K[X_1, X_2]/(X_1^2, X_1, X_2)$ kein Cohen-Macaulay-Ring. Ist nämlich $\mathfrak{m}$ das von den Bildern von X_1 und X_2 in R erzeugte Ideal, so ist $\dim R_\mathfrak{m} = 1$, aber $\mathfrak{m}R_\mathfrak{m}$ besteht aus lauter Nullteilern. (Ein weiteres Beispiel enthält Aufgabe 1.)

Der folgende Satz, von Macaulay [55] im Fall von Polynomringen über Körpern bewiesen, war der Ausgangspunkt der ganzen hier besprochenen Theorie.

Satz 3.14: R sei ein (nicht notwendig lokaler) Cohen-Macaulay-Ring, $I \neq R$ ein Ideal von R mit $h(I) =: n$. Dann gilt:

a) $t(I, R) = n$.

b) (Macaulay's Ungemischtheitssatz.) Genau dann ist I vollständiger Durchschnitt in R, wenn I von einer R-regulären Folge erzeugt wird. In diesem Fall haben alle Primideale aus $\operatorname{Ass}(R/I)$ die gleiche Höhe n; speziell besitzt I keine eingebetteten Primärkomponenten.

Beweis: $\{a_1, \dots, a_m\}$ sei eine R-reguläre Folge und $\mathfrak{p} \in \operatorname{Ass}(R/(a_1, \dots, a_m))$. Wir wählen ein $\mathfrak{p}$ umfassendes maximales Ideal $\mathfrak{m}$ von R. Die Bilder der a_i in $R_\mathfrak{m}$ bilden dann eine $R_\mathfrak{m}$-reguläre Folge aus $\mathfrak{m}R_\mathfrak{m}$ und es ist (nach 2.10) $\mathfrak{p}R_\mathfrak{m} \in \operatorname{Ass}(R_\mathfrak{m}/(a_1, \dots, a_m)R_\mathfrak{m})$. Aus 3.12 folgt, daß $\mathfrak{p}R_\mathfrak{m}$ minimaler Primteiler von $(a_1, \dots, a_m)R_\mathfrak{m}$ ist und damit $\mathfrak{p}$ minimaler Primteiler von $(a_1, \dots, a_m)$. Da reguläre Folgen stets vollständige Durchschnitte erzeugen, ergibt sich $h(\mathfrak{p}) = m$. Damit ist die zweite Aussage in b) gezeigt.

Es sei jetzt $\{a_1, \dots, a_\nu\}$ eine maximale R-reguläre Folge aus I. Dann besteht I aus lauter Nullteilern des R-Moduls $R/(a_1, \dots, a_\nu)$ und ist folglich in einem assoziierten Primideal $\mathfrak{p}$ dieses Moduls enthalten. Wie schon gezeigt, ist $h(\mathfrak{p}) = \nu$ und somit $n \leqslant \nu$. Ist andererseits $\mathfrak{q}$ minimaler Primteiler von I mit $h(\mathfrak{q}) = h(I)$, so folgt aus $(a_1, \dots, a_\nu) \subset \mathfrak{q}$, daß $h(\mathfrak{q}) \geqslant \nu$ und es ergibt sich $\nu = n$, also $t(I, R) = n$.

Ist I vollständiger Durchschnitt, so wird I von n Elementen erzeugt, die man nach 3.5 als eine R-reguläre Folge wählen kann. Der Satz ist damit bewiesen.

Korollar 3.15: In einem Cohen-Macaulay-Ring R gilt:

a) Für jedes $\mathfrak{p} \in \operatorname{Spec}(R)$ ist auch $R_\mathfrak{p}$ Cohen-Macaulay-Ring.

b) Für alle $\mathfrak{p}, \mathfrak{q} \in \operatorname{Spec}(R)$ mit $\mathfrak{p} \subset \mathfrak{q}$ ist

$$\dim R_\mathfrak{q} = \dim R_\mathfrak{p} + \dim R_\mathfrak{q}/\mathfrak{p}R_\mathfrak{q}$$

(R ist „Kettenring").

In einem lokalen Cohen-Macaulay-Ring R gilt $\dim R = \dim R/I + h(I)$ für jedes Ideal $I \neq R$.

Beweis:

a) Ist $h(\mathfrak{p}) =: n$, so enthält $\mathfrak{p}$ eine R-reguläre Folge der Länge n. Diese ist auch eine $R_\mathfrak{p}$-reguläre Folge aus $\mathfrak{p}R_\mathfrak{p}$ und somit ist $t(R_\mathfrak{p}) \geqslant n = h(\mathfrak{p}) = \dim R_\mathfrak{p}$. Da stets $t(R_\mathfrak{p}) \leqslant \dim R_\mathfrak{p}$ gilt, ist $R_\mathfrak{p}$ Cohen-Macaulay-Ring.

b) Wir wählen eine R-reguläre Folge $\{a_1, \dots, a_n\}$ in $\mathfrak{p}$ mit $n = \dim R_\mathfrak{p}$ Elementen. Diese ist auch eine $R_\mathfrak{q}$-reguläre Folge aus $\mathfrak{p}R_\mathfrak{q}$ und $\mathfrak{p}R_\mathfrak{q}$ ist minimaler Primteiler von $(a_1, \dots, a_n) R_\mathfrak{q}$, also ist $\mathfrak{p}R_\mathfrak{q} \in \operatorname{Ass}(R_\mathfrak{q}/(a_1, \dots, a_n) R_\mathfrak{q})$. Da auch $R_\mathfrak{q}$ Cohen-Macaulay-Ring ist, liefert 3.12 nun, daß

$$\dim R_\mathfrak{q}/\mathfrak{p}R_\mathfrak{q} = \dim R_\mathfrak{q} - n = \dim R_\mathfrak{q} - \dim R_\mathfrak{p}.$$

Ist R ein lokaler Cohen-Macaulay-Ring, so folgt zunächst aus 3.12, daß $\dim R = \dim R/\mathfrak{p}$ für alle minimalen Primideale $\mathfrak{p}$ von R. Dann haben aber alle maximalen Primidealketten von R die Länge dim R und aus der Definition von Dimension und Höhe folgt auch $\dim R = \dim R/I + h(I)$ für ein beliebiges Ideal $I \neq R$ von R.

Korollar 3.16: Für jede multiplikativ abgeschlossene Teilmenge S eines Cohen-Macaulay-Rings R ist auch R_S ein Cohen-Macaulay-Ring.

Ist $(R, \mathfrak{m})$ ein noetherscher lokaler Ring und $\mathfrak{q}$ ein $\mathfrak{m}$-primäres Ideal, so ist der R-Modul $R/\mathfrak{q}$ nach V.2.6 von endlicher Länge, denn $\mathfrak{m}$ ist das einzige $\mathfrak{q}$ umfassende Primideal $\neq R$. Der *Sockel* von $R/\mathfrak{q}$ ist die Menge aller Restklassen $\bar{r} \in R/\mathfrak{q}$, die von $\mathfrak{m}$ annulliert werden:

$$\mathfrak{S}(R/\mathfrak{q}) := \{\bar{r} \in R/\mathfrak{q} \mid \mathfrak{m} \cdot \bar{r} = 0\}.$$

Er ist ein endlich-dimensionaler $R/\mathfrak{m}$-Vektorraum. Ferner gilt für jeden Untermodul $U \subset R/\mathfrak{q}$ mit $U \neq \langle 0 \rangle$, daß auch $U \cap \mathfrak{S}(R/\mathfrak{q}) \neq \langle 0 \rangle$, denn U besitzt als Modul endlicher Länge sicher ein Element $\neq 0$, das von $\mathfrak{m}$ annulliert wird, da $\operatorname{Ass}(U) = \{\mathfrak{m}\}$ nach 2.3 und V.2.6.

Satz 3.17: $(R, \mathfrak{m})$ sei ein lokaler Cohen-Macaulay-Ring, $\{a_1, \dots, a_d\}$ ein Parametersystem von R. Die Zahl

$$r := \dim_{R/\mathfrak{m}} (\mathfrak{S}(R/(a_1, \dots, a_d)))$$

ist unabhängig von der Wahl des Systems $\{a_1, \dots, a_d\}$.

Beweis: Er verläuft nach ähnlichem Muster wie der Beweis von 3.1. Für $d = 0$ ist nichts zu zeigen. Wir betrachten zunächst den Fall $d = 1$.

Neben a_1 sei ein weiterer Nichtnullteiler $b_1 \in \mathfrak{m}$ gegeben. Dann ist auch $a_1 b_1$ Nichtnullteiler und es genügt, $\dim_{R/\mathfrak{m}} (\mathfrak{S}(R/(a_1))) = \dim_{R/\mathfrak{m}} (\mathfrak{S}(R/(a_1 b_1)))$ zu zeigen:

Ist $r \in R \backslash (a_1)$ mit $\mathfrak{m} r \in (a_1)$ gegeben, so ist $r b_1 \in R \backslash (a_1 b_1)$ und $\mathfrak{m} r b_1 \in (a_1 b_1)$. Die Multiplikationsabbildung μ_{b_1} definiert daher eine Injektion $\varphi: \mathfrak{S}(R/(a_1)) \to \mathfrak{S}(R/(a_1 b_1))$. Ist $r \in R$ mit $\mathfrak{m} r \in (a_1 b_1)$ gegeben, so ist speziell $a_1 r \in (a_1 b_1)$ und daher $r \in (b_1)$. φ ist somit ein Isomorphismus.

Es sei nun $d > 1$ und die Behauptung sei für Ringe kleinerer Dimension schon bewiesen. Ist $\{b_1, \dots, b_d\}$ ein weiteres Parametersystem von R, so findet man wie im Beweis von 3.1 ein $c \in \mathfrak{m}$, so daß auch $\{c, a_1, \dots, a_{d-1}\}$ und $\{c, b_1, \dots, b_{d-1}\}$ Parametersysteme von R sind. Da nach 3.11 auch $R/(a_1, \dots, a_{d-1})$ und $R/(b_1, \dots, b_{d-1})$ Cohen-Macaulay-Ringe sind, ergibt sich aus der Induktionsvoraussetzung, daß
$\dim \mathfrak{S}(R/(a_1, \dots, a_d)) = \dim \mathfrak{S}(R/(c, a_1, \dots, a_{d-1})) = \dim \mathfrak{S}(R/(c, b_1, \dots, b_{d-1})) = \dim \mathfrak{S}(R/(b_1, \dots, b_d))$, q.e.d.

Definition 3.18: Die Zahl r aus Satz 3.17 heißt der *Typ* des Cohen-Macaulay-Rings $(R, \mathfrak{m})$. Cohen-Macaulay-Ringe vom Typ 1 heißen *Gorensteinringe*. Ein beliebiger noetherscher Ring R heißt Gorensteinring, wenn $R_\mathfrak{m}$ ein lokaler Gorensteinring ist für jedes $\mathfrak{m} \in \operatorname{Max}(R)$.

Von den zahlreichen speziellen idealtheoretischen Eigenschaften der Gorensteinringe erwähnen wir nur eine, die aus dem folgenden Lemma folgt:

Lemma 3.19: $(R, \mathfrak{m})$ sei ein noetherscher lokaler Ring und $\mathfrak{q}$ ein $\mathfrak{m}$-primäres Ideal. Genau dann ist $\mathfrak{q}$ ein irreduzibles Ideal, wenn $\dim_{R/\mathfrak{m}} \mathfrak{S}(R/\mathfrak{q}) = 1$ ist.

Beweis: Genau dann ist $\mathfrak{q}$ irreduzibel, wenn in $R/\mathfrak{q}$ der Nullmodul irreduzibel ist. Ist der Nullmodul reduzibel, so gibt es Untermoduln $U_i \subset R/\mathfrak{q}$, $U_i \neq \langle 0 \rangle$ $(i = 1, 2)$ mit $U_1 \cap U_2 = \langle 0 \rangle$. Da $U_i \cap \mathfrak{S}(R/\mathfrak{q}) \neq \langle 0 \rangle$, ergibt sich, daß $\dim \mathfrak{S}(R/\mathfrak{q}) \geqslant 2$. Ist umgekehrt diese Bedingung erfüllt, so kann man 1-dimensionale Untervektorräume $U_1, U_2 \subset \mathfrak{S}(R/\mathfrak{q})$ mit $U_1 \cap U_2 = \langle 0 \rangle$ wählen. Dies bedeutet aber, daß $\mathfrak{q}$ reduzibel ist.

Korollar 3.20: Ein lokaler Cohen-Macaulay-Ring $(R, \mathfrak{m})$ ist genau dann Gorensteinring, wenn das von einem (und dann von jedem) Parametersystem von R erzeugte Ideal irreduzibel ist.

Definition 3.21: Ein noetherscher lokaler Ring $(R, \mathfrak{m})$ heißt *vollständiger Durchschnitt*, wenn es einen regulären lokalen Ring $(A, \mathfrak{M})$ und ein Ideal $I \subset A$ gibt, das vollständiger Durchschnitt in A ist, so daß $R \cong A/I$. Ein beliebiger noetherscher Ring R heißt *lokal vollständiger Durchschnitt*, wenn $R_\mathfrak{m}$ vollständiger Durchschnitt für jedes $\mathfrak{m} \in \operatorname{Max}(R)$.

Man kann zeigen: Ist $(R, \mathfrak{m})$ vollständiger Durchschnitt, so ist für *jede* Darstellung $R = A/I$ mit einem regulären lokalen Ring A das Ideal I vollständiger Durchschnitt in A, also von einer A-regulären Folge erzeugt. (Für den Beweis in einem Spezialfall siehe Kap. V. § 5, Aufgabe 14b).) Eine algebraische Varietät V ist genau dann in $x \in V$ lokal vollständiger Durchschnitt, wenn $\mathcal{O}_x(V)$ vollständiger Durchschnitt i.S. von 3.21 ist.

Satz 3.22: Ein noetherscher lokaler Ring, der vollständiger Durchschnitt ist (spezieller ein regulärer lokaler Ring), ist auch Gorensteinring.

Beweis: Ist $R = A/I$ mit einem regulären lokalen Ring A und einem Ideal I, das von einer A-regulären Folge $\{a_1, \dots, a_m\}$ aus dem maximalen Ideal $\mathfrak{M}$ von A erzeugt wird, so ist R sicher Cohen-Macaulay-Ring (3.11). Wir können $\{a_1, \dots, a_m\}$ zu einem Parametersystem $\{a_1, \dots, a_m, b_1, \dots, b_n\}$ von A ergänzen. Da auch $\mathfrak{M}$ von einem Parametersystem erzeugt wird, ist $\dim \mathfrak{S}(A/(a_1, \dots, a_m, b_1, \dots, b_n)) = \dim \mathfrak{S}(A/\mathfrak{M}) = 1$ nach 3.17. Die Bilder $\overline{b}_1, \dots, \overline{b}_n$ der b_i in R bilden ein Parametersystem dieses Rings. Da $\dim \mathfrak{S}(R/(\overline{b}_1, \dots, \overline{b}_n)) = 1$, ist R Gorensteinring.

Das folgende Diagramm veranschaulicht die *Hierarchie der noetherschen Ringe*. Dabei bezeichnen wir einen noetherschen Ring als *normal*, wenn er ganzabgeschlossen in seinem vollen Quotientenring ist.

{Noethersche Ringe}
∪
{Cohen-Macaulay-Ringe}
∪
{Gorensteinringe}
∪
{Lokal vollständige Durchschnitte}
∪
{Reguläre Ringe} ⟶ {Normale Ringe}
∪ ∪
{Dedekindringe} {Faktorielle Ringe}
∪
{Nullteilerfreie Hauptidealringe}
∪
{Körper}

Für die lokalen Eigenschaften einer Varietät V in einem Punkt x spielt es eine Rolle, zu welcher der obigen Ringklassen der lokale Ring $\mathcal{O}_x(V)$ gehört. Man erhält so eine (grobe) Klasseneinteilung der Singularitäten (Gorensteinsingularitäten, normale Singularitäten etc.). Varietäten, für die *alle* lokalen Ringe zu einer der obigen Klassen gehören (glatte Varietäten, Cohen-Macaulay-Varietäten etc.), zeichnen sich jeweils durch spezielle Eigenschaften aus. Es kann hierauf jedoch nicht mehr weiter eingegangen werden.

Aufgaben: Im folgenden bedeutet K immer einen Körper.

1. $R = K[X_1, X_2, X_3, X_4]/(X_1, X_2) \cap (X_3, X_4)$ ist ein reduzierter Ring der Dimension 2, aber kein Cohen-Macaulay-Ring.
2. Für $P := K[X, Y]_{(X,Y)}$ ist $R := P[Z]/(XZ, YZ, Z^2)$ ein lokaler Ring der Tiefe 0. $\mathfrak{p} := (X, \xi)$, wobei ξ die Restklasse von Z in R ist, ist ein Primideal mit $t(R_\mathfrak{p}) = 1$.
3. Das Ideal I aus $K[X_1, \dots, X_n]$ besitze die Höhe 1 und sei lokal vollständiger Durchschnitt. Dann gibt es ein $F \in K[X_1, \dots, X_n]$ und ein Ideal I' mit $h(I') > 1$, das ebenfalls lokal vollständiger Durchschnitt in $K[X_1, \dots, X_n]$ ist, so daß $I = (F) \cdot I'$. (Anleitung: Verwende eine reduzierte Primärzerlegung von I, den Ungemischtheitssatz und schließe analog wie im Beweis von V.5.21.)

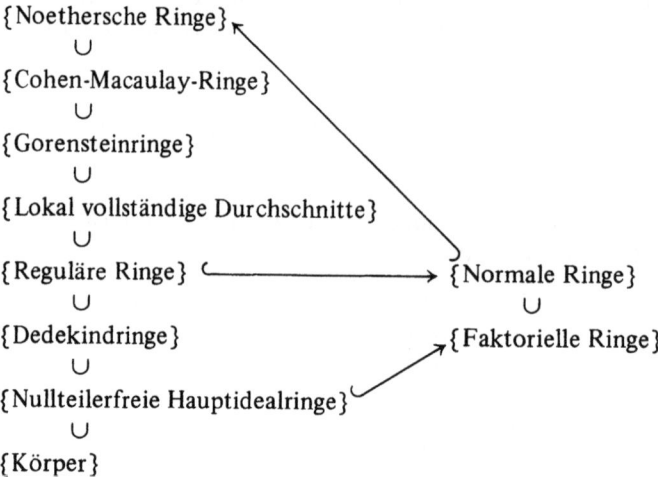

4. Ein endlich erzeugter Modul über einem noetherschen Integritätsring der Dimension 1 ist genau dann Cohen-Macaulay-Modul, wenn er torsionsfrei ist.
5. $(R,\mathfrak{m})$ sei ein lokaler Cohen-Macaulay-Ring der Dimension 1. Dann hat man für jeden Nichtnullteiler $a \in \mathfrak{m}$ einen Isomorphismus von $R/\mathfrak{m}$-Vektorräumen

   $\mathfrak{S}(R/(a)) \cong \mathfrak{m}^{-1}/R,$

   wobei $\mathfrak{m}^{-1} := \{x \in Q(R) | \mathfrak{m}x \subset R\}$. Genau dann ist R Gorensteinring, wenn $\dim_{R/\mathfrak{m}} (\mathfrak{m}^{-1}/R) = 1$.
6. H sei eine numerische Halbgruppe (V. § 3, Aufgabe 3). Der (komplettierte) *Halbgruppenring* $K[|H|]$ ist der Unterring des Rings $K[|t|]$ der formalen Potenzreihen in t, bestehend aus allen Reihen $\sum_{h \in H} a_h t^h$ $(a_h \in K)$.

   a) $K[|H|]$ ist ein noetherscher lokaler Ring der Dimension 1, insbesondere also Cohen-Macaulay-Ring.
   b) Genau dann ist $K[|H|]$ Gorensteinring, wenn H eine symmetrische Halbgruppe (V. § 3, Aufgabe 3) ist.
   c) Für $H = \mathbb{N}\cdot 5 + \mathbb{N}\cdot 6 + \mathbb{N}\cdot 7 + \mathbb{N}\cdot 8$ erhält man einen Gorensteinring, der nicht vollständiger Durchschnitt ist.
   d) Genau dann ist $K[|H|]$ regulär, wenn $H = \mathbb{N}$.

   (Eine Verallgemeinerung von b) wird in [37] gegeben.)

§ 4. Ein Zusammenhangssatz für mengentheoretisch vollständige Durchschnitte im projektiven Raum

Der Zusammenhangssatz wird sich als Anwendung des Ungemischtheitssatzes 3.14 ergeben. Wir benötigen ferner ein Lemma über die Primärzerlegung homogener Ideale.

Lemma 4.1: Ein homogenes Ideal I eines noetherschen graduierten Rings $G\,(I \neq G)$ besitzt eine reduzierte Primärzerlegung $I = \mathfrak{q}_1 \cap \ldots \cap \mathfrak{q}_s$ mit lauter homogenen Primäridealen $\mathfrak{q}_i$ $(i = 1, \ldots, s)$. Insbesondere gilt:

a) $\operatorname{Ass}(G/I)$ enthält nur homogene Primideale.
b) Die nicht eingebetteten Primärkomponenten von I sind homogen.

Beweis: Wir zeigen zuerst: Ist $\mathfrak{q}$ Primärideal eines graduierten Rings G und $\mathfrak{q}^*$ das von allen homogenen Elementen aus $\mathfrak{q}$ aufgespannte Ideal, so ist auch $\mathfrak{q}^*$ ein Primärideal. Der Beweis hierfür ist ähnlich dem von I.5.12, nur etwas komplizierter.

Sind Elemente $a, b \in G$ mit $a \notin \mathfrak{q}^*$, $ab \in \mathfrak{q}^*$ gegeben, so ist zu zeigen, daß $\mathfrak{q}^*$ eine Potenz von b enthält. Wir schreiben $a = a_\mu + \ldots + a_m$, $b = b_\nu + \ldots + b_n$ mit homogenen Elementen a_i, b_i vom Grad i und $\mu \leqslant m$, $\nu \leqslant n$. Es genügt nachzuweisen, daß eine Potenz jedes Summanden b_j von b in $\mathfrak{q}^*$ liegt, denn dann liegt auch eine genügend hohe Potenz von b in $\mathfrak{q}^*$. Man kann annehmen, daß $a_m \notin \mathfrak{q}^*$, andernfalls subtrahiere man a_m von a, wodurch sich nichts Wesentliches ändert. Da $\mathfrak{q}^*$ homogen ist, ist $a_m b_n \in \mathfrak{q}^*$ und $a_m \notin \mathfrak{q}$, denn $a_m \notin \mathfrak{q}^*$. Da $\mathfrak{q}$ primär ist, ergibt sich $b_n^\rho \in \mathfrak{q}$ und damit $b_n^\rho \in \mathfrak{q}^*$ für geeignetes $\rho \in \mathbb{N}$.

Es sei nun schon gezeigt, daß $b_n^\rho, \dots, b_{n-j}^\rho \in \mathfrak{q}^*$ für ein $j \geqslant 0$. Dann ist auch $a \cdot (b - b_n - \dots - b_{n-j})^{\rho \cdot (j+1)} \in \mathfrak{q}^*$ und die gleiche Überlegung wie oben ergibt, daß $b_{n-j-1}^\sigma \in \mathfrak{q}^*$ für ein $\sigma \in \mathbb{N}$.

Ist nun $I = \mathfrak{q}_1 \cap \dots \cap \mathfrak{q}_s$ irgendeine reduzierte Primärzerlegung von I, so gilt auch $I = \mathfrak{q}_1^* \cap \dots \cap \mathfrak{q}_s^*$, denn $I \subset \mathfrak{q}_i^* \subset \mathfrak{q}_i$ für jedes $i = 1, \dots, s$, und wir erhalten wieder eine reduzierte Primärzerlegung. Die weiteren Aussagen des Lemmas ergeben sich aus den beiden Eindeutigkeitssätzen über Primärzerlegungen.

Satz 4.2: (Hartshorne [31], [32]) $V \subset \mathbb{P}^n(L)$ sei eine K-Varietät der Dimension $d > 0$. Ist V mengentheoretisch vollständiger Durchschnitt (bzgl. K), so gilt: Für jede K-Untervarietät $W \subset V$ der Kodimension $\geqslant 2$ ist $V \setminus W$ zusammenhängend in der K-Topologie (insbesondere ist V selbst zusammenhängend).

Beweis:

a) V ist zusammenhängend.

Sei $r := n - d$ und seien $F_1, \dots, F_r$ homogenen Polynome aus $K[X_0, \dots, X_n]$ mit $\mathfrak{V}(F_1, \dots, F_r) = V$. $I = (F_1, \dots, F_r)$ ist dann ein homogenes Ideal und vollständiger Durchschnitt in $K[X_0, \dots, X_n]$. In seiner Primärzerlegung $I = \mathfrak{q}_1 \cap \dots \cap \mathfrak{q}_s$ treten nach dem Ungemischtheitssatz und 4.1 nur homogene Primärideale $\mathfrak{q}_i$ auf und die zugehörigen Primideale $\mathfrak{p}_i$ sind ebenfalls homogen und sämtlich von der Höhe r. V_i sei die zu $\mathfrak{p}_i$ gehörige irreduzible Komponente von V $(i = 1, \dots, s)$.

Angenommen, V sei nicht zusammenhängend. Ist etwa $V_1 \cup \dots \cup V_t$ $(t < s)$ eine Zusammenhangskomponente von V, so setzen wir $\mathfrak{a} := \bigcap_{i=1}^{t} \mathfrak{q}_i$ und $\mathfrak{b} := \bigcap_{j=t+1}^{s} \mathfrak{q}_j$. Dann ist $\mathfrak{a} \cdot \mathfrak{b} \subset \mathfrak{a} \cap \mathfrak{b} = I$ und $\mathrm{Rad}(\mathfrak{a} + \mathfrak{b}) = \mathfrak{m}$, das homogene maximale Ideal von $K[X_0, \dots, X_n]$, da $(V_1 \cup \dots \cup V_t) \cap (V_{t+1} \cup \dots \cup V_s) = \emptyset$.

Wir wählen homogene Elemente $a \in \mathfrak{a} \setminus \bigcup_{j=t+1}^{s} \mathfrak{p}_j$ und $b \in \mathfrak{b} \setminus \bigcup_{i=1}^{t} \mathfrak{p}_i$, von denen wir auch annehmen können, daß sie gleichen Rad besitzen. Dann ist $H := a + b \notin \bigcup_{i=1}^{s} \mathfrak{p}_i$ und daher besitzt $J := (F_1, \dots, F_r, H)$ die Höhe $r + 1$ und ist vollständiger Durchschnitt in $K[X_0, \dots, X_n]$. J besitzt nach dem Ungemischtheitssatz keine eingebetteten Primärkomponenten und alle minimalen Primteiler von J besitzen die Höhe $r + 1 = n - d + 1 < n + 1$, da $d > 0$.

Wir zeigen, daß $\mathfrak{m} \in \mathrm{Ass}(K[X_0, \dots, X_n]/J)$ ist und erhalten damit wegen $h(\mathfrak{m}) = n + 1$ einen Widerspruch.

Es ist $a \notin J$, denn aus $a = \lambda_0(a + b) + \lambda_1 F_1 + \dots + \lambda_r F_r$ mit homogenen Polynomen λ_i würde aus Gradgründen $\lambda_0 \in K$ folgen; aus $(1 - \lambda_0) a = \lambda_0 b + \lambda_1 F_1 + \dots + \lambda_r F_r$ ergäbe sich $b \in I \subset \mathfrak{a}$ (falls $\lambda_0 = 1$) oder $a \in (b, I) \subset \mathfrak{b}$ (falls $\lambda_0 \neq 1$), entgegen der Konstruktion von a und b.

Für jedes $z \in \mathfrak{m}$ ist $z^\rho \in \mathfrak{a} + \mathfrak{b}$ mit einem $\rho \in \mathbb{N}$. Ist etwa $z^\rho = a_1 + b_1$ $(a_1 \in \mathfrak{a}, b_1 \in \mathfrak{b})$, so ist $z^\rho a = (a_1 + b_1) a \equiv a_1 a \equiv a_1(a + b) \equiv a_1 H \bmod I$ und somit $z^\rho a \equiv 0 \bmod J$. Sei ρ die kleinste Zahl mit $z^\rho a \equiv 0 \bmod J$ ($\rho > 0$, da $a \not\equiv 0 \bmod J$). Dann ist $z(z^{\rho-1}a) \equiv 0 \bmod J$, $z^{\rho-1} a \not\equiv 0 \bmod J$ und es ist gezeigt, daß jedes $z \in \mathfrak{m}$ Nullteiler von $K[X_0, \ldots, X_n]/J$ ist. Folglich ist $\mathfrak{m} \in \operatorname{Ass}(K[X_0, \ldots, X_n]/J)$.

Die Annahme, V sei nicht zusammenhängend, hat zu einem Widerspruch geführt. Damit ist a) bewiesen.

b) Angenommen, es gäbe eine Untervarietät $W \subset V$ der Kodimension $\geqslant 2$, so daß $V\backslash W$ (in der K-Topologie) unzusammenhängend ist. $V\backslash W$ ist dann auch in der L-Topologie unzusammenhängend, weshalb man annehmen kann, daß $K = L$ algebraisch abgeschlossen (insbesondere unendlich) ist.

Mit Hilfe des Noetherschen Normalisierungssatzes (II.3.1 d)) zeigt man, daß es eine lineare Varietät $\Lambda \subset \mathbb{P}^n$ gibt mit $W \cap \Lambda = \emptyset$, die jede irreduzible Komponente von V in einer Kurve schneidet. Ist nämlich I das Ideal von W im homogenen Koordinatenring $K[V]$ von V, so gibt es über K algebraisch unabhängige Elemente $Y_0, \ldots, Y_d \in K[V]$, die homogen vom Grad 1 sind und ein $i \in [0, d]$, so daß $K[V]$ endlicher Modul über $K[Y_0, \ldots, Y_d]$ ist und $I \cap K[Y_0, \ldots, Y_d] = (Y_0, \ldots, Y_i)$. Dabei ist $i + 1$ die Höhe von I, also $i \geqslant 1$, da $\operatorname{codim}_V W = h(I) \geqslant 2$.

Ist nun Λ die lineare Varietät, die durch das Gleichungssystem $Y_2 = \ldots = Y_d = 0$ gegeben wird, so ist $\dim \Lambda = n - d + 1$. Ferner ist $\dim K[V]/(Y_2, \ldots, Y_d) = 2$, also $\dim(V \cap \Lambda) = 1$, und dies gilt auch, wenn man V durch eine beliebige irreduzible Komponente ersetzt, da alle Komponenten von V die Dimension d besitzen. Da $V \cap \Lambda$ durch $n - d + d - 1 = n - 1$ Gleichungen beschrieben werden kann, ist auch $V \cap \Lambda$ mengentheoretisch vollständiger Durchschnitt.

Aus $(Y_0, \ldots, Y_d) \subset I + (Y_2, \ldots, Y_d)$ ergibt sich, daß $\operatorname{Rad}(I + (Y_2, \ldots, Y_d))$ das irrelevante maximale Ideal von $K[V]$ ist, folglich ist $W \cap \Lambda = \emptyset$.

Nun war aber $V\backslash W$ unzusammenhängend. Aus $W \cap \Lambda = \emptyset$ folgt, daß $V \cap \Lambda$ eine unzusammenhängende Kurve ist. Da $V \cap \Lambda$ mengentheoretisch vollständiger Durchschnitt ist, hat sich ein Widerspruch zu a) ergeben. Der Satz ist damit bewiesen.

Korollar 4.3: Ist eine K-Varietät $V \subset \mathbb{P}^n(L)$ $(n \geqslant 2)$ als Durchschnitt von $r \leqslant \frac{n+1}{2}$ K-Hyperflächen darstellbar, so ist sie zusammenhängend.

Beweis: Sei $V = V_1 \cup \ldots \cup V_s$ die Zerlegung von V in irreduzible Komponenten. Dann ist $\dim V_i \geqslant n - r \geqslant \frac{n-1}{2} > 0$ $(i = 1, \ldots, s)$ nach V.3.6. Haben alle Komponenten die Dimension $\frac{n-1}{2}$, so ist V vollständiger Durchschnitt und daher nach 4.2 zusammenhängend. Ist dagegen etwa $\dim V_1 > \frac{n-1}{2}$, dann ist für $i = 2, \ldots, s$ $\dim V_1 + \dim V_i \geqslant n$, also $V_1 \cap V_i \neq \emptyset$ nach V.3.10 und es folgt wieder, daß V zusammenhängend ist.

Beispiele 4.4:

a) $C_1, C_2 \subset \mathbb{P}^3$ seien zwei algebraische Kurven, die sich nicht schneiden (etwa zwei windschiefe Geraden). Dann ist $C_1 \cup C_2$ nicht als Durchschnitt zweier algebraischer Flächen darstellbar.

b) $F_1, F_2 \subset \mathbb{P}^4$ seien zwei irreduzible algebraische Flächen, die nur einen Punkt gemeinsam haben (etwa zwei Ebenen mit nur einem Schnittpunkt). Dann ist $F_1 \cup F_2$ zusammenhängend, aber mengentheoretisch kein vollständiger Durchschnitt.

Denn nimmt man den Schnittpunkt aus $F_1 \cup F_2$ heraus (eine Untervarietät der Kodimension 2 in $F_1 \cup F_2$), so erhält man einen unzusammenhängenden Raum.

Zu Satz 4.2 gibt es ein lokales Analogon (siehe Aufgabe 1), das ebenfalls von Hartshorne [31] stammt. Allgemeinere Zusammenhangssätze als 4.2 enthält die Arbeit von Rung [67]*).

Aufgaben:

1. Man verwende die Schlußweise aus dem Beweis von Satz 4.2, um zu beweisen: Ist $(R, \mathfrak{m})$ ein noetherscher lokaler Ring, für den $\operatorname{Spec}(R)\setminus\{\mathfrak{m}\}$ unzusammenhängend ist, dann ist $t(R) \leqslant 1$.
2. Hieraus und aus III. § 1, Aufgabe 3 leite man her: R sei ein noetherscher Ring. Ist $X := \operatorname{Spec}(R)$ zusammenhängend, $Y \subset X$ eine abgeschlossene Teilmenge, so daß $t(R_\mathfrak{p}) \geqslant 2$ für alle $\mathfrak{p} \in Y$, dann ist $X \setminus Y$ zusammenhängend.

Literaturhinweise

Die in § 1 dargestellte Theorie der regulären Punkte von Varietäten und ihrer Beziehung zu den lokalen Ringen geht zurück auf Zariski [84]. Ein wichtiger Satz über reguläre lokale Ringe besagt, daß sie faktorielle Ringe sind. Für diese Tatsache findet man einen einfachen Beweis bei Kaplansky [D]. Allgemeiner ist die Frage, unter welchen Voraussetzungen noethersche lokale Ringe faktoriell sind, Gegenstand zahlreicher Untersuchungen gewesen. Ein Überblick über Resultate zu diesem Thema wird im Vortrag [54] von Lipman gegeben.

Sehr wichtige Invarianten noetherscher lokaler Ringe, die im Text nicht vorkamen, sind die *Multiplizität* und die *Hilbertfunktion*. Sie werden in den meisten Lehrbüchern ausführlich behandelt (s. z.B. [E], [F], [G]). Mehr Eigenschaften von Gorensteinringen und Cohen-Macaulay-Ringen als im Text kann man z.B. in Bass [7] oder auch [36] finden. Die Idealtheorie der Gorensteinringe wurde zuerst von Gröbner [28] studiert. Über die Erzeugung von Idealen kann man oft präzisere Aussagen machen, wenn es sich um Ideale in noetherschen Ringen eines speziellen Typs handelt. Eine Zusammenstellung von Resultaten dieser Art enthält die Schrift [69] von Judith Sally.

Die Theorie der Singularitäten ist ein lebendiges, sehr umfangreiches Teilgebiet der algebraischen Geometrie, das enge Berührpunkte mit vielen anderen Zweigen der Mathematik hat. Um einen ersten Überblick über dieses aktuelle Forschungsgebiet zu bekommen, kann man sich die Übersichtsvorträge aus [1] zu diesem Thema ansehen.

---

*) Vgl. in diesem Zusammenhang auch: W. Fulton und J. Hansen. A Connectedness Theorem for Projective Varieties, with Applications to Intersections and Singularities of Mappings. Annals of Math. 109 (1979) und G. Faltings. Some Theorems about Formal Functions (erscheint).

Kapitel VII
Projektive Auflösungen

Dieses Kapitel beschäftigt sich mit Sätzen über reguläre Ringe und vollständige Durchschnitte, in deren Beweis Methoden der homologischen Algebra angewendet werden. Für die hier dargestellten Ergebnisse braucht man jedoch nur sehr wenig aus der homologischen Theorie, man kommt in der Tat mit der Betrachtung projektiver Auflösungen und wiederholter Anwendung des „Schlangenlemmas" aus. Die Hauptresultate des Kapitels sind der Syzygiensatz von Hilbert, seine durch Auslander-Buchsbaum und Serre gegebene Verallgemeinerung für reguläre Ringe, eine Charakterisierung der lokalen vollständigen Durchschnitte durch den Konormalenmodul und das schon in Kapitel V.3.13d) erwähnte Ergebnis von Szpiro über Raumkurven.

§ 1. Projektive Dimension von Moduln

Zu jedem Modul M über einem Ring R gibt es eine exakte Folge

$$0 \to K_1 \to F_0 \xrightarrow{\epsilon} M \to 0, \tag{1}$$

wobei F_0 ein freier R-Modul ist und $K_1 := \text{Kern}(\epsilon)$. Durch Iteration dieser Bildung gelangt man zum Begriff der freien Auflösung eines Moduls: Ist eine exakte Folge

$$0 \to K_i \to F_{i-1} \xrightarrow{\alpha_{i-2}} F_{i-2} \to \dots \xrightarrow{\alpha_0} F_0 \xrightarrow{\epsilon} M \to 0 \tag{2}$$

mit freien R-Moduln F_j schon konstruiert, so betrachte man eine Folge (1) für K_i:

$$0 \to K_{i+1} \to F_i \to K_i \to 0 \qquad (F_i \text{ frei}). \tag{3}$$

(2) und (3) lassen sich dann zu einer exakten Folge

$$\begin{array}{ccccccc} 0 \to K_{i+1} \to F_i & \longrightarrow & F_{i-1} \to \dots \to F_0 \to M \to 0 \\ & \searrow \quad \nearrow & \\ & K_i & \end{array}$$

zusammenfügen. K_i heißt i-ter *Relationenmodul* oder *Syzygienmodul.* Man erhofft sich Erkenntnisse über die Struktur von M aus dem Studium der Syzygienmoduln von M.

Ist R ein noetherscher Ring und M endlich erzeugt, so kann man die obigen exakten Folgen so konstruieren, daß alle F_i endlich erzeugte R-Moduln sind.

Definition 1.1: Eine exakte Folge

$$\dots \to F_{i+1} \xrightarrow{\alpha_i} F_i \to \dots \to F_1 \xrightarrow{\alpha_0} F_0 \xrightarrow{\epsilon} M \to 0 \tag{4}$$

mit lauter freien (projektiven) R-Moduln F_i (i = 0, 1, ...), heißt eine *freie (projektive) Auflösung* von M.

Wie sich bald zeigen wird, ist es zweckmäßig, statt der Klasse der freien Auflösungen die umfassendere Klasse der projektiven Auflösungen eines Moduls zu untersuchen.

Regeln 1.2:

a) Ist $S \subset R$ eine multiplikativ abgeschlossene Teilmenge und (4) eine freie (projektive) Auflösung von M, so ist

$$\ldots \to (F_{i+1})_S \xrightarrow{(\alpha_i)_S} (F_i)_S \to \ldots \to (F_1)_S \xrightarrow{(\alpha_0)_S} (F_0)_S \xrightarrow{\epsilon_S} M_S \to 0$$

eine freie (projektive) Auflösung des R_S-Moduls M_S.

b) P/R sei eine Ringerweiterung, wobei P als R-Modul frei ist, dann ist mit (4) auch

$$\ldots \to P \otimes_R F_{i+1} \xrightarrow{P \otimes \alpha_i} P \otimes_R F_i \to \ldots \to P \otimes_R F_1 \xrightarrow{P \otimes \alpha_0} P \otimes_R F_0 \xrightarrow{P \otimes \epsilon} P \otimes_R M \to 0 \quad (4')$$

eine freie (projektive) Auflösung des P-Moduls $P \otimes_R M$.

Beweis: a) folgt aus III.4.17. Zum Beweis von b) beachte man zunächst, daß die $P \otimes_R F_i$ freie (projektive) P-Moduln sind. Ist $P \cong R^{\Lambda}$, so ist (4′) nichts anderes als eine „direkte Summe" von soviel Folgen (4), wie Λ Elemente besitzt, also wieder exakt.

Regel 1.2b) kann insbesondere angewandt werden, wenn $P = R[X_1, \ldots, X_n]$ ein Polynomring über R ist.

Besonders wichtig ist der Fall, daß in einer projektiven Auflösung einmal der Nullmodul auftritt.

Definition 1.3: M heißt *von endlicher projektiver Dimension*, wenn eine projektive Auflösung der Form

$$0 \to F_n \to F_{n-1} \to \ldots \to F_1 \to F_0 \to M \to 0$$

existiert. Das Minimum der Längen n solcher Auflösungen wird dann *die projektive Dimension von M* (pd (M)) genannt. Gibt es keine solche Auflösung, so wird pd (M) = ∞ gesetzt. (Manchmal bezeichnen wir die projektive Dimension von M auch mit $\mathrm{pd}_R(M)$, wenn es zweckmäßig ist, hervorzuheben, daß M als R-Modul betrachtet wird.)

Ein Modul M ist genau dann projektiv, wenn pd (M) = 0 ist. Allgemein kann pd (M) als ein Maß dafür betrachtet werden, wie weit ein Modul davon entfernt ist, projektiv zu sein. Natürlich besitzt ein Modul viele projektive Auflösungen. Jedoch hat man:

Satz 1.4: Gegeben seien zwei exakte Folgen von R-Moduln

$$0 \to K_n \xrightarrow{\alpha_{n-1}} F_{n-1} \xrightarrow{\alpha_{n-2}} \dots \xrightarrow{\alpha_0} F_0 \xrightarrow{\epsilon} M' \to 0$$

$$0 \to K'_n \xrightarrow{\alpha'_{n-1}} F'_{n-1} \xrightarrow{\alpha'_{n-2}} \dots \xrightarrow{\alpha'_0} F'_0 \xrightarrow{\epsilon'} M \to 0,$$

wobei $n \geqslant 1$ ist und die F_i, F'_i $(i = 0, \dots, n-1)$ projektive R-Moduln sind. Dann gilt:

a) $K_n \oplus F'_{n-1} \oplus F_{n-2} \oplus \dots \cong K'_n \oplus F_{n-1} \oplus F'_{n-2} \oplus \dots$

b) Genau dann ist K_n projektiv, wenn K'_n es ist.

Beweis: b) folgt aus a), weil ein direkter Summand eines projektiven Moduls wieder projektiv ist. (Man beachte, daß diese Aussage für freie Moduln nicht immer gilt.)

a) wurde im Fall $n = 1$ für freie Moduln F_0, F'_0 schon in IV.1.15 bewiesen. Für projektive Moduln verläuft der Beweis analog. Der allgemeine Fall ergibt sich hieraus durch Induktion nach n: Ist $n > 1$ und der Satz für Sequenzen der Länge $n - 1$ schon bewiesen, so sei $K_{n-1} := \text{Bild}(\alpha_{n-2})$, $K'_{n-1} := \text{Bild}(\alpha'_{n-2})$. Dann ist
$K'_{n-1} \oplus F_{n-2} \oplus F'_{n-3} \oplus \dots \cong K_{n-1} \oplus F'_{n-2} \oplus F_{n-3} \oplus \dots$ und man hat exakte Folgen (von den exakten Sequenzen $0 \to K_n \to F_{n-1} \to K_{n-1} \to 0$ und $0 \to K'_n \to F'_{n-1} \to K'_{n-1} \to 0$ herkommend)

$$0 \to K_n \to (F_{n-1} \oplus F'_{n-2} \oplus F_{n-3} \oplus \dots) \to (K_{n-1} \oplus F'_{n-2} \oplus F_{n-3} \oplus \dots) \to 0$$

$$0 \to K'_n \to (F'_{n-1} \oplus F_{n-2} \oplus F'_{n-3} \oplus \dots) \to (K'_{n-1} \oplus F_{n-2} \oplus F'_{n-3} \oplus \dots) \to 0.$$

Nochmalige Anwendung von IV.1.15 liefert nun die Behauptung.

Korollar 1.5: Sei $0 \to K_n \to F_{n-1} \to \dots \to F_0 \to M \to 0$ eine exakte Folge mit projektiven R-Moduln F_i $(i = 0, \dots, n-1)$.

a) Genau dann gilt $\text{pd}(M) \leqslant n$, wenn K_n projektiv ist.

b) Ist $\text{pd}(M) \geqslant n$, so ist $\text{pd}(K_n) = \text{pd}(M) - n$.

Beweis:

a) Ist K_n projektiv, so ist $\text{pd}(M) \leqslant n$. Ist umgekehrt $\text{pd}(M) =: m \leqslant n$, so hat man eine projektive Auflösung

$$0 \to F'_m \to F'_{m-1} \to \dots \to F'_0 \to M \to 0$$

und nach 1.4 ist K_n direkter Summand eines projektiven Moduls, also selbst projektiv.

b) Ist $\text{pd}(M) = \infty$, so ist auch $\text{pd}(K_n) = \infty$. Ist andererseits $\text{pd}(M) =: m$ mit $n \leqslant m < \infty$, so betrachten wir eine exakte Folge mit projektiven Moduln F_i:
$0 \to K_m \to F_{m-1} \to \dots \to F_n \to K_n \to 0$. Diese läßt sich mit der gegebenen Folge verschmelzen:

$$\begin{array}{ccccc} 0 \to K_m \to F_{m-1} \to \dots \to F_n & \longrightarrow & F_{n-1} \to \dots \to F_0 \to M \to 0 \\ & \searrow \quad \nearrow & \\ & K_n & \end{array}$$

und es folgt nach a), daß K_m projektiv ist. Dann ist $\text{pd}(K_n) \leqslant m - n$. Es kann aber nicht $\text{pd}(K_n) < m - n$ sein, denn sonst wäre $\text{pd}(M) < m$.

Korollar 1.6: Ist R ein noetherscher Ring, M ein endlich erzeugter R-Modul, so ist

$$\mathrm{pd}_R(M) = \sup_{\mathfrak{m} \in \mathrm{Max}(R)} \{\mathrm{pd}_{R_\mathfrak{m}}(M_\mathfrak{m})\}.$$

Beweis: Wir bezeichnen das Supremum mit d. Nach 1.2a) ist sicher $\mathrm{pd}_R(M) \geqslant d$. Es ist daher nur für $d < \infty$ etwas zu zeigen. In diesem Fall betrachten wir eine exakte Folge

$$0 \to K_d \to F_{d-1} \to \dots \to F_0 \to M \to 0$$

mit freien R-Moduln F_i endlichen Ranges. Dann ist K_d ein endlich erzeugter R-Modul und nach 1.5a) ist $(K_d)_\mathfrak{m}$ ein projektiver (folglich freier) $R_\mathfrak{m}$-Modul für alle $\mathfrak{m} \in \mathrm{Max}(R)$. Nach IV.3.6 ist dann K_d selbst projektiv und daher $\mathrm{pd}(M) = d$.

Korollar 1.7: Für beliebige R-Moduln M_1, M_2 gilt

$$\mathrm{pd}(M_1 \oplus M_2) = \sup\{\mathrm{pd}(M_1), \mathrm{pd}(M_2)\}.$$

Beweis: Sind projektive Auflösungen

$$\dots \to F_n \xrightarrow{\alpha_{n-1}} F_{n-1} \to \dots \to F_0 \xrightarrow{\epsilon} M_1 \to 0$$

$$\dots \to F'_n \xrightarrow{\alpha'_{n-1}} F'_{n-1} \to \dots \to F'_0 \xrightarrow{\epsilon'} M_2 \to 0$$

gegeben, so ist

$$\dots \to F_n \oplus F'_n \xrightarrow{\alpha_{n-1} \oplus \alpha'_{n-1}} F_{n-1} \oplus F'_{n-1} \to \dots \to F_0 \oplus F'_0 \xrightarrow{\epsilon \oplus \epsilon'} M_1 \oplus M_2 \to 0$$

eine projektive Auflösung von $M_1 \oplus M_2$. Sei $K_{n+1} := \mathrm{Bild}(\alpha_n)$, $K'_{n+1} := \mathrm{Bild}(\alpha'_n)$. $K_{n+1} \oplus K'_{n+1} = \mathrm{Bild}(\alpha_n \oplus \alpha'_n)$ ist genau dann projektiv, wenn K_{n+1} und K'_{n+1} es sind. Aus 1.5 ergibt sich nun die Behauptung.

1.7 ist Spezialfall des folgenden *Vergleichssatzes:*

Satz 1.8: $0 \to M_1 \xrightarrow{\beta_1} M_2 \xrightarrow{\beta_2} M_3 \to 0$ sei eine exakte Folge von R-Moduln. Dann gilt:

a) Wenn zwei Moduln in der Folge endliche projektive Dimension besitzen, dann gilt dies auch für den dritten.

b) Ist dies der Fall, dann ist

$$\mathrm{pd}(M_2) \leqslant \mathrm{Max}\{\mathrm{pd}(M_1), \mathrm{pd}(M_3)\}.$$

Gilt hierbei $\mathrm{pd}(M_2) < \mathrm{Max}\{\mathrm{pd}(M_1), \mathrm{pd}(M_3)\}$, dann ist $\mathrm{pd}(M_3) = \mathrm{pd}(M_1) + 1$.

Im Beweis benützen wir das überaus nützliche

Lemma 1.9: (Schlangenlemma). Gegeben sei ein kommutatives Diagramm von R-Moduln mit exakten Zeilen und Spalten

$$\begin{array}{ccccccc}
 & 0 & & 0 & & 0 & \\
 & \downarrow & & \downarrow & & \downarrow & \\
 & K_1 & & K_2 & & K_3 & \\
 & \downarrow & & \downarrow & & \downarrow & \\
0 \to & M_1 & \xrightarrow{\alpha_1} & M_2 & \xrightarrow{\alpha_2} & M_3 & \to 0 \\
 & \downarrow \gamma_1 & & \downarrow \gamma_2 & & \downarrow \gamma_3 & \\
0 \to & N_1 & \xrightarrow{\beta_1} & N_2 & \xrightarrow{\beta_2} & N_3 & \to 0 \\
 & \downarrow & & \downarrow & & \downarrow & \\
 & C_1 & & C_2 & & C_3 & \\
 & \downarrow & & \downarrow & & \downarrow & \\
 & 0 & & 0 & & 0 &
\end{array}$$

$\alpha_i' : K_i \to K_{i+1}$ und $\beta_i' : C_i \to C_{i+1}$ $(i = 1, 2)$ seien die durch α_i und β_i induzierten Homomorphismen. Dann gibt es eine lineare Abbildung $\delta : K_3 \to C_1$ (*verbindender Homomorphismus* genannt), so daß die Folge

$$0 \to K_1 \xrightarrow{\alpha_1'} K_2 \xrightarrow{\alpha_2'} K_3 \xrightarrow{\delta} C_1 \xrightarrow{\beta_1'} C_2 \xrightarrow{\beta_2'} C_3 \to 0 \tag{5}$$

exakt ist.

Beweis: Wir fassen Injektionen im obigen Diagramm als Inklusionsabbildungen auf.

a) Konstruktion von δ. Für $x \in K_3$ wählen wir $x' \in M_2$ mit $\alpha_2(x') = x$ und setzen $y' := \gamma_2(x')$. Es ist dann $\beta_2(y') = \gamma_3(\alpha_2(x')) = \gamma_3(x) = 0$ und somit $y' \in N_1$. $\delta(x)$ sei das Bild von y' in C_1. $\delta(x)$ hängt nicht ab von der speziellen Wahl von x', denn ist für $x'' \in M_2$ ebenfalls $\alpha_2(x'') = x$ und ist $y'' := \gamma_2(x')$, so ist $x' - x'' \in \text{Kern}(\alpha_2) = \text{Bild}(\alpha_1)$ und $y' - y'' \in \text{Bild}(\gamma_1)$. Dann haben aber y' und y'' dasselbe Bild in C_1.

Aus der Definition von δ ergibt sich nun auch unmittelbar, daß δ eine R-lineare Abbildung ist.

b) Exaktheit der Folge (5) an der Stelle K_3. Ist $\delta(x) = 0$, so ist $y' \in \text{Bild}(\gamma_1)$. Wählt man $y'' \in M_1$ mit $\gamma_1(y'') = y'$ und setzt $x'' := \alpha_1(y'')$, so ist auch $\alpha_2(x' - x'') = x$ und $\gamma_2(x' - x'') = 0$, also $x' - x'' \in K_2$. Dies zeigt, daß $\text{Bild}(\alpha_2') \supset \text{Kern}(\delta)$. Daß $\text{Bild}(\alpha_2') \subset \text{Kern}(\delta)$, ist nach Konstruktion von δ klar.

c) Exaktheit der Folge (5) an der Stelle C_1. Aus der Definition von δ folgt sofort, daß $\text{Bild}(\delta) \subset \text{Kern}(\beta_1')$. Ist umgekehrt $z \in \text{Kern}(\beta_1')$ gegeben und $y \in N_1$ ein Repräsentant von z, dann ist $\beta_1(y) \in \text{Bild}(\gamma_2)$. Es gibt dann ein $x' \in M_2$ mit $\gamma_2(x') = \beta_1(y)$. Setzt man $x := \alpha_2(x')$, so ist $\delta(x) = z$ nach Konstruktion von δ, womit auch $\text{Kern}(\beta_1') \subset \text{Kern}(\delta)$ gezeigt ist.

Die Exaktheit der Folge (5) an den übrigen Stellen verifiziert man ebenfalls sehr leicht.

Beweis von 1.8:

1. Wir wählen exakte Folgen

$$0 \to K_1 \to F_0 \xrightarrow{\gamma_1} M_1 \to 0$$

$$0 \to K_3 \to F_0' \xrightarrow{\gamma_3} M_3 \to 0$$

mit projektiven R-Moduln F_0, F_0' und konstruieren ein kommutatives Diagramm mit exakten Zeilen

$$\begin{array}{ccccccccc} 0 \to & F_0 & \xrightarrow{\alpha_1} & F_0 \oplus F_0' & \xrightarrow{\alpha_2} & F_0' & \to 0 \\ & \downarrow \gamma_1 & & \downarrow \gamma_2 & & \downarrow \gamma_3 & \\ 0 \to & M_1 & \xrightarrow{\beta_1} & M_2 & \xrightarrow{\beta_2} & M_3 & \to 0. \end{array} \tag{6}$$

Dabei soll α_1 die kanonische Injektion und α_2 die kanonische Projektion sein. γ_2 ist folgendermaßen definiert: Es gibt eine lineare Abbildung $\widetilde{\gamma}: F_0' \to M_2$ mit $\beta_2 \circ \widetilde{\gamma} = \gamma_3$, da F_0' projektiv ist. Für $(y, y') \in F_0 \oplus F_0'$ setzen wir $\gamma_2(y, y') := \beta_1(\gamma_1(y)) + \widetilde{\gamma}(y')$. Man prüft sofort nach, daß das Diagramm dann kommutativ ist und γ_2 eine surjektive lineare Abbildung.

Ist $K_2 := \text{Kern}(\gamma_2)$, so hat man nach 1.9 eine exakte Folge

$$0 \to K_1 \xrightarrow{\alpha_1'} K_2 \xrightarrow{\alpha_2'} K_3 \to 0. \tag{7}$$

2. a) Zwei der Moduln M_i ($i \in \{1, 2, 3\}$) mögen endliche projektive Dimension besitzen und es sei m das Maximum dieser Dimensionen. Ist $m = 0$, so sind die beiden Moduln projektiv. Ist M_3 darunter, so zerfällt die exakte Folge $0 \to M_1 \to M_2 \to M_3 \to 0$ und alle drei Moduln sind projektiv. Ist M_3 nicht darunter, dann ist die Folge eine projektive Auflösung von M_3, also $\text{pd}(M_3) \leqslant 1$. Sei jetzt $m > 0$. Dann haben nach 1.5 in der exakten Folge (7) zwei der Moduln endliche projektive Dimension $< m$. Nach Induktionsvoraussetzung hat auch der dritte Modul in (7) endliche projektive Dimension und a) ist bewiesen.

   b) ergibt sich durch Induktion nach $d := \text{pd}(M_2)$. Ist $d = 0$, so ist $\text{pd}(M_3) = \text{pd}(M_1) + 1$ oder $\text{pd}(M_3) = 0$ nach 1.5. Im zweiten Fall ist auch $\text{pd}(M_1) = 0$. Damit ist die Behauptung für $d = 0$ bewiesen.
   Sei nun $d > 0$ und die Behauptung sei schon für alle exakten Folgen bewiesen, in denen der mittlere Modul eine projektive Dimension $< d$ besitzt. Es gilt dann

   $$\text{pd}(K_2) \leqslant \text{Max}\{\text{pd}(K_1), \text{pd}(K_3)\},$$

   und wenn $\text{pd}(K_2) < \text{Max}\{\text{pd}(K_1), \text{pd}(K_3)\}$ ist, so folgt $\text{pd}(K_3) = \text{pd}(K_1) + 1$.
   Es ist $\text{pd}(K_i) = \text{pd}(M_i) - 1$ ($i = 1, 2, 3$), wenn M_1 und M_3 beide nicht projektiv sind. Behauptung b) folgt dann aus den obigen Formeln für die Moduln K_i. Ist M_3 projektiv, so ergibt sich $\text{pd}(M_2) = \text{pd}(M_1) = \text{Max}\{\text{pd}(M_1), \text{pd}(M_3)\}$ nach 1.7. Ist M_1 projektiv, so kann man im Diagramm (6) für F_0 den Modul M_1 selbst wählen. Es ist dann $K_1 = \langle 0 \rangle$ und $\text{pd}(M_2) - 1 = \text{pd}(K_2) = \text{pd}(K_3) = \text{pd}(M_3) - 1$, womit b) auch in diesem Fall gezeigt ist. Satz 1.8 ist damit bewiesen.

Im folgenden sei (R, m) immer ein noetherscher lokaler Ring und M ein endlich erzeugter R-Modul.

Eine freie Auflösung von M

$$\ldots \xrightarrow{\alpha_n} F_n \xrightarrow{\alpha_{n-1}} F_{n-1} \to \ldots \to F_1 \xrightarrow{\alpha_0} F_0 \xrightarrow{\epsilon} M \to 0 \qquad (8)$$

heißt *minimal*, wenn $\text{Bild}(\alpha_n) \subset mF_n$ für alle $n \in \mathbb{N}$. Ist dann $K_n := \text{Bild}(\alpha_{n-1})$ $(n \geq 1)$, so ergibt sich aus dem Lemma von Nakayama sofort, daß $\mu(F_0) = \mu(M)$ und $\mu(F_n) = \mu(K_n)$ ist $(n > 0)$.

Es ist auch klar, daß M immer eine minimale freie Auflösung besitzt: Man wähle F_0 so, daß $\mu(F_0) = \mu(M)$ ist. Dann ist $K_1 := \text{Kern}(\epsilon) \subset mF_0$. Jetzt wähle man F_1 so, daß $\mu(F_1) = \mu(K_1)$ ist usw.

Satz 1.10: Sind zwei minimale freie Auflösungen

$$\ldots \to F_n \xrightarrow{\alpha_{n-1}} F_{n-1} \to \ldots \to \xrightarrow{\alpha_0} F_0 \xrightarrow{\epsilon} M \to 0$$

$$\ldots \to F'_n \xrightarrow{\alpha'_{n-1}} F'_{n-1} \to \ldots \to \xrightarrow{\alpha'_0} F'_0 \xrightarrow{\epsilon'} M \to 0$$

von M gegeben, so ist $\mu(F_n) = \mu(F'_n)$ für alle $n \in \mathbb{N}$.

Beweis: Es ist $\mu(F_0) = \mu(F'_0) = \mu(M)$. Sei $K_n := \text{Bild}(\alpha_{n-1})$, $K'_n := \text{Bild}(\alpha'_{n-1})$ $(n \geq 1)$. Nach 1.4 gilt

$$K_n \oplus F'_{n-1} \oplus F_{n-2} \oplus \ldots \cong K'_n \oplus F_{n-1} \oplus F'_{n-2} \oplus \ldots .$$

Ist schon bewiesen, daß $\mu(F_i) = \mu(F'_i)$ für $i < n$ ist, so folgt $\mu(F_n) = \mu(K_n) = \mu(K'_n) = \mu(F'_n)$.

Die Invarianten $\beta_i := \mu(F_i)$ heißen die *Bettizahlen* des Moduls M. Die Bettizahlen von R sind definitionsgemäß die Bettizahlen des R-Moduls R/m.

Korollar 1.11: Ist $\text{pd}(M) =: n < \infty$ und ist (8) eine minimale freie Auflösung von M, so ist $F_m = 0$ für alle $m > n$ (und natürlich $F_m \neq 0$ für $m \leq n$).

$K_n := \text{Bild}(\alpha_{n-1})$ ist nach 1.5 ein freier R-Modul und daher ist auch $0 \to K_n \to F_{n-1} \to \ldots \to F_0 \to M \to 0$ eine minimale freie Auflösung von M. Die Behauptung ergibt sich somit aus 1.10.

Zwischen der projektiven Dimension und der Tiefe von M besteht ein enger Zusammenhang:

Satz 1.12: (Auslander-Buchsbaum [6].) M sei ein endlich erzeugter Modul über einem noetherschen lokalen Ring (R, m). Ist $\text{pd}(M) < \infty$, so gilt

$$\text{pd}(M) + t(M) = t(R).$$

Der Beweis erfordert einige Vorbereitungen:

Wir wählen eine exakte Folge $0 \to K \to F \to M \to 0$ mit einem freien R-Modul endlichen Ranges F und betrachten für ein $x \in \mathfrak{m}$ das kommutative Diagramm mit exakten Zeilen und Spalten

$$\begin{array}{ccccccccc}
 & & 0 & & 0 & & 0 & & \\
 & & \downarrow & & \downarrow & & \downarrow & & \\
 & & K' & & F' & & M' & & \\
 & & \downarrow & & \downarrow & & \downarrow & & \\
0 & \to & K & \longrightarrow & F & \longrightarrow & M & \to & 0 \\
 & & \downarrow \mu_x & & \downarrow \mu_x & & \downarrow \mu_x & & \\
0 & \to & K & \longrightarrow & F & \longrightarrow & M & \to & 0 \\
 & & \downarrow & & \downarrow & & \downarrow & & \\
 & & K/xK & & F/xF & & M/xM & & \\
 & & \downarrow & & \downarrow & & \downarrow & & \\
 & & 0 & & 0 & & 0 & &
\end{array}$$

wobei $M' := \{m \in M \mid xm = 0\} = \text{Kern}\,\mu_x$, entsprechend F', K'. Das Schlangenlemma liefert uns eine exakte Folge

$$0 \to K' \to F' \to M' \to K/xK \to F/xF \to M/xM \to 0. \tag{9}$$

Hieraus lesen wir ab:

Lemma 1.13: Ist x Nichtnullteiler von M, so ist M genau dann frei, wenn M/xM ein freier R/(x)-Modul ist.

Beweis: Sei M/xM ein freier R/(x)-Modul. Wir können annehmen, daß $\mu(F) = \mu(M)$ ist. Dann ist $F/xF \to M/xM$ ein Isomorphismus. Da x kein Nullteiler von M ist, ist $M' = \langle 0 \rangle$ und somit $K/xK = \langle 0 \rangle$. Aus dem Lemma von Nakayama folgt $K = \langle 0 \rangle$ und $M \cong F$.

Allgemeiner:

Lemma 1.14: Ist x Nichtnullteiler von R und M, so ist

$$\text{pd}_R(M) = \text{pd}_{R/(x)}(M/xM).$$

Beweis: Aus (9) erhalten wir eine exakte Folge $0 \to K/xK \to F/xF \to M/xM \to 0$, ferner ist $K' = \langle 0 \rangle$, da $F' = \langle 0 \rangle$ ist, und somit ist x Nichtnullteiler von K.

Wenn in der Formel beide projektive Dimensionen ∞ sind, ist nichts zu zeigen, nach 1.13 auch nichts mehr, wenn eine der projektiven Dimensionen 0 ist.

Sei $\text{pd}(M) =: m$ und $0 < m < \infty$. Dann ist $\text{pd}(K) = m - 1$ und wir können durch Induktion annehmen, daß $\text{pd}_{R/(x)}(K/xK) = \text{pd}_R(K)$ ist. Da auch $\text{pd}_{R/(x)}(M/xM) \neq 0$ ist, folgt $\text{pd}_{R/(x)}(M/xM) = \text{pd}_{R/(x)}(K/xK) + 1 = \text{pd}_R(K) + 1 = \text{pd}_R(M)$.

Analog schließt man, wenn $\text{pd}_{R/(x)}(M/xM) =: m$ mit $0 < m < \infty$ ist.

Lemma 1.15: Ist $t(R) > 0$, $t(M) = 0$, so ist $t(K) = 1$.

Beweis: $x \in \mathfrak{m}$ sei kein Nullteiler von R. In diesem Fall erhalten wir aus (9) eine exakte Folge

$$0 \to M' \to K/xK \to F/xF \to M/xM \to 0.$$

Da $t(M) = 0$ ist, gibt es ein $m \in M \setminus \langle 0 \rangle$ mit $\mathfrak{m} \cdot m = 0$ (VI.2.8). Dann ist $m \in M'$, folglich $\mathfrak{m} \in \operatorname{Ass}(M')$ und daher auch $\mathfrak{m} \in \operatorname{Ass}(K/xK)$, d.h. $t(K/xK) = 0$. Da x kein Nullteiler von K ist ($K' = \langle 0 \rangle$!), ergibt sich $t(K) = 1$.

Beweis von 1.12:
Sei $n := \operatorname{pd}(M)$ und

$$0 \to F_n \xrightarrow{\alpha_{n-1}} F_{n-1} \to \dots \xrightarrow{\alpha_0} F_0 \to M \to 0 \tag{10}$$

eine minimale freie Auflösung von M, $K_i := \operatorname{Bild}(\alpha_{i-1})$ $(i = 1, \dots, n)$.

Wir schließen durch Induktion nach $t := t(R)$. Für $t = 0$ gibt es ein $x \in R$ mit $\mathfrak{m} \cdot x = 0$, $x \neq 0$. Wäre $n > 0$, so würde aus $F_n \subset \mathfrak{m}F_{n-1}$ folgen, daß $xF_n \subset x\mathfrak{m}F_{n-1} = \langle 0 \rangle$, also nach Nakayama $F_n = \langle 0 \rangle$ ist, ein Widerspruch. Es ist somit $n = 0$, M ist frei und $t(M) = t(R) = 0$.

Es sei jetzt $t > 0$ und der Satz sei für noethersche lokale Ringe geringerer Tiefe schon bewiesen. Ist auch $t(M) > 0$, so gibt es ein $x \in \mathfrak{m}$, das Nichtnullteiler für R und für M ist, denn $\mathfrak{m} \not\subset \cup\, \mathfrak{p}$, wenn $\mathfrak{p}$ ganz $\operatorname{Ass}(R) \cup \operatorname{Ass}(M)$ durchläuft. Dann ist $t(R/(x)) = t - 1$, $t(M/xM) = t(M) - 1$ und nach 1.14 $\operatorname{pd}_{R/(x)}(M/xM) = \operatorname{pd}(M)$. Die Behauptung folgt nun aus der Induktionsannahme.

Ist $t > 0$ und $t(M) = 0$, so ist $t(K_1) = 1$ nach 1.15, $\operatorname{pd}(K_1) = \operatorname{pd}(M) - 1$ und – wie schon gezeigt –

$$\operatorname{pd}(K_1) + t(K_1) = t(R),$$

woraus $\operatorname{pd}(M) = t(R)$ folgt, q.e.d.

Aufgaben:

1. Man gebe ein Beispiel für einen Modul unendlicher projektiver Dimension.
2. $\alpha : R \to S$ sei ein Ringhomomorphismus, M ein S-Modul. S und M werden mit Hilfe von α als R-Modul betrachtet. Es gilt $\operatorname{pd}_R(M) \leqslant \operatorname{pd}_S(M) + \operatorname{pd}_R(S)$.
3. $P := R[X_1, \dots, X_n]$ sei ein Polynomring über einem Ring R, M ein R-Modul. Es gilt $\operatorname{pd}_P(P \otimes_R M) = \operatorname{pd}_R(M)$.
4. x sei Nichtnullteiler eines Rings R, $S := R/(x)$ und $M \neq \langle 0 \rangle$ ein S-Modul endlicher projektiver Dimension. M werde bzgl. des kanonischen Epimorphismus $R \to S$ als R-Modul betrachtet. Es gilt $\operatorname{pd}_R(M) = \operatorname{pd}_S(M) + 1$.
5. R sei ein Ring, $\{x_1, \dots, x_n\}$ eine R-reguläre Folge. In der Folge

$$0 \to F_n \xrightarrow{d_{n-1}} F_{n-1} \to \dots \to F_1 \xrightarrow{d_0} R \xrightarrow{\epsilon} R/(x_1, \dots, x_n) \to 0$$

sei ϵ der kanonische Epimorphismus, F_p für $p = 1, \dots, n$ ein freier R-Modul mit einer Basis $\{e_{i_1 \dots i_p} \mid 1 \leqslant i_1 < \dots < i_p \leqslant n\}$, d_0 die lineare Abbildung mit $d_0(e_i) = x_i$ $(i = 1, \dots, n)$ und allgemein d_p $(p > 0)$ die lineare Abbildung mit

$$d_p(e_{i_1 \dots i_{p+1}}) = \sum_{k=1}^{p+1} (-1)^{k+1} x_k e_{i_1 \dots \hat{i}_k \dots i_{p+1}}.$$

a) Man erhält auf diese Weise eine freie Auflösung des R-Moduls $R/(x_1, \dots, x_n)$.
b) Ist $(R, \mathfrak{m})$ regulärer lokaler Ring und $\{x_1, \dots, x_n\}$ ein reguläres Parametersystem von R, so erhält man eine minimale freie Auflösung von $R/\mathfrak{m}$.

6. Die *Bettireihe* (auch *Poincaré-Reihe*) eines noetherschen lokalen Rings $(R, \mathfrak{m})$ ist die formale Potenzreihe $P_R(T) = \sum_{i=0}^{\infty} \beta_i(R) T^i$, wobei $\beta_i(R)$ die Bettizahlen von R sind.

   Ist R ein regulärer lokaler Ring der Dimension d, so ist

   $P_R(T) = (1 + T)^d$.

   (Es ist ein ungelöstes Problem, ob die Bettireihe jedes lokalen Rings rational ist, d.h. ob es Polynome $P(T), Q(T) \in \mathbb{Z}[T]$ gibt mit $Q(T) \cdot P_R(T) = P(T)$.)

7. M sei ein endlich erzeugter Modul über einem noetherschen lokalen Ring R und $0 \to K \to F \to M \to 0$ eine exakte Folge, wobei F freier R-Modul endlichen Ranges ist.

   a) Ist $t(R) > t(M)$, so ist $t(K) = t(M) + 1$.
   b) Ist $t(R) = t(M)$, so ist $t(K) = t(M)$.

§ 2. Homologische Charakterisierung regulärer Ringe und lokal vollständiger Durchschnitte

Die meisten Ergebnisse dieses Paragraphen werden sich ziemlich schnell aus dem folgenden Satz ableiten lassen:

Satz 2.1: (Ferrand [21], Vasconcelos [81].) R sei ein noetherscher Ring, $I \neq R$ ein Ideal in R.

a) Wird I von einer R-regulären Folge erzeugt, so ist I/I^2 ein freier R/I-Modul und $pd_R(R/I) < \infty$.
b) Ist R lokal, so gilt von dieser Aussage auch die Umkehrung.

Beweis:

a) Sei $I = (x_1, \dots, x_t)$ mit einer R-regulären Folge $\{x_1, \dots, x_t\}$. Daß I/I^2 ein freier R/I-Modul ist, wurde schon in V.5.11 gezeigt. Wir beweisen

$$pd_R(R/I) = t \tag{1}$$

durch Induktion nach t. Für $t = 0$ ist nichts zu zeigen. Ist $t > 0$, so ergibt sich aus der exakten Folge

$$0 \to R/(x_1, \dots, x_{t-1}) \xrightarrow{\mu_{x_t}} R/(x_1, \dots, x_{t-1}) \to R/(x_1, \dots, x_t) \to 0,$$

wenn $\mathrm{pd}_R(R/(x_1, \dots, x_{t-1})) = t - 1$ schon gezeigt ist, daß $\mathrm{pd}_R(R/(x_1, \dots, x_t)) \leqslant t$ ist (1.8). Ist $\mathfrak{p} \in \mathrm{Spec}(R)$, $\mathfrak{p} \supset I$ gegeben, so ist $\{x_1, \dots, x_t\}$ auch eine $R_\mathfrak{p}$-reguläre Folge, somit $t(R_\mathfrak{p}) - t(R_\mathfrak{p}/(x_1, \dots, x_t)R_\mathfrak{p}) = t$ nach VI.3.4. Aus 1.12 und 1.6 folgt nun

$$t = t(R_\mathfrak{p}) - t(R_\mathfrak{p}/(x_1, \dots, x_t)R_\mathfrak{p}) = \mathrm{pd}_{R_\mathfrak{p}}(R_\mathfrak{p}/(x_1, \dots, x_t)R_\mathfrak{p}) \leqslant \mathrm{pd}_R(R/(x_1, \dots, x_t))$$

und damit (1).

b) $(R,\mathfrak{m})$ sei jetzt ein noetherscher lokaler Ring. Für das Ideal $I \neq R$ sei I/I^2 ein freier R/I-Modul vom Rang t und $\mathrm{pd}_R(R/I) < \infty$. Wir wollen folgern, daß I von einer R-regulären Folge der Länge t erzeugt wird. Für $t = 0$ ist $I = I^2$ und nach Nakayama $I = (0)$. Wir können daher $t > 0$ annehmen und voraussetzen, daß die Behauptung bei kleinerem Rang schon bewiesen ist. Wir zeigen zunächst, daß I einen Nichtnullteiler von R enthält. Dies ergibt sich, wenn man das folgende Lemma auf $M := R/I$ anwendet.

Lemma 2.2: M sei ein endlich erzeugter Modul über einem noetherschen Ring $R \neq \{0\}$. M besitze eine freie Auflösung

$$0 \to F_n \to F_{n-1} \to \dots \to F_0 \to M \to 0,$$

wobei die F_i endlichen Rang $r(F_i)$ besitzen $(i = 0, \dots, n)$. Dann sind folgende Aussagen äquivalent:

a) $\mathrm{Ann}(M) \neq (0)$.

b) $\sum_{i=0}^{n} (-1)^i r(F_i) = 0$.

c) $\mathrm{Ann}(M)$ enthält einen Nichtnullteiler von R.

Beweis: Für $\mathfrak{p} \in \mathrm{Ass}(R)$ ist $\mathrm{pd}_{R_\mathfrak{p}}(M_\mathfrak{p}) < \infty$ und $t(R_\mathfrak{p}) = 0$, also $\mathrm{pd}_{R_\mathfrak{p}}(M_\mathfrak{p}) = 0$ nach 1.12, somit ist $M_\mathfrak{p}$ ein freier $R_\mathfrak{p}$-Modul. Aus der exakten Folge

$$0 \to (F_n)_\mathfrak{p} \to (F_{n-1})_\mathfrak{p} \to \dots \to (F_0)_\mathfrak{p} \to M_\mathfrak{p} \to 0$$

ergibt sich durch einen einfachen Induktionsschluß (wie bei Vektorräumen), daß

$$r(M_\mathfrak{p}) = \sum_{i=0}^{n} (-1)^i r(F_i). \tag{2}$$

a) $\to$ b). Ist $\mathfrak{a} := \mathrm{Ann}(M) \neq (0)$, so zeigen wir, daß es ein $\mathfrak{p} \in \mathrm{Ass}(R)$ mit $M_\mathfrak{p} = \langle 0 \rangle$ gibt. Wäre dies nicht der Fall, so wäre (weil $M_\mathfrak{p}$ frei ist) $\mathfrak{a}R_\mathfrak{p} = (0)$ für alle $\mathfrak{p} \in \mathrm{Ass}(R)$, also nach III.4.6 $\mathrm{Ann}(\mathfrak{a}) \not\subset \mathfrak{p}$ für alle $\mathfrak{p} \in \mathrm{Ass}(R)$. $\mathrm{Ann}(\mathfrak{a})$ enthielte dann einen Nichtnullteiler x von R. Aus $x \cdot \mathfrak{a} = (0)$ würde $\mathfrak{a} = (0)$ folgen, entgegen der Voraussetzung. Ist nun $\mathfrak{p} \in \mathrm{Ass}(R)$ mit $M_\mathfrak{p} = \langle 0 \rangle$ gewählt, so liefert (2) die Formel in b).

b) → c). Aus b) und der Formel (2) folgt $M_{\mathfrak{p}} = \langle 0 \rangle$ und somit $\mathfrak{a}R_{\mathfrak{p}} = R_{\mathfrak{p}}$ für alle $\mathfrak{p} \in \mathrm{Ass}(R)$. Es ist dann $\mathfrak{a} \not\subset \mathfrak{p}$ für alle $\mathfrak{p} \in \mathrm{Ass}(R)$, d.h. $\mathfrak{a}$ enthält einen Nichtnullteiler von R, q.e.d.

Es seien jetzt $x_1, \dots, x_t \in I$ Elemente, deren Bilder $\bar{x}_1, \dots, \bar{x}_t$ in I/I^2 eine Basis dieses R/I-Moduls bilden.

Wir setzen $J := (x_2, \dots, x_t) + I^2$. Es ist dann $\mathfrak{V}(J) = \mathfrak{V}(I)$ (Nullstellenmenge in Spec(R)) und $\mu(I/J) = 1$. $\{\mathfrak{p}_1, \dots, \mathfrak{p}_s\}$ sei die Menge der maximalen Elemente aus Ass(R). Es ist dann $I \not\subset \bigcup_{j=1}^{s} \mathfrak{p}_j$, da I wegen $t > 0$ einen Nichtnullteiler von R enthält. Somit sind die Voraussetzungen von V.4.7 erfüllt und es gibt ein $a \in I$, $a \notin \bigcup_{j=1}^{s} \mathfrak{p}_j$ mit $I/J = R \cdot \bar{a}$, wenn $\bar{a}$ das Bild von a ist. Dies bedeutet, daß wir o.B.d.A. annehmen können, daß x_1 kein Nullteiler in R ist (ersetze notfalls x_1 durch a).

Sei $S := R/(x_1)$, $I' := I/(x_1)$. Wir werden zeigen, daß I' den entsprechenden Voraussetzungen wie I genügt: Es ist

$$I'/I'^2 \cong I/(x_1) + I^2 \cong I/I^2/(x_1) + I^2/I^2 \cong R/I \cdot \bar{x}_2 \oplus \dots \oplus R/I \cdot \bar{x}_t = S/I' \cdot \bar{x}_2 \oplus \dots \oplus S/I' \cdot \bar{x}_t$$

ein freier S/I'-Modul vom Rang $t - 1$ (wenn man R/I und S/I' identifiziert).

Ferner folgt aus $I = Rx_1 + J$, daß $I/x_1I = Rx_1/Ix_1 + J/x_1I$ ist. Dabei ist $Rx_1/Ix_1 \cong R/I$, da x_1 Nichtnullteiler von R ist und $J \cap Rx_1 = x_1I$, da $\bar{x}_1$ Basiselement des R/I-Moduls I/J ist. Es folgt

$$J/x_1I \cong J/J \cap Rx_1 \cong I/Rx_1 = I' \text{ und } Rx_1/Ix_1 \cap J/x_1I = \langle 0 \rangle.$$

Somit ist $I/x_1I \cong R/I \oplus I'$.

Nach 1.14 (und weil $\mathrm{pd}_R(R/I) < \infty$) ist $\mathrm{pd}_S(I/x_1I) = \mathrm{pd}_R(I) < \infty$ und da I' direkter Summand von I/x_1I ist, ist auch $\mathrm{pd}_S(I') < \infty$. Aus der exakten Folge $0 \to I' \to S \to S/I' \to 0$ ergibt sich, daß auch $\mathrm{pd}_S(S/I') < \infty$ ist. Nach Induktionsvoraussetzung wird I' von einer S-regulären Folge der Länge $t - 1$ erzeugt, folglich I von einer R-regulären Folge der Länge t, q.e.d.

Korollar 2.3: Für einen noetherschen lokalen Ring $(R, \mathfrak{m})$ sind folgende Aussagen äquivalent:

a) R ist regulär.

b) $\mathrm{pd}_R(R/\mathfrak{m}) < \infty$.

Es ist dann $\mathrm{pd}_R(R/\mathfrak{m}) = \dim R$.

Beweis: Da $\mathfrak{m}/\mathfrak{m}^2$ ein freier $R/\mathfrak{m}$-Modul ist, gilt genau dann $\mathrm{pd}_R(R/\mathfrak{m}) < \infty$, wenn $\mathfrak{m}$ von einer R-regulären Folge erzeugt wird, was damit äquivalent ist, daß R regulär ist. Ist $\dim R =: d$ und R regulär, so wird $\mathfrak{m}$ von einer regulären Folge der Länge d erzeugt und es ergibt sich $\mathrm{pd}_R(R/\mathfrak{m}) = d$ nach der Formel (1) aus dem Beweis von 2.1.

Aus der durch 2.3 gegebenen homologischen Charakterisierung der regulären lokalen Ringe ergibt sich nun auch leicht eine Charakterisierung der globalen regulären Ringe:

Satz 2.4: R sei ein noetherscher Ring der Krulldimension $d < \infty$. Dann sind folgende Aussagen äquivalent:

a) R ist regulär.

b) Jeder endlich erzeugte R-Modul M besitzt eine projektive Dimension $\leqslant d$.

c) Jeder endlich erzeugte R-Modul besitzt endliche projektive Dimension.

Beweis:

a) $\rightarrow$ b). M sei ein endlich erzeugter R-Modul. Nach 1.6 genügt es zu zeigen, daß $\mathrm{pd}_{R_\mathfrak{p}}(M_\mathfrak{p}) \leqslant d$ ist für jedes $\mathfrak{p} \in \mathrm{Max}(R)$. Ist $\dim R_\mathfrak{p} = 0$, so ist $R_\mathfrak{p}$ ein Körper und die Aussage ist richtig. Sei daher $\dim R_\mathfrak{p} > 0$ und $x \in \mathfrak{p}R_\mathfrak{p} \setminus \mathfrak{p}^2 R_\mathfrak{p}$. Dann ist $R_\mathfrak{p}/xR_\mathfrak{p}$ ebenfalls ein regulärer lokaler Ring (VI.1.10), $\dim R_\mathfrak{p}/xR_\mathfrak{p} = \dim R_\mathfrak{p} - 1$. Wir betrachten eine exakte Folge von $R_\mathfrak{p}$-Moduln

$$0 \rightarrow K \rightarrow F \rightarrow M_\mathfrak{p} \rightarrow 0$$

mit einem freien $R_\mathfrak{p}$-Modul endlichen Ranges F. Da x kein Nullteiler von K ist (oder $K = \langle 0 \rangle$), ergibt 1.14 und die Induktionsvoraussetzung, daß $\mathrm{pd}_{R_\mathfrak{p}}(K) = \mathrm{pd}_{R_\mathfrak{p}/xR_\mathfrak{p}}(K/xK) \leqslant \dim R_\mathfrak{p} - 1$ und somit $\mathrm{pd}_{R_\mathfrak{p}}(M_\mathfrak{p}) \leqslant \dim R_\mathfrak{p}$.

c) $\rightarrow$ a). Für jedes $\mathfrak{p} \in \mathrm{Max}(R)$ ist $\mathrm{pd}_R(R/\mathfrak{p}) < \infty$ und daher auch $\mathrm{pd}_{R_\mathfrak{p}}(R_\mathfrak{p}/\mathfrak{p}R_\mathfrak{p}) < \infty$. Aus 2.3 folgt, daß $R_\mathfrak{p}$ regulär ist.

Bemerkung: Man kann beweisen, daß für einen regulären noetherschen Ring R mit $\dim R = d < \infty$, stets $\mathrm{pd}_R(M) \leqslant d$ gilt, auch wenn M nicht endlich erzeugt ist. Wir werden dies jedoch nicht benötigen. Ist $\mathfrak{m} \in \mathrm{Max}(R)$ mit $h(\mathfrak{m}) = d$ gegeben, so haben wir gezeigt, daß $\mathrm{pd}_R(R/\mathfrak{m}) = d$ ist. Die Schranke d für die projektive Dimension wird daher auch immer erreicht. Man sagt, daß R die *homologische Dimension* d besitzt.

Korollar 2.5:

a) (Syzygiensatz von Hilbert.) Ist K ein Körper, so besitzt jeder endlich erzeugte Modul M über dem Polynomring $K[X_1, \dots, X_n]$ eine freie Auflösung der Länge $\leqslant n$.

b) Ist K nullteilerfreier Hauptidealring, so besitzt jeder endlich erzeugte $K[X_1, \dots, X_n]$-Modul eine freie Auflösung der Länge $\leqslant n + 1$.

Beweis: $K[X_1, \dots, X_n]$ ist ein regulärer noetherscher Ring der Dimension n im Fall a), der Dimension $\leqslant n + 1$ im Fall b). Da projektive endlich erzeugte $K[X_1, \dots, X_n]$-Moduln frei sind, folgt die Behauptung aus 2.4b).

Korollar 2.6: Ist ein noetherscher Ring R regulär (lokal vollständiger Durchschnitt), so auch jeder Quotientenring R_S.

Beweis: Es genügt zu zeigen, daß $R_\mathfrak{p}$ regulär (vollständiger Durchschnitt ist) für jedes $\mathfrak{p} \in \mathrm{Spec}(R)$. Sei $\mathfrak{m}$ ein $\mathfrak{p}$ umfassendes maximales Ideal von R. Wenn R regulär ist, dann ist nach 1.6 und 2.4

$$\mathrm{pd}_{R_\mathfrak{p}}(R_\mathfrak{p}/\mathfrak{p}R_\mathfrak{p}) \leqslant \mathrm{pd}_{R_\mathfrak{m}}(R_\mathfrak{m}/\mathfrak{p}R_\mathfrak{m}) < \infty$$

und folglich ist $R_\mathfrak{p}$ regulär nach 2.3

Ist R lokal vollständiger Durchschnitt, so ist $R_m \cong A/I$, wobei A ein regulärer lokaler Ring ist und das Ideal $I \subset A$ von einer A-regulären Folge erzeugt wird. Ferner ist $R_p \cong (R_m)_{pR_m} \cong A_{\mathfrak{P}}/IA_{\mathfrak{P}}$, wenn $\mathfrak{P}$ das Urbild von pR_m in A ist. Wie schon gezeigt, ist $A_{\mathfrak{P}}$ regulär. Da $\mathfrak{P} \supset I$, wird $IA_{\mathfrak{P}}$ von einer $A_{\mathfrak{P}}$-regulären Folge erzeugt. Es ist damit gezeigt, daß R_p vollständiger Durchschnitt ist.

Korollar 2.7: Ist ein noetherscher Ring R regulär (lokal vollständiger Durchschnitt), so auch der Polynomring $R[X_1, \dots, X_n]$.

Beweis: Sei $\mathfrak{P} \in \mathrm{Spec}(R[X_1, \dots, X_n])$ und $p := \mathfrak{P} \cap R$. Dann ist $R[X_1, \dots, X_n]_{\mathfrak{P}} = R_p[X_1, \dots, X_n]_{\mathfrak{P}}$ und das maximale Ideal dieses Rings schneidet R_p im maximalen Ideal pR_p. Ist R_p regulär, so ist auch $R[X_1, \dots, X_n]_{\mathfrak{P}}$ regulär nach VI.1.7 und Induktion nach n.

Ist $R_p \cong A/I$ mit einem regulären lokalen Ring A und einem von einer A-regulären Folge erzeugten Ideal I, so ist $R_p[X_1, \dots, X_n]_{\mathfrak{P}} \cong A[X_1, \dots, X_n]_{\mathfrak{Q}}/IA[X_1, \dots, X_n]_{\mathfrak{Q}}$, wobei $\mathfrak{Q}$ das Urbild von $\mathfrak{P}$ in $A[X_1, \dots, X_n]$ ist. Wie schon gezeigt, ist $A[X_1, \dots, X_n]_{\mathfrak{Q}}$ regulär. Ferner ist klar, daß $IA[X_1, \dots, X_n]_{\mathfrak{Q}}$ von einer $A[X_1, \dots, X_n]_{\mathfrak{Q}}$-regulären Folge erzeugt wird; in der Tat ist die I erzeugende A-reguläre Folge auch $A[X_1, \dots, X_n]_{\mathfrak{Q}}$-regulär. Somit ist auch $R[X_1, \dots, X_n]_{\mathfrak{P}}$ vollständiger Durchschnitt.

Auf Grund von 2.4 gestattet Satz 2.1 auch die folgende Charakterisierung der vollständigen Durchschnitte in regulären Ringen:

Korollar 2.8: Für ein Ideal $I \neq R$ eines regulären noetherschen Rings sind folgende Aussagen äquivalent:

a) I ist lokal vollständiger Durchschnitt in R.

b) Der Konormalenmodul I/I^2 ist ein projektiver R/I-Modul.

Wenn der Konormalenmodul I/I^2 sogar freier R/I-Modul ist, kann man manchmal schließen, daß I *global* vollständiger Durchschnitt ist (Mohan Kumar [56]):

Korollar 2.9: I sei ein Ideal des Polynomrings $R = K[X_1, \dots, X_n]$ über einem Körper. Ist I/I^2 freier R/I-Modul und $2 \cdot \dim R/I + 2 \leqslant n$, dann ist I vollständiger Durchschnitt in R *).

Beweis: Sei r der Rang von I/I^2. Nach 2.8 ist I sicher lokal vollständiger Durchschnitt in R und somit $r = h(I) = n - \dim R/I$. Aus $\mu(I/I^2) = n - \dim R/I \geqslant \dim R/I + 2$ folgt $\mu(I) = \mu(I/I^2) = r$ nach V.5.20. Somit ist I auch global vollständiger Durchschnitt.

Aufgaben:

1. $R \subset S$ seien noethersche Ringe endlicher Krulldimension, wobei S als R-Modul frei ist. Ist S regulär, so auch R (Anleitung: Verwende die Charakterisierung der Regularität in 2.4 und die Formel aus § 1, Aufgabe 2.)

---

*) Verzichtet man auf die Voraussetzung, daß $2 \dim R/I + 2 \leqslant n$ ist, so kann man immerhin noch zeigen, daß I mengentheoretisch vollständiger Durchschnitt ist (M. Boratyński: A Note on Set-Theoretic Complete Intersection Ideals. J. Alg. 54 (1978), 1–5).

2. $V \subset \mathbb{A}^n(L)$ sei eine glatte algebraische Varietät, I ihr Ideal in $L[X_1, \dots, X_n]$. Ist $K \subset L$ ein Definitionskörper von I (Kap. I. § 2, Aufgabe 9), so ist jedes $x \in V$ auch ein K-regulärer Punkt von V.
3. Für einen Modul M über einem Ring R bezeichne [M] die Isomorphieklasse von M. $\mathscr{F}_R$ sei die freie abelsche Gruppe mit den Isomorphieklassen endlich erzeugter R-Moduln als Basis und $U \subset \mathscr{F}_R$ die Untergruppe, die von allen Elementen $[M_2] - [M_1] - [M_3]$ erzeugt wird, zu denen es eine exakte Folge
$$0 \to M_1 \to M_2 \to M_3 \to 0 \qquad (*)$$
gibt. $\mathbb{K}(R) := \mathscr{F}_R/U$ heißt *Grothendieck-Gruppe* von R.
   Sie besitzt die folgende universelle Eigenschaft: Ordnet χ jedem [M] (M endlich erzeugt) ein Element einer abelschen Gruppe G derart zu, daß
$$\chi([M_2]) = \chi([M_1]) + \chi([M_3])$$
für Moduln aus einer exakten Folge (*), so gibt es genau einen Gruppenhomomorphismus $\epsilon : \mathbb{K}(R) \to G$ mit $\epsilon([M] + U) = \chi([M])$ für alle [M].
4. Wir betrachten jetzt die Isomorphieklassen [P] endlich erzeugter projektiver R-Moduln und die damit analog wie $\mathbb{K}(R)$ definierte abelsche Gruppe P(R). Man hat einen kanonischen Homomorphismus $\alpha : P(R) \to \mathbb{K}(R)$, welcher der Restklasse von [P] in P(R) die entsprechende Restklasse in $\mathbb{K}(R)$ zuordnet.
   Ist R ein regulärer noetherscher Ring endlicher Krulldimension, so ist α ein Isomorphismus. (Anleitung: Wähle für einen endlich erzeugten R-Modul M eine projektive Auflösung $0 \to P_n \to P_{n-1} \to \dots \to P_0 \to M \to 0$ und ordne der Klasse von [M] in $\mathbb{K}(R)$ in P(R) die Klasse von $\sum_{i=0}^{n} (-1)^i [P_i]$ zu.)
5. Ist K nullteilerfreier Hauptidealring, so ist
$$\mathbb{K}(K[X_1, \dots, X_n]) \cong P(K[X_1, \dots, X_n]) \cong \mathbb{Z}.$$

§ 3. Moduln der projektiven Dimension $\leqslant 1$

Über diese kann man genauere Aussagen als über beliebige Moduln endlicher projektiver Dimension machen. Wir beginnen mit einem Beispiel, in dem solche Moduln auftreten.

Beispiel 3.1: In einem Cohen-Macaulay-Ring R sei ein Ideal $I \neq R$ gegeben, das lokal vollständiger Durchschnitt ist, wobei $h(I_\mathfrak{p}) = 2$ für alle $\mathfrak{p} \in \mathfrak{V}(I)$. Dann wird $I_\mathfrak{p}$ von einer $R_\mathfrak{p}$-regulären Folge der Länge 2 erzeugt (VI.3.14). Nach § 2, (1) ist $\mathrm{pd}_{R_\mathfrak{p}}(R_\mathfrak{p}/I_\mathfrak{p}) = 2$ und nach 1.8 somit $\mathrm{pd}_{R_\mathfrak{p}}(I_\mathfrak{p}) = 1$. Dann ist auch $\mathrm{pd}_R(I) = 1$ nach 1.6.

Speziell gilt dies für ein Ideal $I \subset K[X_1, X_2, X_3]$ (K Körper), das eine affine Raumkurve definiert und lokal vollständiger Durchschnitt ist, etwa das Verschwindungsideal einer Raumkurve, die lokal vollständiger Durchschnitt ist.

Die Ergebnisse des jetzigen Paragraphen werden in § 4 auf diesen Fall angewandt.

Im folgenden sei R stets ein noetherscher Ring $\neq \{0\}$ und M ein endlich erzeugter R-Modul mit $\mathrm{pd}(M) \leqslant 1$. Wir betrachten eine projektive Auflösung

$$0 \to P_1 \xrightarrow{\alpha} P_0 \xrightarrow{\epsilon} M \to 0 \tag{1}$$

wobei die P_i $(i = 0, 1)$ endlich erzeugt sein sollen. Durch Übergang zu den Dualmoduln und transponierten Abbildungen ($M^* := \mathrm{Hom}_R(M, R)$, $\alpha^* := \mathrm{Hom}_R(\alpha, R)$) erhalten wir eine exakte Folge

$$0 \to M^* \xrightarrow{\epsilon^*} P_0^* \xrightarrow{\alpha^*} P_1^* \to E \to 0, \tag{1*}$$

wobei $E := \mathrm{Kokern}(\alpha^*)$.

Ist neben (1) eine entsprechende Auflösung $0 \to \overline{P}_1 \xrightarrow{\overline{\alpha}} \overline{P}_0 \xrightarrow{\overline{\epsilon}} M \to 0$ gegeben und $\overline{E} := \mathrm{Kokern}(\overline{\alpha}^*)$, so gilt:

Lemma 3.2: $\overline{E} \cong E$.

Beweis: Wir betrachten die exakte Folge

$$0 \to P \xrightarrow{\gamma} P_0 \oplus \overline{P}_0 \xrightarrow{\delta} M \to 0,$$

wobei $\delta(x, y) = \epsilon(x) + \overline{\epsilon}(y)$ und $P := \mathrm{Kern}(\delta)$. Auch dies ist nach 1.5 eine projektive Auflösung von M. Es genügt zu zeigen, daß E und $\overline{E}$ zu $\mathrm{Kokern}(\gamma^*)$ isomorph sind. Wir dürfen daher annehmen, daß es schon von vornherein einen Epimorphismus $\varphi : \overline{P}_0 \to P_0$ mit $\epsilon \circ \varphi = \overline{\epsilon}$ gibt. Ist $K := \mathrm{Kern}(\varphi)$, so erhält man die beiden folgenden Diagramme mit exakten Zeilen und Spalten

$$\begin{array}{ccccccccc}
 & & & & 0 & & 0 & & \\
 & & & & \downarrow & & \downarrow & & \\
0 & \to & K & \to & \overline{P}_1 & \to & P_1 & \to & 0 \\
 & & \| & & \downarrow & & \downarrow & & \\
0 & \to & K & \to & \overline{P}_0 & \xrightarrow{\varphi} & P_0 & \to & 0 \\
 & & & & \downarrow \overline{\epsilon} & & \downarrow \epsilon & & \\
 & & & & M & = & M & & \\
 & & & & \downarrow & & \downarrow & & \\
 & & & & 0 & & 0 & &
\end{array}
\qquad
\begin{array}{ccccccccc}
 & & 0 & & 0 & & & & \\
 & & \downarrow & & \downarrow & & & & \\
 & & M^* & = & M^* & & & & \\
 & & \downarrow & & \downarrow & & & & \\
0 & \to & P_0^* & \to & \overline{P}_0^* & \to & K^* & \to & 0 \\
 & & \downarrow & & \downarrow & & \| & & \\
0 & \to & P_1^* & \to & \overline{P}_1^* & \to & K^* & \to & 0 \\
 & & \downarrow & & \downarrow & & & & \\
 & & E & & \overline{E} & & & & \\
 & & \downarrow & & \downarrow & & & & \\
 & & 0 & & 0 & & & &
\end{array}$$

wobei die Zeilen des zweiten Diagramms exakt sind, weil im ersten Diagramm die Zeilen zerfallen. Aus dem Schlangenlemma folgt nun $E \cong \overline{E}$.

Wir bezeichnen den M (bis auf Isomorphie) eindeutig zugeordneten Modul E in Zukunft mit E(M). Aus der Definition von E(M) und der Verträglichkeit von Lokalisation mit exakten Folgen und Dualisieren endlich erzeugter Moduln folgt unmittelbar, daß

$$E(M_\mathfrak{p}) \cong E(M)_\mathfrak{p} \qquad \text{für alle } \mathfrak{p} \in \operatorname{Spec}(R). \tag{2}$$

Lemma 3.3: Genau dann ist M projektiv, wenn $E(M) = \langle 0 \rangle$.

Beweis: Wenn M projektiv ist, zerfällt (1) und es folgt $E(M) = \langle 0 \rangle$. Ist umgekehrt $E(M) = \langle 0 \rangle$, so zerfällt die exakte Folge (1*) $0 \to M^* \to P_0^* \to P_1^* \to 0$, denn mit P_1 ist auch der Dualmodul P_1^* projektiv (IV.3.17a)). Dies zeigt zunächst, daß M^* projektiv ist.

Aus dem kommutativen Diagramm mit exakten Zeilen

$$\begin{array}{ccccccccc} 0 & \to & P_0 & \to & P_1 & \to & M & \to & 0 \\ & & \downarrow & & \downarrow & & \downarrow & & \\ 0 & \to & P_0^{**} & \to & P_1^{**} & \to & M^{**} & \to & 0 \end{array}$$

in dem die untere Zeile durch Dualisieren von (1*) entsteht und die senkrechten Pfeile die kanonischen Abbildungen in die Bidualmoduln sind, ergibt sich $M \cong M^{**}$, da die $P_i \to P_i^{**}$ $(i = 0, 1)$ Isomorphismen sind (IV.3.17b)). Da mit M^* auch M^{**} projektiv ist, ist M projektiv.

Korollar 3.4: Ist $M = I$ ein Ideal von R mit $\operatorname{pd}(I) \leq 1$, so ist $\operatorname{Supp}(E(I)) \subset \mathfrak{V}(I)$.

Ist nämlich $\mathfrak{p} \in \operatorname{Spec}(R) \setminus \mathfrak{V}(I)$, so ist $I_\mathfrak{p} = R_\mathfrak{p}$ und $E(I)_\mathfrak{p} \cong E(I_\mathfrak{p}) = \langle 0 \rangle$ nach 3.3, folglich $\mathfrak{p} \notin \operatorname{Supp}(E(I))$.

Der folgende (im wesentlichen auf Serre [73] zurückgehende) Satz zeigt, daß E(M) manchmal auch Informationen über die Erzeugendenzahl von M erhält. Man beachte, daß für jedes minimale Primideal $\mathfrak{p}$ von R aus der Formel 1.12 von Auslander-Buchsbaum

$$\operatorname{pd}_{R_\mathfrak{p}}(M_\mathfrak{p}) + t(M_\mathfrak{p}) = t(R_\mathfrak{p}) = 0$$

folgt, daß $\operatorname{pd}_{R_\mathfrak{p}}(M_\mathfrak{p}) = 0$ ist, also $M_\mathfrak{p}$ ein freier $R_\mathfrak{p}$-Modul. Sind über R alle endlich erzeugten projektiven Modul frei, so zeigt § 2, (2), daß der Rang r von $M_\mathfrak{p}$ unabhängig vom gewählen minimalen Primideal $\mathfrak{p}$ ist. Wir nennen dann r den Rang von M.

Satz 3.5: R sei ein noetherscher Ring, über dem alle endlich erzeugten projektiven Moduln frei sind. M sei ein endlich erzeugter R-Modul mit $\operatorname{pd}(M) \leq 1$, der den Rang r besitzt. Dann sind folgende Aussagen äquivalent:

a) E(M) wird von s Elementen erzeugt.

b) M wir von r + s Elementen erzeugt.

Beweis:

b) → a). Wenn M von r + s Elementen erzeugt wird, so gibt es eine *freie* Auflösung (1), wobei P_0 den Rang r + s besitzt. $\mathfrak{p}$ sei ein minimales Primideal von R. Dann ist

$$0 \to (P_1)_\mathfrak{p} \to (P_0)_\mathfrak{p} \to M_\mathfrak{p} \to 0$$

eine zerfallende exakte Folge und es ergibt sich $\operatorname{Rang}(P_1)_\mathfrak{p} = \operatorname{Rang}(P_1) = s$. Da auch P_1^* frei vom Rang s ist, zeigt (1*), daß E(M) von s Elementen erzeugt wird.

a) → b). E(M) werde von s Elementen erzeugt. Wir wählen einen freien R-Modul $\overline{P}_1$ vom Rang s und eine surjektive R-lineare Abbildung $\gamma : \overline{P}_1^* \to E(M)$. Ferner sei eine beliebige Folge (1) vorgelegt. Es gibt dann auch eine lineare Abbildung $\beta : P_1 \to \overline{P}_1$, so daß das Diagramm

$$\begin{array}{ccc} \overline{P}_1^* & \xrightarrow{\beta^*} & P_1^* \\ & {\scriptstyle\gamma}\searrow \quad \swarrow{\scriptstyle\tau} & \\ & E(M) & \end{array}$$

kommutativ ist, wobei τ die in (1*) auftretende Abbildung ist. Ist $\overline{P}_0 := P_0 \amalg_{P_1} \overline{P}_1$ die bezüglich $\alpha : P_1 \to P_0$ und $\beta : P_1 \to \overline{P}_1$ gebildete Fasersumme, so hat man ein kommutatives Diagramm mit exakten Zeilen und Spalten

$$\begin{array}{ccccccccc} & & & & 0 & & 0 & & \\ & & & & \downarrow & & \downarrow & & \\ & & & & P_1 & = & P_1 & & \\ & & & & \downarrow\eta & & \downarrow\alpha & & \\ 0 & \to & \overline{P}_1 & \to & P_0 \oplus \overline{P}_1 & \to & P_0 & \to & 0 \\ & & \| & & \downarrow & & \downarrow\epsilon & & \\ 0 & \to & \overline{P}_1 & \longrightarrow & \overline{P}_0 & \longrightarrow & M & \to & 0 \\ & & & & \downarrow & & \downarrow & & \\ & & & & 0 & & 0 & & \end{array}$$

wobei $\eta(x) = (\alpha(x), -\beta(x))$ für alle $x \in P_1$. Offensichtlich ist $\operatorname{pd}(\overline{P}_0) \leqslant 1$. Wir werden sehen, daß $E(\overline{P}_0) = \langle 0 \rangle$, also $\overline{P}_0$ projektiv (und damit frei) ist (3.3). Ist $\mathfrak{p}$ minimales Primideal von R, so zeigt die exakte Folge $0 \to (\overline{P}_1)_\mathfrak{p} \to (\overline{P}_0)_\mathfrak{p} \to M_\mathfrak{p} \to 0$ wegen $\operatorname{Rang}(\overline{P}_1) = s$, daß $\operatorname{Rang}(\overline{P}_0) = r + s$ ist. Folglich wird M von r + s Elementen erzeugt.

Wir gehen zum dualen des obigen Diagramms über:

$$\begin{array}{ccccccccc} & & 0 & & 0 & & & & \\ & & \downarrow & & \downarrow & & & & \\ 0 & \to & M^* & \longrightarrow & \overline{P}_0^* & \longrightarrow & \overline{P}_1^* & & \\ & & \downarrow & & \downarrow & & \| & & \\ 0 & \to & P_0^* & \to & P_0^* \oplus \overline{P}_1^* & \to & \overline{P}_1^* & \to & 0 \\ & & \downarrow & & \downarrow\eta^* & & & & \\ & & P_1^* & = & P_1^* & & & & \\ & & \downarrow\tau & & \downarrow & & & & \\ & & E(M) & & E(\overline{P}_0) & & & & \\ & & \downarrow & & \downarrow & & & & \\ & & 0 & & 0 & & & & \end{array}$$

Das Schlangenlemma liefert eine exakte Folge

$$0 \to M^* \to \overline{P}_0^* \to \overline{P}_1^* \xrightarrow{\delta} E(M) \to E(\overline{P}_0) \to 0.$$

Dabei gilt für $z \in \overline{P}_1^*$ nach Konstruktion des verbindenden Homomorphismus in 1.9: $\delta(z) = \tau(\eta^*(0,z)) = \tau(-\beta^*(z)) = -\gamma(z)$. $\delta = -\gamma$ ist daher surjektiv und somit $E(\overline{P}_0) = \langle 0 \rangle$, q.e.d.

Als erste Anwendung erhalten wir eine Verschärfung des Satzes von Forster-Swan (IV.2.14) in einem Spezialfall. Ist unter den Voraussetzungen von 3.5 der Modul M ein Ideal $\neq (0)$ aus R, so besitzt M den Rang 1.

Korollar 3.6: R sei ein noetherscher Ring, über dem jeder endlich erzeugte projektive Modul frei ist. Wird ein Ideal $I \neq R$ von R mit $\text{pd}(I) \leqslant 1$ und $\dim R/I =: d$ lokal überall von s Elementen erzeugt, dann wird es global von $s + d$ Elementen erzeugt.

Beweis: Wir brauchen nur den Fall $I \neq (0)$ zu betrachten. $E(I_p)$ wird nach 3.5 für alle $p \in \text{Spec}(R)$ von $s - 1$ Elementen erzeugt. Da $\text{Supp}(E(I)) \subset \mathfrak{V}(I)$ nach 3.4, wird E(I) nach dem Satz von Forster-Swan global von $s - 1 + d$ Elementen erzeugt. Nochmalige Anwendung von 3.5 liefert, daß I global von $s + d$ Elementen erzeugt wird.

In dem Korollar ist die Aussage enthalten, daß das Ideal einer affinen Kurve in $\mathbb{A}^3$, die lokal vollständiger Durchschnitt ist, von 3 Elementen erzeugt wird, was auch schon allgemeiner in V.5.21 gezeigt worden ist.

Mit Hilfe des Moduls E(I) kann man in gewissen Fällen auch entscheiden, ob I lokal oder global vollständiger Durchschnitt ist.

Korollar 3.7: R sei ein Cohen-Macaulay-Ring. Für ein Ideal $I \neq R$ mit $h(I_p) = 2$ für alle $p \in \mathfrak{V}(I)$ sind folgende Aussagen äquivalent:

a) I ist lokal vollständiger Durchschnitt.

b) Es ist $\text{pd}(I) \leqslant 1$ und E(I) wird lokal von einem Element erzeugt.

c) Es ist $\text{pd}(I) \leqslant 1$ und E(I) ist ein projektiver R/I-Modul vom Rang 1.

Beweis: Aus c) folgt trivialerweise b) und aus b) ergibt sich mit Hilfe von 3.5, daß I lokal von zwei Elementen erzeugt wird, also lokal vollständiger Durchschnitt ist. Es ist daher nur noch a) → c) zu zeigen.

Wir setzen a) voraus und nehmen zunächst an, daß R lokal ist. Dann ist $I = (x_1, x_2)$ mit einer R-regulären Folge $\{x_1, x_2\}$ (VI.3.14). Die Sequenz von R-Moduln

$$0 \to R \xrightarrow{\alpha} R \oplus R \xrightarrow{\epsilon} I \to 0$$

mit $\epsilon(r_1, r_2) = r_1 x_1 + r_2 x_2$, $\alpha(1) = (-x_2, x_1)$ ist exakt: Offensichtlich ist $\text{Bild}(\alpha) \subset \text{Kern}(\epsilon)$. Ist ferner $\epsilon(r_1, r_2) = 0$, so gibt es ein $r \in R$ mit $r_1 = x_2 r$ und $r_2 = -x_1 r$, da x_1 kein Nullteiler und x_2 kein Nullteiler $\text{mod}(x_1)$ ist. Daher ist auch $\text{Kern}(\epsilon) \subset \text{Bild}(\alpha)$.

Für die transponierte Abbildung $\alpha^*: R \oplus R \to R$ gilt $\alpha^*(r_1, r_2) = -r_1 x_2 + r_2 x_1$, woraus sich $\text{Bild}(\alpha^*) = I$ und $E(I) = \text{Kokern}(\alpha^*) \cong R/I$ ergibt.

Ist nun R ein globaler Ring, so ergibt sich für jedes $m \in \text{Max}(R)$

$$(I \cdot E(I))_m = I_m \cdot E(I_m) \cong I_m \cdot R_m / I_m = \langle 0 \rangle$$

und somit $\mathrm{IE}(I) = \langle 0 \rangle$. E(I) ist ein R/I-Modul und als solcher – wie gezeigt – lokal frei vom Rang 1, q.e.d.

Korollar 3.8: R sei ein Cohen-Macaulay-Ring, über dem alle endlich erzeugten projektiven Moduln frei sind. Für ein Ideal $I \neq R$ der Höhe 2 in R sind folgende Aussagen äquivalent:

a) I ist (global) vollständiger Durchschnitt.

b) Es ist $\mathrm{pd}(I) \leqslant 1$ und $E(I) \cong R/I$.

c) Es ist $\mathrm{pd}(I) < \infty$ und I/I^2 ist ein freier R/I-Modul.

Beweis: Aus a) folgt b) wie im Beweis von 3.7, wobei hier E(I) sogar freier R/I-Modul vom Rang 1 ist, weil E(I) projektiv vom Rang 1 und (nach 3.5) von einem Element erzeugt ist. Nach 3.5 folgt a) aus b) und nach 2.1 a) auch c) aus a). Es ist daher nur noch b) aus c) herzuleiten.

Aus c) ergibt sich zunächst nach 2.1, daß I lokal vollständiger Durchschnitt ist; somit ist sogar $\mathrm{pd}(I) \leqslant 1$ und E(I) ist definiert. Ferner besitzt der R/I-Modul I/I^2 den Rang 2.

Wir wählen $x_1, x_2 \in I$ so, daß ihre Bilder in I/I^2 eine Basis dieses R/I-Moduls bilden. Es gibt dann ein $x_0 \in I^2$, so daß $I = (x_0, x_1, x_2)$ (V.5.16). Man hat eine freie Auflösung

$$0 \to R^2 \xrightarrow{\alpha} R^3 \xrightarrow{\epsilon} I \to 0 \tag{3}$$

mit $\epsilon(r_0, r_1, r_2) = r_0 x_0 + r_1 x_1 + r_2 x_2$ für alle $(r_0, r_1, r_2) \in R^3$. Dabei ist $\alpha(1,0) = (a_0, a_1, a_2)$, $\alpha(0,1) = (a_0', a_1', a_2')$ mit $a_1, a_2, a_1', a_2' \in I$ nach Wahl von x_1, x_2.

Modulo I erhält man aus (3) eine exakte Folge

$$(R/I)^2 \xrightarrow{\overline{\alpha}} (R/I)^3 \xrightarrow{\overline{\epsilon}} I/I^2 \to 0.$$

Dabei ist $\mathrm{Bild}(\overline{\alpha}) = \mathrm{Kern}(\overline{\epsilon})$ der von $(1, 0, 0)$ aufgespannte R/I-Modul. Bezeichnet man mit $\overline{a}_0, \overline{a}_0'$ die Bilder von a_0, a_0' in R/I, so sieht man, daß es Elemente $\overline{s}_1, \overline{s}_2 \in R/I$ gibt mit $-\overline{s}_1 \overline{a}_0 + \overline{s}_2 \overline{a}_0' = 1$.

Aus der zu (3) gehörigen dualen Sequenz (3*) ergibt sich modulo I wegen $\mathrm{IE}(I) = \langle 0 \rangle$ eine exakte Folge

$$(R/I)^3 \xrightarrow{\overline{\alpha}^*} (R/I)^2 \to E(I) \to 0. \tag{4}$$

Dabei ist $\overline{\alpha}^*(1, 0, 0) = (\overline{a}_0, \overline{a}_0')$ und $\overline{\alpha}^*(0, 1, 0) = \overline{\alpha}^*(0, 0, 1) = 0$. Da $\det\begin{pmatrix} \overline{a}_0, & \overline{a}_0' \\ \overline{s}_1, & \overline{s}_2 \end{pmatrix} = 1$ ist, kann man $(\overline{a}_0, \overline{a}_0')$ zu einer Basis von $(R/I)^2$ ergänzen. Es folgt nun in der Tat, daß $E(I) \cong R/I$.

Das Korollar kann insbesondere angewandt werden, wenn $R = K[X_1, \ldots, X_n]$ Polynomring über einem Körper ist. Ist für ein Ideal I der Höhe 2 in R der R/I-Modul I/I^2 frei, so ist I (global) vollständiger Durchschnitt in R. Für $n \leqslant 4$ gilt diese Aussage für Ideale beliebiger Höhe, denn für $h(I) \leqslant 1$ ist die Aussage leicht zu zeigen, andernfalls kann man aber 2.9 oder 3.8 anwenden.

Wir beweisen noch eine (Dualitäts-)Aussage, die im nächsten Paragraphen eine wichtige Rolle spielen wird:

Satz 3.9: R sei ein Cohen-Macaulay-Ring, $I \neq R$ ein Ideal in R, das lokal vollständiger Durchschnitt ist mit $h(I_\mathfrak{p}) = 2$ für alle $\mathfrak{p} \in \mathfrak{V}(I)$.

$$0 \to P_1 \xrightarrow{\alpha} P_0 \xrightarrow{\epsilon} I \to 0$$

sei eine projektive Auflösung von I mit endlich erzeugten Moduln P_i $(i = 0, 1)$. In der zugehörigen dualen Folge

$$0 \to I^* \xrightarrow{\epsilon^*} P_0^* \xrightarrow{\alpha^*} P_1^* \to E(I) \to 0$$

sei $K := \text{Bild}(\alpha^*)$. Dann ist $\text{pd}(K) \leqslant 1$ und $E(K) \cong R/I$.

Beweis:

a) Wir zeigen zuerst, daß die zur Inklusion $i : I \to R$ gehörige transponierte Abbildung $i^* : R^* \to I^*$ ein Isomorphismus ist. Es genügt, dies lokal für alle $\mathfrak{m} \in \text{Max}(R)$ zu beweisen. Wir dürfen daher annehmen, daß R ein lokaler Ring ist und $I = (x_1, x_2)$ von einer R-regulären Folge $\{x_1, x_2\}$ erzeugt wird. Es ist klar, daß i^* injektiv ist, da I einen Nichtnullteiler von R enthält. Die Behauptung ergibt sich, wenn wir zeigen können, daß jede Linearform $\ell : I \to R$ die Multiplikationsabbildung mit einem $r \in R$ ist. Nun folgt aber aus $x_1\ell(x_2) - x_2\ell(x_1) = 0$ und weil $\{x_1, x_2\}$ eine R-reguläre Folge ist, daß x_i ein Teiler von $\ell(x_i)$ $(i = 1, 2)$ und zwar $\ell(x_i) = rx_i$ mit einem von i unabhängigen $r \in R$. ℓ ist daher in der Tat die Multiplikation mit r.

Da das Diagramm

$$\begin{array}{ccc} I & \xrightarrow{i} & R \\ \downarrow & & \downarrow \wr \\ I^{**} & \xrightarrow[i^{**}]{\sim} & R^{**} \end{array}$$

in dem die senkrechten Pfeile die kanonischen Homomorphismen in den Bidualmodul bedeuten, kommutativ ist, kann man $I \to I^{**}$ mit der Inklusion $i : I \to R$ identifizieren.

b) Aus der exakten Folge $0 \to I^* \xrightarrow{\epsilon^*} P_0^* \to K \to 0$ ergibt sich wegen $I^* \cong R$, daß $\text{pd}(K) \leqslant 1$ ist. Somit ist $E(K)$ definiert. In dem kommutativen Diagramm mit exakten Zeilen

$$\begin{array}{ccccccccc} 0 & \to & P_1 & \to & P_0 & \to & I & \to & 0 \\ & & & & \downarrow & & \downarrow & & \\ 0 & \to & K^* & \to & P_0^{**} & \to & I^{**} & \to & E(K) \to 0 \end{array}$$

ist $P_0 \to P_0^{**}$ ein Isomorphismus und $I \to I^{**}$ identifiziert sich mit $i : I \to R$. Es folgt $E(K) \cong R/I$.

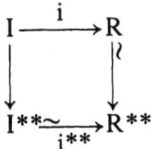

Aufgaben:

1. R sei ein 2-dimensionaler regulärer Ring, über dem alle endlich erzeugten projektiven Moduln frei sind. Jedes maximale Ideal von R wird von 2 Elementen erzeugt.
2. Im Polynomring $R := K[X_1, \dots, X_n]$ in $n \geq 2$ Variablen über einem Körper K sei ein Ideal $I = (f_1, \dots, f_m)$ gegeben, für das R/I ein Cohen-Macaulay-Ring der Dimension $n-2$ ist. $0 \to F \to R^m \to I \to 0$ sei die zu $\{f_1, \dots, f_m\}$ gehörige Präsentation.
   a) $F \subset R^m$ ist ein freier R-Modul vom Rang $m-1$.
   b) Für eine Basis $\{v_1, \dots, v_{m-1}\}$ von F setze man

   $$\widetilde{f_i} := \det(v_1, \dots, v_{m-1}, e_i) \quad (i = 1, \dots, m),$$

   wobei e_i das i-te kanonische Basiselement von R^m ist. Es gibt ein $r \in K(X_1, \dots, X_n)$ mit $\widetilde{f_i} = rf_i$ $(i = 1, \dots, m)$.
   c) Es ist sogar $r \in K \setminus \{0\}$. (Anleitung: Man schreibe $\frac{p}{q}$ in gekürzter Form mit $p, q \in R$. Es folgt dann $q \in K \setminus \{0\}$, da $h(I) = 2$. Es ist auch $p \in K \setminus \{0\}$, denn andernfalls wären $v_1, \dots, v_{m-1}$ linear abhängig über R.)

   Der mit dieser Aufgabe gegebene Struktursatz besagt mit anderen Worten, daß die betrachteten Ideale I von $K[X_1, \dots, X_n]$ die folgende Eigenschaft haben: Zu jedem Erzeugendensystem $\{f_1, \dots, f_m\}$ von I gibt es eine $(m-1) \times m$-Matrix mit Koeffizienten aus $K[X_1, \dots, X_n]$, so daß die f_i die maximalen Minoren dieser Matrix sind.
3. Man schreibe die Erzeugenden der Ideale aus V.3.13, Beispiel f), die nicht von 2 Elementen erzeugt werden, als die 2×2-Unterdeterminanten einer 2×3-Matrix.
4. (R. Waldi). In dieser Aufgabe soll eine *glatte* Kurve $C \subset \mathbb{A}^3(L)$ konstruiert werden, die idealtheoretisch *kein* vollständiger Durchschnitt ist.

   K sei ein Teilkörper von L. Wir versehen den Polynomring $K[X, Y]$ mit der Graduierung, bei der Grad $X = -3$, Grad $Y = -4$. Die Leitform $L(G)$ eines Polynoms $G \neq 0$ aus $K[X, Y]$ ist seine homogene Komponente niedrigsten Grades bzgl. dieser Graduierung. Grad G ist der Grad von $L(G)$.

   Es sei $A := K[X, Y]/(F)$ mit $F := XY + Y^3 - X^4$ und $x := X + (F)$, $y := Y + (F)$. Für $g \in A \setminus \{0\}$ sei Grad g definiert als das Maximum der Grade aller Repräsentanten in $K[X, Y]$ der Restklasse g. Ferner werde Grad $0 = \infty$ gesetzt.
   a) Ein Repräsentant G von $g \in A \setminus \{0\}$ besitzt genau dann den gleichen Grad wie g, wenn $L(G)$ nicht von $L(F) = Y^3 - X^4$ geteilt wird.
   b) Für $g, h \in A$ gilt Grad gh = Grad g + Grad h, insbesondere ist A Integritätsring (und somit F irreduzibel).
   c) Ist Grad $g < -4$, so ist $\{1, x, y\}$ K-linear unabhängig modulo gA. Allgemein gilt für jedes $g \in A \setminus K$

   $$\dim_K(A/gA) \geq 3.$$

   d) In Q(A) betrachte man $z := \frac{y^2}{x}$ und $\bar{A} := A[z]$. Dann ist $\bar{A} = A \oplus Kz$ und $(x, y)A$ ist der Führer $f_{\bar{A}/A}$ von $\bar{A}$ nach A (Kap. IV. § 1, Aufgabe 7).

e) Der Kern I des K-Epimorphismus $\varphi: K[X, Y, Z] \to \bar{A}$ mit $\varphi(X) = x$, $\varphi(Y) = y$, $\varphi(Z) = z$ wird von den Polynomen

$$\Delta_1 := X^3 - Y(Z+1), \quad \Delta_2 := Y^2 - ZX, \quad \Delta_3 := Z(Z+1) - X^2 Y$$

erzeugt.

f) Die Nullstellenmenge C von I in $\mathbb{A}^3(L)$ ist eine irreduzible K-reguläre Kurve. (*Anleitung:* Man zeige dies im Fall K = L mit Hilfe des Jacobischen Kriteriums und wende dann § 2, Aufgabe 2 an.)

g) Man hat eine freie Auflösung (mit $R := K[X, Y, Z]$)

$$0 \to R^2 \xrightarrow{\alpha} R^3 \xrightarrow{\epsilon} I \to 0,$$

wobei α durch die Matrix $\begin{pmatrix} Z & X^2 & Y \\ Y & Z+1 & X \end{pmatrix}$ gegeben wird und $\epsilon(e_i) = \Delta_i$ $(i = 1, 2, 3)$ (vgl. Aufgabe 2).

h) Durch Dualisieren der Sequenz in g) und Übergang zu $\bar{A}$ erhält man eine exakte Folge von $\bar{A}$-Moduln (s. Formel (4) aus dem Beweis von 3.8)

$$\bar{A}^3 \xrightarrow{\bar{\alpha}^*} \bar{A}^2 \to E(I) \to 0.$$

Die $\bar{A}$-lineare Abbildung $\bar{A}^2 \to \bar{A}$ $(e_1 \mapsto -x, e_2 \mapsto y)$ induziert einen Isomorphismus $E(I) \xrightarrow{\sim} f_{\bar{A}/A}$ von $\bar{A}$-Moduln.

i) $f_{\bar{A}/A}$ ist kein Hauptideal in $\bar{A}$, somit wird E(I) nicht von einem Element erzeugt und C ist idealtheoretisch kein vollständiger Durchschnitt. (Man verwende c) und beachte, daß $\dim_K(\bar{A}/A) < \infty$ und daß deshalb $\dim_K(\bar{A}/g\bar{A}) = \dim_K(A/gA)$ für jedes $g \in A \setminus \{0\}$.)

k) Es ist $I^2 \subset (\Delta_2, X^2\Delta_1 + (Z+1)\Delta_3) \subset I$ und somit ist C Durchschnitt der Flächen mit den Gleichungen

$$\Delta_2 = 0, \quad X^2\Delta_1 + (Z+1)\Delta_3 = 0.$$

5. Im Falle $L = \mathbb{C}$ gehe man aus von $F := X^2 + Y^3 - 2X^3$ und konstruiere wie in Aufgabe 4 eine Kurve $C \subset \mathbb{A}^3(\mathbb{C})$, welche die ganze Abschließung $\bar{A}$ von $A := \mathbb{Q}[X, Y]/(F)$ in seinem Quotientenkörper zum affinen Koordinatenring besitzt. Ähnlich wie dort zeige man:
   a) Über jedem Teilkörper $K \subset \mathbb{C}$ ist C eine irreduzible K-reguläre Kurve.
   b) C ist über $\mathbb{Q}$ idealtheoretisch kein vollständiger Durchschnitt, wohl aber über $\mathbb{C}$.
   c) C ist Durchschnitt von zwei über $\mathbb{Q}$ definierten Flächen.

§ 4. Algebraische Kurven in $\mathbb{A}^3$, die lokal vollständige Durchschnitte sind, lassen sich als Durchschnitt von zwei algebraischen Flächen darstellen

Im Beweis dieses Satzes kommen viele frühere Resultate zum Tragen: Der Satz von Quillen-Suslin, der Serre'sche Abspaltungssatz und die Aussagen über Moduln der projektiven Dimension $\leqslant 1$ aus § 3. Ferner spielt die folgende (der algebraischen Deformationstheorie entlehnte) Konstruktion eine entscheidende Rolle:

R sei ein Cohen-Macaulay-Ring, $I \neq R$ ein Ideal von R, P ein projektiver R/I-Modul von Rang 1 und $\pi : I/I^2 \to P$ ein Epimorphismus von R/I-Moduln. Bezüglich π und der Inklusion $i : I/I^2 \to R/I^2$ kann die Fasersumme $S := P \amalg_{I/I^2} R/I^2$ gebildet werden. Mit Hilfe der Regeln III.5.3 erhält man ein kommutatives Diagramm mit exakten Zeilen

$$\begin{array}{ccccccccc} 0 & \to & I/I^2 & \xrightarrow{i} & R/I^2 & \to & R/I & \to & 0 \\ & & \downarrow\pi & & \downarrow & & \| & & \\ 0 & \to & P & \longrightarrow & S & \longrightarrow & R/I & \to & 0, \end{array} \tag{1}$$

wobei auch $R/I^2 \to S$ ein Epimorphismus ist. Es ist daher $S \cong R/J$ mit einem Ideal J, für das $I^2 \subset J \subset I$ gilt, also insbesondere $\mathfrak{V}(I) = \mathfrak{V}(J)$.

Satz 4.1: Ist unter den obigen Voraussetzungen I lokal vollständiger Durchschnitt, so auch J.

Beweis: Die Bildung der Fasersumme ist mit Lokalisation verträglich (III.5.3e)). Man darf daher annehmen, daß R lokaler Ring ist. I/I^2 ist dann ein freier R/I-Modul und P ist frei vom Rang 1. Man kann daher ein Erzeugendensystem $\{x_1, \dots, x_n\}$ von I finden, so daß die Bilder $\bar{x}_i \in I/I^2$ der x_i eine Basis von I/I^2 bilden und dabei $\{\bar{x}_2, \dots, \bar{x}_n\}$ eine Basis von Kern (π).

Nach III.5.3 bildet i den Kern von π isomorph auf den Kern J/I^2 von $R/I^2 \to S$ ab. Es ergibt sich $J = (x_2, \dots, x_n) + I^2 = (x_1^2, x_2, \dots, x_n)$. Da I und J die gleiche Höhe besitzen, ist mit I auch J vollständiger Durchschnitt.

Wir wenden die Konstruktion jetzt an im Fall, daß R ein 3-dimensionaler Cohen-Macaulay-Ring ist, über dem jeder endlich erzeugte projektive Modul frei ist, und daß I_p von der Höhe 2 und vollständiger Durchschnitt für jedes $p \in \mathfrak{V}(I)$ ist.

I/I^2 ist dann ein projektiver R/I-Modul von Rang 2 und E(I) ist nach 3.7 projektiv vom Rang 1. Da $\dim R/I = 1$ ist, gibt es nach dem Serre'schen Abspaltungssatz (IV.3.18) einen Epimorphismus $\pi : I/I^2 \to E(I)$. Wir verwenden diesen zur Konstruktion des Diagramms (1) und des Ideals J.

Aus der unteren Zeile von (1) erhält man dann eine exakte Folge

$$0 \to E(I) \to R/J \to R/I \to 0,$$

woraus sich zunächst ein Isomorphismus $E(I) \cong I/J$ ergibt. Wir zeigen:

Satz 4.2: Das so konstruierte Ideal J wird von 2 Elementen erzeugt. Insbesondere ist $\mathrm{Rad}(I) = \mathrm{Rad}(f_1, f_2)$ mit $f_1, f_2 \in I$ für jedes Ideal I mit den oben angegebenen Eigenschaften.

Beweis: Nach 4.1 wird J lokal von 2 Elementen erzeugt. Es ist dann $\mathrm{pd}(J) \leqslant 1$ und die Ergebnisse von § 3 können auf J ebenso wie auf I angewandt werden. Insbesondere ist der Modul E(J) definiert. Nach 3.5 genügt es zu zeigen, daß E(J) von einem Element erzeugt wird.

Wir konstruieren dazu ein kommutatives Diagramm mit exakten Zeilen und Spalten:

$$\begin{array}{ccccccccc}
 & & 0 & & 0 & & 0 & & \\
 & & \downarrow & & \downarrow & & \downarrow & & \\
0 & \to & G_1 & \xrightarrow{\alpha} & G_0 & \longrightarrow & J & \to & 0 \\
 & & \downarrow\beta & & \downarrow & & \downarrow & & \\
0 & \to & F_1 & \to & F_0 \oplus G_0 & \xrightarrow{\epsilon} & I & \to & 0 \\
 & & \downarrow & & \downarrow & & \downarrow & & \\
0 & \to & K & \longrightarrow & F_0 & \to & E(I) & \to & 0 \\
 & & \downarrow & & \downarrow & & \downarrow & & \\
 & & 0 & & 0 & & 0 & &
\end{array}$$

Dabei ist $0 \to G_1 \to G_0 \to J \to 0$ eine freie Auflösung von J und $0 \to J \to I \to E(I) \to 0$ die dem Isomorphismus $E(I) \cong I/J$ entsprechende Sequenz. K ist der in 3.9 mit Hilfe einer projektiven Auflösung $0 \to P_1 \to P_0 \to I \to 0$ definierte Modul, F_0 das dortige P_1^* und $0 \to K \to F_0 \to E(I) \to 0$ die dortige Sequenz $0 \to K \to P_1^* \to E(I) \to 0$. Der Epimorphismus $\epsilon : F_0 \oplus G_0 \to I$ ist wie im Beweis von 1.8 konstruiert, F_1 ist sein Kern. Die exakte Sequenz $0 \to G_1 \xrightarrow{\beta} F_1 \to K \to 0$ ergibt sich aus dem Schlangenlemma.

Durch Dualisieren erhält man folgendes kommutatives Diagramm mit exakten Zeilen und Spalten:

$$\begin{array}{ccccccccccc}
 & & & & 0 & & 0 & & & & \\
 & & & & \downarrow & & \downarrow & & & & \\
 & & & & F_0^* & & K^* & & & & \\
 & & & & \downarrow & & \downarrow & & & & \\
0 & \to & I^* & \to & F_0^* \oplus G_0^* & \to & F_1^* & \to & E(I) & \to & 0 \\
 & & & & \downarrow & & \downarrow\beta^* & & & & \\
0 & \to & J^* & \longrightarrow & G_0^* & \xrightarrow{\alpha^*} & G_1^* & \to & E(J) & \to & 0 \\
 & & & & \downarrow & & \downarrow & & & & \\
 & & & & 0 & & E(K) & & & & \\
 & & & & & & \downarrow & & & & \\
 & & & & & & 0 & & & &
\end{array}$$

Da Bild $(\alpha^*) \subset$ Bild (β^*), wird durch $G_1^* \to E(K)$ ein Epimorphismus $\psi_0 : E(J) \to E(K)$ induziert. Nach 3.9 ist $E(K) \cong R/I$, man hat daher auch einen Epimorphismus $\psi : E(J) \to R/I$ und ein kommutatives Diagramm (da $E(J)$ und R/I beide R/J-Moduln sind)

$$\begin{array}{ccc}
 & & R/J \\
 & \chi \swarrow & \downarrow c \\
E(J) & \xrightarrow[\psi]{} & R/I \to 0,
\end{array}$$

wobei c der kanonische Epimorphismus ist.

Wir zeigen, daß χ bijektiv ist. Es genügt, dies lokal zu zeigen, wir dürfen daher annehmen, daß R lokaler Ring ist. In diesem Fall ist $E(J) \cong R/J$ nach 4.1 und 3.7 und wir haben ein kommutatives Diagramm

$$\begin{array}{ccc}
 & & R/J \\
 & \chi \swarrow & \downarrow c \\
R/J & \xrightarrow[\psi]{} & R/I.
\end{array}$$

Wäre $\chi(1)$ keine Einheit in R/J, so wäre – weil R lokal ist – auch $\psi(\chi(1)) = c(1)$ keine Einheit in R/I. Es ist aber $c(1) = 1$. Da also $\chi(1)$ Einheit in R/J ist, ist χ Isomorphismus, q.e.d.

Die obigen Voraussetzungen sind erfüllt, wenn $R = K[X_1, X_2, X_3]$ der Polynomring in 3 Variablen über einem Körper K ist und I ein Ideal, das lokal vollständiger Durchschnitt ist und eine algebraische Kurve in $\mathbb{A}^3$ definiert. Es ist damit insbesondere bewiesen:

Satz 4.3 (Szpiro [78]): $C \subset \mathbb{A}^3(L)$ sei eine über K definierte Kurve, die lokal vollständiger Durchschnitt ist (bzgl. K). Dann ist C der Durchschnitt von zwei über K definierten Flächen in $\mathbb{A}^3(L)$.

Speziell kann der Satz für $K = L$ auf glatte Kurven in $\mathbb{A}^3$ angewandt werden. Sein Beweis zeigt, daß ein etwas allgemeineres Resultat erzielt wurde, da das Ideal I in der obigen Diskussion nicht das volle Verschwindungsideal der Kurve sein mußte: In Wahrheit wurde ein Satz über 1-dimensionale Unterschemata von $\mathbb{A}^3$ bewiesen. Für den Beweis war es sogar unumgänglich, beliebige Ideale ins Auge zu fassen, welche die Kurve definieren. Wir haben ein Beispiel dafür vor uns, wie Beweise über Varietäten manchmal automatisch in die Theorie der Schemata führen.

Literaturhinweise

Freie Auflösungen von Polynomidealen wurden zuerst von Hilbert in [38] betrachtet, wo der Syzygiensatz bewiesen wurde, allerdings nur für homogene Ideale im Polynomring über einem Körper. Die Verallgemeinerung auf den Fall beliebiger regulärer noetherscher Ringe und die homologische Charakterisierung dieser Ringe erfolgte durch Auslander-Buchsbaum [6] und Serre [72]. Seither sind die homologischen Methoden in der kommutativen Algebra zu einem der wichtigsten Beweishilfsmittel geworden und haben zu vielen bemerkenswerten Ergebnissen geführt.

Die Idee, Moduln der projektiven Dimension ≤ 1 zu studieren, um Aussagen über affine Varietäten in Kodimension 2 zu erlangen, geht auf Serre [73] zurück. Die bei dieser Methode zu Tage tretenden Zusammenhänge mit dem Problem der vollständigen Durchschnitte waren eine starke Motivation dafür, das Serresche Problem über projektive Moduln zu entscheiden.

In der Sprache der homologischen Algebra ist der in § 3 betrachtete Modul E(M) der Modul $\mathrm{Ext}^1_R(M,R)$, im Fall eines Ideals I ist $E(I) = \mathrm{Ext}^1_R(I,R) \cong \mathrm{Ext}^2_R(R/I,R)$. Ist R ein Polynomring in 3 Variablen über einem Körper und I das Ideal einer Kurve $C \subset \mathbb{A}^3$, die lokal vollständiger Durchschnitt ist, so heißt $\mathrm{Ext}^2_R(R/I,R)$ auch *kanonischer* (oder *dualisierender*) *Modul* von C. Satz 3.9 besagt in diesem Fall, daß $\mathrm{Ext}^2_R(\mathrm{Ext}^2(R/I,R),R) \cong R/I$ ist, ein (sehr enger) Spezialfall des lokalen Dualitätssatzes von Grothendieck [29] (vgl. auch [36]). Eine Charakterisierung der Ideale I mit $\mathrm{pd}(I) \leq 1$ gibt Ohm [63].

Der Satz 4.3 von Szpiro ist inspiriert durch ein Ergebnis von Ferrand [22] über projektive Raumkurven, das jedoch im projektiven Fall nur ein schwächeres Resultat liefert. Wie schon in Kapitel V erwähnt, wurde Satz 4.3 durch Mohan Kumar [56] auf den Fall von Kurven in $\mathbb{A}^n$ $(n \geq 3)$ ausgedehnt. Der Beweis erfordert aber etwas mehr als die hier angewandten elementaren Methoden. Durch eine geschickte Verwendung des Frobenius-Homomorphismus ist es Cowsik-Nori [11] gelungen, für beliebige Kurven in $\mathbb{A}^n(L)$ – wenn L Primzahlcharakteristik besitzt – nachzuweisen, daß sie mengentheoretisch vollständige Durchschnitte sind.

Mit der Frage, unter welchen Bedingungen glatte affine Kurven idealtheoretisch vollständige Durchschnitte sind, beschäftigen sich u.a. Abhyankar [2], Abhyankar-Sathaye [4], Geyer [25] und Ohm [63].

Literatur

A. Lehrbücher

I. Zur kommutativen Algebra

[A] *Atiyah, M. F.* und *I. G. Macdonald,* Introduction to Commutative Algebra. Addison-Wesley, Reading, Mass. (1969).

[B] *Bourbaki, N.,* Algèbre Commutative. Hermann. Paris (1961–1965).

[C] *Kaplansky, I.,* Fields and Rings. Univ. of Chicago Press (1969).

[D] *Kaplansky, I.,* Commutative Rings. Allyn a. Bacon, Boston (1970).

[E] *Matsumura, H.,* Commutative Algebra. Benjamin, New York (1970).

[F] *Nagata, M.,* Local Rings. Interscience Tracts in Pure a. Appl. Math. Wiley, New York (1962).

[G] *Serre, J. P.,* Algèbre locale. Multiplicités. Springer Lecture Notes in Mathematics 11 (1965).

[H] *Zariski, O.* und *P. Samuel,* Commutative Algebra. Vol. I–II. Van Nostrand, Princeton (1958, 1960).

II. Zur algebraischen Geometrie

[I] *Borel, A.,* Linear Algebraic Groups. Benjamin, New York (1969).

[K] *Dieudonné, J.,* Cours de géométrie algébrique. Presses Univ. France (1974).

[L] *Fulton, W.,* Algebraic Curves. Benjamin, New York (1969).

[M] *Grothendieck, A.* und *J. Dieudonné,* Eléments de géométrie algébrique. Publ. Math. IHES 4 (1960), 8 (1961), 11 (1961), 17 (1963), 20 (1964), 24 (1965), 28 (1966), 32 (1967).

[N] *Hartshorne, R.,* Algebraic Geometry. Springer, Heidelberg (1977).

[O] *Hodge, W. V. D.* und *D. Pedoe,* Methods of Algebraic Geometry. Vol. I–II. Cambridge University Press (1968).

[P] *Mumford, D.,* Algebraic Geometry I. Complex Projective Varieties. Springer, Heidelberg (1976).

[Q] *Lang, S.,* Introduction to Algebraic Geometry. Addison-Wesley, Reading, Mass. (1972).

[R] *Lang, S.,* Diophantine Geometry. Interscience Publishers (1962).

[S] *Seidenberg, A.,* Elements of the Theory of Algebraic Curves. Addison-Wesley, Reading, Mass. (1968).

[T] *Semple, J. G.* und *G. T. Kneebone,* Algebraic Curves. At the Clarendon Press, Oxford (1959).

[U] *Shafarevich, I. R.,* Basic Algebraic Geometry. Springer, Heidelberg (1974).

[V] *Van der Waerden, B.,* Einführung in die algebraische Geometrie. Springer, Heidelberg (1973).

[W] *Walker, R. J.,* Algebraic Curves. Dover (1950).

[X] *Weil, A.,* Foundations of Algebraic Geometry. Am. Math. Soc. Coll. Publications 29 (1962).

B. Originalarbeiten

[1] Algebraic Geometry. Arcata 1974. Proc. Symp. Pure Math. **29** (1975).

[2] *Abhyankar, S. S.*, Algebraic Space Curves. Sém. Math. Sup. **43**, Les presses de l'université de Montréal (1971).

[3] *Abhyankar, S. S.*, On Macaulay's Example. In: Conf. Comm. Algebra; Lawrence 1972. Springer Lecture Notes in Math. **311** (1973), 1–16.

[4] *Abhyankar, S. S.* und *A. M. Sathaye*, Geometric Theory of Algebraic Space Curves. Springer Lecture Notes in Math. **423** (1974).

[5] *Artin, E.* und *J. Tate*, A Note on Finite Ring Extensions. J. Math. Soc. Japan **3** (1951), 74–77.

[6] *Auslander, M.* und *D. A. Buchsbaum*, Homological Dimension in Local Rings. Trans. Am. Math. Soc. **84** (1957).

[7] *Bass, H.*, On the Ubiquity of Gorenstein Rings. Math. Z. **82** (1963), 8–28.

[8] *Bass, H.*, Libération des modules projectifs sur certains anneaux de polynômes. Sém. Bourbaki 1973/74, n° 448.

[9] *Chevalley, C.*, On the Notion of the Ring of Quotients of a Prime Ideal. Bull. Am. Math. Soc. **50** (1944), 93–97.

[10] *Cohen, I. S.* und *A. Seidenberg*, Prime Ideals and Integral Dependence. Bull. Am. Math. Soc. **52** (1946), 252–261.

[11] *Cowsik, R. C.* und *M. V. Nori*, Curves in Characteristic p are Set Theoretic Complete Intersections. Inv. Math. **45** (1978), 111–114.

[12] *Davis, E. D.*, Ideals of the Principal Class, R-Sequences and a Certain Monoidal Transformation. Pac. J. Math. **20** (1967), 197–205.

[13] *Davis, E. D.*, Further Remarks on Ideals of the Principal Class. Pac. J. Math. **27** (1968), 49–51.

[14] *Davis, E. D.*, Prime Elements and Prime Sequences in Polynomial Rings. Proc. Am. Math. Soc. **27** (1978), 33–38.

[15] *Davis, E. D.* und *A. V. Geramita*, Efficient Generation of Maximal Ideals in Polynomial Rings. Trans. Am. Math. Soc. **231** (1977), 497–505.

[16] *Eagon, J. A.* und *D. G. Northcott*, Ideals Defined by Matrices and a Certain Complex Associated with them. Proc. Royal Soc. England **A269** (1962), 188–204.

[17] *Eisenbud, D.* und *E. G. Evans, jr.*, Every Algebraic Set in n-Space is the Intersection of n Hypersurfaces. Inv. Math. **19** (1973), 107–112.

[18] *Eisenbud, D.* und *E. G. Evans, jr.*, A Generalized Principal Ideal Theorem. Nagoya Math. J. **62** (1976), 41–53.

[19] *Eisenbud, D.* und *E. G. Evans, jr.*, Generating Modules Efficiently: Theorems from Algebraic K-Theory. J. Alg. **27** (1973), 278–305.

[20] *Eisenbud, D.* und *E. G. Evans, jr.*, Three Conjectures about Modules over Polynomial Rings. In: Conf. Comm. Algebra, Lawrence 1972, Springer Lecture Notes in Math. **311** (1973), 78–89.

[21] *Ferrand, D.*, Suite régulière et intersection complète. C. R. Acad. Sci. Paris **264** (1967), 427–428.

[22] *Ferrand, D.*, Courbes gauches et fibré de rang deux. C. R. Acad. Sci. Paris **281** (1975), 345–347.

[23] *Ferrand, D.*, Les modules projectifs de type fini sur un anneau de polynômes sur un corps sont libres. Sém. Bourbaki 1975/76, n° 484.

[24] *Forster, O.*, Über die Anzahl der Erzeugenden eines Ideals in einem noetherschen Ring. Math. Z. **84** (1964), 80–87.

[25] *Geyer, W. D.*, On the Number of Equations which are Necessary to Describe an Algebraic Set in n-Space. Atas 3ª Escola de Algebra. Brasilia 1976, 183–317.

[26] *Goldman, O.*, Hilbert Rings and the Hilbert Nullstellensatz. Math. Z. **54** (1952), 136–140.

[27] *Grell, H.*, Beziehung zwischen den Idealen verschiedener Ringe. Math. Ann. **97** (1927), 490–523.

[28] *Gröbner, W.*, Über irreduzible Ideale in kommutativen Ringen. Math. Ann. **110** (1934), 197–222.

[29] *Grothendieck, A.*, Local Cohomology, Springer Lecture Notes in Math. **41** (1967).

[30] *Grothendieck, A.* et al., Séminaire de Géometrie Algébrique. Springer Lecture Notes in Math. 151, 152, 153, 224, 225, 269, 270, 288, 305, 340, 569 und (SGA 2) North-Holland, Amsterdam (1968).

[31] *Hartshorne, R.*, Complete Intersections and Connectedness. Am. J. Math. **84** (1962), 497–508.

[32] *Hartshorne, R.*, Cohomological Dimension of Algebraic Varieties. Ann. of Math. **88** (1968), 403–450.

[33] *Heitmann, R. C.*, A Negative Answer to the Prime Sequence Question (erscheint).

[34] *Herzog, J.*, Generators and Relations of Abelian Semigroups and Semigroup-Rings. Manuscripta Math. **3** (1970), 153–193.

[35] *Herzog, J.*, Ein Cohen-Macaulay-Kriterium mit Anwendungen auf den Differentialmodul und den Konormalenmodul. Math. Z. **163** (1978), 149–162.

[36] *Herzog, J.* und *E. Kunz* (Hrsg.), Der kanonische Modul eines Cohen-Macaulay-Rings. Springer Lecture Notes in Math. **238** (1971).

[37] *Herzog, J.* und *E. Kunz*, Die Wertehalbgruppe eines lokalen Rings der Dimension 1. S. B. Heidelberger Akad. Wiss. **2** (1971).

[38] *Hilbert, D.*, Über die Theorie der algebraischen Formen. Math. Ann. **36** (1890), 473–534.

[39] *Hilbert, D.*, Über die vollen Invariantensysteme. Math. Ann. **42** (1893), 313–373.

[40] *Horrocks, G.*, Projective Modules over an Extension of a Local Ring. Proc. London Math. Soc. **14** (1964), 714–718.

[41] *Kneser, M.*, Über die Darstellung algebraischer Raumkurven als Durchschnitte von Flächen. Arch. Math. **11** (1960), 157–158.

[42] *Kronecker, L.*, Grundzüge einer arithmetischen Theorie der algebraischen Größen. J. reine angew. Math. **92** (1882), 1–123.

[43] *Krull, W.*, Primidealketten in allgemeinen Ringbereichen. S. B. Heidelberger Akad. Wiss. 7 (1928).

[44] *Krull, W.*, Über einen Hauptsatz der allgemeinen Ringtheorie. S. B. Heidelberger Akad. Wiss. **2** (1929).

[45] *Krull, W.*, Idealtheorie. Ergebnisse d. Math. **4**, Nr. 3, Springer (1935).

[46] *Krull, W.*, Dimensionstheorie in Stellenringen. J. reine angew. Math. **179** (1938), 204–226.

[47] *Krull, W.*, Jacobsonsche Ringe, Hilbertscher Nullstellensatz, Dimensionstheorie. Math. Z. **54** (1951), 354–387.

[48] *Kunz, E.*, Characterizations of Regular Local Rings of Characteristic p. Am. J. Math. **91** (1969), 772–784.

[49] *Kunz, E.*, On Noetherian Rings of Characteristic p. Am. J. Math. **98** (1976), 999–1013.

[50] *Lam, T. Y.*, Serre's Conjecture. Springer Lecture Notes in Math. **635** (1978).

[51] *Lasker, E.*, Zur Theorie der Moduln und Ideale. Math. Ann. **60** (1905), 20–116.

[52] *Lindel, H.*, Eine Bemerkung zur Quillenschen Lösung des Serreschen Problems. Math. Ann. **230** (1977), 97–100.

[53] *Lindel, H.*, Projektive Moduln über Polynomringen $A[T_1, \dots, T_m]$ mit einem regulären Grundring A. Manuscipta math. **23** (1978), 143–154.

[54] *Lipman, J.*, Unique Factorization in Complete Local Rings. In: Algebraic Geometry. Arcata 1974. Proc. Symp. Pure Math. **29** (1975).

[55] *Macaulay, F. S.*, Algebraic Theory of Modular Systems. Cambridge Tracts **19** (1916).

[56] *Mohan Kumar, N.*, On two Conjectures about Polynomial Rings. Inv. math. **46** (1978), 225–236.

[57] *Murthy, M. P.*, Generators for Certain Ideals in Regular Rings of Dimension Three. Comm. Math. Helv. **47** (1972), 179–184.

[58] *Murthy, M. P.*, Complete Intersections. In: Conf. Comm. Algebra; Kingston 1975. Queen's Papers Pure Appl. Math. **42.**

[59] *Noether, E.*, Idealtheorie in Ringbereichen. Math. Ann. **83** (1921), 24–66.

[60] *Noether, E.*, Der Endlichkeitssatz der Invarianten endlicher linearer Gruppen der Charakteristik p. Nachr. Ges. Wiss. Göttingen 1926, 28–35.

[61] *Northcott, D. G.* und *D. Rees*, Reduction of Ideals in Local Rings. Proc. Cambridge Phil. Soc. **50** (1954), 145–158.

[62] *Northcott, D. G.* und *D. Rees*, Extensions and Simplifications of the Theory of Regular Local Rings. Proc. Cambridge Phil. Soc. **57** (1961), 483–488.

[63] *Ohm, J.*, Space curves as Ideal-theoretic Complete Intersections. Manuskript 1977.

[64] *Perron, O.*, Über das Vahlensche Beispiel zu einem Satz von Kronecker. Math. Z. **47** (1942), 318–324.

[65] *Perron, O.*, Beweis und Verschärfung eines Satzes von Kronecker. Math. Ann. **118** (1941/43), 441–448.

[66] *Quillen, D.*, Projective Modules over Polynomial Rings. Inv. Math. **36** (1976), 167–171.

[67] *Rung, J.*, Mengentheoretische Durchschnitte und Zusammenhang. Regensburger Math. Schriften **3** (1978).

[68] *Sarges, H.*, Ein Beweis des Hilbertschen Basissatzes. J. reine angew. Math. **283/284** (1976), 436–437.

[69] *Sally, J.*, Number of Generators of Ideals in Local Rings. Lecture Notes Pure Appl. Math. Series 35. Dekker, New York (1978).

[70] *Schenzel, P.* und *W. Vogel*, On Set-theoretic Intersections. J. Alg. **48** (1977), 401–408.

[71] *Sathaye, A.*, On the Forster-Eisenbud-Evans Conjecture. Inv. math. **46** (1978), 211–224.

[72] *Serre, J. P.*, Sur la dimension des anneaux et des modules noetheriens. Proc. Int. Symp. Alg. Number Theory, Tokio und Nikko (1955).

[73] *Serre, J. P.*, Sur les modules projectifs. Sém. Dubreil-Pisot 1960/61.

[74] *Silhol, R.*, Géometrie algébrique sur un corps non algébriquement clos. Commun. Alg. **6** (1978), 1131–1155.

[75] *Suslin, A.*, Projektive Moduln über Polynomringen (russisch). Dokl. Akad. Nauk S.S.R. **26** (1976).

[76] *Swan, R.*, The Number of Generators of a Module. Math. Z. **102** (1967), 318–322.

[77] *Swan, R.*, Serre's Problem. In: Conf. Comm. Algebra; Kingston 1975. Queen's Papers Pure Appl. Math. **42.**

[78] *Szpiro, L.*, Toute courbe localement intersection complète de $\mathbb{A}^3$ et ensemblistement intersection complète. Manuskript 1975.

[79] *Storch, U.*, Bemerkung zu einem Satz von M. Kneser. Arch. Math. **23** (1972), 403–404.

[80] *Uzkow, A. I.*, Über Quotientenringe kommutativer Ringe (russisch). Mat. Sbornik N.S. **22** (64) (1948), 439–441.

[81] *Vasconcelos, W. V.*, Ideals Generated by R-sequences. J. Alg. **6** (1967), 309–316.

[82] *Whitney, H.*, Elementary Structure of Real Algebraic Varieties. Ann. of Math. **66** (1957), 545–556.

[83] *Zariski, O.*, A New Proof of the Hilbert Nullstellensatz. Bull. Am. Math. Soc. **53** (1947), 362–368.

[84] *Zariski, O.*, The Concept of a Simple Point of an Abstract Algebraic Variety. Trans. Am. Math. Soc. **62** (1947), 1–52.

Liste der verwendeten Symbole

$:=$	ist definiert als
a) $\rightarrow$ b)	aus a) folgt b)
a) $\leftrightarrow$ b)	a) und b) sind äquivalent
$\{\ \}$	Menge, bestehend aus
$\{\ \mid\ \}$	Menge aller ... mit der Eigenschaft
$\in$	ist Element von
$\notin$	ist nicht Element von
$\subset$	ist Teilmenge von
$\cap$	Zeichen für den Durchschnitt von Mengen
$\cup$	Zeichen für die Vereinigung von Mengen
$\mathbb{N}$	Menge der natürlichen Zahlen 0, 1, 2, ...
$\mathbb{Z}$	– der ganzen Zahlen
$\mathbb{Q}$	– der rationalen Zahlen
$\mathbb{R}$	– der reellen Zahlen
$\mathbb{C}$	– der komplexen Zahlen
$\emptyset$	leere Menge
$M \times N$	kartesisches Produkt der Mengen M und N
R^n	Menge aller n-tupel von Elementen aus R
R^Λ	Menge aller Abbildungen $\Lambda \rightarrow R$
$M \setminus N$	Komplementärmenge von N in M
$\circ$	Zeichen für Zusammensetzung von Abbildungen
$a \mapsto b$	a wird abgebildet auf b
$\mathbb{A}^n(K)$	n-dimensionaler affiner Raum über K
$\mathbb{P}^n(K)$	n-dimensionaler projektiver Raum über K
K^x	Menge der Elemente $\neq 0$ eines Körpers K
$\mathfrak{J}(V)$	Verschwindungsideal der Varietät V
$\mathfrak{J}_V(W)$	Verschwindungsideal der Untervarietät W von V
$\mathfrak{p}_x$	Primideal eines Punktes x
$\mathfrak{V}(I)$	Nullstellenmenge des Ideals I
$\mathfrak{V}_V(I)$	Nullstellenmenge des Ideals I auf V
$K[V]$	Koordinatenring der K-Varietät V
$R(V)$	Ring der rationalen Funktionen auf einer Varietät V

Rad(I)	Radikal des Ideals I
IS	Erweiterungsideal des Ideals I in S
R_{red}	zu R gehöriger reduzierter Ring
Spec(R)	Spektrum des Rings R
J(R)	J-Spektrum des Rings R
Max(R)	Maximalspektrum des Rings R
Proj(G)	homogenes Spektrum eines graduierten Rings G
$\bar{A}$	abgeschlossene Hülle der Menge A auch: ganze Abschließung des Rings A
$\oplus$	Zeichen für die direkte Summe
trgr	Transzendenzgrad
dim	Krulldimension
$\dim_x V$	Dimension von V in x
$\dim_K$	K-Vektorraum-Dimension
codim	Kodimension
edim	Einbettungsdimension
J-dim	J-Dimension
g-dim	g-Dimension
h(I)	Höhe des Ideals I
D(f)	vgl. Kap. III, § 1
$\mathcal{O}(U)$	Algebra der regulären Funktionen auf U
$\mathcal{O}_W(V)$	Algebra der in W regulären Funktionskeime auf V
$\mathcal{O}_x(V)$	Algebra der in x regulären Funktionskeime auf V (lokaler Ring von V in x)
μ_r	Multiplikation mit r
$\mu(M)$	Länge eines kürzesten Erzeugendensystems von M
$\mu_p(M)$	Länge eines kürzesten Erzeugendensystems von M_p
M_S, R_S	Quotientenmodul, Quotientenring bzgl. der Nennermenge S
M_g, R_g	Quotientenmodul, – ring bzgl. $\{1, g, g^2, \ldots\}$
M_p, R_p	Lokalisation vom M, R bzgl. eines Primideals p
Q(R)	voller Quotientenring von R
Ann(M)	Annullator des Moduls M
Ann(m)	Annullator des Elements m
T(M)	Torsion von M
Supp(M)	Träger von M
Aut(M)	Automorphismengruppe von M
M^*, M^{**}	Dualmodul, Bidualmodul von M
$F_i(M)$	i-tes Fittingideal von M

$l(M), l(R)$	Länge des Moduls M, Rings R
Ass(M)	Menge der assoziierten Primideale von M
t(I, M)	I-Tiefe von M
t(M)	Tiefe von M
$\mathfrak{S}(M)$	Sockel von M
pd(M)	projektive Dimension von M
E(M)	vgl. Kap. VII, § 3
$M_1 \prod_N M_2$	Faserprodukt von M_1 und M_2 bzgl. N
$M_1 \coprod_N M_2$	Fasersumme von M_1 und M_2 bzgl. N
S(U)	S-Komponente eines Untermoduls, Ideals U
$\mathfrak{p}^{(i)}$	i-te symbolische Potenz eines Primideals $\mathfrak{p}$
$M(r \times s, R)$	Modul der $r \times s$-Matrizen über R
Gl(n, R)	Gruppe der invertierbaren $n \times n$-Matrizen über R
$A_1 \sim A_2$	A_1 und A_2 sind äquivalente Matrizen (Kap. IV, § 1)
N[X]	Erweiterungsmodul von N nach R[X]
$\mathfrak{f}_{S/R}$	Führer der Ringerweiterung S/R
$gr_I(R)$	graduierter Ring von R bzgl. I
$L_I(a)$	Leitform von a bzgl. I
$gr_I(\mathfrak{a})$	graduiertes Ideal von $\mathfrak{a}$ bzgl. I
$\mathfrak{R}_I(R)$	Rees-Ring von R bzgl. I
$T_x(V)$	Tangentialraum einer Varietät V im Punkt x
Reg(R)	regulärer Ort des Rings R
Reg(V)	– – der Varietät V
Sing(R)	singulärer Ort des Rings R
Sing(V)	– – der Varietät V

Sachwortverzeichnis

MIX
Papier aus verantwortungsvollen Quellen
Paper from responsible sources
FSC® C105338

If you have any concerns about our products,
you can contact us on
ProductSafety@springernature.com

In case Publisher is established outside the EU,
the EU authorized representative is:
Springer Nature Customer Service Center GmbH
Europaplatz 3, 69115 Heidelberg, Germany

Printed by Libri Plureos GmbH
in Hamburg, Germany